# Unkonventionelle Aktoren

## Eine Einführung

von

Prof. Dr.-Ing. habil. Hartmut Janocha

2., ergänzte und aktualisierte Auflage

Oldenbourg Verlag München

Lektorat: Dr. Gerhard Pappert
Herstellung: Tina Bonertz
Titelbild: Autor
Einbandgestaltung: hauser lacour

Bibliografische Information der Deutschen Nationalbibliothek
Die Deutsche Nationalbibliothek verzeichnet diese Publikation in der Deutschen Nationalbibliografie; detaillierte bibliografische Daten sind im Internet über http://dnb.dnb.de abrufbar.

**Library of Congress Cataloging-in-Publication Data**
A CIP catalog record for this book has been applied for at the Library of Congress.


Rosenheimer Straße 143, 81671 München, Deutschland
www.degruyter.com/oldenbourg
Ein Unternehmen von De Gruyter

Gedruckt in Deutschland

Dieses Papier ist alterungsbeständig nach DIN/ISO 9706.

ISBN 978-3-486-71886-7
eISBN 978-3-486-75692-0

# Vorwort

Die Einsatzgebiete von Aktoren sind kaum überschaubar und umfassen alle Bereiche unserer Umwelt, angefangen bei CD-Spielern und Fotoapparaten über Büro- und Haushaltsgeräte, Heizungs- und Klimaanlagen, Werkzeugmaschinen und Roboter, sowie Land-, Wasser- und Luftfahrzeuge bis hin zu Geräten der Medizintechnik und künstlichen Gliedmaßen. Aktoren sind eine unverzichtbare Systemkomponente immer dann, wenn technische oder nichttechnische Vorgänge und Abläufe („Prozesse") zielgerichtet beeinflusst werden sollen. Hierzu müssen sie in der Lage sein, auf ein elektrisches Steuersignal an ihrem Eingang mit einer aufgabenangepassten Kraft- und/oder Weggröße an ihrem Ausgang zu reagieren.

Elektromagnetische Aktoren wie Elektromotoren oder Hubmagnete und fluidische Aktoren wie Hydromotoren oder Proportionalventile sind seit Langem bekannt und werden weltweit in Millionen-Stückzahlen produziert. Über diese konventionellen oder herkömmlichen Aktoren gibt es demzufolge ein umfangreiches Schrifttum, in dem ihre Anwendungen, sowie der Entwurf und der Aufbau beschrieben werden[1]. Sucht man aber nach Informationen über Aktoren, die weder auf elektromagnetischen noch auf fluidischen Prinzipien beruhen, wird es schwierig entsprechende Publikationen zu finden, insbesondere wenn eine zusammenhängende Darstellung oder Vergleiche mit konkurrierenden Aktorprinzipien von Interesse sind. Das vorliegende Buch will helfen, diese Lücke zu schließen, indem es sich gerade dieser so genannten unkonventionellen Aktoren annimmt und deren Eigenschaften und Einsatzpotenziale präsentiert.

Nun ist es ein aussichtsloses Unterfangen, in einem Buch vertretbaren Umfangs die unkonventionelle Aktorik gemäß der obigen Definition in ihrer gesamten Vielfalt zu präsentieren. Die somit notwendige Fokussierung auf einen überschaubaren Rahmen geschieht hier unter Anlegung zweier Prämissen: Zum einen beruhen die vorgestellten unkonventionellen Aktoren ganz wesentlich auf den Eigenschaften neuer oder verbesserter Werkstoffe, zum anderen stehen sie an der Schwelle eines großtechnischen Einsatzes oder haben diese Schwelle gerade erst überschritten. Ein weiteres Kriterium ist eine akzeptable Verfügbarkeit der aktorisch wirksamen Werkstoffe, denn der Leser dieses Buches soll in die Lage versetzt werden, auf der Basis des Marktangebots auch eigene Aktorideen realisieren zu können.

Unter Berücksichtigung dieser Festlegungen ist das Buch wie folgt aufgebaut: Nach einem einführenden Kapitel, in dem aktorrelevante Definitionen und Zusammenhänge erläutert werden, befassen die Kapitel 2 und 3 sich mit piezoelektrischen und magnetostriktiven Aktoren. Inhalte der Kapitel 4 und 5 sind Flüssigkeiten, deren Fließverhalten durch elektrische bzw. magnetische

---

1 Siehe hierzu beispielsweise [Jan04].

Felder gesteuert werden kann, was die Basis elektrorheologischer und magnetorheologischer Aktoren darstellt. Thermisch und magnetisch anregbare Formgedächtnis-Legierungen und entsprechende Aktoren werden in den Kapiteln 6 bzw. 7 behandelt. Thema von Kapitel 8 sind elektrochemische Aktoren, und Kapitel 9 liefert einen Überblick von Mikroaktoren, die auf unkonventionellen Aktorprinzipien beruhen. Eine Besonderheit stellen die beiden letzten Kapitel dar, da die wichtigen Themen Leistungsverstärker für Aktoren (Kapitel 10) und Self-sensing-Aktoren (Kapitel 11) in der sonstigen Aktor-Literatur meistens vernachlässigt werden.

Zwei Aktorarten, die in der jüngeren Vergangenheit zunehmend in den Vordergrund gerückt sind und ohne Zweifel ebenfalls zu den unkonventionellen Aktoren zählen, wird der Leser womöglich vermissen – nämlich Aktoren mit elektroaktiven Polymeren (EAP-Aktoren) und Aktoren mit Kohlenstoff-Nanoröhrchen. Zu den EAP-Aktoren gibt es wohl einige wenige Muster; erfahrungsgemäß beginnt sich aber gerade erst ein Marktangebot für aktorrelevante Polymere mit stabilen Werkstoffeigenschaften zu etablieren, das den Interessenten in die Lage versetzt, entsprechende Aktoren auch ohne eigene Grundlagenforschung aufzubauen. Nach dem Stand der Dinge werden EAP-Aktoren voraussichtlich in einer der nächsten Auflagen dieses Buches zu finden sein[2]; eine anwendungsnahe Aktorik auf der Basis von Kohlenstoff-Nanoröhrchen wird hingegen noch einige Jahre intensiver Grundlagenarbeit erfordern.

Das vorliegende Buch basiert auf meiner etwa 25-jährigen Tätigkeit auf dem Gebiet der unkonventionellen Aktoren. In dieser Zeit habe ich zusammen mit meinen Mitarbeitern zahlreiche Grundlagenuntersuchungen sowie anwendungsnahe Entwicklungsprojekte mit nationalen und internationalen Partnern aus Universitäten und kommerziellen Unternehmen durchgeführt. Das auf den folgenden Seiten zusammengefasste Wissen stammt daher aus einer Vielzahl von Quellen, die aber häufig gar nicht mit bestimmten Personen verknüpfbar sind. Darüber hinaus ist der Kreis von Informanten so groß, dass diese hier schon aus Platzgründen nicht namentlich aufgeführt werden können. Sozusagen stellvertretend für alle ‚Zuarbeiter‘ will ich daher lediglich den Herren Dipl.-Ing. (FH) T. Würtz und Privatdozent Dr.-Ing. K. Kuhnen für ihre Unterstützung danken; sie haben die Kapitel 10 bzw. 11 wesentlich mitgeschrieben.

Ich möchte dieses Vorwort mit einem Hinweis abschließen. Ich hoffe sehr, dass die folgenden Kapitel verdeutlichen können, dass die unkonventionelle Aktorik als multidisziplinäres Fach gleichermaßen spannend und zukunftsträchtig ist. Sollte daher der eine oder andere Leser erwägen, sich intensiver mit diesem Gebiet zu befassen, sei eine Mitgliedschaft im Fachausschuss „Unkonventionelle Aktorik“ der VDI/VDE-Gesellschaft für Mess- und Automatisierungstechnik (GMA) empfohlen. In diesem Fachausschuss trifft sich ein überschaubarer Kreis von Fachleuten aus dem deutschsprachigen Raum zweimal im Jahr, um nach der einfachen Regel „nehmen und geben“ ihr Wissen über unkonventionelle Aktoren auszutauschen und Kooperationen anzubahnen.

Und nun wünsche ich dem Leser einen möglichst großen Nutzen und viel Freude mit diesem Buch.

Saarbrücken, im Oktober 2009 Hartmut Janocha

---

2 Eine Übersicht der EAP-Prinzipien geben beispielsweise A. Mazzoldi, F. Carpi und D. De Rossi in [Jan07].

# Vorwort zur 2. Auflage

Wie bereits im Vorwort zur 1. Auflage angekündigt und entsprechend den dort erläuterten Prämissen werden nun in der 2. Auflage auch Aktoren mit elektroaktiven Polymeren in einem eigenen Kapitel behandelt (Kapitel 9; die bisherigen Kapitel 9 bis 11 erhalten dadurch die neue Nummerierung 10 bis 12). Kapitel 7 – Aktoren mit magnetischen Formgedächtnis-Legierungen – wurde wesentlich erweitert und hat infolge der Berücksichtigung neuester Forschungsergebnisse derzeit wohl ein Alleinstellungsmerkmal im deutschsprachigen Schrifttum. Darüber hinaus erhielt Abschnitt 1.6 einige nützliche Erweiterungen, und an verschiedenen Stellen des bereits vorhandenen Buchtextes wurden aktuelle Produkt- und Anwendungsbeispiele in den bestehenden Text eingefügt.

Durch die vorgenommenen Ergänzungen und Aktualisierungen vermittelt diese 2. Auflage der „Unkonventionellen Aktoren“ einen umfassenden, nun nahezu lückenlosen Überblick vom heutigen Stand der anwendungsorientierten, unkonventionellen Aktorik. Ich bin darum zuversichtlich, dass dieses Buch von der Aktor-Gemeinde weiterhin gut angenommen wird. Bei der Erstellung der Bilder und als kritische Gesprächspartner standen mir meine Mitarbeiter Dipl.-Ing. (FH) B. Holz und Ph.D. L. Riccardi zur Seite. Ich danke ihnen für ihre Unterstützung, sowie meinem ehemaligen Mitarbeiter Prof. Dr.-Ing. J. Schäfer für seine Bereitschaft, speziell den Themenkreis Energiedichte/Kopplungsfaktor/Wirkungsgrad eingehend mit mir zu diskutieren.

Saarbrücken, im Juni 2013 Hartmut Janocha

# Inhalt

# 1 Einführung

## 1.1 Was sind unkonventionelle Aktoren?

Allgemein kann man Aktoren (engl. *actuators*) als Verbindungsglieder zwischen dem informationsverarbeitenden Teil von elektrischen Steuerungen und einem technischen oder nichttechnischen, z.B. biologischen, Prozess bezeichnen. Mit Hilfe von Aktoren lassen sich Energieflüsse oder Massen-/Volumenströme zielgerichtet einstellen. Ihre Ausgangsgröße ist eine Energie oder Leistung, die gewöhnlich als mechanisches Arbeitsvermögen „Kraft mal Weg“ zur Verfügung steht. Der Aktoreingang wird stets elektrisch angesteuert, im Idealfall leistungslos, auf jeden Fall aber leistungsarm mit Strömen oder Spannungen, die möglichst mikroelektronik-kompatibel sind. Es sei betont, dass insbesondere die letztgenannte Eigenschaft Aktoren von „normalen“ Stellgliedern unterscheidet.

Die Struktur von Aktoren kann durch Einführen der elementaren Funktionsglieder „Energiesteller“ und „Energiewandler“ beschrieben werden (s. Bild 1.1). Bei einem Energiesteller ist die Ausgangsgröße eine Energie; diese entstammt einer leistungsstarken Hilfsenergiequelle und wird durch eine energiearme elektrische Eingangsgröße gesteuert, so wie es bei Transistoren oder Vorsteuerventilen der Fall ist. Bei einem Energiewandler ist sowohl die Eingangsgröße als auch die Ausgangsgröße eine Energie; entweder gleicher Art wie bei Stromwandlern (elektrisch/elektrisch) oder Drehmomentwandlern (mechanisch/mechanisch) oder verschiedenartig wie bei elektromagnetischen oder piezoelektrischen Wandlern (magnetisch/mechanisch bzw. elektrisch/mechanisch).

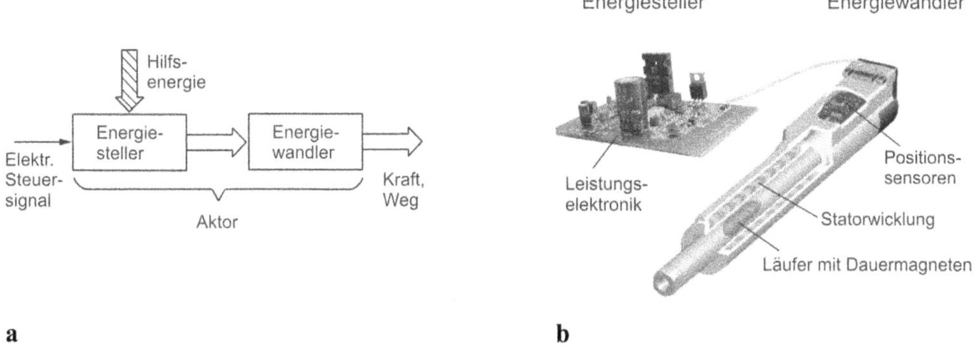


***Bild 1.1*** *Struktur von Aktoren.* ***a*** *Energiesteller und Energiewandler als elementare Funktionsglieder,* ***b*** *Ausführungsbeispiel: Elektromagnetischer Linearaktor*

Weil die Aufgabe von Aktoren darin besteht, Materieströme bzw. Energieflüsse zu steuern, muss jeder Aktor wenigstens einen Energiesteller enthalten. Im Allgemeinen setzen sich Aktoren daher aus einer Reihenschaltung von Energiestellern und Energiewandlern zusammen. In der Sprachpraxis wird allerdings ein wesentliches Merkmal des Aktors, nämlich seine leistungsarme elektrische Steuerbarkeit, meistens nicht berücksichtigt. Demzufolge wird häufig auch der Energiewandler allein als Aktor bezeichnet, und der Energiesteller wird dann beispielsweise als Leistungsverstärker oder Leistungselektronik benannt. Heutzutage sind beide Definitionen des Aktors (zum einen als reiner Energiewandler, zum anderen als Energiesteller plus Energiewandler) gleichermaßen gebräuchlich; sie werden daher auch in diesem Buch unterschiedslos verwendet.

Als unkonventionelle Aktoren werden nun – in etwas pragmatischer Weise – diejenigen Wandler-Steller-Kombinationen bezeichnet, deren Funktion auf anderen als den seit langem genutzten physikalischen Effekten basiert. Nach dieser Definition würde allerdings eine sehr große Zahl von Aktorprinzipien zu berücksichtigen sein – darunter auch weniger praxisrelevante, so dass eine Auswahl notwendig erscheint. Diese erfolgt unter Zuhilfenahme von zwei weiteren Bedingungen: Die erste legt fest, dass unkonventionelle Aktoren wesentlich auf besonderen Eigenschaften neuer oder verbesserter Werkstoffe beruhen, die zweite, dass sie das Laborstadium verlassen haben müssen und/oder an der Schwelle eines großtechnischen Einsatzes stehen. Diese Festlegung ist nicht genormt; gleichwohl wird sie von der „scientific community" akzeptiert und angewendet.

Mit diesen Vereinbarungen lässt sich die Aufteilung in konventionelle und unkonventionelle Aktoren leicht konkretisieren: Aktoren, die beispielsweise auf elektromagnetischen, hydraulischen oder pneumatischen Prinzipien beruhen, sind seit Jahrzehnten bekannt und bewährt; sie werden daher zu den konventionellen Aktoren gezählt. Für Aktoren auf Basis von piezoelektrischen, elektrostriktiven und magnetostriktiven Werkstoffen sowie thermischen oder magnetischen Formgedächtnis-Legierungen und Aktoren mit elektro- oder magnetorheologischen Flüssigkeiten gab es bis vor wenigen Jahren hingegen lediglich einzelne Nischenanwendungen (z.B. der piezoelektrische Tintendruckerkopf). Erst seit Kurzem machen sie sich auf den Weg, neue Anwendungen und neue Märkte zu erobern. Mit solchen unkonventionellen Aktoren befasst sich das vorliegende Buch.

## 1.2 Aktoren als Systemkomponente

Viele Steuerungsaufgaben in der natürlichen und künstlichen Umwelt lassen sich durch eine offene Wirkungskette gemäß Bild 1.2 beschreiben: Im Mittelpunkt stehen Abläufe und Vorgänge („Prozesse"), die auf bestimmte Ziele hin verändert werden. Zu diesem Zweck greifen Aktoren in den Prozessablauf ein. Ihre mikroelektronik-kompatiblen Eingangssignale werden im informationsverarbeitenden Teil von elektrischen Steuerungen erzeugt, die häufig dezentral verteilt sind, also den verschiedenen Prozessen räumlich und funktionell individuell zugeordnet werden. Die Steuerungen („Mikrocomputer") sind üblicherweise programmgesteuert und können auf der Basis von Personalcomputern realisiert werden. Eingriffe in den Prozess durch eine Bedienperson erfolgen über eine sog. Mensch-Maschine-Schnittstelle (engl. *human machine interface, HMI*), die im einfachsten Fall als alphanumerische Tastatur und Monitor vorliegt.

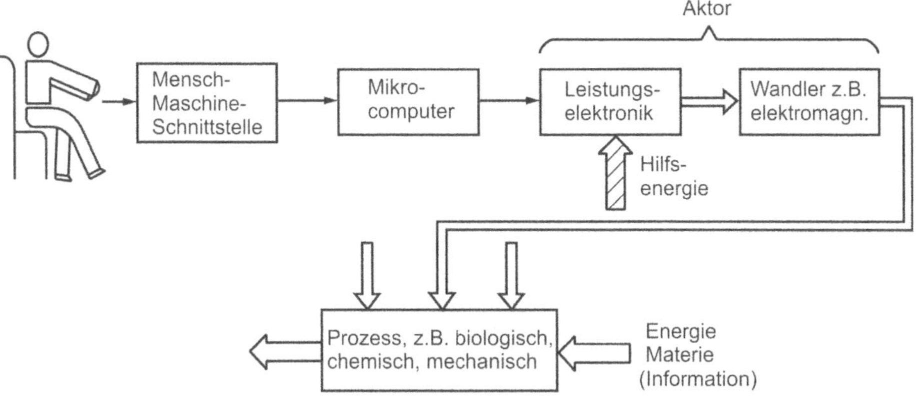


***Bild 1.2*** *Offene Wirkungskette (Steuerung)*

Bei automatisierten Prozessen erfolgt die Steuerung als geschlossener Wirkungsablauf (s. Bild 1.3). Eine Schlüsselfunktion ist die Messung charakteristischer Prozessgrößen, die nach ihrer Vorverarbeitung dem Steuerungsrechner zugeführt werden. Dieser vergleicht die gemessenen Istwerte mit vorgegebenen Sollwerten, und gemäß einer im Rechner abgelegten Regelstrategie werden aus den Abweichungen mit Hilfe von Rechenalgorithmen Stellsignale für den Aktor bzw. für die zugehörige Leistungselektronik ermittelt.

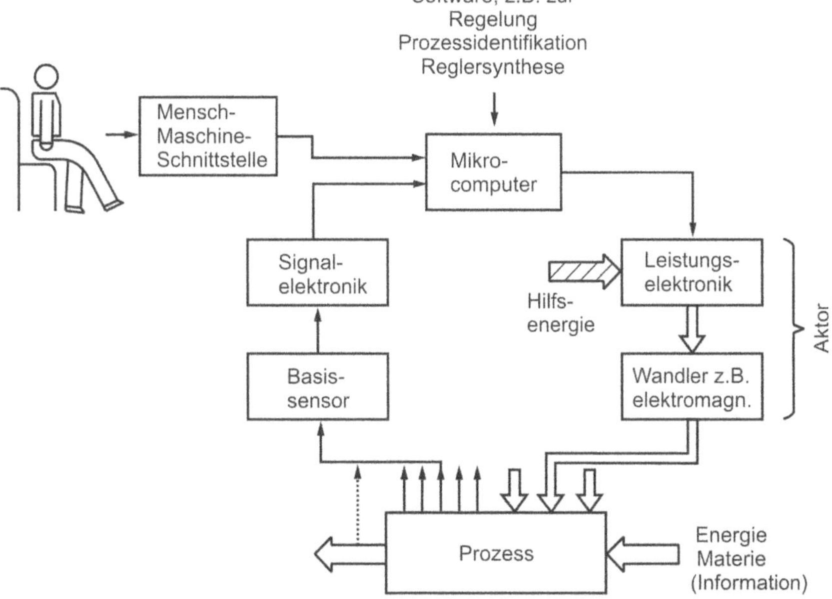


***Bild 1.3*** *Geschlossener Wirkungsablauf (Regelkreis)*

Sofern eine rechnerverwertbare Kenntnis des Prozesses vorliegt, beispielsweise in Form eines mathematischen Modells, werden dessen prozessspezifische Parameter im Zuge eines Identifikationszyklus im Rechner bestimmt. Diese Parameter bilden die Grundlage einer im

Rechner ablaufenden Reglersynthese. In einer höheren Automatisierungsstufe passt sich der Regler prozessbedingten Parameteränderungen – z.B. aufgrund von Werkzeugverschleiß – selbsttätig an: Adaptive Prozessführung (engl. *adaptive control, AC*).

Der symmetrische Systemaufbau in Bild 1.3 belegt auch phänomenologisch die duale Rolle der Sensorik und der Aktorik im Rahmen geschlossener Wirkungsabläufe. Interessant ist, dass bereits der Aktorzweig allein in Aufbau und Funktion alle Eigenschaften eines vollständigen Regelsystems mit eigener Sensorik und Signalverarbeitung aufweisen kann. Ein konkretes Beispiel hierfür sind piezoelektrische Aktoren, deren Auslenkungen von direkt auf dem Piezokristall applizierten Dehnungsmessstreifen erfasst werden, um – ganz analog zu den Methoden der Fehlerkompensation bei Sensoren – temporäre oder prinzipbedingte Unvollkommenheiten des Aktors, wie Temperaturabhängigkeiten, Nichtlinearitäten oder Hystereseeffekte der Ausgang-Eingang-Charakteristik, eliminieren zu können (s. Abschnitt 1.4.1, „intelligente" Aktoren).

In diesem Zusammenhang sei auf die deutsche Norm DIN 19226 Regelungstechnik und Steuerungstechnik (engl. *closed loop control and open loop control*) hingewiesen. Bild 1.4 beschreibt das Regelungssystem nach DIN: Im Steller wird aus der Reglerausgangsgröße $y_R$ die Stellgröße $y$ zur Ansteuerung des Stellglieds gebildet, das seinerseits in einen Materiestrom und/oder Energiefluss eingreift. Demzufolge sind die obigen Aktor-Definitionen am ehesten mit den DIN-Bezeichnungen Stelleinrichtung (engl. *final controlling equipment*) oder Stellglied (engl. *final controlling element*) verwandt.

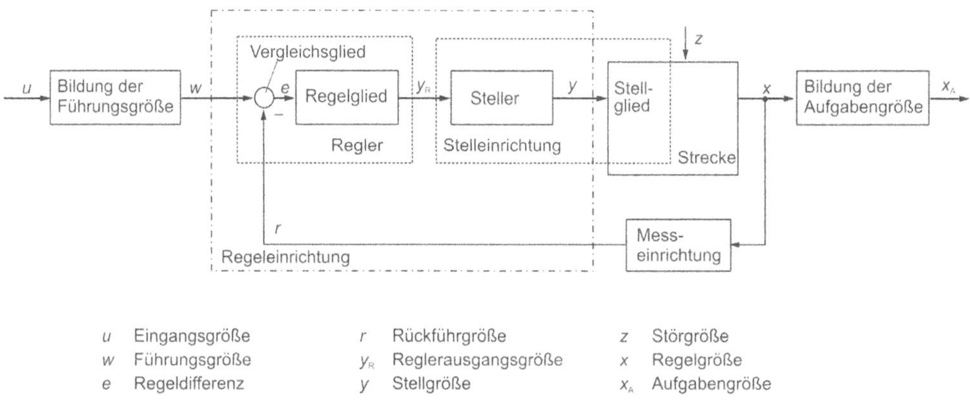


***Bild 1.4*** *Typischer Wirkungsplan einer Regelung gemäß DIN 19226*

Die Behandlung des Aktors als Systemkomponente führt folgerichtig auf die Frage nach der Art seiner Schnittstellen. Seine ausgangs- bzw. prozessseitige Schnittstelle kann so verschiedenartig sein wie der Einsatzbereich von Aktoren überhaupt und wird wesentlich vom letztlich zu realisierenden Einsatzfall bestimmt. Die eingangsseitige, bereits mit mikroelektronikkompatibel charakterisierte Schnittstelle des Aktors lässt sich hingegen wesentlich einfacher konkretisieren. Hier ergeben sich Festlegungen aus der Forderung, den Aktor „unbesehen" an einen Steuerungsrechner mit genormten Schnittstellen anschließen zu können. Die Einbindung des Aktors in Echtzeitkonzepte macht es darüber hinaus notwendig, dass der Rechner die erforderlichen Anwenderprogramme rechtzeitig und (quasi) gleichzeitig abarbeiten kann. Normale Personalcomputer (PC) mit den üblichen Betriebssystemen sind hierzu – im Gegensatz zu Prozessrechnern, die „von Haus aus" über die notwendigen Eigenschaften Timesharing, Multitasking und Interrupt-Fähigkeit verfügen – nicht in der Lage. Mit Hilfe entsprechender Hard- und Software lassen sich jedoch auch PCs zu Prozessrechnern aufrüsten.

Die Beschreibung und Untersuchung von Systemen aller Art ist Aufgabe der Systemtheorie oder – sofern es sich um technische Systeme handelt – der Systemtechnik. Nach den bisherigen Ausführungen ist es nahe liegend, die Rolle der Aktorik im Zusammenhang mit aktuellen Spielarten der Systemtechnik zu beleuchten, nämlich der Mechatronik, der Mikrosystemtechnik und der Adaptronik.

## 1.3 Aktoren im Zentrum von Mechatronik, Mikrosystemtechnik und Adaptronik

Der Begriff *Mechatronik* wurde erstmals 1969 von einem leitenden Ingenieur einer japanischen Firma als Kombination der Wörter *Mechanik* und *Elektronik* verwendet, um die wachsende Durchdringung und Vernetzung dieser Teildisziplinen bei der Entwicklung und Herstellung neuartiger Produkte zu kennzeichnen. Für das mechatronische Konzept findet man heute eine ganze Reihe ähnlicher Definitionen. Die geläufigste betont die Synergie (das Zusammenwirken) der Teildisziplinen und lautet: *Mechatronik ist die synergetische Verbindung von Mechanik mit Elektronik und „intelligenter" Rechnersteuerung beim Entwurf und bei der Fertigung von Produkten und Prozessen.* Demnach sind Aktoren von Haus aus mechatronische Komponenten, was bereits Bild 1.3 zum Ausdruck bringt. Die Realisierungen von mechatronischen Systemen sind äußerst vielfältig, und Beispiele reichen von Industrierobotern und CNC-Werkzeugmaschinen über Antiblockier- und Antischlupfsysteme in Kraftfahrzeugen bis zu CD-Spielern und Fotoapparaten. Dabei werden sowohl konventionelle als auch unkonventionelle Aktoren eingesetzt, wobei eine problemangepasste Leistungselektronik den Entwicklungserfolg wesentlich beeinflusst.

Seit den 1980er Jahren verstärkte sich der Trend zur Miniaturisierung mechatronischer Systeme sehr rasch. Zur Kennzeichnung solcher Systeme entstand zu jener Zeit in Deutschland das Kunstwort *Mikrosystemtechnik* (*MST*) und in den USA der sinnverwandte Begriff *microelectromechanical systems* (*MEMS*). Beide Begriffe umfassen die Entwicklung und Integration von Sensoren, Aktoren und anderen dreidimensionalen Strukturen mit sehr kleinen Abmessungen, wobei u.a. Fertigungstechniken zum Einsatz kommen, die aus dem Bereich hochintegrierter Mikroelektronik bekannt und etabliert sind. Damit stehen gewissermaßen die Herstellungstechnologien im Vordergrund, während mit dem Begriff Mechatronik die funktionalen und Entwurfs-Aspekte betont werden.

Für die Sensorik ist die Bedeutung des Einsatzes von Mikrotechniken sofort einsichtig („Mikrosensorik"). Für die Aktorik haben sie jedoch begrenzte Relevanz, weil bei den hier interessierenden Aktoren, nämlich denjenigen mit mechanischem Leistungsausgang, mit Hilfe von mikromechanischen Strukturen natürlich nur kleinere Wege und/oder Kräfte realisiert werden können (s. Kapitel 10). Nichtsdestoweniger erhält die Mikrosystemtechnik dadurch Bedeutung für die Aktorik, dass man versucht, Unvollkommenheiten des Aktors, wie z.B. Temperaturabhängigkeiten oder nichtlineare Kennlinien, auf elektronischem Wege zu eliminieren. Hierbei besteht der Wunsch, die erforderlichen Sensoren und Schaltkreise unter Anwendung von Mikrotechniken zu miniaturisieren und im Aktorgehäuse unterzubringen (s. das Ausführungsbeispiel in Bild 1.1b); das Ergebnis wird als „intelligenter" Aktor bezeichnet (s. Abschnitt 1.4.1).

Der Begriff *Adaptronik*, der im Herbst 1991 in Deutschland definiert und eingeführt wurde, kennzeichnet eine Disziplin, die auf internationaler Ebene unter den Bezeichnungen *smart materials, smart structures, intelligent systems* u. Ä. bekannt ist. Adaptronische Systeme und Strukturen können sich selbsttätig an unterschiedliche Betriebs- oder Umweltbedingungen anpassen („adaptieren"). Darüber hinaus und im Unterschied zum klassischen Regelkreis, dessen (Teil-) Funktionen durch separate Bauelemente realisiert werden, sind für die Adaptronik multifunktionale Elemente charakteristisch [Jan07]. Man versucht also, mehrere anwendungsspezifische Funktionen in einem einzigen Bauelement unterzubringen, das vorzugsweise unmittelbar in die Struktur oder in das System zu integrieren ist. Das Ziel besteht darin, Systeme und Strukturen möglichst einfach und leichtgewichtig aufzubauen, um letztendlich den erforderlichen Material- und Energieeinsatz für die Realisierung und den Betrieb auf ein unbedingt notwendiges Maß reduzieren zu können. Multifunktionale Werkstoffe sind unter anderem: Piezoelektrische, elektrostriktive und magnetostriktive Elemente; thermische und magnetische Formgedächtnis-Legierungen sowie elektrorheologische und magnetorheologische Fluide.

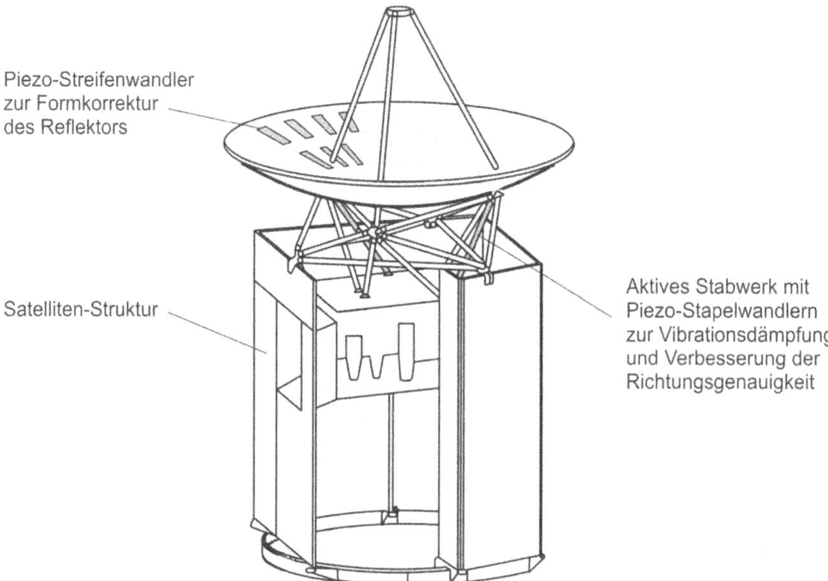


***Bild 1.5*** *Beispiel für ein adaptronisches System: Aktive Antennenstruktur an einem Satelliten (Quelle: DASA/EADS)*

Eine typische adaptronische Aufgabenstellung ist die aktive Steuerung von Strukturgeometrien. Hierbei wird das Übertragungsverhalten von mechanischen Strukturen mit Sensoren in-process erfasst und mit Hilfe von Aktoren gezielt eingestellt. Beispielsweise werden piezoelektrische Stapelaktoren (s. Abschnitt 2.3.1) in fachwerkartigen Strukturen als aktive Streben eingesetzt oder piezoelektrische Streifenwandler (Abschnitt 2.3.2) verformen flächenhafte Strukturen wie Platten oder Schalen (s. Bild 1.5). Dabei kann neben der aktorischen Fähigkeit der Piezowandler gleichzeitig deren inhärente Sensoreigenschaft zum Zuge kommen. Mit solchen „Self-sensing-Aktoren“ (s. Abschnitt 1.4.2 und Kapitel 12) lassen sich die erwähnten „smarten Strukturen“ realisieren, die hinsichtlich des erforderlichen Geräte- und Installationsbedarfs mit viel weniger Aufwand in Betrieb genommen werden können als dies bisher möglich ist.

# 1.4 „Intelligente“ und Self-sensing-Aktoren

Im Folgenden werden die in den Abschnitten 1.2 und 1.3 bereits erwähnten Konzepte des „intelligenten“ und des Self-sensing-Aktors am Beispiel von Festkörperaktoren genauer beschrieben. Ausgangspunkt der Betrachtung ist die gewünschte Sollauslenkung $s_\mathrm{d}$ des Aktors. Eine Steuer- oder Regelelektronik erzeugt hieraus in Verbindung mit einem Leistungsverstärker die elektrische Größe $X$ zur direkten Ansteuerung des Aktors. Dieser wandelt die Größe $X$ in eine Auslenkung $s$, die der Last $F$ entgegen gerichtet ist; $y$ ist die Ausgangsgröße eines Weg- oder Kraftsensors. Diese Situation liegt den Bildern 1.6 und 1.7 zugrunde.

Gewöhnlich sind Istauslenkung $s$ und Sollauslenkung $s_\mathrm{d}$ nicht gleich. Interne Unvollkommenheiten, wie beispielsweise hysteresebehaftete Kennlinien und äußere Einflüsse, wie Krafteinwirkungen durch die umgebende mechanische Struktur, sind die Hauptgründe für die Abweichung zwischen den Soll- und Istwerten. Der erstgenannte Mangel (hysteretische Nichtlinearitäten) ruft Mehrdeutigkeiten zwischen den Ausgangs- und Eingangsgrößen des Wandlers hervor; letztere (äußere Einflüsse) verursachen eine Abweichung der Istauslenkung vom Sollwert beispielsweise aufgrund der endlichen Steifigkeit des Festkörperwandlers. Hysteresebehaftete Abhängigkeiten zwischen Eingangsgrößen (hier: $F$, $X$) und Ausgangsgrößen (hier: $s$, $y$) können beispielsweise mit Hilfe von sog. Operatoren (s. Kapitel 12) beschrieben werden:

$$y = \Gamma_\mathrm{S}[X,F], \tag{1.1}$$

$$s = \Gamma_\mathrm{A}[X,F]. \tag{1.2}$$

(1.1) wird Sensorgleichung des Festkörperwandlers genannt, (1.2) ist die Aktorgleichung; $\Gamma_\mathrm{S}$ bzw. $\Gamma_\mathrm{A}$ sind die entsprechenden (vektoriellen) Hystereseoperatoren.

## 1.4.1 „Intelligente“ Festkörperaktoren

Festkörperaktoren werden als „intelligent“ bezeichnet, wenn ihr Übertragungsverhalten durch eine funktional zugeordnete, „elektronische Intelligenz“ bestimmt wird, falls notwendig mit Sensorunterstützung. Solche „intelligenten" Aktoren erkennen Abweichungen vom gewünschten Übertragungsverhalten, die von hysteretischen Nichtlinearitäten sowie von Lastrückwirkungen verursacht werden, und korrigieren sie automatisch. Der weggeregelte Aktor in Bild 1.6a ist ein Beispiel für solch einen Aktortyp. Damit können innere Unvollkommenheiten und äußere Störeinflüsse durch einen linearen Regler kompensiert werden. Dieser Regler erhält Informationen über die Aktorauslenkung von einem (separaten) Wegsensor. Mit Hilfe des inversen Operators $\Gamma_A^{-1}$ wird die Kraft $F_r$ rekonstruiert, so dass es beispielsweise möglich wird, eine Rückmeldung über die augenblickliche Belastung des Aktors an das übergeordnete Regelsystem zu geben. Hierfür ist eine Messschaltung zur Erfassung der elektrischen Steuergröße $X$ erforderlich.

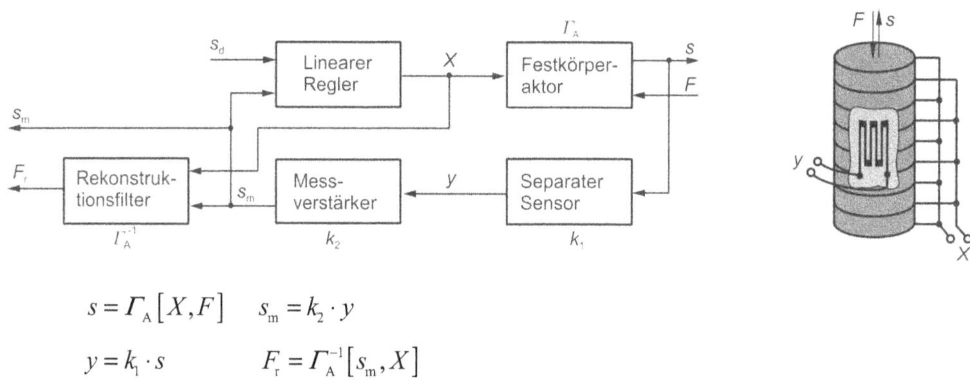


$$s = \Gamma_A[X,F] \qquad s_m = k_2 \cdot y$$

$$y = k_1 \cdot s \qquad F_r = \Gamma_A^{-1}[s_m, X]$$

**a**



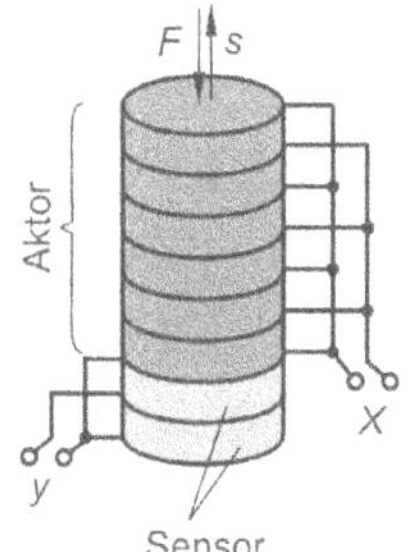


$$s = \Gamma_A[X,F] \qquad s_r = \Gamma_A[X,F_m]$$

$$y = \Gamma_S[F] \qquad F_m = \Gamma_S^{-1}[y]$$

$$\text{Inverse Steuerung: } X = \Gamma_A^{-1}[s_d, F_m]$$

**b**

***Bild 1.6*** *Wirkungsplan eines „intelligenten" Festkörperaktors.* ***a*** *Mit separatem Sensor (z.B. Dehnungsmessstreifen),* ***b*** *mit integriertem Sensor (man beachte, dass die elektrische Größe y unterschiedliche mechanische Messgrößen abbildet)*

Ein Ausführungsbeispiel für einen „intelligenten“ Aktor ist im rechten Teil von Bild 1.6a angedeutet; dort wird die Auslenkung eines piezoelektrischen Stapelwandlers (s. Abschnitt 2.3.1) mit Hilfe eines Dehnungsmessstreifens erfasst, der unmittelbar auf den aktiven Werkstoff geklebt ist. Ebenfalls bei piezoelektrischen Stapelwandlern wird manchmal das Konzept gemäß Bild 1.6b genutzt. Hierbei wirken einige der Keramikscheiben als Sensoren, um die Kraft zu messen, wobei der größere Teil des Stapels als Aktor fungiert. Für die korrekte Messung der Kraft muss das hysteretische Übertragungsverhalten des integrierten Piezosensors mittels des inversen Operators $\Gamma_S^{-1}$ im Rekonstruktionsfilter 1 kompensiert werden. Die Auslenkung $s$ wird im Filter 2 mit Hilfe des Operators $\Gamma_A$ aus der elektrischen Steuergröße $X$ und der gemessenen Kraft $F_m$ rekonstruiert. Hysteretische Nichtlinearitäten und Lastrückwirkungen, die während des Aktorbetriebs auftreten, werden mit Hilfe der inversen Steuerung $\Gamma_A^{-1}$ kompensiert.

### 1.4.2 Self-sensing-Festkörperaktoren

Der in Bild 1.7 dargestellte Self-sensing-Festkörperaktor hat den höchsten Integrationsgrad. Charakteristisch für Self-sensing-Aktoren ist die simultane Nutzung von aktorischen und sensorischen Eigenschaften desselben aktiven Materials. Im Unterschied zu dem Konzept des „intelligenten“ Aktors in Bild 1.6 verfügen sie über eine Leistungselektronik mit integrierter Messelektronik zur Erfassung der gegebenen elektrischen Steuergröße $X$ und der dualen elektrischen Größe $y$, welche die Sensorinformation beinhaltet. Aus den gemessenen elektrischen Größen $X$ und $y$ werden dann die mechanischen Größen Auslenkung $s_r$ und Last $F_r$ in den Rekonstruktionsfiltern 1 und 2 berechnet. Die zentrale Aufgabe der Signalverarbeitung ist in diesem Fall die Linearisierung der Kennlinienhysteresen und die Entkopplung der Sensor- von der Aktorfunktion.

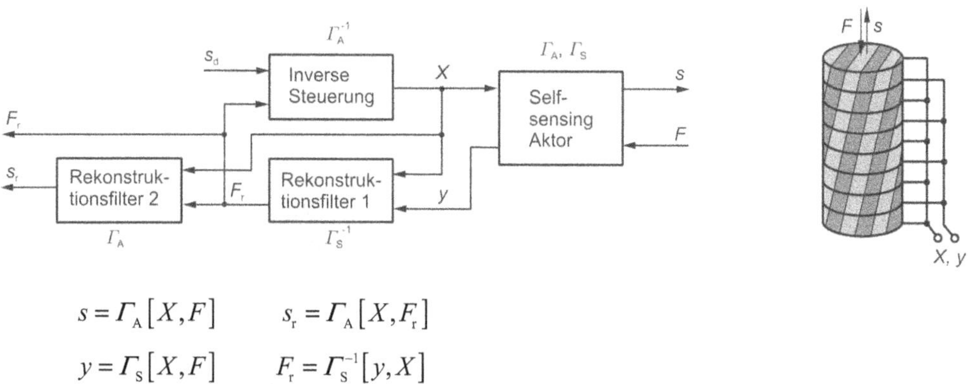


$$s = \Gamma_A[X,F] \qquad s_r = \Gamma_A[X,F_r]$$

$$y = \Gamma_S[X,F] \qquad F_r = \Gamma_S^{-1}[y,X]$$

$$\text{Inverse Steuerung: } X = \Gamma_A^{-1}[s_d,F_r]$$

***Bild 1.7*** *Wirkungsplan eines Self-sensing-Festkörperaktors*

Die Entkopplung von Sensor- und Aktorfunktion für die Rekonstruktion sowohl der Kraft als auch der Auslenkung ist der Hauptunterschied zwischen self-sensing und „intelligentem" Aktorkonzept in Bild 1.6. Im erstgenannten Fall wird die Ausgangsgröße $y$ des Sensorpfades stark von der Steuergröße $X$ des Festkörperwandlers beeinflusst und muss als äußerer Störeinfluss auf den Sensorbetrieb betrachtet werden. Im letztgenannten Fall bleibt die Ausgangsgröße $y$ des Sensorpfades von der Steuergröße $X$ des Festkörperwandlers unbeeinflusst. Daher ist in diesem Fall eine modellbasierte Entkopplung der Sensor- und der Aktorfunktion nicht erforderlich. Eine detaillierte Behandlung des Self-sensing-Prinzips aus systemtheoretischer Sicht erfolgt in Kapitel 12.

## 1.5 Entwurf von Aktoren

Wie in anderen technisch-wissenschaftlichen Bereichen erfolgt auch der Entwurf von unkonventionellen Aktoren zunehmend mit Rechnerhilfe. Er beginnt damit, dass der Aktor und seine Umgebung als Softwaremodell nachgebildet werden. Solche Modelle sind eine Voraussetzung für die Simulation des dynamischen Systemverhaltens im vorgesehenen Einsatzfall. Auf diese Weise lassen sich alle wichtigen Eigenschaften des Systems bereits am Rechner erkennen, und die wesentlichen Parameter des Aktors können bezüglich der gewünschten Zielgrößen optimiert werden, bevor seine prototypische Realisierung erfolgt. Dieser Entwurfsweg wird nun kurz am Beispiel eines Schwingungstilgers (engl. *dynamic vibration absorber*) vorgeführt, der hier als schwach gedämpftes Masse-Feder-System angenommen wird

Schwingungstilger werden zum Beispiel in der Automobil- und Luftfahrtindustrie zur Reduzierung der Schwingungsneigung von Karosserien bzw. Flugzeugrümpfen eingesetzt. Zum Aufstellen eines einfachen Näherungsmodells kann die mechanische Struktur an der Stelle der maximalen Schwingung ersatzweise durch eine Basismasse $m_1$ beschrieben werden (s. Bild 1.8). Die monofrequente oder schmalbandige Störkraft $F_1$ ist eine Folge der Wechselwirkung zwischen $m_1$ und der restlichen mechanischen Struktur, welche an anderen Stellen durch extern oder intern angreifende Kräfte angeregt wird. Die Aufgabe des Schwingungstilgers besteht darin, die Hilfsmasse $m_2$ gerade so auszulenken, dass sich eine Sekundärkraft $F_2 = m_2 a_2$ einstellt, die in der Lage ist, die Primärkraft $F_1$ zu kompensieren und damit der Anregung der Masse $m_1$ entgegenwirkt.

Gewöhnlich setzt man Schwingungstilger dann ein, wenn die Störkraft $F_1$ monofrequent oder schmalbandig ist. Durch die passende Wahl seiner Parameter Federsteifigkeit $c$, Dämpfungskoeffizient $k$ und Masse $m_2$ wird die Eigenfrequenz eines Tilgers auf die Frequenz von $F_1$ abgestimmt. Die schwingungsreduzierende Wirkung beruht in diesem Fall auf einer Kompensation von $F_1$ durch die vom Tilger hervorgerufene Massenkraft. Bei verstellbaren, passiven Tilgern ist es möglich, die Kopplung zwischen den beiden interagierenden Massen variabel zu gestalten, wodurch man eine frequenzveränderliche Tilgerwirkung erreicht. Von diesem Gedanken ausgehend lässt sich beispielsweise das passive Material zwischen $m_1$ und $m_2$ (vgl. Bild 1.8a) durch einen piezoelektrischen Aktor ersetzen. Hierdurch ist man in der Lage, die nun durch die elastischen Eigenschaften des Aktors festgelegten Parameter Federsteifigkeit und Dämpfungskoeffizent elektrisch zu steuern.

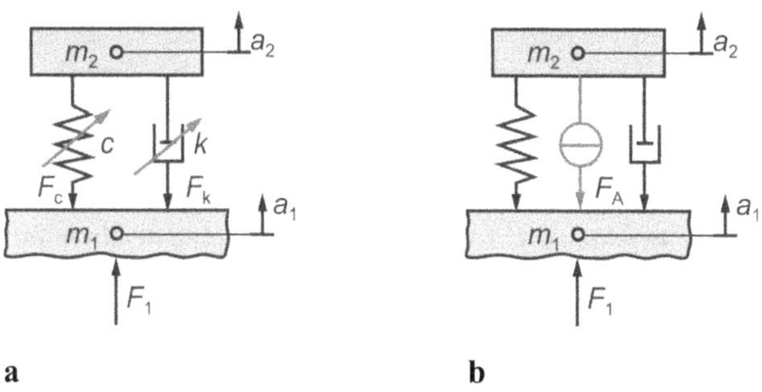


***Bild 1.8*** *Tilger-/Dämpferprinzip.* ***a*** *Verstellbarer Schwingungstilger (Hilfsmassedämpfer),* ***b*** *aktiver Schwingungsdämpfer (seismischer Dämpfer)*

Mit Hilfe einer rechnerischen Modalanalyse unter Einsatz kommerziell verfügbarer Software kann beispielsweise das Eigenschwingverhalten des beschriebenen Systems bereits in der Entwurfsphase simuliert werden. Das hierzu erforderliche Systemmodell lässt sich durch Nutzung ebenfalls kommerziell verfügbarer FEM[3]-Software unmittelbar aus der am CAD[4]-Rechner erstellten Konstruktionszeichnung ableiten. Bild 1.9 zeigt das FEM-Modell eines verstellbaren, passiven Tilgers, bei dem die Kopplung zwischen $m_1$ und $m_2$ durch einen piezoelektrischen Stapeltranslator (s. Abschnitt 2.3.1) erfolgt, der hier mit einem Stellwegvergrößerer (s. Abschnitt 2.3.5) ausgestattet ist. Ein Vergleich der Teilbilder vermittelt einen Eindruck vom dynamischen Verhalten des Tilgers (maximale/minimale Schwingungsamplitude).

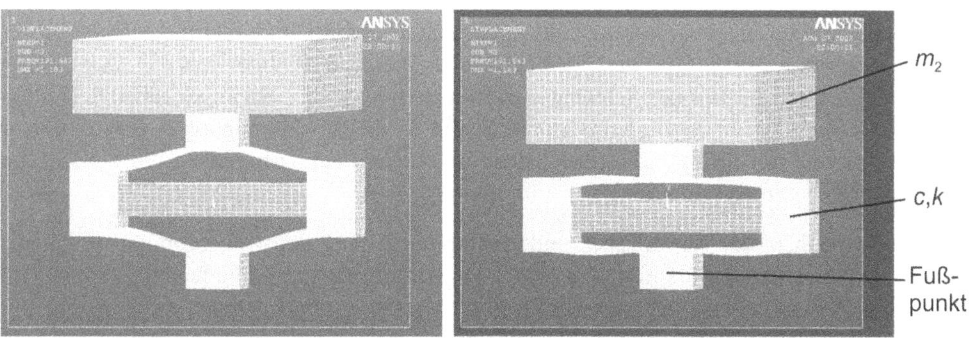


***Bild 1.9*** *Dynamisches Verhalten des Schwingungstilgers, analysiert mit FEM-Software*

Eine weitergehende Nutzung des Piezowandlers als „Kraftgenerator" ermöglicht es, aus dem verstellbaren passiven Tilger einen aktiven Schwingungsdämpfer zu entwickeln, der aktorisch zusätzlich eine Kompensationskraft $F_A$ erzeugt, die – ebenso wie $F_c$ und $F_k$ – gegenphasig zur

3 FEM: Finite-Elemente-Methode.

4 CAD: Computer aided design (= rechnergestützter Entwurf).

Störkraft $F_1$ in die Basisstruktur geleitet wird (s. Bild 1.8b). In diesem Fall dient $m_2$ als sog. seismische Masse, und die Schwingungsreduzierung erfolgt verhältnismäßig breitbandig in einem Frequenzbereich deutlich oberhalb der Dämpfer-Eigenfrequenz. Für den Betrieb als aktiver Dämpfer wird beispielsweise die gemessene Basisbeschleunigung $a_1$ als Regelgröße auf den Eingang der Spannungsquelle für den Piezoaktor zurückgeführt, s. Bild 1.10. Auf der Grundlage des dargestellten Wirkungsplans kann die Effizienz der Kraftkompensation mit Hilfe eines geeigneten Simulations- und Analyseprogramms – zum Beispiel mit der weit verbreiteten Software MATLAB/Simulink® – am Rechner untersucht werden.

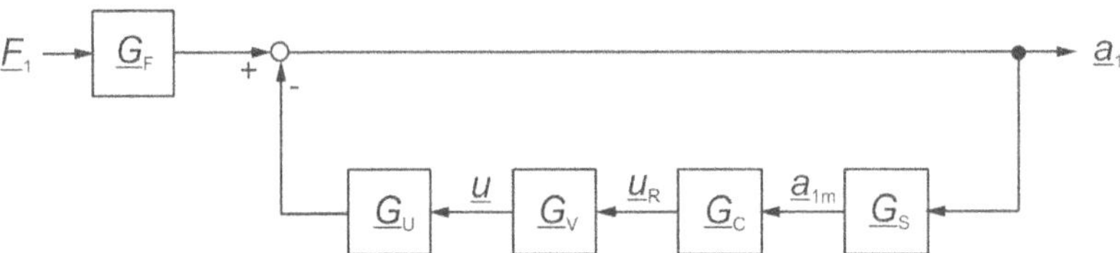


***Bild 1.10*** *Kraftkompensation in geschlossenem Wirkungsablauf ($a_1$, $a_{1m}$: tatsächliche bzw. gemessene Beschleunigung der Masse $m_1$; $F_1$: Störkraft; $u_R$: Eingangsspannung der Spannungsquelle; u: Steuerspannung des Piezoaktors, $\underline{G}$: steht für die verschiedenen Frequenzgangfunktionen, $\underline{G}_S$: Sensor, $\underline{G}_C$: Regler, $\underline{G}_V$: Spannungsquelle, $\underline{G}_U$: Führungsgröße, $\underline{G}_F$: Störgröße)*

Bild 1.11 zeigt einige Ergebnisse der Simulation. Die Frequenzkennlinien in Bild 1.11a weisen die Charakteristik einer Bandsperre auf, welche die Kompensation der Kraft $F_1$ im Bereich zwischen 70 Hz und 329 Hz bewirkt. In Bild 1.11b ist im Zeitbereich das Ergebnis der Kraftkompensation im geschlossenen Wirkungsablauf dargestellt, wobei die Simulation für das Zeitintervall von 0 … 0,4 s durchgeführt wurde. Während des Intervalls 0 … 0,1 s ist der Regler deaktiviert, so dass der Schwingungsdämpfer passiv, d.h. als Tilger arbeitet. Bei Erregung mit $F_1$ ergibt sich in diesem Betriebszustand für die Beschleunigung $a_1$ ein maximaler Amplitudenwert von 5 m/s². Das Einschalten des Reglers zum Zeitpunkt $t = 0,1$ s regt die Dynamik des Gesamtsystems an.

Dies äußert sich in der schnell abfallenden Amplitude einer Schwingung hoher Frequenz, welche dem zweiten Maximum des in Bild 1.11a dargestellten Amplitudengangs entspricht. Die Störschwingung wird überlagert von einer langsamer abnehmenden Schwingung mit niedriger Frequenz. Diese entspricht dem ersten Maximum des Amplitudengangs in Bild 1.11a. Nach Abklingen aller Einschwingvorgänge verbleibt nur noch eine Restbeschleunigung aufgrund der unvollkommenen Dämpferwirkung. Der maximale Amplitudenwert der Beschleunigung $a_1$ im stationären Zustand beträgt ca. 0,25 m/s²; somit wird die resultierende Kraft an der Basismasse $m_1$ um den Faktor 20 verringert.

Natürlich lässt sich mit Hilfe der Analyse-Software beispielsweise auch die dynamische Stabilität des Schwingungsdämpfers untersuchen und optimieren, so dass nach dem anschließenden Aufbau eines Prototypen keine unliebsamen Überraschungen zu erwarten sein werden. Eine konkrete Realisierung und Anwendung des hier beschriebenen Tilger-/Dämpferprinzips wird in Abschnitt 3.7.2 präsentiert.

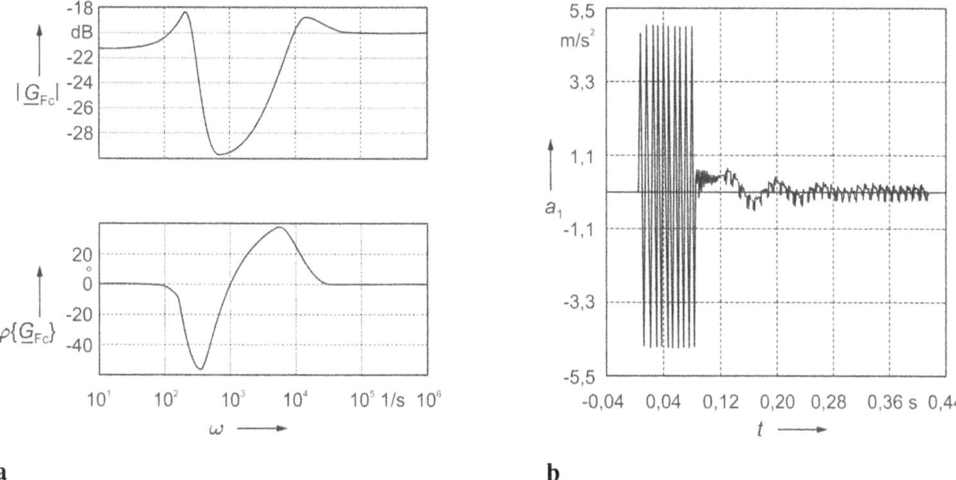


*Bild 1.11 Aktiver Schwingungsdämpfer. a Amplituden- und Phasengang (GFc = a1 / F1: Frequenzgangfunktion der Störgröße in geschlossener Wirkungskette ), b Kompensationseffekt im Zeitbereich*

# 1.6 Charakterisierung von Aktoren

In diesem Abschnitt werden zunächst einige Kenngrößen erläutert und kommentiert, mit denen praxisrelevante Eigenschaften von Aktoren beschrieben und quantifiziert werden können. Anschließend wird gezeigt, dass sog. Kenngrößen-Diagramme ein gutes Mittel sind, wenn man sich einen ersten Eindruck von generellen Unterschieden zwischen den Aktorfamilien in Bezug auf bestimmte Kenngrößen verschaffen möchte.

## 1.6.1 Kenngrößen

Die *Dehnung* (engl. *strain*) beschreibt die Auslenkung eines Aktors im angesteuerten Zustand, bezogen auf die in Richtung der Auslenkung ursprünglich vorhandene Länge oder Form. Die Dehnung wird üblicherweise durch die Buchstaben $S$ oder $\varepsilon$ symbolisiert. Sie kann positiv oder negativ sein; man spricht auch von Elongation bzw. Kontraktion des Aktors. Die maximal erzielbare Dehnung $S_{max}$ des aktiven Materials ist eine wichtige Entwurfsgröße, die, über alle Aktorfamilien gesehen, einen großen Wertebereich umfasst. Bei magnetostriktiven Wandlern beispielsweise (s. Kapitel 3) erreicht $S_{max}$ Werte bis etwa 0,15 %, wobei im Wesentlichen die magnetische Sättigung der Legierung begrenzend wirkt. Bei thermischen Formgedächtnis-Legierungen (s. Kapitel 6) ist $S_{max}$ durch die Streckgrenze des Materials limitiert und liegt bei ungefähr 8 % (Einweg-Effekt). Bei Elastomeren (s. Kapitel 9) beschränkt die elektrische Durchschlagfeldstärke die maximale Dehnung auf Werte der Größenordnung 100 %.

Die *mechanische Spannung* (engl. *stress*) ist die Kraft pro Fläche, mit der ein Aktor betriebsmäßig belastet wird. Für sie sind die Symbole $T$ oder $\sigma$ reserviert. Die Kraft, die ein Aktor ausüben kann, ist durch die höchste zulässige Spannung $T_{max}$ im aktiven Material begrenzt. Um große

Aktorkräfte realisieren zu können, sind also Werkstoffe mit großem $T_{max}$ einzusetzen. Werkstoffe, die nur kleine Dehnungen erzeugen können und darüber hinaus spröde sind (z.B. Piezokeramiken), haben maximal zulässige Zugspannungen, die viel kleiner sind als die Druckspannungen. In diesem Zusammenhang versteht man unter *Blockierspannung* die mechanische Spannung, die in einem Aktor entsteht, wenn er mit maximal zulässiger Amplitude der elektrischen Steuergröße beaufschlagt und gleichzeitig seine Auslenkung oder Formänderung unterbunden („blockiert") wird. Die maximalen Spannungen reichen von etwa 1 N/mm$^2$ (z.B. bei Elastomeren) bis zu mehreren 100 N/mm$^2$ (z.B. bei Formgedächtnis-Legierungen).

Eine weitere wichtige Kenngröße ist die *Energie* oder *Energiedichte* (= Energie pro Volumen). Die gesamte, im aktiven Wandlermaterial gespeicherte Energiedichte setzt sich (bei Festkörperwandlern) aus drei Anteilen zusammen: Einer rein elektrischen oder – je nach Wandlerprinzip – rein magnetischen Energiedichte, einer verkoppelten Energiedichte, die für die elektro- bzw. magnetomechanische Energiewandlung zuständig ist, sowie einer rein elastischen Energiedichte (manchmal auch mechanische Energiedichte genannt). Die weiteren Ausführungen konzentrieren sich auf die elastische Energiedichte; sie zeigt sich am Ausgang des Wandlers als dessen Fähigkeit, mechanische Arbeit zu verrichten. Die im Wandlerelement erzeugbare elastische Energiedichte wird auch als *Arbeitsvermögen* (engl. *work output*) bezeichnet und erhält das Symbol $e_{erz}$. Das Arbeitsvermögen ist – wie folgende Beispiele belegen werden – nicht notwendigerweise gleich der am Wandlerausgang verfügbaren Energiedichte, die als ‚technisch nutzbare, elastische Energiedichte' mit dem Formelzeichen $e_{nutz}$ versehen wird.

Die *elastische* Energiedichte stellt als Produkt von Dehnung $S$ mal Spannung $T$ das Arbeitsvermögen pro Hub dar, bezogen auf das Volumen $V$ des aktiven Werkstoffs. In der Regel bleiben hierbei die Volumina von Stromversorgungen, magnetischen Flussführungen, Gehäusen, usw. unberücksichtigt; sie skalieren nicht immer mit der abgegebenen Energie und müssen daher für sich betrachtet werden. Aus der Energiedichte-Definition folgt, dass in einem $S,T$-Koordinatensystem die von der Wandlerkennlinie und den beiden Achsabschnitten [0, $T_{max}$] und [0, $S_{max}$] umschlossene Fläche $(T{\cdot}S)_{max}$ ein Maß für das maximale Arbeitsvermögen $e_{erz}^{max}$ des Wandlers ist, siehe Bild 1.12a. Vereinfachend wird hierfür in den Datenblättern häufig das Produkt $T_{max}{\cdot}S_{max}$ angegeben. Offensichtlich ist die entsprechende Energiedichte jedoch nur dann am Aktorausgang verfügbar, wenn beide Maximalwerte gleichzeitig auftreten, wie dies beispielsweise bei pneumatischen und hydraulischen Aktoren mit ihren nahezu achsparallelen $S,T$-Kennlinien der Fall sein kann.

Unkonventionelle Aktoren liefern die Maximalwerte $S_{max}$ und $T_{max}$ in der Regel nicht simultan, und oft sind sie sogar mit den Zuständen verschwindend kleine Spannung bzw. Dehnung verknüpft. Ein Beispiel hierfür ist die Kennlinie in Bild 1.13a, deren Verlauf für Piezowandler typisch ist. Die Kennlinie gelte für den Fall maximaler Ansteuerung ($u = u_{max}$), somit sind die beiden Achsabschnitte identisch mit der Blockierspannung $T_B$ bzw. der maximalen Leerlaufdehnung $S_0$. In den technischen Daten dieser Aktorspezies findet man für das maximale Arbeitsvermögen zuweilen die Angabe $T_B{\cdot}S_0$ (was dem Produkt $T_{max}{\cdot}S_{max}$ entspricht). Bild 1.13a zeigt, dass die tatsächlich erzeugbare, maximale Energiedichte $e_{erz}^{max} = (T{\cdot}S)_{max}$ sich hiervon deutlich unterscheidet; sie kann infolge des aktorspezifischen Kennlinienverlaufs den Wert $T_B{\cdot}S_0/2$ nicht überschreiten.

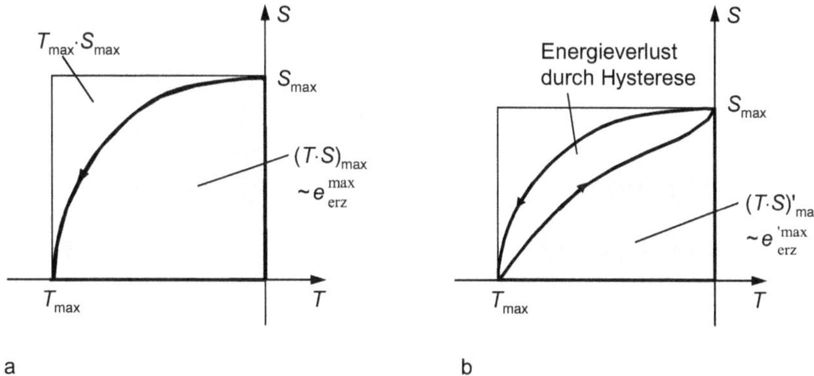


*Bild 1.12 S(T)-Kennlinie und aktorisches Arbeitsvermögen: Flächeninhalt $(T \cdot S)_{max}$ als Maß für das maximale Arbeitsvermögen. a Einmaliger Aktorhub, b zyklischer Aktorbetrieb (die Hysterese ist übertrieben groß dargestellt)*

Die Bilder 1.13b und 1.13c erläutern für diesen Piezoaktor die beiden Lastfälle konstante Gewichtskraft, d.h. $T_G = -mg/A$ ($A$: Wandlerfläche, auf die $T_G$ wirkt), und wegabhängige Federkraft, also $S = -T/E$ ($E$: Elastizitätsmodul). Im ersten Fall gibt der Wandler die elastische Energiedichte $e_{nutz} = T_G \cdot S_A$ an die Last ab, siehe die schraffierte Fläche in Bild 1.13b. Sie ist dann am größten, nämlich $T_B \cdot S_0/4$, wenn der Aktor im Arbeitspunkt ($T_B/2$, $S_0/2$) betrieben wird. Der zweite Fall liegt etwas komplexer: Die Dreiecksfläche zwischen Lastgerade und $S$-Achse in Bild 1.13c steht für die Energiedichte $e_{nutz}$, die der Wandler an die Feder liefert. Diese Fläche ist dann maximal, wenn die Steigungen von Wandler- und Lastkennlinie gleich sind; dies ist der Fall, wenn die Steifigkeiten oder die Elastizitätsmoduln der beiden Elemente übereinstimmen („Anpassung“). Die Energiedichte ist dann ebenfalls $T_B \cdot S_0/4$, jedoch wird nur die Hälfte davon an die Feder abgegeben (einfach schraffierte Fläche); die andere Hälfte (kreuzschraffiert) wird benötigt, um die erwähnte Kopplungsenergie zu generieren und hiermit einen für die Energiewandlung (elektrisch → mechanisch) notwendigen inneren Spannungszustand aufzubauen. Im Falle konstanter Last besorgt dies die Gewichtskraft.

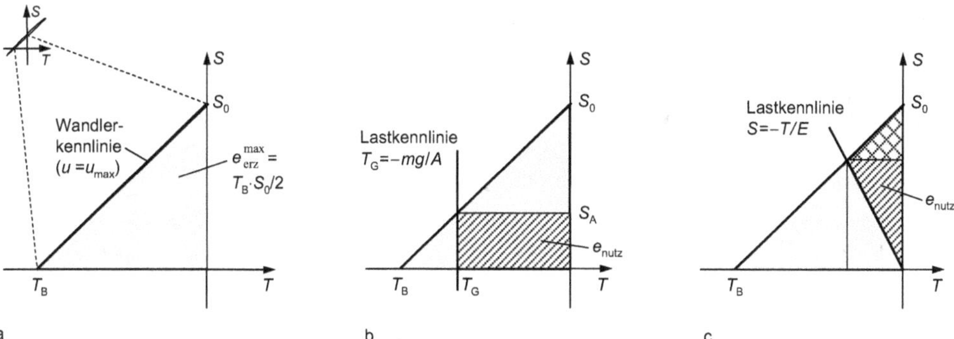


*Bild 1.13 Beispiel Piezoaktor. a S(T)-Kennlinie des Wandlers und maximales Arbeitsvermögen, b Lastkennlinie und gespeichterte elastische Energiedichte bei konstanter Druckbeanspruchung, c Lastkennlinie und elastische Energiedichten bei wegabhängiger Druckbeanspruchung*

Die Ansteuerung des Aktors mit einer Wechselgröße der *Frequenz* $f$ bewirkt seinen zyklischen Betrieb, der am Ausgang die sog. *spezifische Leistung* (Leistung pro Volumen) $p_m \sim T \cdot S \cdot f$ zur Folge hat. Zu beachten ist, dass beim zyklischen Durchlaufen der $S(T)$-Kennlinie Hystereseverluste wirksam werden können, die eine Verkleinerung der „Arbeitsfläche" nach sich ziehen, siehe Bild 1.12b. In jedem Falle nimmt die mechanische Leistung am Ausgang mit wachsender Frequenz zunächst zu und nähert sich dann einer oberen Grenze, die durch die maximalen Größen $p_{m,max}$ oder $f_{max}$ gekennzeichnet wird. Während als Kriterium für $p_{m,max}$ meistens die höchste zulässige Temperatur des aktiven Werkstoffs infolge innerer Verlustleistung und äußerer Wärmezufuhr herangezogen wird, gelten für $f_{max}$ unterschiedliche Vereinbarungen.

Häufig bezeichnet $f_{max}$ die Frequenz, bei der die Dehnung oder die spezifische Leistung auf einen bestimmten Bruchteil ihrer Werte bei niedrigen Frequenzen („quasistatischer Betrieb") abgefallen ist, z.B. auf 70 %, entsprechend –3 dB. Bei Festkörperaktoren ist es auch üblich, als $f_{max}$ eine Frequenz festzulegen, die hinreichend unterhalb der ersten Eigenfrequenz des Aktors liegt. Etwa ab der ersten Eigenfrequenz wird der Einfluss von Trägheitskräften immer größer, und das Dehnungsvermögen und die Ausgangsleistung des Aktors verringern sich umgekehrt proportional zum Quadrat der Frequenz. Andere Gründe für eine obere Grenzfrequenz sind die endliche Dauer der Energiewandlung (z.B. aufgrund von Ladezeitkonstanten oder Wirbelströmen) oder die Schallgeschwindigkeit im aktiven Werkstoff.

Als Maß für die Wirksamkeit der elektromechanischen Energiewandlung wird der aus der Vierpoltheorie bekannte *Kopplungsfaktor* $k$ (engl. *coupling factor*) verwendet. Im Aktorbetrieb steht sein Quadrat für das Verhältnis von gespeicherter elastischer Energie $e_{erz} \cdot V$ zu gesamter gespeicherter Energie, sofern keine äußeren Kräfte wirksam sind:

$$k^2 = \frac{\text{gespeicherte elastische Energie}}{\text{gesamte gespeicherte Energie bei } T = 0} \quad (1.3)$$

[5]

Anzustreben ist ein möglichst großer Kopplungsfaktor – ein größerer $k$-Wert bedeutet, dass auch ein größerer Teil der aus dem Energieversorgungsnetz oder dem Leistungsverstärker stammenden Energie in Arbeitsvermögen des Aktors gewandelt wird. Folglich ist dann nur ein vergleichsweise kleiner Energieanteil erforderlich, um die Voraussetzungen für die elektromechanische Energiewandlung, beispielsweise den Auf- und Abbau eines elektrischen Feldes, zu schaffen. Eine anschauliche Interpretation des Kopplungsfaktors vermitteln (die später noch näher zu erläuternden) Aktor-Ersatzschaltungen. So begegnen uns beispielsweise in Bild 2.9a die in Gl. (1.3) vorausgesetzten Speicher für elektrische und elastische Energie als Kondensator mit der Kapazität $C$ bzw. als Feder mit der Steifigkeit $c_P$. Indem man ihren Kennwert, die Nachgiebigkeit $1/c_P$, als Kapazität $C_P$ auf die elektrische Seite der Ersatzschaltung transformiert[6], kann man auch schreiben [Koc88, Len75]:

$$k^2 = \frac{C_P}{C + C_P} = \frac{1}{1 + C/C_P} \,. \quad (1.4)$$

---

[5] Infolge der Bedingung $T = 0$ verschwinden der elastische und der gekoppelte Energieanteil, so dass die Energie im Nenner identisch ist mit der (gespeicherten) rein elektrischen Energie.

[6] Diese Transformation erfolgt unter Nutzung der sog. Kraft-Spannung-Analogie.

Die geometrieabhängigen Anteile der Kapazitäten im Quotienten $C/C_P$ kürzen sich heraus, so dass $k^2$ sich letztlich als reine Materialkenngröße erweist. Ein Beispiel hierfür liefert Gl. (2.2), die den Kopplungsfaktor des piezoelektrischen Translators angibt. In der Aktorik liegen die Werte der Kopplungsfaktoren im Allgemeinen im Bereich $k = 0{,}7\ldots0{,}9$.

Als *Wirkungsgrad* $\eta$ wird das Verhältnis der am Wandlerausgang abgebbaren elastischen Energie $e_{\text{nutz}} \cdot V$ zu der in den Wandlereingang eingespeisten elektrischen Energie bezeichnet:[7]

$$\eta = \frac{\text{nutzbare elastische Energie}}{\text{eingespeiste elektrische Energie}} . \tag{1.5}$$

Ein Teil dieser aufgenommenen Energie geht der gewünschten Nutzung jedoch verloren und steht am Wandlerausgang nicht zur Verfügung. Die Ursachen für die Entstehung von nicht nutzbaren Energieanteilen sind vielfältig. Mit am bekanntesten ist die Kennlinienhysterese (vgl. Bild 1.12b); die hierdurch bedingten Verluste machen sich im zyklischen Aktorbetrieb als Verlustleistung (Wärmeverluste) bemerkbar, die proportional zur Fläche der Hystereseschleife und zur Betriebsfrequenz wächst. In den elektromechanischen Ersatzschaltungen werden die Verluste durch ohmsche Widerstände und Dämpferelemente im Eingangs- bzw. Ausgangsteil berücksichtigt (u.a. in den Bildern 4.11, 7.11).

Greift man das Beispiel des Piezowandlers noch einmal auf, so wird seine unter konstanter Last $T_G$ abgegebene Energiedichte $e_{\text{nutz}}$ dann am größten, wenn $T_G = T_B/2$, siehe Bild 1.13b. Dies bedeutet, dass ein Anteil von höchstens 50 % der maximalen elastischen Energiedichte $e_{\text{erz}}$ technisch genutzt werden kann. Wenn $T_G = T_B/2$, ist auch der Wirkungsgrad maximal, und es gilt

$$\eta_{\max} = \frac{1}{2} k^2 . \tag{1.6}$$

Zahlenbeispiel: Für $k = \sqrt{2}/2 \simeq 0{,}71$ folgt $\eta_{\max} = 0{,}25$.

Bei wegabhängiger Last sind im Anpassungsfall die Kennlinien-Steigungen von Wandler und Feder gleich groß (Verhältnis $r = 1$), und für den Wirkungsgrad ergibt sich

$$\eta(r = 1) = \frac{1}{2} \frac{k^2}{2 - k^2} . \tag{1.7}$$

Zahlenbeispiel: Wenn $k = \sqrt{2}/2 \simeq 0{,}71$ folgt $\eta(r = 1) = 0{,}167$.

Dieser Wirkungsgrad ist aber nicht maximal. Eine nähere Untersuchung zeigt, dass man das Maximum erhält, wenn $r = (1 - k^2)^{-1/2}$. Für beide $r$-Werte sind die Verläufe $\eta(k)$ in Bild 1.14 dargestellt. Da sie im technisch relevanten Bereich $k \leq 0{,}8$ nahezu deckungsgleich sind, empfiehlt es sich, den Arbeitspunkt des Wandlers in Hinblick auf die maximal abgebbare Energie festzulegen.

---

[7] Vergleicht man Gl.(1.3) mit dieser Definition, so wird klar, dass $k^2$ nicht als Wirkungsgrad interpretiert werden darf.

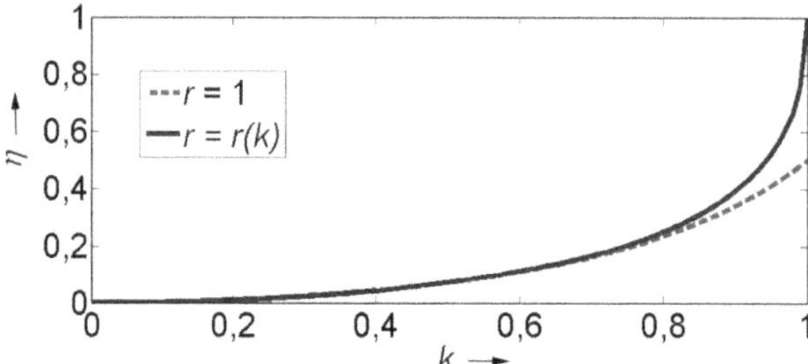


***Bild 1.14*** *Wirkungsgrad η als Funktion des Koppelfaktors k für einen federbelasteten Piezoaktor*

Abschließend sei betont, dass diese Wirkungsgrad-Betrachtungen sich ausschließlich auf das aktive Wandlerelement beziehen und die vorher erwähnten Hystereseeinflüsse hierbei nicht berücksichtigt sind. Durch zusätzlich notwendige, verlustbehaftete Aktorkomponenten (Leistungsverstärker, Feldspulen,...) wird der ohnehin niedrige Wirkungsgrad noch weiter verringert, so dass sich Maßnahmen zur Rückgewinnung der gespeicherten Feldenergien als sinnvoll erweisen können (vgl. hierzu Abschnitte 5.4.2 und 11.1.3).

**Anmerkung.** In diesem Buch kommt für die physikalischen Größen das SI-Einheitensystem[8] zur Anwendung. Für die mechanische Spannung $T$ gilt demnach die Einheit ‚Newton durch Quadratmeter' oder ‚Pascal': 1 N/m$^2$ = 1 Pa. Zuweilen wird auch von den Zusammenhängen

$$1\frac{\mathrm{N}}{\mathrm{mm}^2} = 10^6\frac{\mathrm{N}}{\mathrm{m}^2} = 10^6\ \mathrm{Pa} = 1\ \mathrm{MPa}$$

Gebrauch gemacht. Die Einheit der Dehnung $S$ ist ‚Meter durch Meter': m/m. Mit dieser Einheit sind die Dehnungswerte (Maßzahlen) aber oft unhandlich klein, so dass man zusätzlich die Bruchteile $10^{-2}$, $10^{-3}$ oder $10^{-6}$ zu Hilfe nimmt, z.B. 0,0012 m/m = 1,2 · $10^{-3}$ m/m. Im täglichen Gebrauch wird die Einheit m/m dann sogar häufig weggelassen („weggekürzt"), und man spricht nur noch von ‚Prozent' (1 % = $10^{-2}$) oder ‚Promille' (1 ‰ = $10^{-3}$) oder ‚Mikron' (1µ = $10^{-6}$), z.B. $S$ = 1,2 ‰ (= 1,2·$10^{-3}$ m/m). Eine solche Verkürzung erhöht allerdings die Fehleranfälligkeit und darum sollten beim Rechnen mit Größengleichungen alle Einheiten bis zum Schluss mitgeführt werden. Nur so erhält man beispielsweise für die Energiedichte $e = T{\cdot}S$ die korrekte Einheit ‚Joule durch Kubikmeter':

$$\frac{\mathrm{N}}{\mathrm{m}^2}\cdot\frac{\mathrm{m}}{\mathrm{m}} = \frac{\mathrm{Nm}}{\mathrm{m}^3} = \frac{\mathrm{J}}{\mathrm{m}^3}\,.$$

[8] Système International d'Unités.

## 1.6.2 Kenngrößen-Diagramme

Selbst innerhalb ein- und derselben Aktorfamilie überstreichen die Kenngrößen derart große Wertebereiche, dass es zunächst kaum möglich erscheint, familienspezifische Aktor-Eigenschaften herauszukristallisieren, um damit dem Anwender zumindest eine Vorauswahl zu erleichtern. In solchen Fällen haben Diagramme mit ‚bezogenen Kenngrößen' den Vorteil, dass sie die grundsätzlichen Unterschiede zwischen den Aktorfamilien deutlicher zum Ausdruck bringen.

Ein Beispiel dafür zeigt Bild 1.15, wo die spezifische Leistung (Leistung pro Masse, d.h. Leistung bezogen auf die Masse des aktiven Materials) über dem Wirkungsgrad der Aktoren aufgetragen ist. Die Darstellung basiert auf umfangreichen Datenerhebungen [ZAF02]. Man sieht, dass die Eigenschaften von Aktorfamilien sich zwar überlappen oder ergänzen, sie jedoch deutlich voneinander unterschieden werden können. Thermobimetall- oder (thermische) Formgedächtnis-Aktoren haben an sich einen niedrigen Wirkungsgrad, da sie aufgeheizt und abgekühlt werden müssen. Andererseits verfügen diese Werkstoffe über eine hohe (Ausgangs-) Leistung bei geringer Masse. Entsprechende Aktortechnologien können hierdurch große wirtschaftliche Bedeutung haben, beispielsweise in der Mikroaktorik (vgl. Kapitel 10). Daher kann es durchaus sinnvoll sein, einem Aktorprinzip mit kleinem Wirkungsgrad, aber geringer Masse, den Vorzug gegenüber einem anderen Aktorprinzip mit höherem Wirkungsgrad, aber größerer Masse zu geben. Piezoelektrische und magnetostriktive Aktoren können hohe Ausgangsleistungen liefern, obwohl ihre Auslenkungen sehr klein sind. Die hohen Leistungen kommen zustande, weil diese Festkörperaktoren mit Frequenzen bis in den Kilohertz-Bereich betrieben werden können.

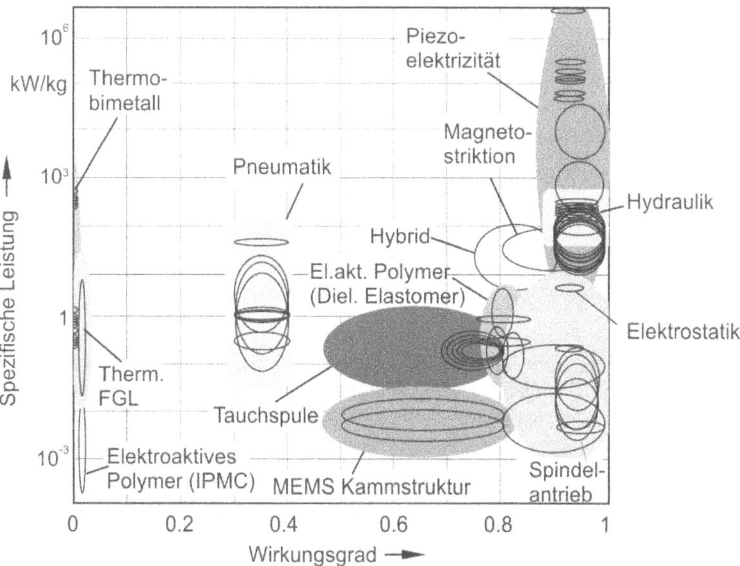


***Bild 1.15*** *Spezifische Leistung als Funktion des Wirkungsgrads für ausgewählte Aktorfamilien (nach [ZAF02])*

Im Kenngrößen-Diagramm Bild 1.16 sind die Dehnung $S$ und die Spannung $T$ in Beziehung gesetzt. Da ihre Werte über alle Aktorfamilien viele Dekaden überstreichen, wurde eine logarithmische Achsenskalierung gewählt. Die starken Linien repräsentieren für jede Familie die Orte der aus Datenbanken bekannten maximalen Dehnungen und Spannungen, also $S_{max}$ bzw. $T_{max}$. Betrachtet man beispielsweise thermische Formgedächtnis-Legierungen (FGL), so sind die Dehnungen $S_{max}$ – von kleinen Werten kommend – zunächst stets mit der größtmöglichen Spannung $T_{max}$ verknüpft. Mit wachsendem $S_{max}$ wird $T_{max}$ allerdings kleiner, was durch den abfallenden Kurventeil zum Ausdruck kommt, der schließlich vom größtmöglichen $S_{max}$-Wert begrenzt wird. Für dieses Verhalten ist die sog. martensitische Transformation verantwortlich: Das aktorische Arbeitsvermögen entstammt dem Energieumsatz, der mit der Phasenumwandlung verknüpft ist. Da dieser begrenzt ist, kann auch $T_{max} \cdot S_{max}$ einen bestimmten Wert nicht überschreiten. Folglich dominiert der Zusammenhang $T_{max}$ = konst/$S_{max}$ den Kurvenverlauf im Bereich größerer Dehnungen. Man kann sagen, dass die winkelförmigen Kurvenäste in Bild 1.16 für jede aufgeführte Aktorfamilie die von ihrem „besten Aktor" erzielten größten $T$- und $S$-Werte wiedergeben.

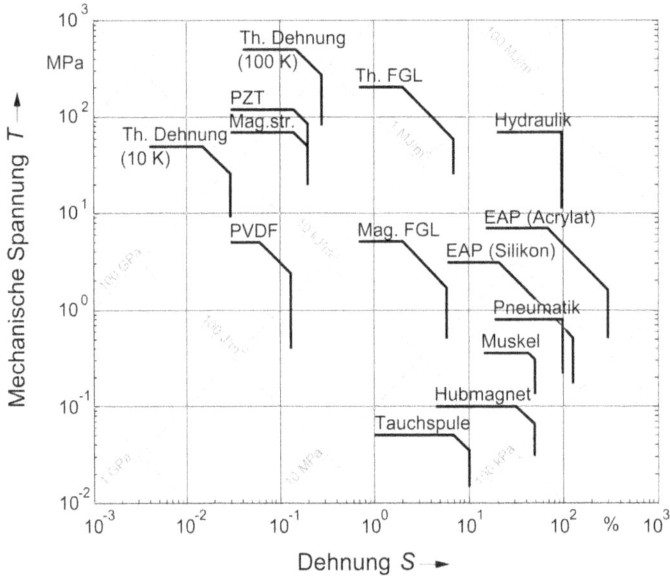


***Bild 1.16*** *Zusammenhang zwischen Dehnung, mechanischer Spannung und Energiedichte. EAP: Elektroaktives Polymer, PVDF: Polyvinylidenfluorid-Folie, PZT: Blei-Zirkonat-Titanat-Keramik, Th. Dehnung: Thermischer Dehnungsaktor, Th./Mag. FGL: Thermische bzw. magnetische Formgedächtnis-Legierung (nach [HFA97, MVA04, Ste04])*

Aktoren im rechten Teil des Diagramms sind offenbar dann zu bevorzugen, wenn große Hübe gefragt sind; beispielsweise als wegbestimmende Komponente in Vorschub- oder Positioniereinrichtungen. Die Aktoren im oberen Bereich von Bild 1.16 sind wiederum für die Erzeugung hoher Kräfte gut geeignet, z.B. als krafterzeugende Komponente in Vibratoren und Pressen. Die Darstellung erleichtert natürlich auch quantitative Vergleiche; beispielsweise zeigt sie, dass hydraulische oder FGL-Aktoren gegenüber Piezoaktoren eine um etwa zwei Größenordnungen höhere Energiedichte (= Arbeitsvermögen) haben. Letztere bieten aber andere Vorteile – so können sie verhältnismäßig einfach auf oder in baulichen Strukturen, z.B. Fachwerke, Platten, Schalen, verteilt werden, etwa um deren Geometrie gezielt zu verformen oder unerwünschte Vibrationen durch Einleitung von Gegenkräften zu kompensieren.

Das Diagramm vermittelt darüber hinaus weitere Informationen: Jede der gestrichelten Parallellinien mit negativer Steigung verbindet Punkte mit gleichen $T{\cdot}S$-Werten; demzufolge haben alle Aktoren, die entlang einer dieser Linien liegen, das gleiche Arbeitsvermögen. Mit dieser Erkenntnis lassen sich dem Bild auch Hinweise auf Alternativen bei der Aktorwahl entnehmen. So konkurrieren beispielsweise Hubmagnete (Energiedichte 10...50 kJ/m$^3$, vgl. Bild 1.16) mit thermischen Dehnungsaktoren, sofern diese Temperaturdifferenzen zwischen 10 K und 100 K ausgesetzt sind. Allerdings ist deren Auslenkung viel kleiner, so dass man Wegverstärker benötigt, um ähnlich große Hübe wie mit den Magnetaktoren realisieren zu können. Hierzu muss der Arbeitspunkt des thermischen Aktors entlang einer Geraden $T{\cdot}S$ = konst so weit verschoben werden, bis ein Übersetzungsverhältnis von etwa $10^3$ erreicht ist (wodurch gleichzeitig die Aktorkraft reduziert wird). Die Aufgabe lässt sich technisch lösen, indem man den Aktor beispielsweise als Thermobimetall realisiert (vgl. Abschnitt 6.6). In diesem Fall werden kleine Längenänderungen eines Metallstreifens in die viel größere Ausbiegung eines Bimetallverbundes übersetzt [HFA97].

Des Weiteren sind in Bild 1.16 gestrichelte Linien mit positiver Steigung eingezeichnet, die Punkte mit jeweils konstantem $T/S$-Verhältnis verbinden. Dieser Quotient ist eine mit dem Elastizitätsmodul verwandte Größe, die hier aber nicht geometrieunabhängige Werkstoffeigenschaften beschreibt, sondern auch die Aktorabmessungen einbezieht. Es fällt auf, dass mehrere Aktorfamilien sich um die Gerade $T/S$ = 100 GPa gruppieren. Dabei handelt es sich um Aktoren auf der Basis von Metallen und Keramiken, die Kräfte durch elastische Verformung erzeugen und über einen hohen intrinsischen Elastizitätsmodul verfügen. Auffallend ist auch, dass pneumatische Aktoren offenbar über Fähigkeiten verfügen, die mit denen des Muskels vergleichbar sind, was sie für prothetische Anwendungen interessant macht.

Im Kenngrößen-Diagramm Bild 1.16 wird das Arbeitsvermögen der unterschiedlichen Aktorfamilien volumenbezogen präsentiert. Ebenso gut kann man dem energetischen Vergleich die Masse des aktiven Werkstoffs zugrunde legen. Dies ist beispielsweise dann sinnvoll, wenn das Gewicht des Aktors oder die durch ihn hervorgerufenen Beschleunigungskräfte möglichst klein bleiben sollen. Bei anderer Gelegenheit kann eine grafische Darstellung der Abhängigkeiten zwischen höchstmöglicher Auflösung $\Delta S_{min}$ und aktueller Dehnung $S$ nützlich sein, zum Beispiel wenn die elektrische Ansteuerung von Aktoren oder die Regelung eines Positionierantriebs zu konzipieren ist. Sollen Aktoren zyklisch betrieben werden, spielen die Betriebsfrequenz, die Ausgangsleistung und der Wirkungsgrad eine wichtige Rolle. Für diese (und andere) Fälle findet man in der Literatur weitere Kenngrößen-Diagramme, siehe z.B. [HFA97].

Abschließend sei angemerkt, dass bei der Interpretation der Informationen in den Bildern 1.15 und 1.16 (und ähnlicher Darstellungen) immer eine gewisse kritische Distanz bewahrt werden sollte. Die verwendeten Daten können beispielsweise auf typischen Werten (wie bei den Spezifikationen von Firmenprodukten) oder auf labormäßig erbrachten Spitzenwerten (wie bei Forschungsergebnissen) beruhen; darüber hinaus können sie mit ganz unterschiedlichen Messverfahren und/oder unter nicht vergleichbaren Messbedingungen ermittelt worden sein. In diesem Zusammenhang sei daran erinnert, dass die Angaben in Bild 1.16 auf Maximalwerten gemäß dem Stand der Technik beruhen; ohne besondere Anstrengungen des Entwicklers können die Werte durchaus um eine Zehnerpotenz (und mehr) niedriger liegen. Schließlich zeigt die Erfahrung, dass es Aktoranbieter gibt, die ihre Produkte bei Vergleichen mit konkurrierenden Aktorprinzipien überhöht präsentieren oder letztere sogar bewusst herabsetzen.

# 2 Piezoelektrische Aktoren

## 2.1 Physikalischer Effekt

Bei bestimmten Kristallen wie z. B. Quarz besteht ein physikalischer Zusammenhang zwischen mechanischer Kraft und elektrischer Ladung. Werden die Ionen des Kristallgitters durch äußere Belastung elastisch gegeneinander verschoben, so tritt nach außen hin eine resultierende elektrische Polarisation auf, die sich in Form von Ladungen auf den Kristallflächen nachweisen lässt. Diese Erscheinung wurde von den Brüdern Jacques und Pierre Curie im Jahre 1880 erstmals wissenschaftlich beschrieben und erklärt. Sie wird als direkter piezoelektrischer Effekt bezeichnet und bildet die Grundlage von Piezosensoren. Der Effekt ist umkehrbar und heißt dann inverser (auch: reziproker) piezoelektrischer Effekt. Er wurde zuerst von Gabriel Lippmann im Jahre 1881 aufgrund thermodynamischer Überlegungen vorausgesagt und unmittelbar danach durch die Gebrüder Curie experimentell nachgewiesen. Legt man eine elektrische Spannung beispielsweise an einen scheibenförmigen Piezokristall, so tritt aufgrund des inversen piezoelektrischen Effektes eine Dickenänderung auf. Diese Eigenschaft ermöglicht den Bau von piezoelektrischen Aktoren [Koc88].

In der analytischen Beschreibung des direkten und inversen Piezoeffektes durch lineare Zustandsgleichungen sind die elektrische Flussdichte $\boldsymbol{D}$, die elektrische Feldstärke $\boldsymbol{E}$, die mechanische Dehnung $\boldsymbol{S}$ und die mechanische Spannung $\boldsymbol{T}$ miteinander verknüpft. Welche der Größen als unabhängige Variablen gewählt werden (eine elektrische und eine mechanische), hängt von der jeweiligen Aufgabenstellung ab. Häufig wird folgende Möglichkeit genutzt:

$$\boldsymbol{D} = \boldsymbol{d}\boldsymbol{T} + \boldsymbol{\varepsilon}^{\mathrm{T}}\boldsymbol{E}, \tag{2.1a}$$

$$\boldsymbol{S} = \boldsymbol{s}^{\mathrm{E}}\boldsymbol{T} + \boldsymbol{d}_{\mathrm{t}}\boldsymbol{E}\,. \tag{2.1b}$$

In diesem Gleichungssystem liefert die piezoelektrische Ladungskonstante (auch: piezoelektrischer Koeffizient, piezoelektrischer Modul) $\boldsymbol{d}$ eine Aussage über die Stärke des Piezoeffektes; $\boldsymbol{\varepsilon}^{\mathrm{T}}$ ist die elektrische Permittivität bei $\boldsymbol{T}$ = konst. und $\boldsymbol{s}^{\mathrm{E}}$ die Elastizitätskonstante (auch: Nachgiebigkeit) bei $\boldsymbol{E}$ = konst. Die vorkommenden Größen sind Tensoren erster bis vierter Stufe. Eine Vereinfachung ist unter Nutzung der Symmetrieeigenschaften von Tensoren möglich. Üblicherweise wird dann das kartesische Koordinatensystem in Bild 2.1a vereinbart, bei dem die Achse 3 stets in Richtung der elektrischen Polarisation $\boldsymbol{P}$ weist. Alle materialabhängigen Größen lassen sich nun durch Matrizen (= Tensoren zweiter Stufe) beschreiben[9], deren Elemente mit Doppelindizes gekennzeichnet werden. So bezeichnet bei $\boldsymbol{\varepsilon}^{\mathrm{T}}$ der erste Index die Richtung von $\boldsymbol{D}$, der zweite die Richtung von $\boldsymbol{E}$, bei $\boldsymbol{s}^{\mathrm{E}}$ sind es entsprechend $\boldsymbol{T}$ und $\boldsymbol{S}$ und bei $\boldsymbol{d}$ sind es $\boldsymbol{E}$, das angelegte Feld, und $\boldsymbol{S}$, die erzeugte Dehnung.

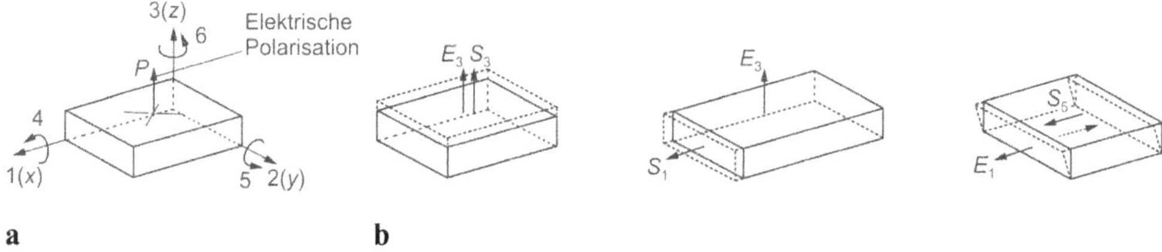


***Bild 2.1*** *Definition der Achsenrichtungen in Piezomaterialien.* ***a*** *Die Ziffern 4, 5 und 6 kennzeichnen Scherungen an den Achsen 1, 2 und 3 bzw. x, y und z,* ***b*** *links: Longitudinaleffekt ($d_{33}$-Effekt), Mitte: Transversaleffekt ($d_{31}$-Effekt), rechts: Schereffekt ($d_{15}$-Effekt)*

Das linke und das mittlere Beispiel in Bild 2.1b beschreiben die bei Piezoaktoren vorwiegend genutzte Möglichkeit, dass die verursachende Feldstärke in Polarisationsrichtung 3 wirkt. Die resultierende Dehnung weist im linken Teilbild ebenfalls in Richtung 3 (Longitudinaleffekt), im mittleren Teilbild hingegen wirkt sie in Richtung 1 (Transversaleffekt). Diese beiden Ausprägungen des Piezoeffektes werden mit Hilfe der Ladungskonstanten $d_{33}$ bzw. $d_{31}$ quantifiziert. Das rechte Teilbild beschreibt einen in der Vergangenheit selten, jetzt aber häufiger aktorisch genutzten Schereffekt, der durch die Ladungskonstante $d_{15}$ charakterisiert wird.

Es ist gebräuchlich sämtliche Matrixelemente in einer sog. Verkopplungs- oder Werkstoffmatrix zusammenzufassen. Bild 2.2 zeigt diese Matrix beispielhaft für Kristalle der Symmetriegruppe 6mm, zu der auch die im Aktorbau eingesetzten Blei-Zirkonat-Titanat(PZT)-Keramiken gehören.

Aus den Elementen der Verkopplungsmatrix lässt sich eine wichtige Kenngröße von Piezomaterialien berechnen, der Kopplungsfaktor $k$. Beispielsweise gilt für den Kopplungsfaktor des Longitudinaleffektes

$$k_{33} = \frac{d_{33}}{\sqrt{s_{33}^{\mathrm{E}} \varepsilon_{33}^{\mathrm{T}}}}. \tag{2.2}$$

Da $k^2$ dem Verhältnis der gespeicherten mechanischen Energie zur gesamten gespeicherten Energie entspricht, sind für den Bau von Piezoaktoren mit hoher Ausdehnungseffizienz Substanzen mit großem $k$ (und somit großen $d$-Werten) erforderlich.

---

[9] Dann ist $\boldsymbol{d}_{\mathrm{t}}$ in Gleichung (2.1b) die Transponierte zur Matrix $\boldsymbol{d}$ in Gleichung (2.1a), s. auch Bild 2.2.

$$
\begin{array}{cccccc|ccc}
0 & 0 & 0 & 0 & d_{15} & 0 & \varepsilon_{11} & 0 & 0 \\
0 & 0 & 0 & d_{15} & 0 & 0 & 0 & \varepsilon_{11} & 0 \\
d_{31} & d_{31} & d_{33} & 0 & 0 & 0 & 0 & 0 & \varepsilon_{33} \\
\hline
s_{11} & s_{12} & s_{13} & 0 & 0 & 0 & 0 & 0 & d_{31} \\
s_{12} & s_{11} & s_{13} & 0 & 0 & 0 & 0 & 0 & d_{31} \\
s_{13} & s_{13} & s_{33} & 0 & 0 & 0 & 0 & 0 & d_{33} \\
0 & 0 & 0 & s_{44} & 0 & 0 & 0 & d_{15} & 0 \\
0 & 0 & 0 & 0 & s_{44} & 0 & d_{15} & 0 & 0 \\
0 & 0 & 0 & 0 & 0 & 2(s_{11}-s_{12}) & 0 & 0 & 0
\end{array}
$$

***Bild 2.2*** *Verkopplungsmatrix für Kristalle der Symmetriegruppe 6mm*

Neben dem inversen piezoelektrischen Effekt spielt für die Aktorik auch der folgende Effekt eine Rolle: Bringt man ein Dielektrikum in ein elektrisches Feld, so verschieben sich die Ladungen darin, und die Folge ist eine Verformung (bzw. eine mechanische Spannung), die proportional zu $E^2$ ist. Diese Erscheinung heißt elektrostriktiver Effekt. Zum linearen Piezoeffekt nach Gleichung (2.1) addiert sich also eine vom Quadrat der elektrischen Feldgrößen abhängige Dehnung. Dieser Dehnungsanteil ist bei den üblichen Piezomaterialien vernachlässigbar klein. Er kann aber gezielt gezüchtet werden und erreicht dann die Stärke des inversen Piezoeffekts. Der elektrostriktive Effekt ist nicht reversibel, d.h. es existiert kein direkter Sensoreffekt, und er ist unabhängig von der Polarität des angelegten elektrischen Feldes.

Zu beachten ist, dass „Elektrostriktion" auch als Oberbegriff für jegliche Formänderung dielektrischer Materialien unter Einfluss elektrischer Felder verwendet wird, in diesem Sinne den inversen Piezoeffekt also einschließt. Zuweilen wird (fälschlicherweise) Elektrostriktion als Synonym für den linearen inversen Piezoeffekt benutzt.

## 2.2 Piezoelektrische Bauelemente

### 2.2.1 Piezoelektrische Werkstoffe

Der piezoelektrische Effekt (direkt und invers) wirkt ausschließlich an Kristallen, die über mindestens eine polare Achse[10] verfügen, also kein Symmetriezentrum besitzen. Dies trifft auf 20 der insgesamt 32 Kristallklassen zu. Von großer Bedeutung für die Piezokeramik sind Ferroelektrika, eine Untergruppe der – in 10 Klassen aufgeteilten – pyroelektrischen Kristal-

---

[10] Um eine polare Achse herrscht Rotationssymmetrie; die beiden Richtungen der Achse sind jedoch nicht gleichwertig.

le (s. Bild 2.3). Das Verhalten eines Ferroelektrikums wird durch seine hysteresebehaftete $P(E)$-Abhängigkeit beschrieben (s.u.); wesentlich ist, dass es unterhalb einer kritischen Temperatur, der sog. Curie-Temperatur $\vartheta_C$, spontane Polarisation (= Polarisation ohne äußeres elektrisches Feld) zeigt.

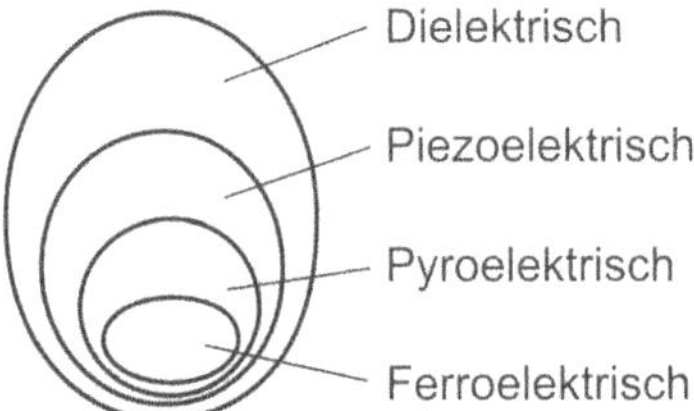


***Bild 2.3*** *Beziehungen zwischen aktorrelevanten Eigenschaften von Dielektrika (Quelle: [Phi86])*

Durch kurzzeitiges Anlegen eines starken elektrischen Feldes an ein Ferroelektrikum kann die Richtung seiner spontanen Polarisation dauerhaft in eine andere stabile Lage umorientiert werden. Auf diese Weise entstehen Piezoelemente, wobei insbesondere die ferroelektrischen Keramiken vielfältige Möglichkeiten bieten, ihre Zusammensetzung und Formgebung in Hinblick auf die unterschiedlichen Anwendungen zu optimieren. Am weitesten verbreitet sind heute piezoelektrische Keramiken, die aus festen Lösungen von Blei-Zirkonat ($PbZrO_3$) und Blei-Titanat ($PbTiO_3$) bestehen. Sie werden als Blei-Zirkonat-Titanat-Mischkeramiken, kurz PZT-Keramiken, bezeichnet.

Die Ausgangssubstanzen zur Herstellung von PZT-Keramik werden in stöchiometrischem Verhältnis zu einer homogenen Masse gemischt, in die gewünschte Form gepresst oder gegossen und schließlich bei Ofentemperaturen um 1300 °C zu einer Keramik gesintert. Danach sind die Orientierungen der Weissschen Bezirke (d.h. die Bereiche mit einheitlichen Dipolausrichtungen) im Keramikkörper statistisch verteilt. Folglich verhält sich der makroskopische Körper isotrop und hat keinerlei piezoelektrische Eigenschaften. Erst durch Anlegen eines starken Gleichfeldes (> 3 kV/mm) werden die polaren Bereiche nahezu vollständig ausgerichtet („Polarisation"). Diese Ausrichtung bleibt nach Abschalten des Polarisationsfeldes weitgehend erhalten, d.h. der Keramikkörper zeigt dann eine remanente Polarisation $P_r$, die mit einer bleibenden Längenänderung $S_r$ des Körpers verbunden ist (s. Bild 2.4).

PZT-Keramiken sind chemisch inaktiv und mechanisch hoch belastbar, aber spröde und damit spanend schlecht zu bearbeiten. Die zulässigen Druckspannungen sind wesentlich höher als die Zugspannungen (s. Tabelle 2.1). Bei ausgeprägter Zugbeanspruchung müssen die Elemente daher mechanisch vorgespannt werden (s. Bild 2.8b). Einige für den Aktorbau wichtige Kennwerte von Piezokeramiken und von Quarz unterscheiden sich erheblich. Während z.B. bei Quarz $k_{11}$ = 0,09 ist, erreicht man bei Keramiken Werte bis etwa $k_{33}$ =

0,7 (gilt für sog. Volumenmaterial[11]). Nachteilig sind allerdings die gegenüber Einkristallen größere Temperaturabhängigkeit und geringere Langzeitstabilität der Kennwerte sowie das Kriechen.

***Tabelle 2.1*** *Kennwerte der PZT-Keramiken PIC 151 und PXE 54 (Multilayer-Keramik)*

| | | PIC 151 | PXE 54 | | |
|---|---|---|---|---|---|
| Ladungskonstante | $d_{31}$ | –210 | | $10^{-12}$ | C/N |
| | $d_{33}$ | 500 | >450 | $10^{-12}$ | C/N |
| Dielektrizitätszahl | $\varepsilon_{11}^{T}/\varepsilon_0$ | 1980 | | | |
| | $\varepsilon_{33}^{T}/\varepsilon_0$ | 2400 | 3000 | | |
| Elastizitätskonstante | $s_{11}^{E}$ | 15 | | $10^{-12}$ | $m^2/N$ |
| | $s_{33}^{E}$ | 19 | | $10^{-12}$ | $m^2/N$ |
| Kopplungsfaktor | $k_{31}$ | 0,38 | | | |
| | $k_{33}$ | 0,69 | >0,6 | | |
| Energiedichte | $E/V$ | ≈ 30 | | | $kJ/m^3$ |
| Druckfestigkeit | $T_p$ | >600 | >600 | | $N/mm^2$ |
| Zugfestigkeit | $T_t$ | | >80 | | $N/mm^2$ |
| Wärmeleitfähigkeit | $\lambda$ | 1,1 | 1,2 | | W/mK |
| Spezif. Wärmekapazität | $c_W$ | 350 | 420 | | Ws/kgK |
| Curie-Temperatur | $\vartheta_C$ | 250 | 220 | | °C |
| Dichte | $\rho$ | 7,8 | 7,9 | $10^3$ | $kg/m^3$ |

PZT-Keramik gehört zu den Ferroelektrika, deren statisches Verhalten hysteresebehaftet ist (s. Bild 2.4). Charakteristische Kurvenpunkte der Kennlinie $P(E)$ in Bild 2.4a sind die Sättigungspolarisation $P_s$, die remanente elektrische Polarisation $P_r$ und die Koerzitivfeldstärke $-E_c$[12]. International gebräuchlich werden Piezokeramiken in „weiche" und „harte" PZT-Materialien eingeteilt. Diese Begriffe beziehen sich auf die Dipol- bzw. Domänenbeweglichkeit und damit auch auf das Polarisations- und Depolarisationsverhalten. Weiche Piezokeramiken sind gekennzeichnet durch eine vergleichsweise hohe Domänenbeweglichkeit, d.h. leichte Polarisierbarkeit. Sie verfügen daher über eine relativ kleine Remanenzpolarisation $P_r$, eine verhältnismäßig geringe Koerzitivfeldstärke $-E_c$ und eine schmale Hysteresekurve. Im Gegensatz dazu haben harte PZT-Materialien große $P_r$- und $E_c$-Werte; sie können hohen

[11] Volumen- oder Massivmaterial (engl. *bulk material*) im Unterschied zu dünnen Schichten und Filmen (engl. *thin film*).

[12] Wegen der Zusammenhänge $P = D - \varepsilon_0 E$ ($P$: Elektrische Polarisation) und $D = \varepsilon E$ unterscheiden sich die Kennlinien $P(E)$ und $D(E)$ lediglich um den kleinen Term $\varepsilon_0 E$.

elektrischen und mechanischen Belastungen ausgesetzt werden, was sie für Leistungsanwendungen, beispielsweise in Ultraschallmotoren, prädestiniert.

Für den Aktorbetrieb ist die Kennlinie $S(E)$ der polarisierten Keramik, die sog. Schmetterlingskurve, maßgebend (s. Bild 2.4b). Die erzielbare Maximaldehnung wird durch Sättigung und Umpolarisierung begrenzt. Es muss Vorsorge getroffen werden, dass im Betrieb eine Depolarisierung aufgrund elektrischer, thermischer und mechanischer Überlastung vermieden wird.

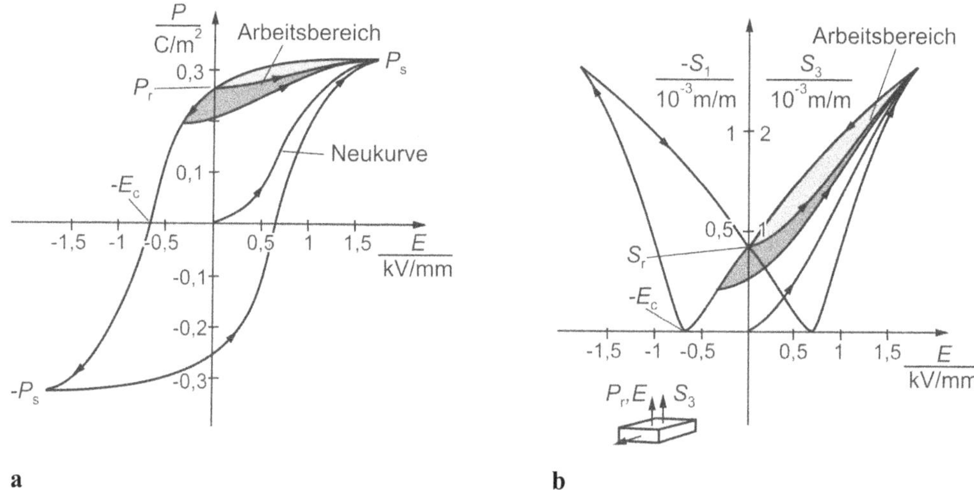


***Bild 2.4*** *Kennlinienverläufe für eine typische Piezokeramik bei T = 0.* ***a*** *Kennlinie P(E),* ***b*** *Aktor-Kennlinie S(E); der aktorische Betriebszyklus beginnt im Punkt E = 0, $S_r$. Die kleinen, heller getönten Flächen beschreiben den Unipolar-, die großen den (unsymmetrischen) Bipolarbetrieb*

Beispielsweise verliert Piezokeramik schon bei Arbeitstemperaturen weit unterhalb ihrer Curie-Temperatur $\vartheta_C$ (materialabhängig 120 … 500 °C, bei Multilayer-Keramik (s. u.) 80 … 220 °C) allmählich die Piezoeigenschaften und verhält sich oberhalb $\vartheta_C$ wie ein normales Dielektrikum bzw. paraelektrisch. Die Betriebstemperatur von Piezowandlern sollte darum höchstens $\vartheta_C/2$ erreichen. Sofern die Betriebsspannung in speziellen Anwendungen entgegen der Polarisationsrichtung gepolt wird, darf sie etwa 20 % der Nennspannung nicht überschreiten, andernfalls kann elektrische Depolarisierung auftreten.

In allen polykristallinen Ferroelektrika (ob piezoelektrisch oder nicht) tritt nennenswerte Elektrostriktion auf. Indem man den Effekt gezielt züchtet, erhält man unter Feldeinfluss ähnlich große Deformationen wie mit polykristallinen piezoelektrischen Keramiken. Die bekannteste elektrostriktive Keramik ist Blei-Magnesium-Niobat (PMN), ein so genanntes Relaxor-Ferroelektrikum. Die $S(E)$-Kennlinie hat im Unterschied zu PZT-Keramik eine sehr schmale Hysterese, ist aber – wegen ihres prinzipiell quadratischen Verlaufs – stark nichtlinear (s. Bild 2.5a). Der $d_{33}$-Wert von PMN liegt bei etwa 1000 pC/N, die Dehnung erreicht Werte um 1,3 ‰. Die große Permittivitätszahl des Materials ( $\varepsilon_{33r}$ > 4000) hat hohe Kapazitätswerte zur Folge. Der elektrostriktive Effekt ist langzeitstabil, d.h. gut reproduzierbar, und es tritt kaum Kriechen auf. Der Arbeitstemperaturbereich ist jedoch auf 20 … 30 K begrenzt; durch entsprechendes „Materialdesign“ lässt er sich allerdings herstellerseits innerhalb der Temperaturspanne 0 … 100 °C verschieben.

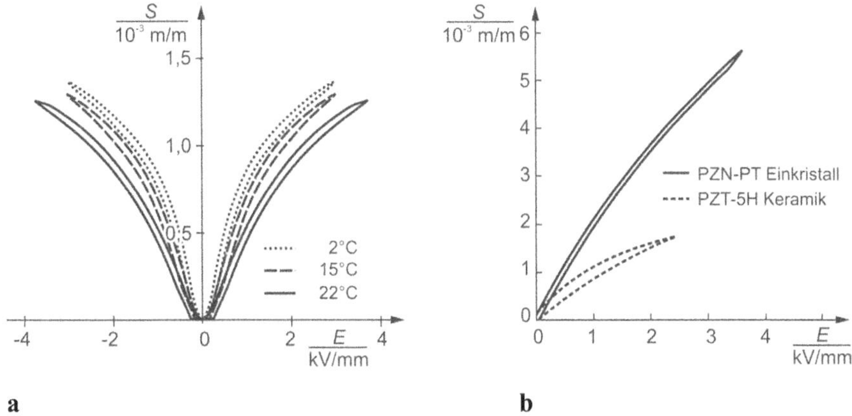


***Bild 2.5*** *Kennlinienverläufe S(E) für aktorisch einsetzbare Relaxor-Ferroelektrika.* ***a*** *Elektrostriktive polykristalline Keramik PMN-15,* ***b*** *elektrostriktive Einkristalle (nach Unterlagen der Firma TRS Technologies, Inc., State College/USA [2.12])*

Seit einigen Jahren werden auch elektrostriktive Einkristalle wie beispielsweise Blei-Magnesium-Niobat/Blei-Titanat (PMN-PT) (ebenfalls ein Relaxor-Ferroelektrikum) kommerziell angeboten. Meistens gewinnt man diesen Werkstoff durch Ziehen aus der Schmelze mittels eines modifizierten Bridgman-Verfahrens. Beim Heraustrennen des Wandlerkörpers aus dem Einkristall muss die starke Abhängigkeit der elektrostriktiven Eigenschaften von der Kristallorientierung berücksichtigt werden. Die Curie-Temperatur dieses Materials beträgt 130 … 150 °C. Im Vergleich mit PZT-Keramik ist die Hysterese der $S(E)$-Kennlinie wesentlich schmaler; die Konstante $d_{33}$ mit Werten von 1200 bis 2500 pC/N und damit die maximal erzielbare Dehnung (in praxi bis 6 ‰) und der Kopplungsfaktor (ca. 0,9) sind deutlich größer (s. Bild 2.5b). Umgekehrt ist die maximal erforderliche Feldstärke höher; der Werkstoff ist leicht zerbrechlich und derzeit wesentlich teurer als PZT-Keramik.

Darüber hinaus gibt es piezoelektrische Polymere als Folien mit Dicken von einigen 10 µm. Solche Polymere sind schon seit 1924 bekannt. Ein wichtiger Meilenstein war jedoch die Entdeckung des piezoelektrischen Effektes im teilkristallinen Polyvinylidenfluorid (PVDF) im Jahre 1969. Piezoelektrische PVDF-Filme werden hergestellt, indem man das Material mechanisch zieht und elektrisch polarisiert. Der Ziehprozess umfasst Extrudier- und Streckvorgänge, wobei der Film gleichzeitig einem starken Polarisationsfeld ausgesetzt wird. Für die Ladungskonstante gilt $d_{33} \approx -30$ pC/N; der Kopplungsfaktor $k_{33}$ beträgt ungefähr 0,2 und die Curie-Temperatur liegt bei 110 °C. PVDF kommt eher für sensorische Anwendungen infrage, weil der Werkstoff wegen seines niedrigen Elastizitätsmoduls keine hohen Kräfte entwickeln kann.

Sehr dünne piezoelektrische Filme für Anwendungen in der Mikroaktorik werden vorzugsweise mit Hilfe von Sputtertechniken realisiert. Häufig eingesetzte Materialien sind ZnO, ZnS oder AlN, die auf geeigneten Substraten, beispielsweise in Form von Biegebalken und Membranen, aufgebracht werden, wobei auch Multilayer-Anordnungen (s. Abschnitt 2.3.1) erzeugt werden können. Eine starke Anisotropie der Wachstumsraten führt zu einer ausgeprägten Orientierung der polykristallinen Schichten, so dass die piezoelektrischen Kenngrößen bei optimalen Abscheidebedingungen nahezu die Werte von polarisierter Keramik erreichen.

Piezokeramiken können neben dem Piezoeffekt, der Ferroelektrizität und ihren mechanisch-thermischen Festkörpereigenschaften noch weitere Effekte zeigen. So treten bei Ferroelektrika aufgrund von Temperaturänderungen Polarisations- und Feldstärkeänderungen auf, die zu Ladungen an den Oberflächen und zu elektrischen Feldstärken im Material führen können: Pyroelektrischer Effekt. Umgekehrt ist der Aufbau eines elektrischen Feldes mit einer Temperaturerhöhung des Materials verbunden: Elektrokalorischer Effekt. Jedes Ferroelektrikum ist zugleich pyroelektrisch und piezoelektrisch (vgl. Bild 2.3). Das Umgekehrte gilt nicht – beispielsweise ist Quarz piezoelektrisch, aber weder pyroelektrisch noch ferroelektrisch. Pyroelektrizität kann sich besonders bei niederfrequenten Anwendungen störend bemerkbar machen.

## 2.2.2 Piezokeramische Elemente

Piezokeramische Elemente werden heute überwiegend als Platten oder Scheiben mit rechteckigen, kreisförmigen sowie ringförmigen Querschnitten und Dicken zwischen 0,3 und einigen Millimetern angeboten, und zwar mit – meist aufgesputterten – und ohne metallenen Elektroden. Der Longitudinaleffekt (s. Bild 2.6a, links) weist aufgrund des hohen $d_{33}$-Wertes einen besonders großen Wirkeffekt auf. Beim Transversaleffekt hängt der Aktorhub $\Delta s$ – außer von der $d_{31}$-Konstante – auch von den Materialabmessungen ab, wobei der Einfluss des Quotienten $s/l$ auf Hub und Steifigkeit gegenläufig ist (vgl. Bild 2.6a, rechts).

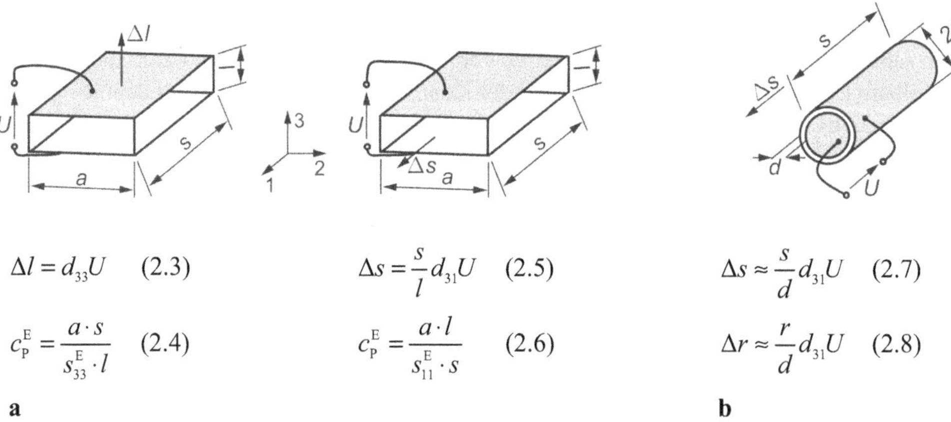


$\Delta l = d_{33} U$ (2.3)

$c_P^E = \frac{a \cdot s}{s_{33}^E \cdot l}$ (2.4)

$\Delta s = \frac{s}{l} d_{31} U$ (2.5)

$c_P^E = \frac{a \cdot l}{s_{11}^E \cdot s}$ (2.6)

$\Delta s \approx \frac{s}{d} d_{31} U$ (2.7)

$\Delta r \approx \frac{r}{d} d_{31} U$ (2.8)

***Bild 2.6*** *Piezokeramische Elemente.* ***a*** *Scheiben, links: Longitudinaleffekt, rechts: Transversaleffekt (* $c_P^E$ *: Steifigkeit des Piezomaterials bei E = konst.),* ***b*** *Tubus*

Bei Tubussen handelt es sich um rohrförmige Piezokeramiken mit vollständig oder segmentiert metallisierten Innen- und Außenflächen (s. Bild 2.6b). Hier wird der Transversaleffekt genutzt. Stimmt die Polarität der Steuerspannung $U$ mit der Polarisationsrichtung überein, kontrahiert der Tubus in axialer und radialer Richtung, da $d_{31}$ negativ ist. Tubusse finden beispielsweise Anwendung als Positionierantrieb (axiale Kontraktion), als Klemmvorrichtung für Präzisionswellen (radiale Kontraktion, s. Abschnitt 2.4.1.1, Inchworm®-Motor) oder als miniaturisierter Pumpenantrieb in Tintendruckern, wobei durch Überlagerung der radialen und axialen Deformierung ein Volumen-Effekt zustande kommt (s. Abschnitt 10.3.1).

## 2.3 Piezoaktoren mit begrenzter Auslenkung

Sofern der Arbeitsfrequenzbereich eines Aktors deutlich unterhalb seiner niedrigsten Eigenfrequenz liegt, nennt man dies den quasistatischen Betrieb. Piezoantriebe für den quasistatischen Betrieb können entweder mit den am Markt verfügbaren Piezokeramiken vom Anwender selbst aufgebaut werden oder er greift auf das vielfältige Angebot gehäuster Wandler in Form konfektionierter Typenreihen zurück. Bild 2.7 vermittelt einen Eindruck vom Lieferspektrum eines führenden Herstellers von Piezowandlern.

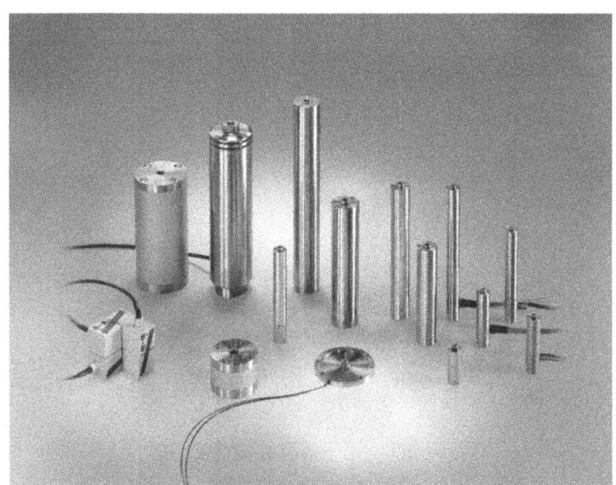

***Bild 2.7*** *Ausführungsbeispiele für Piezowandler (Quelle: Physik Instrumente, Karlsruhe [2.1])*

### 2.3.1 Stapelaktoren und Multilayer-Aktoren

**Wirkungsweise und Aufbau.** Stapelaktoren und Multilayer-Aktoren, die auch Translatoren genannt werden, nutzen den $d_{33}$-Effekt. Bild 2.8a verdeutlicht, wie die piezoelektrischen Keramikscheiben paarweise mit entgegengesetzter Polarisationsrichtung übereinander geschichtet werden. Auf diese Weise sind sie elektrisch parallel und mechanisch in Reihe geschaltet. Nach

Anlegen der Spannung $u$ bildet sich – mit wechselnder Richtung – ein elektrisches Feld parallel zur Translatorachse aus. Der resultierende Stellweg $\Delta l$ des Stapels ist die Summe aus den Dickenänderungen der Einzelelemente. Eine Kraft $F$ auf die Stirnfläche des Wandlers führt zu einer mechanischen Spannung im aktiven Material in Richtung der Achse. Als Reaktion auf die elektrische und mechanische Belastung treten im Material Änderungen der elektrischen Polarisation $P$ und der elektrischen Flussdichte $D$ sowie eine Dehnung $S$ auf, die mit den messbaren, integralen Klemmengrößen elektrische Ladung $q$ bzw. Auslenkung $\Delta l$ zusammenhängen.

Stapelaktoren (engl. *stack actuator*) bestehen aus einer Vielzahl von Keramikscheiben, meistens mit Dicken zwischen 0,3 und 1 mm, auf denen sich metallene Elektroden, z.B. aus Nickel oder Kupfer, für die Zuführung der Betriebsspannung befinden (s. Bild 2.8b, links). Die Scheiben werden gestapelt und verklebt. Weil der Elastizitätsmodul des Klebers mit typischen Werten von 4 … 5 GPa um mindestens eine Größenordnung kleiner ist als der des Keramikmaterials, kann die Steifigkeit des geklebten Stapels deutlich geringer sein als die des keramischen Grundmaterials. Gegen äußere Einflüsse wird der Stapel mit einer elektrisch hochisolierenden Polymer- oder Elastomerhülle hermetisch verschlossen. Wegen der niedrigen Zugfestigkeit des Keramikmaterials muss die mechanische Verbindung zwischen Aktor und Zielstruktur so gestaltet sein, dass weder Zug- noch Biegelasten in den Stapel geleitet werden. Beispielsweise sorgt eine Federvorspannung – meist durch Dehnschrauben oder wie im Bild durch geschlitzte Rohrfedern realisiert – dafür, dass der Wandler auch für Zugkräfte einsetzbar ist.

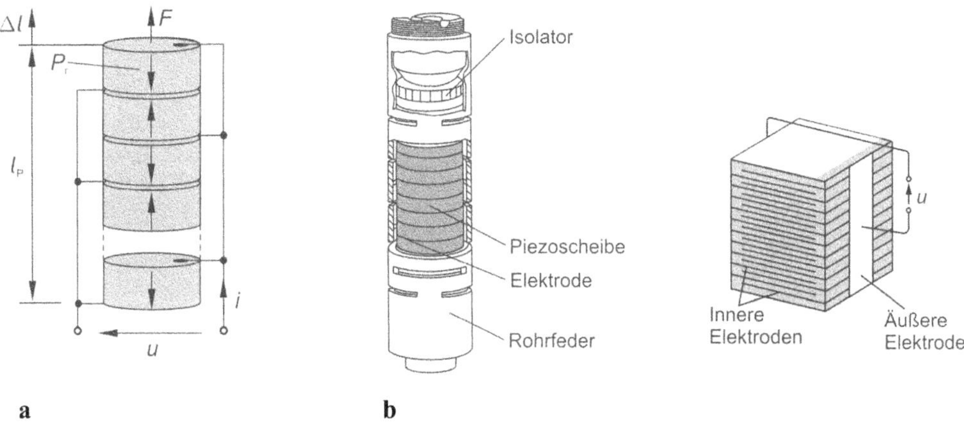


***Bild 2.8*** *Piezoelektrischer Translator.* ***a*** *Elektromechanisches Schema,* ***b*** *links: Stapelaktor, rechts: Multilayer-Aktor (ungehäust)*

Seit den 1980er Jahren haben Multilayer-Aktoren an Bedeutung gewonnen. Hierbei wird die so genannte grüne, 50 bis 100 µm dicke Keramikfolie in Stücke geschnitten, die per Siebdruck mit einer Elektrodenpaste (z.B. AgPd, AgPt; auch Ni, Cu) versehen werden, ähnlich wie Vielschicht-Kondensatoren (diese Prozesstechnik eignet sich demnach gut für die Großserienproduktion von Multilayer-Aktoren). Die Stücke werden dann übereinander geschichtet und gemeinsam gepresst und gesintert (engl. *cofired*). Danach erfolgt die Verbindung der

Elektroden durch Metallisieren der Stirnflächen der Chips. Auf diese Weise bilden sie quasi einen monolithischen Block, der als Einzelwandler oder Grundelement eines Stacks verbaut wird (s. Bild 2.8b, rechts) und eine deutlich höhere Steifigkeit aufweist als Stapelwandler mit geklebten Piezoscheiben. Mit Multilayer-Aktoren erreicht man bereits bei Nennspannungen von 160 V und weniger die maximal zulässigen Feldstärken („Niedervoltaktoren") und erzielt die gleichen Dehnungen wie mit Stapelaktoren bei Spannungen im kV-Bereich („Hochvoltaktoren").

**Dynamisches und statisches Verhalten.** Aus den Zustandsgleichungen (2.1a) und (2.1b) folgen unter Zugrundelegung des elektromechanischen Schemas in Bild 2.8a zwei Systemgleichungen, in denen die integralen Zustandsgrößen elektrische Ladung $q$ und elektrische Spannung $u$ sowie Auslenkung $\Delta l$ und Kraft $F$ enthalten sind:

$$q = Cu + d_{\mathrm{P}}F, \tag{2.9a}$$

$$\Delta l = d_{\mathrm{P}}u + \frac{1}{c_{\mathrm{P}}}F. \tag{2.9b}$$

Gleichung (2.9a) wird auch als Sensorgleichung und Gleichung (2.9b) als Aktorgleichung bezeichnet. Die Parameter in diesen Gleichungen heißen elektrische Kleinsignal-Kapazität $C$, Kleinsignal-Steifigkeit $c_{\mathrm{P}}$ und piezoelektrische Ladungskonstante $d_{\mathrm{P}}$. Der Gesamtstrom $i$ ist die Summe aus dem Polarisationsstrom $\mathrm{d}q/\mathrm{d}t$ und einem Strom durch den Widerstand $R$, der die nichtidealen Isolationseigenschaften des Keramikmaterials berücksichtigt:

$$i = \frac{\mathrm{d}q}{\mathrm{d}t} + \frac{u}{R}. \tag{2.10}$$

Die Kraft $F$ ergibt sich näherungsweise als Summe aus der Kraft $F_{\mathrm{i}}$ im piezoelektrischen Wandler und einer Kraft, die durch die Trägheitswirkung der effektiven Wandlermasse $m_{\mathrm{eff}}$ bedingt ist:

$$F = F_{\mathrm{i}} + m_{\mathrm{eff}} \frac{\mathrm{d}^2(\Delta l)}{\mathrm{d}t^2}. \tag{2.11}$$

Die Gleichungen (2.9), (2.10) und (2.11) werden durch das elektromechanische Ersatzschaltbild in Bild 2.9a anschaulich interpretiert. Der Eingang eines piezoelektrischen Wandlers kann demnach als elektrischer Kondensator mit der Kapazität $C$ und sein Ausgang als Feder mit der Steifigkeit $c_{\mathrm{P}}$ betrachtet werden. In der Realität ist $C$ verlustbehaftet und $c_{\mathrm{P}}$ massebehaftet, deswegen hat der Sensor-Amplitudengang $|u/F|$ im elektrischen Leerlauf ($i = 0$) eine elektrisch bestimmte untere Grenzfrequenz $f_{\mathrm{u}}$ und eine mechanisch bedingte Eigenfrequenz $f_0$. Aus demselben Grund hat der Aktor-Amplitudengang $|\Delta l/u|$ im mechanischen Leerlauf ($F = 0$) eine mechanisch bedingte Eigenfrequenz $f_0$. Im aktorischen Betrieb liegt am (elektrischen) Eingang eine Spannung, d.h. $C$ wird ständig nachgeladen, so dass $f_{\mathrm{u}}$ beim Amplitudengang $|\Delta l/u|$ nicht zum Tragen kommt (s. Bild 2.9b).

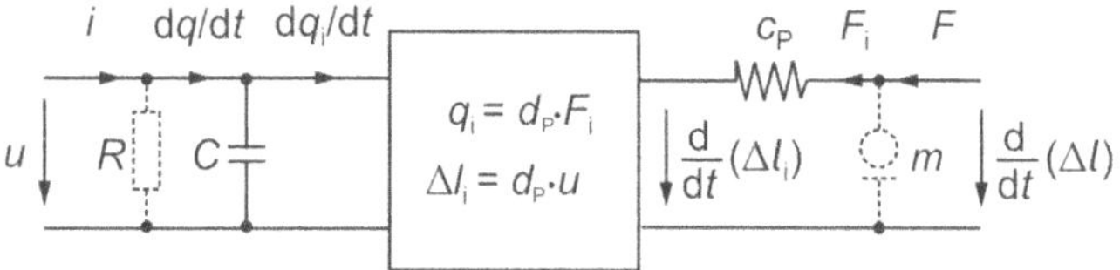


a

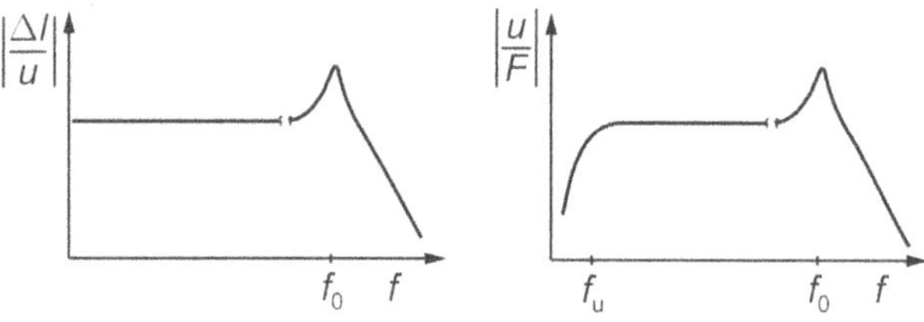


b

***Bild 2.9*** *Piezoelektrischer Wandler im Kleinsignalbetrieb.* ***a*** *Elektromechanische Ersatzschaltung,* ***b*** *Amplitudengänge des aktorischen (links) und sensorischen (rechts) Übertragungsverhaltens*

Einen leicht handhabbaren analytischen Ausdruck für das statische aktorische Übertragungsverhalten des Piezowandlers erhält man durch Umschreiben von Gleichung (2.9b):

$$F = c_{\mathrm{P}}\left(\Delta l - d_{\mathrm{P}} u\right). \tag{2.12}$$

Bild 2.10a stellt den Graph $F(\Delta l)$ mit $u$ als Parameter dar. Man erkennt zwei ausgezeichnete Arbeitspunkte: Im unbelasteten Fall ($F = 0$, mechanischer Leerlauf) erfolgt – abhängig vom jeweiligen Betrag der angelegten Spannung – die größtmögliche Auslenkung, die als Leerlaufhub $\Delta l_{\mathrm{L}}$ bezeichnet wird. Wird der Aktor hingegen fest eingespannt ($\Delta l = 0$), so erzeugt er die sog. Klemm- oder Blockierkraft $F_{\mathrm{B}}$. Das ist die maximal mögliche Kraft, die bei der jeweiligen Steuerspannung entstehen kann (vgl. Bild 2.10a).

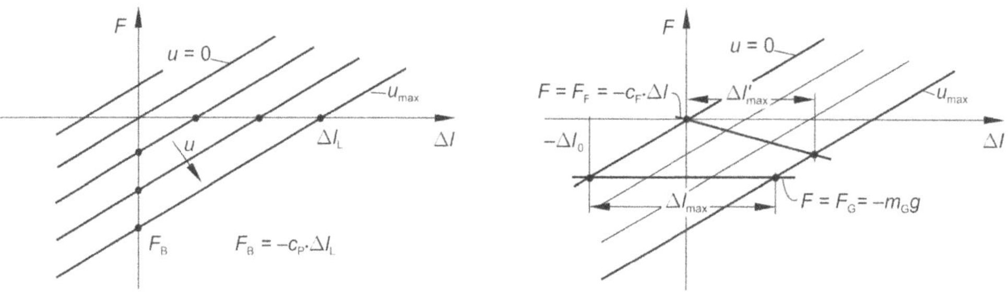


***Bild 2.10*** *Statische Kennlinien $F(\Delta l)$ eines Stapeltranslators („Arbeitsdiagramm"').* ***a*** *Prinzipieller Verlauf,* ***b*** *Einfluss verschiedenartiger Belastungen*

Im Allgemeinen betreibt man den Aktor zwischen diesen beiden Extrempunkten. Dabei können zwei Arten der Belastung auftreten, was Bild 2.10b für den Fall beschreibt, dass der Aktor jeweils mit der Spannung $u_{max}$ unipolar angesteuert wird.

- Die Last ist eine konstante Kraft, z.B. eine Gewichtskraft $F_G = - m_G g$. Bild 2.10b zeigt, dass dann die Aktorauslenkung unabhängig von $F_G$ konstant bleibt und sich lediglich der Nullpunkt der Auslenkung um $\Delta l_0$ verschiebt.

- Die Last ist eine wegabhängige Kraft, z.B. eine Federkraft $F_F = - c_F \Delta l$. Bild 2.10b zeigt, dass der Nullpunkt unabhängig von $F_F$ erhalten bleibt, die Aktorauslenkung aber auf $\Delta l'_{max}$ reduziert wird. Bei maximaler Kraft (Blockierkraft) geht die Auslenkung auf null zurück.

Bild 2.11 verdeutlicht dieses Verhalten in Form des Funktionals $\Delta l(u)$ unter Berücksichtigung der Kennlinien-Darstellung in Bild 2.4b. Der nichtlineare Verlauf erinnert daran, dass das den Bildern 2.9 und 2.10 zugrunde gelegte lineare Verhalten („Kleinsignalbetrieb“) für den aktorrelevanten Großsignalbetrieb lediglich eine Näherung ist.

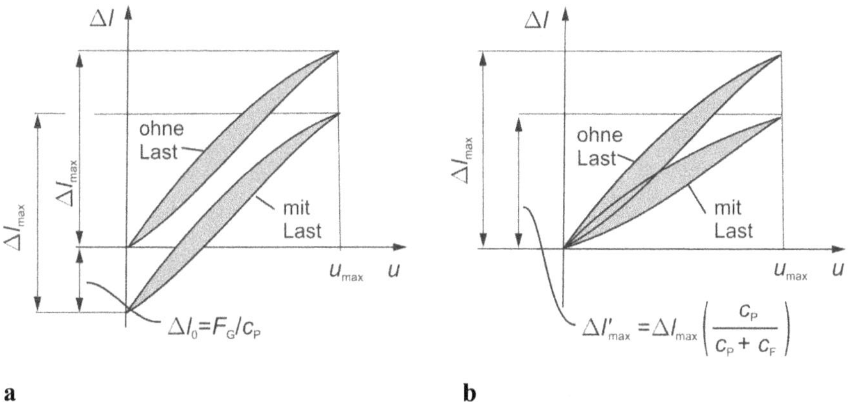


***Bild 2.11*** *Statische Kennlinie Δl(u) eines Stapeltranslators.* ***a*** *Konstante Last,* ***b*** *wegabhängige Last*

Die von der $F(\Delta l)$-Kennlinie und den beiden Koordinatenachsen eingeschlossene Fläche (vgl. Bild 2.10a) ist ein Maß für die im aktiven Wandlerwerkstoff gespeicherte Verformungsarbeit. Ihr Maximalwert beträgt

$$E_{max} = \frac{F_B \Delta l_L}{2}. \tag{2.13}$$

Grundsätzlich kann nur ein Bruchteil dieser Energie an die äußere mechanische Last geliefert werden, vgl. Abschnitt 1.6.1.

Piezoaktoren im hier betrachteten quasistatischen Betrieb lassen sich als schwach gedämpfte $PT_2$-Glieder (Verzögerungsglieder 2. Ordnung) beschreiben, deren Arbeitsfrequenzbereich durch die erste Eigenfrequenz

$$f_0 = \frac{1}{2\pi}\sqrt{\frac{c_{\text{eff}}}{m_{\text{eff}}}} \tag{2.14}$$

begrenzt wird, wobei die effektiv bewegte Masse $m_{\text{eff}}$ bei einseitiger Befestigung des unbelasteten Wandlers gleich $m/3$ ($m$: Wandlermasse) und bei Belastung durch eine Masse $M$ gleich $M + m/3$ ist.[13] Sofern der Aktor durch eine in Reihe geschaltete Feder mit der Steifigkeit $c_V$ vorgespannt wird, erhält man die effektive Steifigkeit aus

$$\frac{1}{c_{\text{eff}}} = \frac{1}{c_P} + \frac{1}{c_V}. \tag{2.15}$$

Bei kommerziellen Translatoren liegt $f_0$ im kHz-Bereich. Als Erfahrungswert gilt, dass marktübliche Wandler bis maximal 80 % ihrer Eigenfrequenz betrieben werden können. Für hochdynamische Anwendungen muss die Eigenfrequenz der Vorspannfeder über der des Aktors liegen.

Aufgrund seines kapazitiven Eingangsverhaltens (vgl. Bild 2.9a) tritt bei einem piezoelektrischen Aktor lediglich während des Auslenkungsvorgangs ein elektrischer Energiefluss auf. Dieser ist mit einer Ladungsverschiebung, also einem Strom

$$i = C\frac{\mathrm{d}u}{\mathrm{d}t} \tag{2.16}$$

verbunden. Man beachte, dass die in Gleichung (2.16) implizit enthaltene Voraussetzung $C =$ konst. bei Piezoaktoren nur näherungsweise erfüllt ist, da die Wandlerkapazität mit wachsender Aussteuerung zunimmt (Großsignal-Kapazität = (1,5 ... 2) · Kleinsignal-Kapazität).

Bei Betrieb mit einem Konstantstrom $I$ folgt aus Gleichung (2.16) die Zeitdauer zum Aufbau des Spannungshubs $\Delta u$ an der Piezokeramik zu

$$\Delta t = C\frac{\Delta u}{I}. \tag{2.17}$$

Diese Zeitspanne verhält sich direkt proportional zur Kapazität des Wandlers und umgekehrt proportional zum Steuerstrom; das ist wichtig für die Auslegung der erforderlichen Steuerelektronik (vgl. Abschnitt 2.6.1).

---

13 Die Technische Mechanik lehrt, dass eine einseitig fixierte Feder mit gleichmäßiger Massenverteilung (also der Piezowandler) longitudinal so schwingt, als ob ein Drittel ihrer Masse am Federende befestigt wäre.

Bei sinusförmiger Ansteuerung erhält man aus Gleichung (2.17) die Stromamplitude

$$\hat{i} = \omega C \hat{u}, \tag{2.18}$$

die ein Verstärker zum Umladen der Keramikkapazität aufbringen muss. Weil die Kapazität von Piezotranslatoren – bei gleich bleibenden Außenabmessungen – proportional zum Quadrat der Anzahl der Keramikschichten zunimmt, erreichen die Kapazitätswerte von Multilayer-Aktoren den µF-Bereich, und der Lade- oder Umladestrom kann entsprechend Gleichung (2.18) wesentlich größer werden als bei Stapelaktoren, deren Kapazitäten im nF-Bereich liegen (vgl. Tabelle 2.2 in Abschnitt 2.3.5).

Mit Gleichung (2.18) lässt sich auch die obere Frequenzgrenze für den Fall abschätzen, dass ein Verstärker den maximalen Ausgangsstrom $i = i_{max}$ liefern kann. Zu berücksichtigen ist ferner, dass aufgrund der Hysterese (s. Bild 2.4) im dynamischen Betrieb elektrische Wirkleistung in Wärme umgesetzt wird, was unter extremen Betriebsbedingungen zu thermischer Depolarisierung der Keramik führen kann.

### 2.3.2 Streifentranslatoren

Im Unterschied zur Stapelbauweise wird hier der Transversaleffekt und damit die $d_{31}$-Konstante genutzt. Der Effekt ist umso stärker ausgeprägt, je größer der Quotient $s/l$ des Piezoelementes ist (s. Gleichung (2.5)). Dies führt auf streifenförmige Elemente mit geringer Steifigkeit, deshalb schichtet man wie bei den Stapelwandlern mehrere Streifen zu einem sog. Laminat und verbessert auf diese Weise die mechanische Stabilität gegen Ausknicken. Die Anwendung des Transversaleffektes ergibt flache Wandler, die sich proportional zur angelegten Spannung verkürzen, da $d_{31}$ bei Piezokeramiken negativ ist. In Tabelle 2.2 findet man einige typische Kennwerte.

### 2.3.3 Biegewandler

Biegewandler nutzen ebenfalls den Transversaleffekt. Sie können beispielsweise aus einem streifenförmigen Federmetall und einer darauf befestigten PZT-Keramik bestehen („Unimorph"). Erfährt die Keramik eine Längenänderung, während der inaktive Metallträger seine Länge beibehält, gleicht das Element das unterschiedliche Dehnungsverhalten aus, indem es sich – phänomenologisch vergleichbar einem Thermobimetall – biegt.

In der Ausführung als Disk-Translatoren sind die Elemente kreisförmige Scheiben von wenigen Zentimetern Durchmesser, die Stellwege bis einige 100 µm ermöglichen (s. Bild 2.7 Mitte). Bei einem marktreifen Aktorkonzept sind zwei oder mehr nebeneinander liegende Keramikstreifen abwechselnd auf den Vorder- und Rückseiten der Zinken eines gabelförmigen Metallträgers angebracht. Die einfachste Ausführung besteht aus zwei Keramikstreifen auf einem U-förmigen Metallträger (s. Bild 2.12a); Bauformen mit drei oder vier Zinken sind in der Lage, größere Kräfte und Stellwege zu erzeugen.

Der typische Biegewandler ist ein Verbund zweier piezoelektrischer Keramikstreifen ohne oder mit Mittelelektrode: Bimorph bzw. Trimorph, auch als Bimorph mit zwei bzw. drei

Elektroden bezeichnet. Man kann jeweils zwei Ausführungsformen unterscheiden: Der Serienbimorph bzw. -trimorph besteht aus zwei entgegengesetzt polarisierten Keramikstreifen, so dass grundsätzlich immer eine der beiden Piezokeramiken entgegen ihrer Polarisation $P_r$ betrieben wird. Um Depolarisation zu vermeiden, darf die maximale Feldstärke daher wenige hundert V/mm nicht überschreiten. Beim Parallelbimorph bzw. -trimorph sind die Keramiken hingegen gleichsinnig polarisiert und es hängt von der Art der Ansteuerung ab, ob immer einer der Streifen entgegen seiner Polarisation arbeitet.

Bei der Schaltung in Bild 2.12b ist dafür gesorgt, dass die Piezoschichten stets in Richtung von $P_r$ mit Spannung beaufschlagt werden und somit die Gefahr einer Depolarisierung ausgeschlossen ist. Um dieses zu gewährleisten muss $u_2 < U_1$ sein (bei $u_2 = U_1/2$ stellt sich die neutrale Lage des Biegers ein). Durch den Betrieb in Polarisationsrichtung erfahren die Keramikelemente bei jedem Biegevorgang eine „Auffrischung“, so dass über die gesamte Lebensdauer der Stellweg und die Stellkraft beibehalten werden. Diese Art der Ansteuerung sichert darüber hinaus eine hohe Lebensdauer.

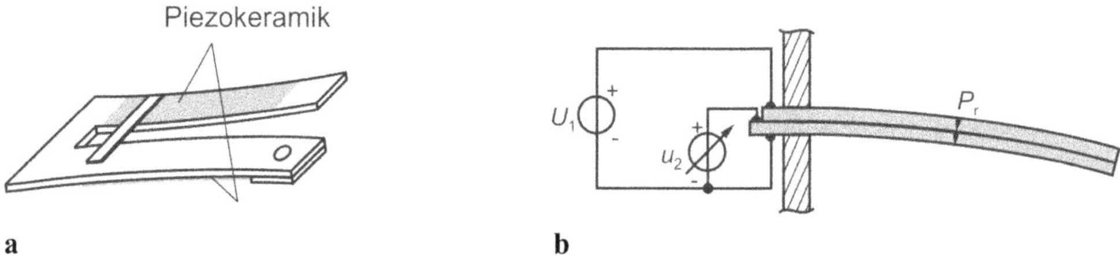


*__Bild 2.12__ Biegewandler. __a__ Unimorph (nach Unterlagen der Fa. Servocell, Harlow/England), __b__ Parallelbimorph. $U_1$: Konstante elektrische Vorspannung, $u_2$: Steuerspannung*

Im Vergleich zu Translatoren haben Biegewandler eine größere Auslenkung, geringere Steifigkeit, kleinere Blockierkraft und eine niedrigere Eigenfrequenz. Sie finden beispielsweise Verwendung in Textilmaschinen als Stellelement zur Fadensteuerung oder in Pneumatik- und Hydraulikventilen als Antrieb der Vorsteuerventile. Häufig werden auch ihre sensorischen Eigenschaften genutzt; eine aktuelle Anwendung ist die Reifendrucküberwachung in Kraftfahrzeugen.

## 2.3.4 Komposite-Wandler

Flächenhafte Piezowandler lassen sich als Werkstoffverbünde realisieren. Bild 2.13 beschreibt als Beispiel das Konzept der sog. Aktivfaser-Komposite (engl. *active fiber composite, AFC*). Hierbei werden Fasern oder sehr dünne Stäbe aus PZT-Keramik in eine Polymermatrix eingebettet. Fotolithografisch oder per Siebdruck erzeugte, kammartige Elektroden auf der Ober- und Unterseite der Fasern sorgen dafür, dass die elektrischen Feldlinien nahezu parallel zur Faserachse verlaufen (s. Bild 2.13). Die erzeugte Kraft hat dieselbe Richtung (Longitudinaleffekt) und wird durch Adhäsion auf die passive Matrix und von dieser auf die anzuregende Zielstruktur übertragen. Mit wachsenden Elektrodenabständen wird der Feldverlauf zwar homogener, allerdings erhöht sich gleichzeitig die erforderliche Steuerspannung. Simulationen haben gezeigt, dass man bis 90 % der $d_{33}$-Werte von piezoelektrischem Volumenmaterial erreichen kann, wenn der Abstand der Elektroden sechsmal größer ist als ihre Breite [JH98].

Die Dicke der Komposite-Wandler wird im Wesentlichen durch den Faserdurchmesser festgelegt und beträgt einige Zehntelmillimeter. Die Wandlerfläche kann mehrere $cm^2$ bis wenige 100 $cm^2$ groß sein, so dass der Aufbau insgesamt eine hohe mechanische Flexibilität aufweist. Die Polarisierung der Keramik erfolgt vor oder nach dem Applizieren des Wandlers auf der anzuregenden Struktur über dieselben Elektroden, die anschließend betriebsmäßig genutzt werden. Mit Komposite-Wandlern als aktorische Komponenten eines adaptronischen Systems lassen sich beispielsweise Schwingungen in Luft- oder Landfahrzeugen und in Gebäuden aktiv dämpfen (engl. *active vibration control, AVC*), und platten- oder schalenförmige Strukturen können gezielt verformt werden. Unter Nutzung ihrer sensorischen Eigenschaften (direkter Piezoeffekt) kann mit Hilfe der gleichen Wandler eine kontinuierliche Strukturüberwachung (engl. *structural health monitoring, SHM*) implementiert werden. Ähnliche Aktorkonzepte, teilweise auch unter Nutzung des $d_{31}$-Effektes, sind unter den Bezeichnungen *macro fiber composite* (*MFC*) [2.2] und *piezo fiber composite* (*PFC*) [2.3] bekannt geworden.

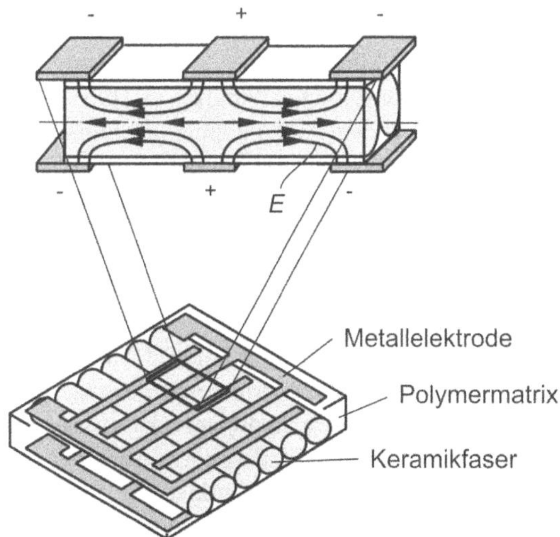


***Bild 2.13*** *Grundsätzlicher Aufbau von piezoelektrischen Aktivfaser-Kompositen*

## 2.3.5 Piezowandler mit Wegübersetzung

Bei Piezowandlern mit Wegübersetzung wird die piezoelektrisch erzeugte Dehnung durch konstruktive Maßnahmen vergrößert, wobei zu beachten ist, dass die Steifigkeit einer solchen Anordnung grundsätzlich mit dem Quadrat des Übersetzungsverhältnisses abnimmt und wesentlich kleiner ist als bei der Stapel- oder Multilayer-Bauweise.

Solcherart aufgebaute Wandler für Stellwege bis 1 mm und mit Kräften von einigen 10 N werden beispielsweise mit Festkörpergelenken (= lokale Biegezonen) gefertigt, die als elastische

Gelenke kleine Winkeländerungen spielfrei in Parallelbewegungen umsetzen. Bild 2.14a zeigt das Prinzip; ein Ausführungsbeispiel ist in Bild 2.7 (links) zu sehen [2.1].

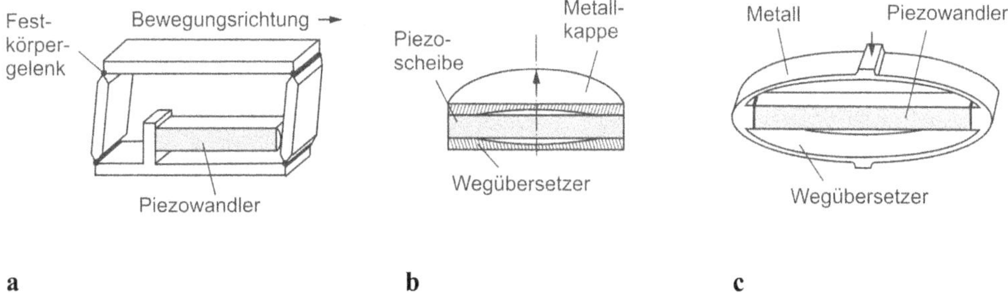


***Bild 2.14*** *Mechanische Wegübersetzung.* ***a*** *Ausführung mit Festkörpergelenken (Hybridwandler),* ***b*** *Moonie-Wandler,* ***c*** *Piezoaktor mit Wegverstärkung (amplified piezo actuator, APA)*

Während beim Stellwegvergrößerer in Bild 2.14a die Werkstoffbereiche mit hoher Elastizität lokal begrenzt sind, nutzen die Ausführungen in Bild 2.14b und c das globale elastische Verhalten von metallenen Werkstoffen. Der so genannte Moonie-Wandler in Bild 2.14b besteht aus einer piezoelektrischen Scheibe, die zwischen zwei Metallkappen geklemmt ist. Beim Anlegen einer Steuerspannung in axialer Richtung kommen sowohl der Longitudinal- als auch der Transversaleffekt zur Wirkung, wobei die Kappenform dafür sorgt, dass die kleine radiale Scheibendehnung in einen viel größeren Stellweg senkrecht dazu umgesetzt wird [Uch00]. Bild 2.14c zeigt eine Ausführung, in der ein Piezotranslator und damit der $d_{33}$-Effekt zur Anwendung kommt [2.4].

Einen völlig anderen Lösungsansatz für die Wegübersetzung beschreibt Bild 2.15. Dort sind hydraulische Kraft-Weg-Transformatoren nach dem Zwei-Kolben-Prinzip dargestellt. Ihre Leckagefreiheit wird dauerhaft gewährleistet, indem die beiden hydrostatisch wirksamen Durchmesser von je einem Faltenbalg gebildet werden. Durch die besondere konstruktive Ausführung ist ferner dafür gesorgt, dass das eingeschlossene Ölvolumen klein ist, wodurch die Steifigkeit der Anordnung groß wird und die Drift über dem Arbeitstemperaturbereich gering bleibt [2.5].

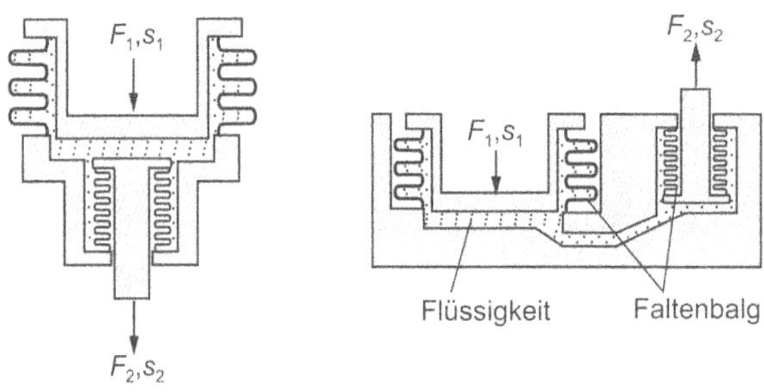


***Bild 2.15*** *Hydrostatische Wegübersetzung*

Üblicherweise werden mit den vorgestellten Prinzipien Übersetzungsverhältnisse bis etwa 10 realisiert. Größere Werte sind konstruktiv zwar möglich, können aber schnell zu einem schlechteren dynamischen Verhalten des Gesamtsystems führen.

In Tabelle 2.2 sind typische Kennwerte von Piezowandlern der verschiedenen Bauarten zusammengestellt. Man beachte, dass einige der angegebenen Zahlenwerte nicht gleichzeitig auftreten können. Es ist beispielsweise nicht möglich, die maximalen Werte für Druckbelastbarkeit und Eigenfrequenz in ein und demselben Wandler zu vereinen.

***Tabelle 2.2*** *Typische Kennwerte von Piezowandlern*

| | Stapel-wandler | Multilayer-wandler | Streifen-bauweise | Hybrid-Bauweise | |
|---|---|---|---|---|---|
| Nennstellweg | 5 ... 200 | ... 38 | ... 45 | ... 100 | µm |
| Steifigkeit | 18 ... 2000 | ... 1500 | ... 15 | ... 1,4 | N/µm |
| Eigenfrequenz | 6 ... 50 | ... 150 | ... 13 | ... 2,2 | kHz |
| Blockierkraft | ... 78000 | ... 30000 | | | N |
| Druckbelastbarkeit | ... 100000 | ... 40000 | ... 450 | ... 50 | N |
| Zugbelastbarkeit | ... 3500 | | ... 100 | ... 50 | N |
| Nennspannung | 150 ... 1500 | –30 ... +150 | ... 1000 | ... 1000 | V |
| Elektrische Kapazität | ... 10000 | ... 35000 | ... 145 | ... 70 | nF |
| Thermische Stabilität | 0,1 ... 0,8 | | ... 0,7 | ... 2,0 | µm/K |

In Tabelle 2.3 sind wichtige Vor- und Nachteile von Piezowandlern mit begrenzter Auslenkung zusammengefasst.

***Tabelle 2.3*** *Wichtige Eigenschaften von Piezowandlern*

| Vorteile | Nachteile |
|---|---|
| – Große Kräfte realisierbar, hohe Steifigkeit | – Kennwerte des Keramikmaterials temperatur- und alterungsabhängig |
| – Hoher elektromechanischer Wirkungsgrad | – Piezoeffekt kann durch hohe Temperaturen, große Feldstärken oder mechanischen Schock verloren gehen |
| – Sehr kurze Reaktionszeit (µs-Bereich) | – Ausgeprägte Kennlinienhysterese |
| – Vernachlässigbar kleine Leistungsaufnahme im statischen Betrieb | – Starke Erwärmung des Keramikmaterials im dynamischen Betrieb |
| – Unterschiedliche Zuordnungen von Feld- und Dehnungsrichtung möglich | – Hochspannungsnetzteil für kapazitive Last (bis in den µF-Bereich) erforderlich |
| – Gut besetzte, hoch verfügbare Palette unterschiedlicher Keramikmaterialien | |

## 2.4 Aktoren mit unbegrenzter Auslenkung (Piezomotoren)

Piezomotoren sind elektromechanische Antriebe, mit denen sich unter Nutzung des inversen Piezoeffektes wesentlich größere – im Prinzip unbegrenzte – Translationen oder Rotationen eines Läufers bzw. Rotors verwirklichen lassen als bisher beschrieben. Seit den 1970er Jahren ist eine kaum überschaubare Vielfalt von piezoelektrischen Motorprinzipien erfunden und publiziert worden; nur wenigen ist aber bis heute auch ein kommerzieller Erfolg beschieden. In den folgenden Abschnitten werden die wichtigsten Funktionsprinzipien erläutert und einige marktgängige Ausführungen vorgestellt. Hierbei wird eine pragmatisch geprägte Klassifizierung zugrunde gelegt, die zunächst den quasistatischen vom resonanten Betrieb unterscheidet.

## 2.4.1 Motoren für den quasistatischen Betrieb

Bei diesen Piezomotoren werden Weg- oder Winkelinkremente eines Läufers bzw. Rotors mit Hilfe piezoelektrischer Vorschub- und Klemmelemente erzeugt und in schneller Folge so lange aufsummiert, bis der gewünschte Gesamtweg bzw. -winkel erreicht ist. Hierbei werden die Piezoelemente deutlich unterhalb der niedrigsten mechanischen Eigenfrequenz des Gesamtsystems betrieben, also quasistatisch. Bis in die jüngste Vergangenheit war allen bekannten Motorausführungen gemeinsam, dass die Antriebskraft durch Reibschluss auf das bewegliche Teil übertragen wird; seit Kurzem gibt es jedoch auch einen kommerziellen Antrieb, der formschlüssig arbeitet (s. Abschnitt 2.4.1.3).

### 2.4.1.1 Wurm- und Schreitantriebe

**Inchworm®-Motor**

Der bekannteste Vertreter des Wurmantriebs ist der Inchworm-Motor, der 1975 erstmals kommerziell angeboten wurde. Die Bezeichnung dieses Linearmotors rührt daher, dass sein Bewegungsablauf dem der Spannerraupe (engl. *inchworm*) ähnelt. Bild 2.16 beschreibt das Prinzip: eine glatte Welle (Läufer), die axial positioniert werden soll, wird von drei Piezoelementen umschlossen. Die beiden äußeren Elemente sind Tubusse (vgl. Bild 2.6b) und sitzen mit sehr kleinem Spiel auf der Welle. Werden diese Elemente elektrisch angesteuert, so klemmen sie die Welle fest ($d_{31}$-Effekt). Der mittlere Hohlzylinder hat großes Spiel und dehnt sich beim Anlegen einer Spannung in axialer Richtung, d.h. dieses Element sorgt für den Vorschub.

Der Bewegungsablauf wird von einer elektronischen Steuerung wie folgt koordiniert. Zunächst klemmt Tubus 1 die Welle (1), Zylinder 2 dehnt sich (2) und schiebt dabei die Welle nach links. Nun klemmt Tubus 3 die Welle ebenfalls (3), danach öffnet Tubus 1 wieder (4). Die Welle wird jetzt von Tubus 3 gehalten und Zylinder 2 verkürzt sich wieder (5). Nun klemmt Tubus 1 die Welle (6) und Tubus 3 öffnet sich (7). Der Zylinder 2 dehnt sich wieder, und der Ablauf beginnt von neuem. Die Steuerspannungen an den beiden äußeren Elementen wechseln (zeitversetzt) immer zwischen zwei Amplitudenwerten. Die Spannung am Vorschubelement verläuft hingegen stufenförmig, wobei die Stufenhöhe das kleinste Weginkrement des Läufers festlegt und die Steilheit der Treppe seine Geschwindigkeit bestimmt.

Die Schubkraft des Inchworm-Motors wird durch die von den äußeren Klemmelementen übertragbare Reibkraft begrenzt. Diese kann nicht beliebig vergrößert werden, denn die ursächliche Klemmkraft, die während der Läuferbewegung ständig zu- und abgeschaltet wird, führt zu hohen dynamischen Zugspannungen in der PZT-Keramik, die Ermüdungsrisse herbeiführen können und hierdurch die Lebensdauer des Motors verkürzen. Durch Optimieren der Fertigungs- und Prüfverfahren kann man jedoch sicherstellen, dass die Grenzlastspielzahl der Klemmelemente $10 \cdot 10^9$ Zyklen erreicht. Darüber hinaus lassen sich mit Hilfe konstruktiver Maßnahmen die schädlichen Zugspannungen in ungefährliche Druckspannungen umwandeln.

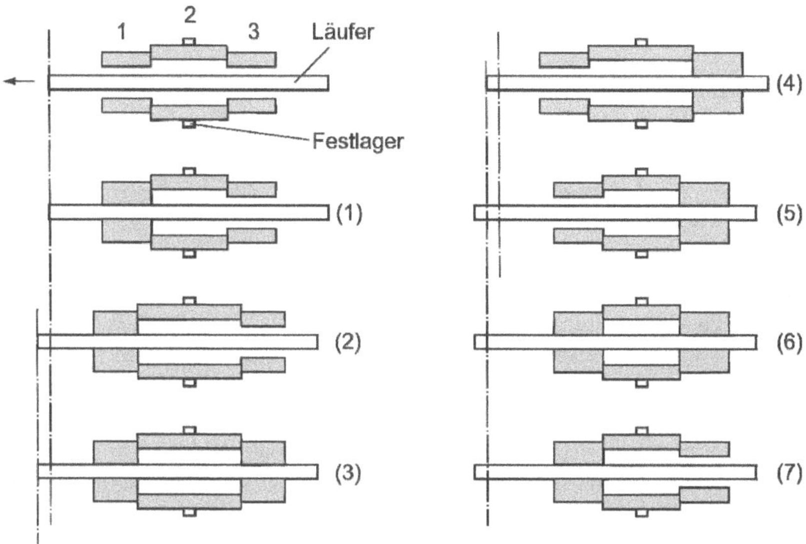


***Bild 2.16*** *Inchworm®-Motor. Bewegungsablauf (nach Unterlagen der Fa. Burleigh, Fishers(NY)/USA)*

Die Passung zwischen Läufer und äußeren Piezoelementen muss sehr genau eingehalten werden; sie ist temperaturabhängig und unterliegt Verschleiß. Da die Verbindung reibschlüssig ist, kann eine präzise Positionierung nur im geschlossenen Wirkungsablauf in Verbindung mit einem Wegsensor erfolgen (vgl. Abschnitt 2.7.1). Insgesamt ist festzustellen, dass der Inchworm-Motor zwar ein interessantes Antriebsprinzip verkörpert, die angesprochenen Eigenschaften und Schwierigkeiten aber letztlich dazu geführt haben, dass er heute nicht mehr kommerziell angeboten wird. An seine Stelle sind neue Prinzipien und Produkte getreten, von denen die wichtigsten nachfolgend beschrieben werden.

## LEGS™-Motor

Die Grundelemente im Piezo-LEGS-Motor basieren auf dem Multilayer-Konzept gemäß Bild 2.8b. Monolithische Multilayer-Blöcke werden hier jedoch mit jeweils zwei elektrisch isolierten Elektrodenbereichen versehen und bilden auf diese Weise ein sog. Bein (engl. *leg*). Das Bild 2.17a zeigt, wie durch Anlegen von unipolaren elektrischen Spannungen gleichen oder unterschiedlichen Betrags an die beiden Hälften des Beines sowohl Längs- als auch Biegebewegungen erzeugt werden können (dunklere Tönung $\hat{=}$ höhere Spannung). Obwohl der Wandler im $d_{33}$-Mode arbeitet, kann er sich also auch wie ein Biegewandler verhalten. Demzufolge führen die Spannungen $u_r(t)$ und $u_l(t)$ in Bild 2.17b zu einer geschlossenen, elliptischen Bewegung des Stabendes, was im selben Bildteil angedeutet ist [2.6].

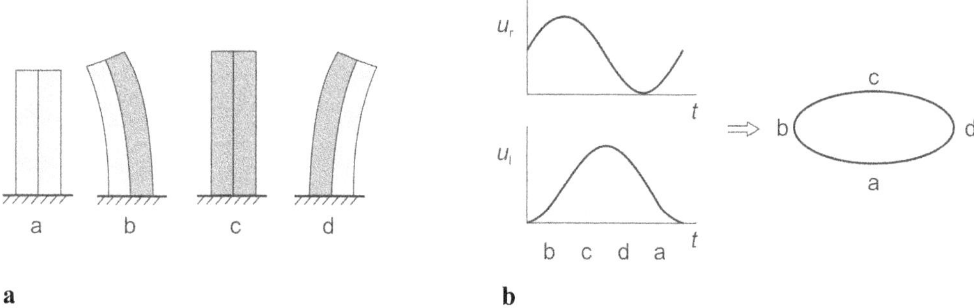


***Bild 2.17*** *Piezo-LEGS™-Motor.* ***a*** *Auslenkungen bei unterschiedlicher Ansteuerung,* ***b*** *Erzeugung eines geschlossenen Bewegungsablaufes (nach [2.6])*

Bild 2.18 erläutert, wie mit vier Beinen eine Vorschubbewegung zustande kommt. Jeweils zwei Beine bilden ein Paar, das gleichsinnig angesteuert wird und sich folglich synchron bewegt. Ein zweites Paar ist „auf Lücke versetzt" zum ersten angebracht und wird insgesamt gegensinnig zu diesem angesteuert. Hierdurch kommen zeitversetzte, elliptische Bewegungen der Stabenden zustande, durch die ein Läufer, der von Federn auf die Beine gedrückt wird, in kleinen Schritten translatorisch transportiert wird. Dies zeigt Bild 2.18 in einzelnen Sequenzen, wobei die jeweils wirksame Spannung betragsmäßig umso größer ist, je dunkler die Elemente getönt sind. Zu berücksichtigen ist, dass die maximale (elektrische) Betriebsfrequenz deutlich unterhalb der (mechanischen) Eigenfrequenz des Läufers bleiben muss, um stets den Kraftschluss zwischen den Reibpartnern zu gewährleisten.

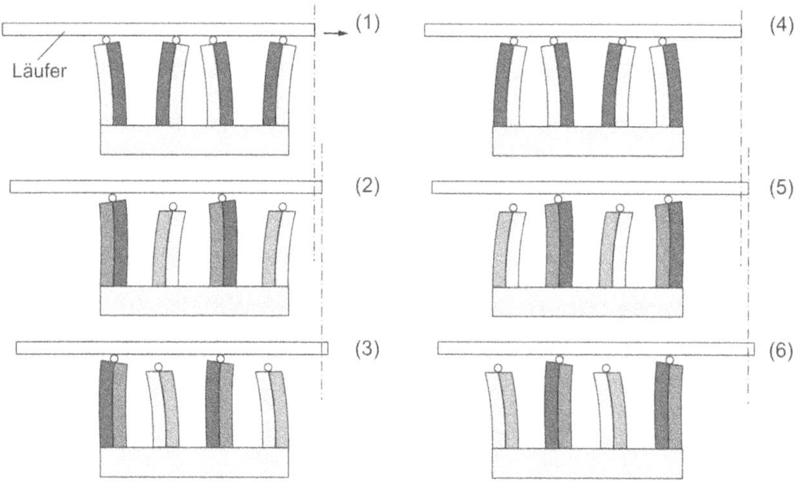


***Bild 2.18*** *Piezo-LEGS™-Motor. Bewegungsablauf des Schreitantriebs (nach [2.6])*

Ein für Demonstrationszwecke realisierter Motor benötigt unipolare Treiberspannungen von 0 ... 42 V (Spitze-Spitze-Wert), die Schrittweite ohne Last beträgt 3 µm. Die Geschwindigkeit (max. 12,5 mm/s) wird über die Frequenz der Steuerspannungen (max. 2,1 kHz) eingestellt. Die Haltekraft wird mit 7,3 N angegeben, der Verfahrweg dieser Ausführung beträgt 35 mm.

### 2.4.1.2 Trägheitsantriebe

Ebenfalls schrittweise arbeiten Trägheitsantriebe, die seit den 1980er Jahren bekannt sind. Sie nutzen die Differenz zwischen Haft- und Gleitreibung in Verbindung mit der Trägheit des Läufers bzw. Rotors. Zu Beginn eines Arbeitszyklus wird der Läufer vom Aktor langsam voran geschoben, indem die Antriebskraft durch Haftreibung übertragen wird. Anschließend zieht sich der Aktor mit einer schnellen Bewegung in seine Ausgangslage zurück, wobei aufgrund der Trägheit des Läufers die Haftreibung aufgehoben wird, so dass der Läufer dieser Bewegung nicht folgen kann. Der Hub bleibt daher erhalten, und mit dem nächsten Arbeitszyklus wird ein weiterer Bewegungsschritt addiert.

**Picomotor™**

Eine Realisierung des Trägheitsprinzips ist der Picomotor, der im Wesentlichen aus einer Feingewindespindel in einem zweigeteilten Muttergewinde („Gewindebacken") besteht (s. Bild 2.19a). Der (hier nicht dargestellte) Piezoaktor sorgt für eine gegenläufige Bewegung der beiden Gewindebacken. Eine sägezahnförmige Steuerspannung am Aktor führt dann dazu, dass die Spindel während des langsamen Flankenanstieges „mitgenommen" wird und sich dreht; beim schnellen Flankenabfall verharrt sie hingegen in ihrer Position [2.7].

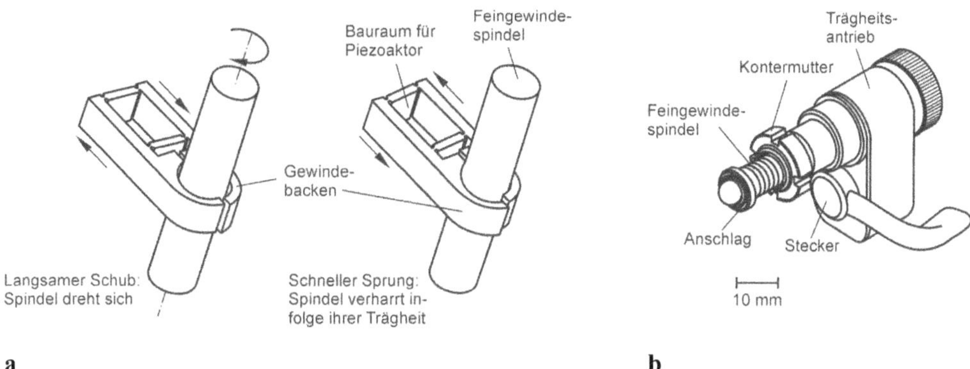


*Bild 2.19 Picomotor™. a Funktionsprinzip, b Ausführungsbeispiel (Quelle: New Focus, Inc., San Jose/USA [2.7])*

Der kleinstmögliche Winkelschritt des Picomotors in Bild 2.19b bewirkt eine translatorische Bewegung der Schraube um 30 nm. Dabei wird ein Drehmoment von etwa 18 mNm bzw. eine translatorische Schubkraft von ca. 22 N erzeugt. Bei der maximalen Ansteuerfrequenz von 2 kHz beträgt die Vorschubgeschwindigkeit 1,2 mm/min; dieser Wert verringert sich jedoch mit wachsender Last. Anwendungsfelder dieses Motors sind Feinpositionierungen und verstellbare Halterungen in optischen und mechanischen Systemen, speziell in der Kälte- und Vakuumtechnik.

### 2.4.1.3 Piezo Actuator Drive (PAD™)

Der Piezo Actuator Drive (PAD) – nach seinem Erfinder auch Kappel-Motor genannt – basiert auf folgendem Antriebskonzept: In der Grundausführung sind zwei Stapelaktoren, die räumlich um 90° versetzt sind, fest mit einem Metallring verbunden. Diese Anordnung bildet den Stator, der eine Welle – den Rotor – umschließt (s. Bild 2.20a, links). Steuert man die beiden Piezoaktoren quasistatisch mit zwei sinusförmigen Wechselspannungen gleicher Amplitude und gleicher Frequenz an, die jedoch um 90° phasenversetzt sind, entsteht eine kreisende Bewegung des elastischen Antriebsrings („Lissajous-Figur“). Da zwischen Ring und Welle ein ständiger Kontakt erhalten bleibt, kann die Welle auf der Innenfläche des Ringes abrollen, wodurch eine kontinuierliche Rotation entsteht. Die Drehrichtung wird durch das Vorzeichen der Phasenverschiebung festgelegt; die Drehzahl ist durch die Frequenz des Steuersignals bestimmt. Die maximale Betriebsfrequenz des Motors wird vor allem durch die Eigenfrequenzen der Aktoren und die zulässigen Verlustleistungen in der Aktorkeramik begrenzt [KGW08].

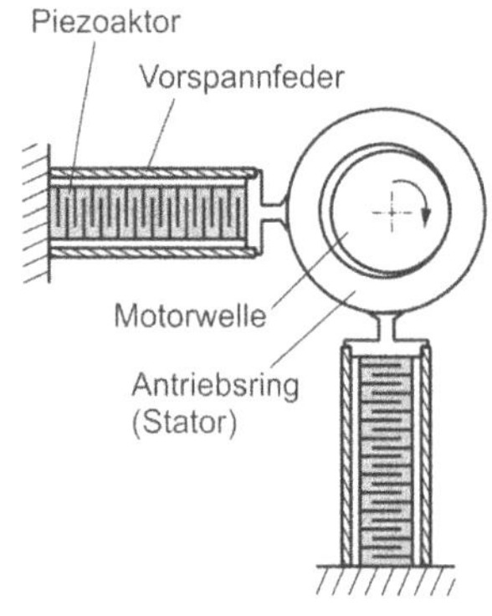


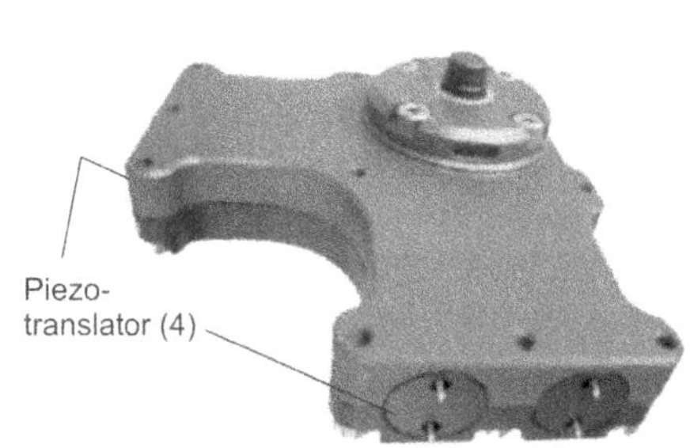


a

| | |
|---|---|
| Betriebsspannung | 8...42 VDC |
| Max. Strom | 6 A bei 12 V |
| Drehmoment | 5 Nm |
| Drehzahl | 0...60 $min^{-1}$ |
| Mech. Ausgangsleistung | 20 W |
| Max. Wirkungsgrad | 40 % |
| Winkelauflösung | < 2" |
| Abmessungen | 9 x 9 x 3 $cm^3$ |
| Gewicht | 750 g |

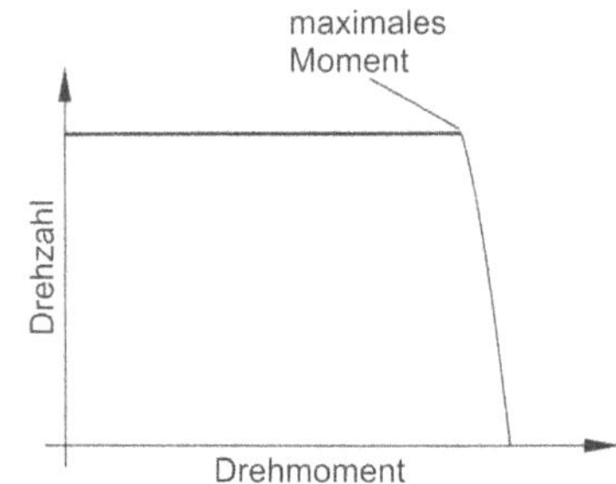


b

***Bild 2.20*** *Piezo Actuator Drive (PAD).* ***a*** *Links: Funktionsprinzip (Mikroverzahnung nicht dargestellt), rechts: Ausführungsbeispiel,* ***b*** *Motordaten und Drehzahl-Drehmoment-Kennline*

Zur Erhöhung des übertragbaren Momentes bei gleichzeitiger Vermeidung von Spiel und Schlupf wurde das Grundprinzip weiter entwickelt, indem man mit Hilfe von Mikroverzahnungen am Außendurchmesser der Welle und am Innendurchmesser des Ringes eine formschlüssige Kraftübertragung realisierte. Das Untersetzungsverhältnis ergibt sich als Differenz der Zähnezahlen von Antriebsring und Motorwelle bezogen auf die Zähnezahl des Antriebsrings und beträgt typisch eins zu mehrere hundert. Um einen ständigen Verzahnungseingriff zu gewährleisten, muss die Zahnhöhe kleiner sein als die Leerlaufauslenkungen der Piezoaktoren, woraus Zahnhöhen im Bereich einiger 10 μm folgen (einige 100 μm bei Ausführungen mit Biegewandlern). Eine weitere Besonderheit dieses Piezomotors besteht darin, dass der direkte piezoelektrische Effekt zur sensorischen In-process-Erfassung sowohl des äußeren Lastmomentes als auch innerer Reibmomente genutzt wird.

Insgesamt zeichnet sich der Kappel-Motor durch folgende Eigenschaften aus:

- Konstantes, drehzahlunabhängiges Motormoment (mehrere Nm),
- großes Haltemoment im ausgeschalteten Zustand (d.h. ohne Energiezufuhr),
- Drehzahlbereich null bis einige hundert $min^{-1}$,
- hohe absolute Positioniergenauigkeit (Bogensekunden),
- geringer Verschleiß aufgrund der Abrollbewegung,
- skalierbar bezüglich der Ausgangsleistung,
- skalierbar bezüglich der Drehzahl-Drehmoment-Charakteristik.

Die technischen Daten eines Prototyps aus dem Jahre 2006 auf der Basis von vier Piezo-Translatoren sind in Bild 2.20b aufgeführt. Als Anwendungsgebiete werden die Medizingerätetechnik, die Robotik, die Luft- und Raumfahrt sowie die Automatisierungstechnik ins Auge gefasst [2.11].

### 2.4.2 Motoren für den resonanten Betrieb (Ultraschallmotoren)

Der Arbeitsfrequenzbereich der bisher beschriebenen piezoelektrischen Antriebe liegt unterhalb ihrer niedrigsten Eigenfrequenz, die – ebenso wie die höheren Eigenfrequenzen – durch die mechanischen Eigenschaften der verwendeten PZT-Keramik festgelegt wird. Im Unterschied hierzu werden bei Ultraschallmotoren gerade die resonanten Vibrationen eines piezoaktorisch angeregten Schwingers genutzt. Die hiermit verbundene Hubvergrößerung ermöglicht es, mit kleineren Steuerspannungen zu arbeiten.

Die entsprechende Resonator-Anordnung bildet den ortsfesten Teil des Motors und wird als Stator bezeichnet. Eine geeignete elektronische Schaltung sorgt dafür, dass der Stator zu mechanischen Schwingungen im Ultraschallbereich veranlasst wird. Die erzeugten Frequenzen liegen üblicherweise zwischen 20 und 150 kHz, wobei die Amplituden sich im Mikrometer- und Submikrometerbereich bewegen. Folglich sind die Schwingungen des Resonators für den Menschen unmittelbar weder hör- noch sichtbar.

Auch bei Ultraschallmotoren ist der Verschleiß in der Berührungsstelle zwischen Resonator und Rotor ein Problem, da er die Lebensdauer des Antriebs stark beeinflusst. Abhilfe schaffen z.B. verschleißmindernde Oberflächenvergütungen oder weiche Zwischenlagen, die das harte Aufschlagen des Resonators auf den Rotor abmildern, sowie große Kontaktflächen, um punktuelle Belastungen zu mindern. Da die Kraftübertragung durch Reibung (engl. *friction*) erfolgt, werden diese Motoren auch als Friktionsmotoren bezeichnet.

Je nach der Schwingungsanregung des Stators unterscheidet man zwischen Stehwellen- und Wanderwellen-Motoren. Beide Prinzipien zur Erzeugung der Rotor- oder Läuferbewegung und einige kommerziell verfügbare Ausführungen werden im Folgenden erläutert.

#### 2.4.2.1 Stehwellen-Motoren

Dieses Motorprinzip, das in den 1970er Jahren zuerst in der ehemaligen Sowjetunion entwickelt worden ist, wird auch als Vibrations- oder Mikrostoßantrieb bezeichnet, da die Schwingbewegung des Stators in Form von Mikropulsen auf den Rotor oder Läufer übertragen wird. Die Bewegung setzt sich aus Weginkrementen im Nano- oder Mikrometerbereich zusammen und geschieht trotz der stoßweisen Anregung des Rotors aufgrund seiner Trägheit sehr gleichmäßig.

Man unterscheidet zwischen Resonatoren, die ausschließlich monomodal (z.B. zu Längsschwingungen) angeregt werden, und solchen, bei denen die Überlagerung von – mindestens – zwei Eigenformen unterschiedlichen Typs und/oder verschiedener Ordnung zu einer elliptischen Bewegung der Resonatorenden führt (bimodaler Resonator, Bimodenschwinger).

**Monomodaler Resonator.** Der Knoten der Längsschwingung befindet sich in der Mitte eines – beispielsweise – stabförmigen Resonators; dort wird der Stab auch vibrationsarm fixiert (s. Bild 2.21a). An seinen Enden liegen die Maxima der Auslenkungen („$\lambda/2$-Resonator“). Ein Ende wird exzentrisch gegen den Rotor gedrückt. Aufgrund der Expansion (Bewegung A) trifft das Resonatorende gegen den vergleichsweise harten Rotor. Wegen des exzentrischen Angriffspunktes und deutlich verstärkt durch das Abschrägen des Resonatorendes weicht die Spitze aus (Bewegung B). Es entsteht eine Bewegung tangential zum Rotor, die über Reibschluss dessen Antrieb bewirkt. Bei der folgenden Kontraktion öffnet sich der Kontakt zwischen Rotor und Stator, und die elastische Deformation der Spitze bildet sich zurück. Bei diesem Funktionsprinzip ist lediglich eine Drehrichtung möglich.

**Bimodaler Resonator.** In diesem Fall werden ein Längs- und ein Biegemode des Stabes überlagert. Der longitudinale Mode bewirkt die in Bild 2.21b angedeutete Bewegung A, der Biegemode die Bewegung B. Wenn beide Frequenzen in einem ganzzahligen Verhältnis stehen, ergibt die Überlagerung eine geschlossene Bewegung des Resonatorendes (Lissajous-Figur), durch die ein zentrisch angesetzter Rotor „sanft“ angetrieben wird. Über die Phasenlage der beiden Schwingungen können dann sowohl die Drehrichtung des Rotors als auch seine Drehzahl eingestellt werden. Die beiden Schwingungen müssen dabei unabhängig voneinander anregbar sein. Aufgrund der Abweichungen eines realen Resonators von der idealen Form sind die Schwingungsmoden jedoch gekoppelt und werden deshalb im Normalfall eine Schwebung durchführen. Dieser Punkt ist ein Zentralproblem bei Resonatoren, die gleichzeitig in mehreren Moden angeregt werden.

Die Schubkraft des Inchworm-Motors wird durch die von den äußeren Klemmelementen übertragbare Reibkraft begrenzt. Diese kann nicht beliebig vergrößert werden, denn die ursächliche Klemmkraft, die während der Läuferbewegung ständig zu- und abgeschaltet wird, führt zu hohen dynamischen Zugspannungen in der PZT-Keramik, die Ermüdungsrisse herbeiführen können und hierdurch die Lebensdauer des Motors verkürzen. Durch Optimieren der Fertigungs- und Prüfverfahren kann man jedoch sicherstellen, dass die Grenzlastspielzahl der Klemmelemente $10 \cdot 10^9$ Zyklen erreicht. Darüber hinaus lassen sich mit Hilfe konstruktiver Maßnahmen die schädlichen Zugspannungen in ungefährliche Druckspannungen umwandeln.

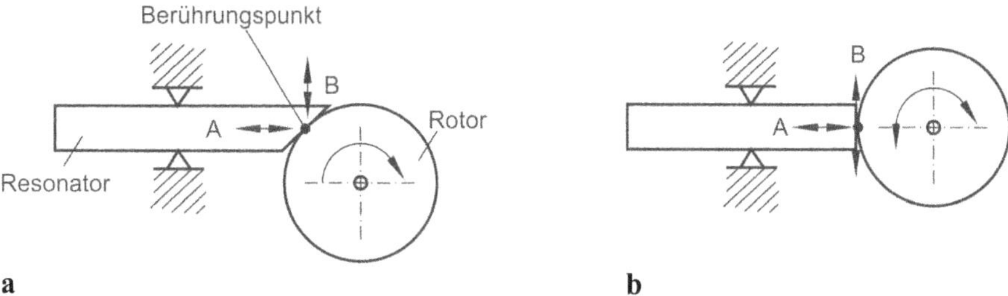


*Bild 2.21 Funktionsprinzipien von Stehwellen-Ultraschallmotoren. **a** Monomodaler Motor mit längsschwingendem Resonator, **b** bimodaler Motor mit einer Längs- (A) und einer Biegeschwingung (B) des Resonators*

Die Schubkraft des Inchworm-Motors wird durch die von den äußeren Klemmelementen übertragbare Reibkraft begrenzt. Diese kann nicht beliebig vergrößert werden, denn die ursächliche Klemmkraft, die während der Läuferbewegung ständig zu- und abgeschaltet wird, führt zu hohen dynamischen Zugspannungen in der PZT-Keramik, die Ermüdungsrisse herbeiführen können und hierdurch die Lebensdauer des Motors verkürzen. Durch Optimieren der Fertigungs- und Prüfverfahren kann man jedoch sicherstellen, dass die Grenzlastspielzahl der Klemmelemente $10 \cdot 10^9$ Zyklen erreicht. Darüber hinaus lassen sich mit Hilfe konstruktiver Maßnahmen die schädlichen Zugspannungen in ungefährliche Druckspannungen umwandeln.

Mit dem nachfolgend beschriebenen, bimodalen Antrieb wurde ein drehrichtungsumkehrbarer Ultraschallmotor verwirklicht, der einphasig angesteuert werden kann [Fle95]. Die oben angesprochene, unerwünschte Modenkopplung wurde vermieden, indem man durch gezielte Beeinflussung der Stabform die Eigenfrequenzen des Längs- und des Biegemodes, die von je einem Piezowandler angeregt werden, auf das Verhältnis 1:2 abstimmte. Bild 2.22a zeigt die beiden Schwingungsmoden des Resonators als Ergebnis von FEM-Simulationen.

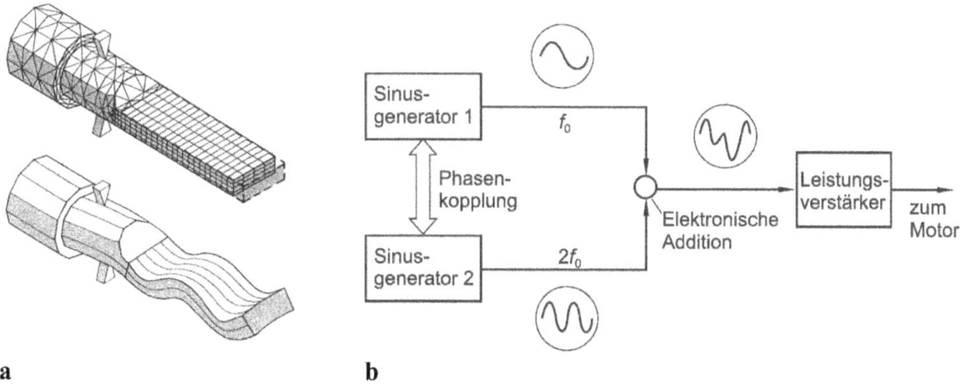


*Bild 2.22 Bimodaler Ultraschallmotor. **a** FEM-Simulation einer Längsschwingung (24 kHz) und einer Biegeschwingung (48 kHz), **b** elektrische Ansteuerung (nach [Fle95])*

Die Ansteuerelektronik des Motors ist in Bild 2.22b vereinfacht dargestellt. Die beiden sinusförmigen, phasengekoppelten Steuerspannungen werden elektronisch addiert und mit einem Leistungsverstärker auf die notwendige Amplitude (Effektivwert 200 ... 300 V) gebracht. Die Ausgangsspannung des Verstärkers wird gleichermaßen an die Piezokeramiken zur Erzeugung der Längs- und der Biegeschwingung gelegt; aufgrund des großen Frequenzunterschieds reagiert jeder Piezowandler immer nur auf die passende spektrale Komponente.

Durch Ändern der Phase zwischen den beiden Anregungssignalen ließen sich bei einem Testmotor Drehzahlen von 0 bis ca. 300 $min^{-1}$ kontinuierlich einstellen; die Zeitspanne zwischen Anlegen des elektrischen Steuersignals und Erreichen der Enddrehzahl betrug etwa 20 ms. Da im Unterschied zum monomodalen Antrieb der harte und damit energiedissipative Aufprall des Resonators auf den Rotor hier nicht auftritt, sind hohe Wirkungsgrade und eine lange Lebensdauer dieses bimodalen Antriebs möglich.

**Elliptec-Motor**

Eine seit etwa 2004 kommerziell verfügbare Ausführung ist der Elliptec-Motor in Bild 2.23a. Hierbei wird ein 5 mm hoher Multilayer-Aktor (vgl. Bild 2.8b) von einer einfachen Treiberelektronik zu Ultraschallschwingungen angeregt. Es entstehen ein Hauptmode mit Längs- und Biegeanteilen sowie ein schwach ausgeprägter Nebenmode. Diese veranlassen die Spitze eines speziell geformten Schwingers zu einer elliptischen Bahnbewegung [2.8]. Wird diese Spitze, z.B. mit einer Feder, entweder gegen einen beweglichen Läufer oder einen Rotor gedrückt, ergeben sich translatorische bzw. rotatorische Bewegungen (s. Bild 2.23b).

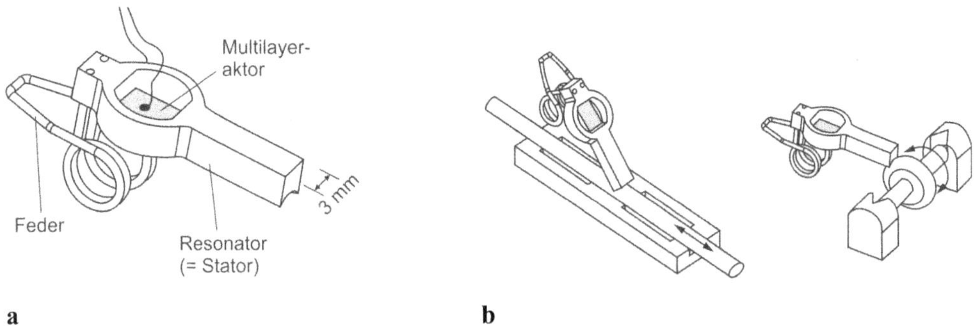


***Bild 2.23*** *Elliptec-Motor.* ***a*** *Prinzipieller Aufbau,* ***b*** *Einsatz als translatorischer (links) und rotatorischer (rechts) Antrieb [2.8]*

Ein Umschalten der Betriebsfrequenz, z.B. von 79 auf 97 kHz, führt zu einem Wechsel des Hauptmodes und damit zu einer Richtungsumkehr der Motorbewegung. Die Spannungsamplitude an der Piezokeramik beträgt 6 … 8 V, die Stromaufnahme bis 400 mA (geschwindigkeitsabhängig). In einem Geschwindigkeitsbereich von 0 … 300 mm/s werden Schubkräfte von max. 0,4 N erreicht. Die Schrittweite liegt bei 10 µm, die Reaktionszeit ist < 0,1 ms, und die Länge des Motors wird mit 25 mm angegeben.

Der Elliptec-Motor eignet sich sowohl für einfache Anwendungen, beispielsweise als aktorisches Element in Klappensteuerungen oder Verriegelungsmechanismen, als auch für anspruchsvolle Positionieraufgaben mit erhöhten Anforderungen bezüglich Präzision und Dynamik. Einem größeren Publikum wurde er als Antrieb zum Heben und Senken der Stromabnehmer auf dem Dach von Modellbahnlokomotiven bekannt.

**PILine®-Motor**

Eine Abart des stabförmigen Schwingers ist in Bild 2.24 zu sehen. Als Resonator (Stator) dient hier eine rechteckförmige piezoelektrische Platte, die in $y$-Richtung polarisiert ist. Auf der Vorderseite hat sie zwei separate Elektroden und auf der Rückseite eine gemeinsame Gegenelektrode. Steuert man beispielsweise die linke Plattenhälfte mit einer sinusförmigen Spannung geeigneter Frequenz an (die andere Hälfte ist passiv, vgl. Bild 2.24a), so wird im Keramikkörper ein resonanter Eigenmode angeregt, und das Ergebnis ist eine zweidimensionale Stehwelle in der $x,z$-Ebene. Die hieraus resultierende Bewegungsbahn der sog. Reibnase verläuft linear und ist um 45° gegen die positive $x$-Richtung gedreht; mithin schieben die von ihr produzierten Mikrostöße den Läufer in Bild 2.24b nach rechts oben. Eine Richtungsumkehr erfolgt, indem die rechte Plattenhälfte angesteuert wird (die linke Hälfte ist dann passiv), wodurch sich der Winkel zwischen Reibnasen-Trajektorie und $x$-Richtung auf 135° ändert [2.1].

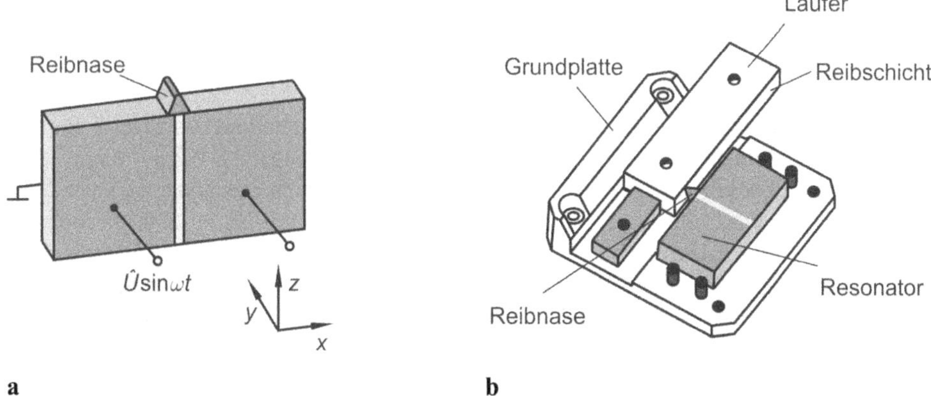


***Bild 2.24*** *PILine®-Motor.* ***a*** *Aufbau und Ansteuerung des Resonators,* ***b*** *Gesamtaufbau des Linearantriebs (nach [2.1])*

Das vorgestellte Konzept wurde in eine kommerziell verfügbare Baureihe umgesetzt. Die kleinste Schrittweite von Typen dieser Baureihe ist 50 nm, der größte Stellweg beträgt 50 mm. Als Maximalwert für die Geschwindigkeit des Läufers wird 350 mm/s und für die ausgeübte Druck-/Zugkraft 4 N angegeben. Anwendungsmöglichkeiten dieses Antriebes werden u.a. in den Bereichen Automotive, Computerperipherie, Spielwaren und Optik gesehen.

**Squiggle®-Motor**

Der seit 2006 vermarktete Squiggle-Motor hat ein rohrförmiges Gehäuse, das innen mit einem Gewinde versehen ist, und auf dessen Außenfläche vier $d_{31}$-Piezowandler appliziert sind (s. Bild 2.25). Jeweils zwei gegenüber liegende Wandler werden gemeinsam so angesteuert, dass das Gehäuse in seiner ersten Eigenfrequenz, die je nach Baugröße im Bereich 100 … 200 kHz liegt, zu Biegeschwingungen angeregt wird (s. Bild 2.25). Die beiden sinus- oder rechteckförmigen Steuerspannungen sind um 90° phasenverschoben, was eine kreisende

Bewegung des Gehäuses um seine Längsachse bewirkt, wobei der Umlaufsinn durch das Vorzeichen der Phasenverschiebung zwischen den Spannungen bestimmt ist [2.9]. Dieser „orbitale Schwingmode“ wird reibschlüssig auf eine Gewindespindel im Gehäuseinnern übertragen, deren rotatorische Bewegung sich letztendlich in einen translatorischen Vorschub umsetzt (s. Bild 2.25).

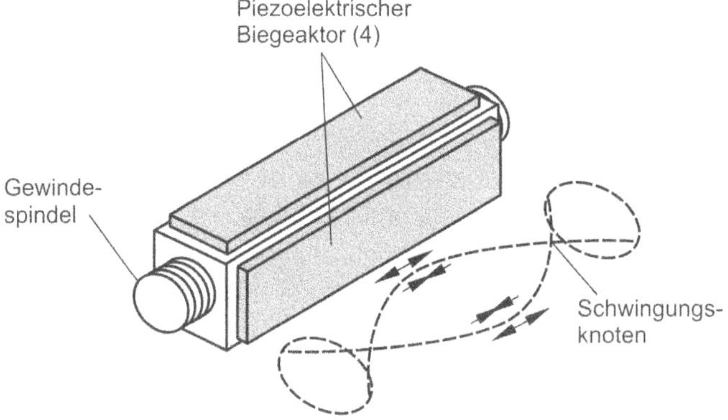


***Bild 2.25*** *Squiggle®-Motor. Prinzipieller Aufbau und Funktion*

Hervorstechende Merkmale dieses Motors sind der einfache Aufbau und das geringe Bauvolumen. So hat der kleinste Vertreter einer Baureihe die Abmessungen 2,8 × 2,8 × 6 mm³. Die maximale Vorschubgeschwindigkeit der Spindel beträgt 10 mm/s (lastabhängig); ihr Verfahrweg von 6 mm wird mit 0,5 µm aufgelöst, wobei sie axial mit bis zu 200 mN belastet werden kann. Die Steuerelektronik wird mit einer Gleichspannung von 2,3 … 5,5 V versorgt; die aufgenommene Leistung beträgt maximal 340 mW, wobei im Stillstand jede Spindelposition leistungslos gehalten wird. Squiggle-Motoren werden beispielsweise in Mobiltelefonen mit eingebauter Kamera zur Positionierung der Linsen im Zoom oder/und Autofokus eingesetzt. Ferner findet man sie in elektronisch gesteuerten Schließanlagen oder in (Verdränger-) Mikropumpen. Einzigartig dürfte ihr Einsatz in einem Kryostaten bei einer Temperatur von 6 K sein. Über einen ähnlich arbeitenden Motor, der aber lediglich zwei um 90° versetzte $d_{31}$-Wandler benötigt, wird in [Uch00] berichtet.

### 2.4.2.2 Wanderwellen-Motoren

Bei Wanderwellen-Motoren werden zwei Moden derselben Art (z.B. Biegeschwingungen) und derselben Ordnung (z.B. 9. Harmonische) in einem Stator überlagert, so dass eine umlaufende Welle entsteht. Da Wanderwellen nur entlang eines unbegrenzten Kontinuums existieren, haben die Statoren die Form von geschlossenen, kreisförmigen Scheiben oder Ringen oder von Hohlzylindern. Durch die Wanderwelle werden die Oberflächenpunkte des Stators auf elliptischen Bahnen bewegt. Hieraus resultiert ein Transporteffekt, so dass ein Rotor, der durch Federkraft gegen den Stator gedrückt wird, entgegen der Fortpflanzungsrichtung der Wanderwelle reibschlüssig „mitgenommen“ wird. Weil der Umlaufsinn der Wanderwelle umkehrbar ist, besitzt dieser Motor zwei Drehrichtungen. Durch die kontinuierlich durchlaufende Wanderwelle bewegt sich der Rotor bzw. Läufer im Gegensatz zu anderen Piezomotoren ebenfalls kontinuierlich und nicht in Mikroschritten.

### Shinsei-Motor

Zu den bekanntesten Wanderwellen-Motoren gehört der sog. Shinsei-Motor, bei dem eine umlaufende Biegewelle aus zwei Biegemoden generiert wird. Hierzu sind auf der Unterseite des Stators zwei kreisringförmige Piezosegmente („Anregungsbereiche 1 und 2“, s. Bild 2.26a, links) appliziert, die um $\lambda/4$ versetzt sind und deren remanente Polarisation jeweils im Abstand $\lambda/2$ das Vorzeichen wechselt (Hell-dunkel-Bereiche). Der Statorring ist elektrisch auf Masse gelegt, während die Elektrodenflächen der beiden Piezosegmente jeweils mit einer Wechselspannung beaufschlagt werden. Auf diese Weise erzeugt man mit Hilfe des $d_{31}$-Effekts zwei stehende Biegewellen. Die gewünschte Wanderwelle entsteht, wenn die beiden sinusförmigen Spannungen um 90° phasenverschoben sind. Ein (nicht dargestellter) Piezosensor in der Lücke „$3\lambda/4$“ zwischen den Anregungsbereichen 1 und 2 erfasst für Regelungszwecke das Schwingungsverhalten des Stators [2.13].

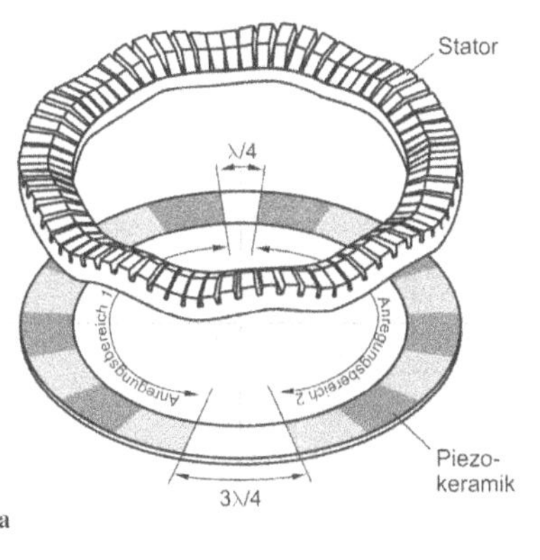


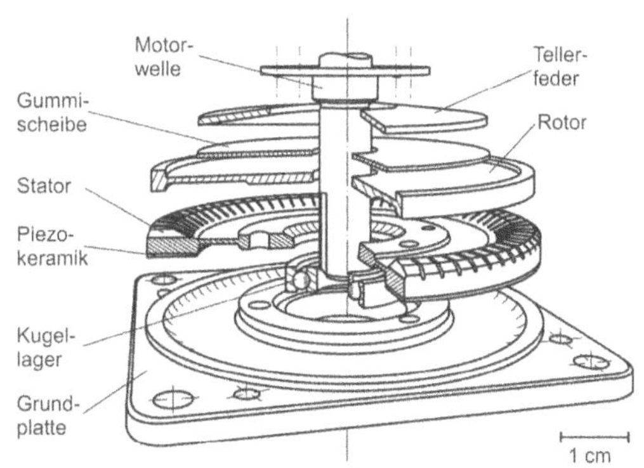


a

| | |
|---|---|
| Betriebsspannung | 130 V |
| Resonanzfrequenz | 40 kHz |
| Nenn-Drehmoment | 0,5 Nm |
| Nenn-Drehzahl | 100 min$^{-1}$ |
| Nenn-Ausgangsleistung | 5 W |
| Wirkungsgrad | ca. 30 % |
| Abmessung | ø 60 mm |
| Gewicht | 260 g |
| Lebensdauer | 1000 h |

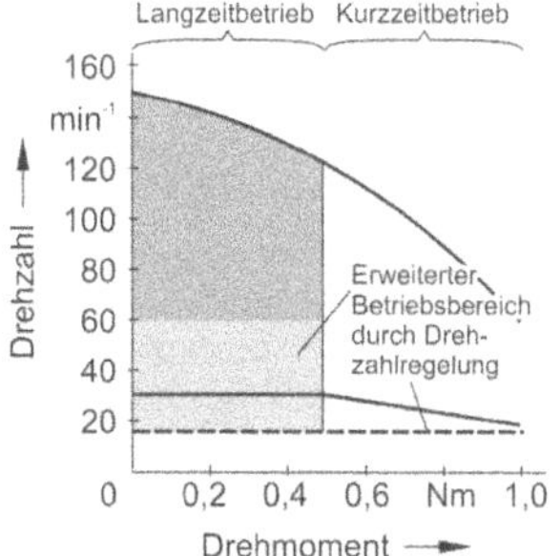


b

***Bild 2.26*** *Wanderwellen-Motor.* ***a*** *Links: Statorring (im angeregten Zustand dargestellt) mit Piezowandler, rechts: Motortyp USR-60 (ungehäust dargestellt),* ***b*** *Motordaten mit Drehzahl-Drehmoment-Kennlinie (Shinsei Corp., Tokio/Japan [2.13])*

Die Kerben im Stator (s. Bild 2.26a) haben folgenden Sinn: Die Theorie des Wanderwellen-Motors zeigt, dass die Höhe bzw. Dicke des Stators, $h_s$, einer der Entwurfsparameter ist, der die maximal erreichbare Drehzahl des Motors, $n_{max}$, festlegt: Je größer $h_s$, desto größer $n_{max}$. Andererseits erhöht sich mit $h_s$ auch die Steifigkeit des Stators, folglich wächst mit $h_s$ die Eigenfrequenz, in welcher der Stator anzuregen ist. Weil zu hohe Eigenfrequenzen unerwünscht sind, fräst man Kerben in den Stator. Damit bleibt die drehzahlbestimmende Statorhöhe erhalten, ohne dass es zu einer signifikanten Erhöhung der Eigenfrequenzen kommt.

Bild 2.26a, rechts, stellt den Aufbau des Motortyps USR-60 dar. Im Betrieb liegt der Rotor auf den Wellenbergen des Stators und dreht sich entgegen der Wellenumlaufrichtung. Die zwischen Stator und Rotor erforderliche Vorspannkraft wird mit Hilfe einer Tellerfeder eingestellt. Die in Bild 2.26b aufgeführten Kennwerte dieses Motors sind typisch für kommerzielle Wanderwellen-Motoren mittlerer Baugröße; große Ausführungen erreichen Drehmomente bis in den Nm-Bereich bei Drehzahlen um 100 $min^{-1}$. Bekannt geworden sind Anwendungen u.a. als Antrieb für die Scharfeinstellung in Spiegelreflexkameras und Camcordern, sowie der Einsatz in Robotern und Positioniereinrichtungen.

Piezoelektrische Wanderwellen-Motoren sind nicht als Ersatz für herkömmliche Elektromotoren anzusehen, sondern eher als eine sinnvolle Ergänzung. Die wesentlichen Eigenschaften von Wanderwellen-Motoren im Vergleich zu Elektromotoren sind in Tabelle 2.4 zusammengestellt.

***Tabelle 2.4*** *Vor- und Nachteile von Wanderwellen-Motoren*

| Vorteile | Nachteile |
|---|---|
| – Reaktionszeiten im unteren ms-Bereich aufgrund kleiner Trägheitsmomente des Rotors | – Betriebsverhalten abhängig von Reibschluss zwischen Resonator und Rotor (Einfluss von Überlast, Verschleiß, Temperatur, ...) |
| – Drehmomente größer als bei Elektromotoren gleicher Baugröße | – Gleichlaufschwankungen insbesondere im unteren Drehzahlbereich |
| – Wirkungsgrad im unteren Leistungsbereich (< 20 W) höher als bei Elektromotoren | – Für Dauerbetrieb weniger gut geeignet |
| – Niedrige Drehzahlen ohne Getriebe möglich | |
| – Große Haltemomente im ausgeschalteten Zustand (d.h. ohne Energiezufuhr) | |
| – Leiser und ruckfreier Betrieb | |
| – Keine magnetischen Streufelder | |
| – Gleiches Grundkonzept für rotatorische und translatorische Antriebe | |

## 2.5 Messen von piezoelektrischen Kenngrößen

Bei der Messung von piezoelektrischen Kenngrößen geht es darum, die Abhängigkeiten zwischen den integralen Zustandsgrößen $q$, $u$, $\Delta l$ und $F$ – beispielsweise die Charakteristik $\Delta l(u)$ mit $F$ als Parameter – sowie die Netzwerkelemente der elektromechanischen Ersatzschaltung (vgl. Bild 2.9a) für den aktorischen Großsignalbetrieb zu bestimmen. Dabei tritt folgende Problematik auf: Zum einen gibt es international standardisierte Messverfahren zur Spezifizierung von Materialparametern lediglich für den Kleinsignalbetrieb (Messbedingungen z.B. nach IRE [2.10] $U = 1$ V, $f = 1$ kHz, $T = 0$ N/mm²); hiermit lässt sich das reale Großsignalverhalten von Piezowandlern mit seinen nichtlinearen Wechselwirkungen jedoch nur näherungsweise beschreiben. Zum anderen existieren für wichtige Aktor-Parameter wie die Wandlersteifigkeit gar keine allgemeinen Standards, so dass die entsprechenden Angaben der verschiedenen Hersteller nicht miteinander verglichen werden dürfen, ohne die Messbedingungen zu berücksichtigen.

Hersteller und Anwender behelfen sich in dieser Situation damit, dass sie zur Charakterisierung des feldstärkeabhängigen Großsignal- und Alterungsverhaltens eigene Verfahren entwickeln, denen die jeweilige konkrete Anwendung zugrunde gelegt wird. Vor diesem Hintergrund ist auch das folgende Beispiel zu sehen. Die hier beschriebene, kommerzielle Mess- und Prüfanlage dient zur Ermittlung der Lebensdauer und zur Bestimmung wichtiger Kenngrößen von trilaminaren Biegewandlern während der Entwicklungsphase. Solche Wandler bestehen aus zwei äußeren piezoelektrischen Keramikstreifen im Verbund mit einer Mittellage aus Metall (also elektrisch leitend) oder Faserverbundwerkstoff (elektrisch isolierend mit leitenden Kontaktflächen auf beiden Seiten der Isolierung), und es gibt sie sowohl in Parallel- als auch in Serien-Trimorph-Ausführung (vgl. Abschnitt 2.3.3).

Aufgabengemäß sollen die beiden Wandlerseiten unabhängig voneinander geprüft werden können. Ihr Dauerbetrieb erfolgt wahlweise mit Sinus-, Rechteck- oder Dreiecksignalen. Als Messschaltung kommt der sog. Sawyer-Tower-Messkreis zur Anwendung (s. Bild 2.27). Er ist seit etwa 1930 als ein Verfahren zur Bestimmung des Polarisationsladung-Spannung-Zusammenhangs in Dielektrika bekannt und wird hier für die Erfassung der Ersatzgrößen $C$ und $R$ (Wandlerkapazität bzw. Isolationswiderstand, vgl. Bild 2.9a) eingesetzt.

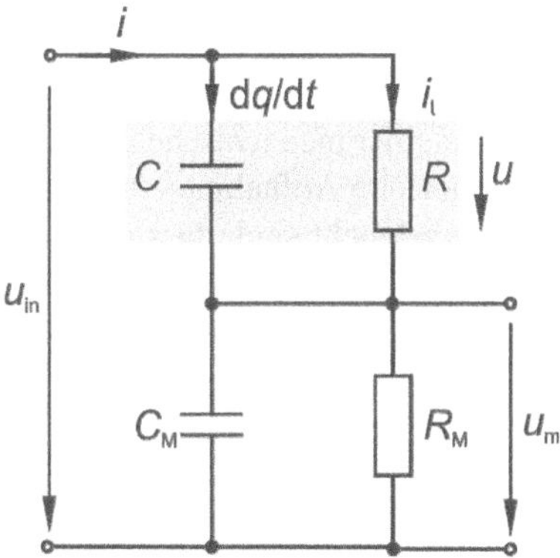


***Bild 2.27*** *Sawyer-Tower-Messkreis. C, R: Ersatzelemente des piezoelektrischen Wandlers; $C_M$, $R_M$: Referenzelemente mit bekannten Werten*

Auf jeder Wandlerseite werden damit die eingeprägte Spannung $u$, der Ladestrom $i$ und die Messspannung $u_m$ erfasst, um hieraus die Polarisationsladung $q$ und den Leckstrom $i_l$ zu bestimmen. Den Messablauf steuert ein handelsüblicher Personalcomputer (PC), der mit einer Multifunktionskarte ausgestattet ist und zusätzlich die interessierenden Kenngrößen berechnet.

Der Zusammenhang zwischen der Messspannung und der Polarisationsladung sowie dem Leckstrom kann im Frequenzbereich durch die Gleichung

$$U_{\mathrm{m}}(\omega)=\frac{\mathrm{j}\omega R_{\mathrm{M}}}{1+\mathrm{j}\omega R_{\mathrm{M}}C_{\mathrm{M}}}q(\omega)+\frac{R_{\mathrm{M}}}{1+\mathrm{j}\omega R_{\mathrm{M}}C_{\mathrm{M}}}I_{\mathrm{l}}(\omega) \tag{2.19}$$

beschrieben werden. Bei genügend hohen Frequenzen ist der Gleichanteil der Messspannung nur vom Leckstrom und ihr Wechselanteil nur noch von der Polarisationsladung abhängig:

$$U_{\mathrm{m-}}+U_{\mathrm{m\sim}}=R_{\mathrm{M}}I_{\mathrm{l-}}+\frac{1}{C_{\mathrm{M}}}q_{\sim}. \tag{2.20}$$

Aus den Messgrößen werden der Leckstrom $I_{\mathrm{l}}$, die Kapazität $C$ und der Widerstand $R$ für beide Seiten des Biegewandlers ermittelt. Basierend auf diesen Ersatzgrößen wird mit Hilfe zuvor eingestellter Grenzwerte für jeden Wandler eine Fehlerdiagnose durchgeführt. Zudem wird die Spannung an den Wandlern überwacht, um Kurzschlüsse feststellen zu können.

Die Mess- und Prüfanlage besteht aus baugleichen Modulen, die jeweils 16 Biegewandler aufnehmen können. In jedem Modul sind die Wandler, in einer Ebene nebeneinander liegend, gemeinsam eingespannt. Sie arbeiten in beide Auslenkrichtungen gegen mechanische Anschläge, die im Bereich von 0 … 4 mm verstellt werden können. Die vier elektrischen Anschlüsse pro Wandler erfolgen über Federkontaktstifte, wobei drei der Kontakte, für alle Wandler gemeinsam, wahlweise auf Masse oder Betriebsspannung (einstellbar 0 … 500 V) gelegt werden können. Über die vierte Kontaktierung wird den Wandlern einzeln das periodische Eingangssignal (0 … 500 V) zugeführt. Jedem Modul ist ein Leistungsverstärker zugeordnet, der für kapazitive Lasten von 10 nF bis 300 nF ausgelegt ist (Ausgangsspannung 0 … 500 V, Ausgangsstrom max. 0,5 A, Frequenz 0 … 500 Hz).

Ein Einzelmessplatz erlaubt zusätzlich die automatische Erfassung der mechanischen Größen Weg und Kraft. Dazu wird jeweils eines der Module in eine spezielle Aufnahme eingesetzt, in der ein Laser-Triangulationssensor und ein Kraftsensor so angebracht sind, dass die Auslenkungen des Wandlers berührungslos in beide Richtungen und die Kraft in einer Richtung ermittelt werden können. Die Signalvorgabe und die Verarbeitung der Messwerte erfolgen mit einem weiteren PC als Auswerte- und Steuerrechner.

## 2.6 Steuerelektronik für Piezoantriebe

Für den Betrieb von Piezoaktoren sind elektronische Leistungsverstärker unabdingbar. Die in Frage kommenden Konzepte sind u.a. dadurch festgelegt, dass Piezoaktoren im Wesentlichen kapazitive Lasten darstellen. Soll die Nichtlinearität der statischen Aktorkennlinie kompensiert werden, empfiehlt es sich, die Aktorausgangsgröße (Weg oder Kraft) zu regeln oder eine inverse Steuerung einzusetzen (s. Abschnitt 2.6.2).

## 2.6.1 Leistungsverstärker

Bei piezoelektrischen Aktoren mit unbegrenzter Auflösung (Piezomotoren) wird die Steuer- und Leistungselektronik an die jeweilige Piezolast und das angestrebte Betriebsverhalten individuell angepasst. Insbesondere sind die zeitlichen Verläufe und Abhängigkeiten der Steuerspannungen und/oder die Eigenfrequenzen der Piezokeramiken genau zu berücksichtigen. Aus diesem Grund bieten die Hersteller solche Motoren üblicherweise zusammen mit speziell zugeschnittenen Steuerschaltungen an. Piezoaktoren mit begrenzter Auslenkung erfordern hingegen Leistungsverstärker, die über konstanten Amplitudengang und linearen Phasengang in einem hinreichend breiten Frequenzbereich verfügen. Solche Verstärker, die in großer Vielfalt kommerziell angeboten werden, stehen im Mittelpunkt der weiteren Ausführungen.

Wenn die kurzen Reaktionszeiten von piezoelektrischen Aktoren voll zur Wirkung kommen sollen, müssen die elektronischen Leistungsverstärker bei hohen Spannungen kurzzeitig auch große Ströme liefern können, vgl. Gleichungen (2.17) und (2.18). In der Praxis haben sich hierfür zwei Möglichkeiten bewährt: Spannungsansteuerung und Ladungsansteuerung. Die Wahl des „besten“ Verstärkers setzt eine genaue Kenntnis der Anwendung einschließlich des elektrischen und mechanischen Verhaltens der Piezolast voraus, denn beide Arten der Ansteuerung sind mit spezifischen Vor- und Nachteilen behaftet, s. Tabelle 2.5. Der Vergleich zeigt, dass Piezoverstärker mit Spannungsausgang universeller eingesetzt werden können und für den Anwender unkritischer sind. Daher konzentriert sich das kommerzielle Verstärkerangebot auf diese Art der Aktoransteuerung.

Weiterhin ist zu unterscheiden, ob ein Schalt- oder ein Analogverstärker zum Einsatz kommen soll. Die für Piezowandler wichtigen Eigenschaften dieser beiden Verstärkerarten sind in Tabelle 2.6 gegenübergestellt, wobei Spannungsverstärker zugrunde gelegt sind. Wichtige Unterscheidungsmerkmale sind die Güte („Restwelligkeit“) des Spannung-Zeit-Verlaufes am Verstärkerausgang und der Verstärker-Wirkungsgrad. Die beste Güte erzielt man mit einem Analogverstärker, wohingegen der Schaltverstärker einen deutlich höheren Wirkungsgrad erreicht. Zusätzlich bietet der Schaltverstärker die Möglichkeit, durch Rückspeisung der im Wandler gespeicherten Feldenergie den Wirkungsgrad des Gesamtsystems (Wandler einschließlich Verstärker) zu verbessern (s. Kapitel 11).

Die Idee des gleichfalls in Tabelle 2.6 aufgeführten, bislang lediglich im Labor erprobten Hybridverstärkers basiert darauf, die inneren Verluste eines Analogverstärkers zu minimieren, indem dessen Betriebsspannung nicht fest gewählt, sondern von einem schaltenden Verstärker erzeugt wird. Die auf diesem variablen Spannungsniveau aufgesetzte Betriebsspannung der analogen Endstufe beträgt beispielsweise 10 % der maximalen Ausgangsspannung, und somit treten nur 10 % der Verluste eines vergleichbaren Analogverstärkers auf (s. Abschnitt 11.1.2). Allerdings muss zusätzlich zum analogen Verstärker ein schaltender Verstärker mit etwas mehr als der vollen Nennleistung vorgesehen werden. Der Hybridverstärker baut daher größer als ein reiner Schaltverstärker, stellt dem Aktor aber Signale mit der Güte eines Analogverstärkers zur Verfügung. Sowohl energetisch als auch aus Sicht der Baugröße ist der hohe Aufwand erst ab größeren Ausgangssignalleistungen sinnvoll.

***Tabelle 2.5*** *Eigenschaften von Spannungs- und Ladungsverstärkern für Piezoaktoren im Vergleich*

*Piezoverstärker mit Spannungsausgang*

- Der Zusammenhang zwischen elektrischer Spannung und Auslenkung ist hysteresebehaftet (durch Positionsrückführung reduzierbar).
- Gut geeignet für statische Auslenkungen und für Auslenkung-Zeit-Verläufe mit hohem Gleichanteil.
- Die Verstärkerlast (Aktorkapazität) darf bis etwa um den Faktor 100 variieren, ohne dass die Einstellungen am Verstärker geändert werden müssen.
- Hohe Sicherheit gegen Über- und Unterspannung am Piezoaktor, da die Spannungsamplitude vorgegeben (geregelt) wird. Dies gilt auch, wenn Ladungen vom Piezoaktor selbst erzeugt werden, z. B. thermisch oder durch Lastrückwirkung.
- Einer der beiden Aktoranschlüsse kann elektrisch geerdet werden.
- Aufgrund des niederohmigen Verstärkerausgangs können im Piezoaktor erzeugte Ladungen u.U. zu hohen Strömen führen (Strombegrenzung erforderlich). Hierbei können schnelle Regelungsvorgänge mit allen bekannten Vor- und Nachteilen auftreten.

*Piezoverstärker mit Ladungsausgang*

- Der Zusammenhang zwischen elektrischem Strom und Geschwindigkeit bzw. zwischen Ladung und Auslenkung ist nahezu hysteresefrei.
- Gut geeignet, wenn hochdynamische, nahezu hysteresefreie Aktorbewegungen gewünscht werden. Für den statischen Betrieb ist aufgrund von Drifterscheinungen eine Positionsrückführung erforderlich.
- Weil der gewünschte Ladung-Zeit-Verlauf genau an die Verstärkerlast (Aktorkapazität) angepasst sein muss, sind nennenswerte Lastvariationen ohne Einstellungsänderungen am Verstärker nicht möglich (andernfalls Über- oder Unterspannung am Aktor).
- Beschleunigungen bzw. Druck- und Zugkräfte in der Piezokeramik können durch Begrenzung der Stromanstiegsrate kontrolliert werden.
- Die elektrische Erdung eines Aktoranschlusses ist nicht ohne Weiteres möglich.
- Aufgrund des hochohmigen Verstärkerausgangs werden mechanische Aktorschwingungen vom Verstärker ignoriert. Daher können längere Ausschwingzeiten auftreten.

***Tabelle 2.6*** *Vergleich unterschiedlicher Verstärkerarten für quasistatisch betriebene Piezoaktoren*

| Kriterium | Analoger Klasse-A-Verstärker | Analoger Klasse-C-Verstärker | Schaltender Verstärker | Hybrider Verstärker |
|---|---|---|---|---|
| Verlust in den Leistungstransistoren | auch im Ruhezustand sehr hoch | bei Ansteuerung hoch | sehr niedrig | niedrig |
| Rückspeisung der gespeicherten Feldenergie | nicht möglich | nicht möglich | möglich | möglich (zum größten Teil) |
| Restwelligkeit des Ausgangssignals | extrem gering | sehr gering | hoch | gering |
| Verhältnis Puls-/Dauerstrom[1] | typisch 3,14 ($\pi$) | bis 100 | 1 | 1 |
| Dynamik im Kleinsignalbetrieb[2] | extrem hoch | sehr hoch | gering | hoch |
| Belastung des Aktors[3] | sehr gering | sehr gering | hoch | gering |
| Elektromagnetische Verträglichkeit | sehr gut | sehr gut | schlecht, aktiv störend | schlecht, aktiv störend |
| Lastbereich[4] ($C_A$ / $C_{ANenn}$) | 100 | 100 | etwa 5 | 100 |

[1] wichtig für die maximale Flankensteilheit einzelner Rechteckpulse bei gegebenem Bauvolumen

[2] ohne Ansprechen der Maximalstrombegrenzung

[3] Belastung durch Anteile des Aktorstroms, die nicht vom Eingangssignal herrühren, wie Stromrippel und diskontinuierlicher Ladestrom

[4] Variationsbereich der Lastkapazität $C_A$ um den Nennwert, ohne dass eine Änderung der Regelparameter des Verstärkers vorgenommen werden muss

Bild 2.28 zeigt den Geräteplan eines Schaltverstärkers zur Spannungsansteuerung von Piezowandlern. Das Steuersignal mit dem gewünschten Spannung-Zeit-Verlauf im Amplitudenbereich von 0 … +10 V wird in der Eingangsstufe des Leistungsverstärkers durch Potenzialverschiebung und Tiefpassfilterung konditioniert. Ein Sensor misst die Spannung am Piezowandler. Diese Regelgröße wird mit dem gefilterten Eingangssignal verglichen. Aus der Sollwert-Istwert-Differenz bildet ein analoger Drei-Punkt-Regler die Stellgröße. Das Stellsignal gelangt über zwei Optokoppler, die eine potenzialfreie Ansteuerung ermöglichen, an die Treiberstufen.

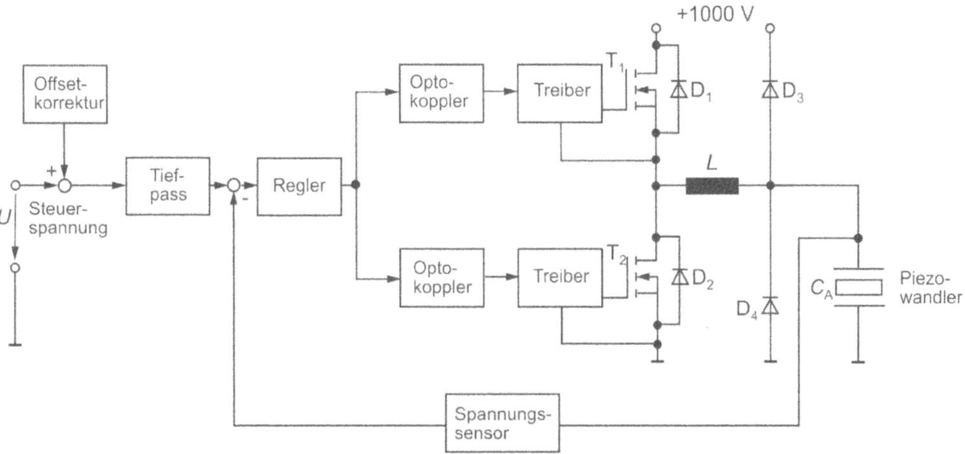


***Bild 2.28*** *Geräteplan eines Schaltverstärkers zur Spannungsansteuerung von Piezowandlern*

Die beiden Leistungstransistoren $T_1$ und $T_2$ arbeiten im verlustarmen Schaltbetrieb, d.h. sie sind entweder maximal leitend oder maximal sperrend. Zum Aufladen der Wandlerkapazität $C_A$ wird der Transistor $T_1$ eingeschaltet, und ein Strom beginnt durch die Induktivität $L$ in die Last $C_A$ zu fließen. Zu einem geeigneten, durch den Regelalgorithmus vorgegebenen Zeitpunkt, wird $T_1$ gesperrt. Der Stromfluss durch die Spule bleibt zunächst erhalten, und der Stromkreis schließt sich nun über die Diode $D_2$ und die Last $C_A$, die hierdurch weiter aufgeladen wird. Ohne Eingriff des Reglers nimmt dieser Strom auf null ab, bis die in der Drosselspule gespeicherte Energie vollständig in den Piezowandler übertragen worden ist.

Zum Entladen der Wandlerkapazität $C_A$ wird zuerst der Transistor $T_2$ geschlossen. Die an $C_A$ liegende Spannung bewirkt einen Strom durch die Induktivität $L$, hierdurch wird $C_A$ entladen. Wenn der Regler den Transistor $T_2$ sperrt, wird $L$ den Strom zunächst aufrecht erhalten und ihn durch $D_1$ in die Energieversorgung oder einen dort vorhandenen Zwischenspeicher zurück führen, bis entweder die Energie vollständig übertragen worden ist oder der Regler den Transistor $T_2$ erneut einschaltet. Die Dioden $D_3$ und $D_4$ schützen den Wandler vor dem Über- oder Unterschreiten der Betriebsspannung des Verstärkers. Um die gewünschte Wandlerdynamik zu erreichen, bedarf es einer geeigneten Auslegung der Spule, da bei ungünstiger Dimensionierung das Gesamtsystem zu träge ist.

## 2.6.2 Linearisierung des Aktor-Übertragungsverhaltens

Sollen mit Piezoaktoren möglichst große Auslenkungen erzielt werden, ist der Großsignalbetrieb unverzichtbar. Dann aber machen sich die nachteiligen Hystereseeigenschaften (Nichtlinearität und Mehrdeutigkeit der Ausgang-Eingang-Kennlinien des Aktors) mit wachsender Amplitude des Steuersignals immer stärker bemerkbar.

Die Verfahren zur Linearisierung des Übertragungsverhaltens von Piezoaktoren lassen sich den folgenden drei Kategorien zuordnen:

- Regelung der Ausgangsgröße des Aktors,
- inverse Steuerung in offener Wirkungskette,
- Ladungssteuerung statt Spannungssteuerung.

Die Regelung der aktorischen Ausgangsgröße, also der Aktorbetrieb im geschlossenen Wirkungsablauf, ist eine vielfach angewandte und bewährte Methode zur weitgehenden Kompensation des Hystereseeinflusses. Die konkrete Vorgehensweise ist aus der Regelungstechnik wohlbekannt und muss darum hier nicht weiter erklärt werden (in Bild 2.30a ist ein Beispiel dargestellt). Die zweite Möglichkeit besteht darin, die Hysterese in offener Wirkungskette, d.h. sensorlos und inhärent stabil, mittels einer inversen Steuerung zu kompensieren. Grundlage dieser Methode ist ein möglichst genaues Modell der auftretenden Nichtlinearitäten, das darüber hinaus für den Entwurf von echtzeitfähigen Steuerungsstrategien gut geeignet sein soll. Bild 2.29 beschreibt das Prinzip der inversen Steuerung. Kernstück ist der Kompensator $\Gamma^{-1}$, der ein mathematisches Modell $\Gamma$ der realen Nichtlinearität $W$ invertiert. Weil diese Methode in Verbindung mit der Hysteresekompensation weniger bekannt ist, wird sie in Abschnitt 12.5 genauer erläutert. Eine Anwendung wird in Abschnitt 7.6.2 beschrieben.

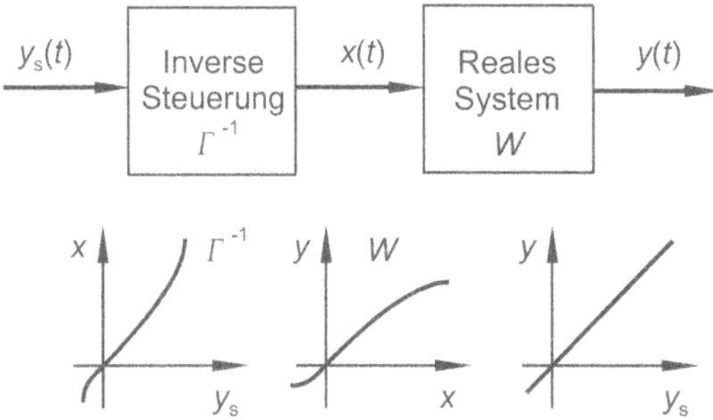


***Bild 2.29*** *Prinzip der inversen Steuerung*

Die letztgenannte Linearisierungsmethode lässt sich nur in Verbindung mit piezoelektrischen Aktoren anwenden. Hierbei wird der Umstand genutzt, dass bei Piezoaktoren zwischen der Auslenkung und der elektrischen Ladung des Wandlers ein zwar nicht ideal linearer, aber zumindest einigermaßen eindeutiger funktionaler Zusammenhang besteht. Ein Nachteil dieser Methode ist jedoch, dass die zur Messung der Ladung notwendige Integration des Lade- und Entladestroms infolge des endlichen Isolationswiderstands der Wandlerkapazität immer mit einem Fehler behaftet ist, der mit der Zeit ansteigt. Um diesen Integrationsfehler zu vermeiden, wird der für die Ladungssteuerung benötigte Ladungssensor mit einem Hochpassfilter ausgestattet. Die Folge ist allerdings, dass die Ladungssteuerung nur für den dynamischen und quasistatischen, nicht jedoch für den rein statischen Betrieb geeignet ist [Kuh01].

## 2.7 Anwendungsbeispiele

Die folgenden Anwendungsbeispiele sollen dem Leser helfen, die Möglichkeiten und Grenzen der heute verfügbaren piezoelektrischen Aktortechnologie einzuschätzen.

### 2.7.1 Positioniertisch

Bei der Spannungsansteuerung von Piezoaktoren ist der Absolutwert der Dehnung aufgrund der Kennlinienhysterese nicht eindeutig mit dem Spannungswert verknüpft. Dieses Verhalten beeinträchtigt die Genauigkeit von Positionierantrieben dann nicht, wenn gleichzeitig die Position oder die Auslenkung des Aktors exakt gemessen wird. Andere Lösungen beruhen auf einer inversen Steuerung (s. Abschnitt 12.5) oder einer Positionsregelung. Letztgenannte Aufgabe setzt eine Steuerung im geschlossenen Wirkungskreis voraus, erfordert also einen Wegsensor zur Erfassung der Istwerte und einen Regler, der die Spannung für den Wandler entsprechend der Sollwert-Istwert-Differenz steuert (s. Bild 2.30).

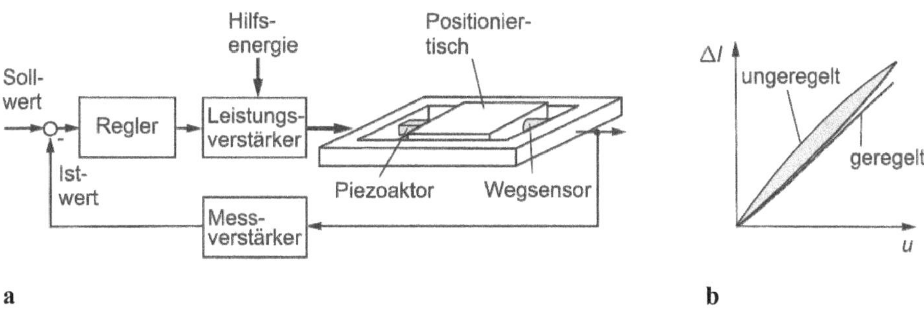


*Bild 2.30 Positioniertisch mit Piezowandler im geschlossenen Wirkungskreis. a Geräteplan, b statische Wandlerkennlinie*

Der Istwert wird aus Weg- oder Dehnung-Messwerten des quasistatisch betriebenen Piezowandlers abgeleitet. Für Wegauflösungen bis einige zehn Nanometer werden meistens Dehnungsmessstreifen eingesetzt, für höhere Auflösungen induktive oder kapazitive Sensoren; Wandler mit gehäuseintegrierten Wegsensoren werden von einigen Herstellern optional angeboten. Vorteile des geschlossenen Wirkungskreises sind eine hysteresefreie Positionierung, hohe absolute Stellgenauigkeit, keine Driftbewegungen, stabile Position trotz wechselnder Kräfte und sehr große Steifigkeit.

Bild 2.31 zeigt das Prinzip von 2-Achsen-Positioniersystemen in seriell-kinematischer und parallel-kinematischer Ausführung. Im Unterschied zu Seriellkinematiken, bei denen jedem Bewegungsfreiheitsgrad genau ein Aktor und ein Sensor zugeordnet sind, wirken bei Parallelkinematiken alle Aktoren unmittelbar auf eine zentrale Plattform. Damit lässt sich für die $x$- und die $y$-Achse identisches dynamisches Verhalten erzielen. Parallelkinematik ermöglicht darüber hinaus die Anwendung von „Parallelmetrologie". Hierdurch können alle geregelten Freiheitsgrade gleichzeitig überwacht und dadurch Führungsfehler in Echtzeit kompensiert werden. Die Vorteile sind deutlich bessere Bahntreue, Wiederholgenauigkeit und Ablaufebenheit.

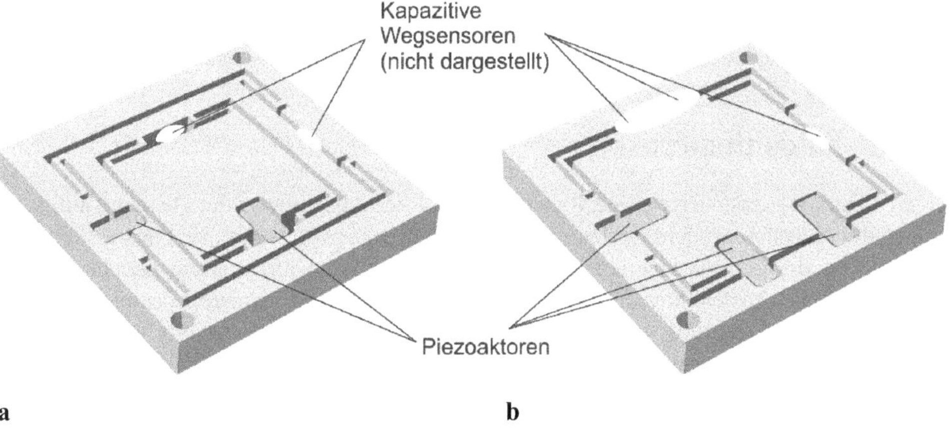


***Bild 2.31*** *2-Achsen-Positioniersystem.* ***a*** *Seriellkinematik,* ***b*** *Parallelkinematik (nach [2.1])*

Bei einem kommerziell verfügbaren, parallel-kinematischen 6-Achsen-Positioniersystem wirken die Piezoaktoren über integrierte mechanische Wegübersetzer auf ein Multigelenk-Parallelogramm (vgl. Abschnitt 2.3.5). Die Position der bewegten Plattform wird mit vier kapazitiven Wegsensoren direkt erfasst. Die Stellwege betragen jeweils 100 µm in $x$- und $y$-Richtung und 10 µm in $z$-Richtung bei einer Wegauflösung von < 0,3 nm. Im positionsgeregelten Betrieb ist die Linearitätsabweichung typisch 0,03 %, und es wird eine Wiederholgenauigkeit von ±2 nm angegeben. Als Last sind 2 kg zulässig. Dieser Feinpositioniertisch gehört zur Spitze des heute technisch Machbaren [2.1]. Anwendungsbeispiele sind die Rasterelektronenmikroskopie, das hochgenaue Ausrichten von Masken und Wafern in der Halbleiterindustrie sowie die Oberflächenstrukturanalyse und die Mikromanipulation.

## 2.7.2 Dieselinjektor

Gespannt verfolgte die Aktor-Gemeinde im Jahre 2000 die Einführung von piezogesteuerten Diesel-Einspritzventilen für den Einsatz in Common-rail-Systemen – handelte es sich hierbei doch um die erste, technisch höchst anspruchsvolle Großserienanwendung von Piezoaktoren. Gegenüber herkömmlichen Magnetventilen erzielt man mit solchen Piezoventilen, die auch als Injektoren bezeichnet werden, höhere Einspritzdrücke (zurzeit bis 2000 bar), kürzere Schaltzeiten und steilere Schaltflanken. Heute werden bis zu acht Einspritzungen pro Zylinder und Verbrennungstakt realisiert, was in Verbindung mit der (aufgrund hoher Hubgenauigkeit) präzisen Mengenzumessung zu einer verbesserten Verbrennung des Kraftstoffes sowie zu verminderter Schadstoff- und Geräuschemission führt. Damit ist die jüngste Generation von Piezoinjektoren in der Lage, bereits jetzt die ab 2014 für Personenkraftwagen geltende, strenge Euro6-Norm zu erfüllen. Inzwischen bieten alle großen Automobilzulieferer piezogesteuerte Diesel-Einspritzventile an, und auch für die Benzin-Direkteinspritzung wurden Ventile mit Piezoaktoren mittlerweile in die Serienfertigung überführt (hier beträgt der Druck 200 bar).

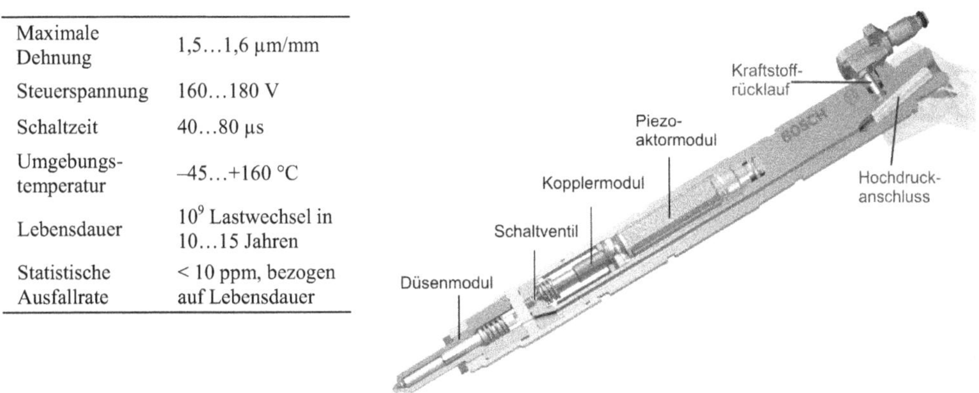

| | |
|---|---|
| Maximale Dehnung | 1,5...1,6 µm/mm |
| Steuerspannung | 160...180 V |
| Schaltzeit | 40...80 µs |
| Umgebungs-temperatur | –45...+160 °C |
| Lebensdauer | $10^9$ Lastwechsel in 10...15 Jahren |
| Statistische Ausfallrate | < 10 ppm, bezogen auf Lebensdauer |



***Bild 2.32*** *Piezogesteuertes Diesel-Einspritzventil der dritten Generation (Quelle: Bosch GmbH, Stuttgart)*

In allen bekannten Piezo-Einspritzventilen kommen Multilayer-Aktoren zum Einsatz. Einige anwendungsbezogene Anforderungen an den Aktor sind in der Tabelle in Bild 2.32 zusammengestellt [BS06]. Das in den Dieselinjektor (Bild 2.32) integrierte Aktormodul ist ca. 30 mm hoch und besteht aus 350 Keramikschichten, womit ein Hub von 40 µm bei einer Steuerspannung von 160 V erreicht wird. Die elektrische Kapazität des Aktors liegt im unteren µF-Bereich. Je nach Flankensteilheit der Steuerimpulse treten Stromamplituden von 30 ... 40 A auf; der zeitliche Mittelwert bleibt jedoch im Milliamperebereich. Voreinspritzungen (engl. *pilot injection*) ermöglichen es, das Verbrennungsgeräusch und den $NO_x$-Ausstoß zu verringern. Mit Nacheinspritzungen (engl. *post injection*) wird der Rußausstoß minimiert, indem die innermotorische Nachverbrennung in den vierten Takt ausgedehnt wird. Weiterentwicklungen von Injektoren nutzen den Piezostapel gleichzeitig als Sensor (direkter Piezoeffekt), der die genaue Position der Düsennadel an eine Regelelektronik meldet, die alterungsbedingte, kleinste Änderungen oder Driften selbsttätig ausgleicht.

Neben dem Automotivbereich sind ähnlich aufgebaute, piezogesteuerte Düsenelemente auch für Anwendungen in der Lack- und Pulververarbeitung denkbar, wodurch die Dosierbarkeit und Zerstäubung des Arbeitsstoffes wesentlich verfeinert werden könnte.

## 2.7.3 Hautscanner

Um Hautkrankheiten im Frühstadium zu erkennen, liefern invasive Eingriffe wie die Stanzenbiopsie zwar genaue Ergebnisse, sie sind jedoch zeitaufwändig und zerstören Hautgewebe. Bei

Ultraschall oder konfokaler Mikroskopie ist dies nicht der Fall, allerdings erhält man mit Ultraschall nicht so hohe Strukturauflösungen und die konfokale Mikroskopie kann nicht tief genug in die Haut eindringen. Als neue Alternative wurde ein optischer Hautscanner entwickelt, der die Vorteile der konfokalen Mikroskopie und der Ultraschalltechnik vereint. Der Scanner basiert auf der optischen Kohärenz-Tomographie (engl. *optical coherence tomography, OCT*) und untersucht nicht-invasiv das Gewebe an und unter der Hautoberfläche. Dazu nutzt das OCT-Verfahren die Lichtdurchlässigkeit der Haut und den physikalischen Effekt der Interferenz: Zunächst wird die Haut mit Weißlicht beleuchtet. Das Licht wird dazu über optische Fasern in einen Objekt- und einen Referenzarm aufgeteilt (s. Bild 2.33a). Nach der Reflexion in dem Objekt (also einer Struktur in der Haut) und am Referenzspiegel des Interferometers werden beide Lichtbündel überlagert und zum Detektor geführt. Hier entsteht ein Interferenzsignal. Nach seiner Weiterverarbeitung in einem Rechner können die Bildinformationen visualisiert werden.

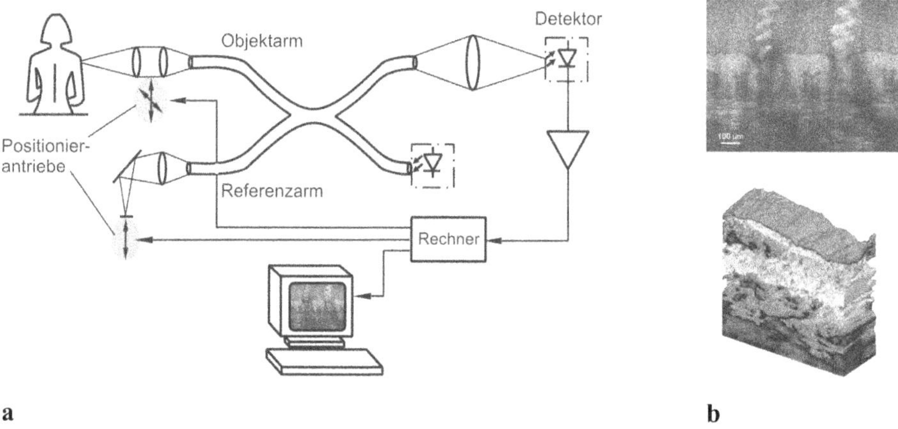


***Bild 2.33*** *Hautscanner nach dem OCT-Verfahren.* ***a*** *Prinzip,* ***b*** *Tomogramm-Beispiele (Quelle: ISIS Optronics, Mannheim)*

Um mit Interferenzmessungen zwei- oder dreidimensionale Bilder zu generieren, müssen die optischen Fasern während des Scannens sowohl axial als auch lateral verschoben werden. Für diese Aufgabe sind hochpräzise Positioniersysteme erforderlich, denn die Wegauflösung des Antriebs bestimmt die Bildqualität. Für die Positionierung des Spiegels im Referenzarm wird ein PILine-Motor eingesetzt (s. Bild 2.24). Sein Hub beträgt in dieser Anwendung 2 mm, die Wegauflösung 30 nm. Da die Bilder sequentiell aufgenommen werden, erweisen sich die hohe Verfahrgeschwindigkeit von bis zu 0,4 m/s und das dynamische Ansprechverhalten des Motors als vorteilhaft. Der Scanner benötigt dadurch nur wenige Sekunden für die Erstellung der Bilder. Die laterale Verschiebung der Glasfaser im Objektarm übernimmt ein zweiachsiges piezoelektrisches Positioniersystem, das mit einer Wegauflösung von ca. 1 nm arbeitet und für Verstellwege von 250 µm × 250 µm geeignet ist. Bild 2.33b ermöglicht einen Blick in die Haut des menschlichen Handballens. Im oberen Teilbild erkennt man spiralförmige Schweißdrüsenkanäle; das dreidimensionale Schnittbild darunter zeigt einzelne laminare und zylinderförmige Strukturen (z.B. von Blutgefäßen) unter der rauen Hautoberfläche.

## 2.7.4 Entwurfsaufgabe Piezotranslator

Seit Einführung der Piezoinjektor-Technologie (vgl. Abschnitt 2.7.2) und dem hierdurch ausgelösten Bedarf an Multilayer-Wandlern in Millionen-Stückzahlen sind Piezoaktoren auch als Massenprodukt etabliert. In Folge der Entwicklung gibt es heute ein kaum noch überschaubares, kommerzielles Angebot an gehäusten und ungehäusten Wandlern, die nach den verschiedenen piezoelektrischen Sub-Effekten arbeiten und teilweise sogar mit gehäuseintegrierter Weg- oder Dehnungssensorik ausgestattet sind. Insofern erscheint eine detaillierte Anleitung zum Entwurf von Piezoaktoren für den Anwender entbehrlich zu sein. Andererseits trägt die Kenntnis des grundsätzlichen Entwurfsablaufs zu einem vertieften Verständnis der Piezoaktorik bei, so dass hier wenigstens ein knapper Abriss einiger Design-Schritte gegeben werden soll.

Im Folgenden wird der Entwurf eines Stapeltranslators beschrieben. Zunächst werden die maximale Steuerfeldstärke festgelegt und die Stapelabmessungen bestimmt. Vorgegeben sind der maximale Stellweg $\Delta l_{max}$ sowie die maximale und die minimale Kraft am Wandlerausgang, also $F_{max}$ bzw. $F_{min}$. Hierbei ist zu berücksichtigen, dass die maximal zulässige Zugspannung in Piezokeramiken, $T_{tzul}$, wesentlich geringer ist als die zulässige Druckspannung, und man daher gegebenenfalls durch Einbau einer Druckvorspannung dafür sorgen muss, dass die betriebsmäßig auftretende Zugspannung immer kleiner bleibt als $T_{tzul}$. Neben den Stapelabmessungen sind die Parameter des elektromechanischen Ersatzschaltbildes gemäß Bild 2.9a gesucht, aus denen sich, unter Berücksichtigung der maximalen Betriebsfrequenz $f_{max}$, Auslegungshinweise für den Leistungsverstärker und Anschlussbedingungen für die Last herleiten lassen.

Als Entwurfsunterlagen stehen – neben den Kleinsignal-Parametern – die Aktor-Kennlinie $S(E)$ (s. Bild 2.4b) oder, daraus abgeleitet, die Kraft-Weg-Kennlinien $F(\Delta l)$ mit der Steuerspannung $u$ als Parameter (Bild 2.10, „Arbeitsdiagramm“) und die Weg-Spannung-Kennlinien $\Delta l(u)$ mit der Last $F_G$ als Parameter (s. Bild 2.11) zur Verfügung.

**Festlegung der Maximalfeldstärke.** Bei großer Feldstärke verläuft die $S(E)$-Kennlinie sehr flach, d.h. durch Erhöhen von $E$ wird in diesem Ansteuerungsbereich keine wesentliche Steigerung des Ausgangshubes erreicht. Es ist daher nicht sinnvoll, den Piezostapel bis in den Sättigungsbereich hinein auszusteuern. Stattdessen sollte man die Stapelhöhe $l_P$ vergrößern, wodurch die maximal erforderliche Feldstärke $E_{max}$ kleiner als die Sättigungsfeldstärke wird.

Ist im lastfreien Fall (mechanischer Leerlauf) des Wandlers ein feldinduzierter Hub $\Delta l_{max}$ gefordert und benötigt man hierfür eine Feldstärke $E_{max}$, so folgt für die Stapelhöhe

$$l_P = \frac{\Delta l_{max}}{S(E_{max})}. \tag{2.21}$$

Die elektrische Energie im Stapel ist in diesem Fall

$$E_P = \frac{1}{2} \Delta l_{max} A_P \varepsilon_r \frac{E_{max}^2}{S(E_{max})}. \tag{2.22}$$

Der Schaltungsaufwand für den Leistungsverstärker zur Ansteuerung des Piezowandlers wächst mit der elektrischen Energie im Stapel. Somit ist es sinnvoll, die Energie $E_P$, d.h. das Verhältnis $E_{max}^2/S(E_{max})$, zu minimieren. Dies ist der Fall, wenn

$$\frac{S(E_{max})}{E_{max}} = \frac{1}{2}\frac{\partial S(E)}{\partial E}\bigg|_{E=E_{max}} = \frac{1}{2}d(E_{max}). \tag{2.23}$$

($d(E)$: feldstärkeabhängige piezoelektrische Ladungskonstante). Demnach ist $E_{max}$ so festzulegen, dass die Steigung der Sekante durch den Punkt $E = E_{max}$ auf der $S(E)$-Kennlinie genau halb so groß ist wie die Tangentensteigung im selben Punkt. Andere Optimierungskriterien, z.B. die Maximierung der Wandlersteifigkeit, können zu abweichenden Ergebnissen führen. In allen Fällen wird die elektrische Energie im Piezostapel unter Vorgabe einer zu optimierenden Größe, z.B. Wandlersteifigkeit oder Wandlerhub, als Funktion von $E$ und $S(E)$ berechnet und das Extremum bestimmt [Jen95].

**Bestimmung von Höhe und Querschnittsfläche des Piezostapels.** Zur Festlegung der Stapelhöhe $l_P$ unter Lastbedingungen geht man von der größtmöglichen Änderung der Ausgangskraft,

$$\Delta F_{max} = F_{max} - F_{min}, \tag{2.24}$$

aus. Diese Kraftänderung bewirkt aufgrund des hookeschen Gesetzes eine Längenänderung des Stapels um $l_P \frac{\Delta F_{max}}{A_P} s_{33}$. Sofern der Wandler diese lastbedingte Längenänderung ausgleichen muss, ergibt sich die erforderliche Stapelhöhe zu

$$l_P = \frac{\Delta l_{max} + l_P \frac{\Delta F_{max}}{A_P} s_{33}}{S(E_{max})}. \tag{2.25}$$

Mit Hilfe des Zusammenhanges

$$A_P = \frac{V_P}{l_P} \tag{2.26}$$

folgt hieraus für das Volumen des Piezostapels:

$$V_P = \Delta F_{max} s_{33} \frac{l_P^2}{l_P S(E_{max}) - \Delta l_{max}}. \tag{2.27}$$

Eine einfache Rechnung $(\mathrm{d}V_P / \mathrm{d}l_P \overset{!}{=} 0)$ zeigt, dass das Wandlervolumen unabhängig von $\Delta F_{max}$ ein Minimum hat, wenn

$$l_P = l_{Pmin} = \frac{2\,\Delta l_{max}}{S(E_{max})}; \tag{2.28}$$

d.h. die Stapelhöhe ist doppelt so groß zu wählen, wie sie allein aufgrund des gewünschten Stellhubes $\Delta l_{max}$ erforderlich wäre. Damit wird die durch $\Delta F_{max}$ bewirkte hookesche Längenänderung ebenso groß wie der feldinduzierte Stellhub (s. [Sch94]). Die hierzu gehörende Querschnittsfläche $A_P = A_{Pmin}$ erhält man – unter Berücksichtigung der maximal zulässigen Stablast – aus den Gleichungen (2.26) und (2.27) nach Einsetzen von $l_P = l_{Pmin}$. Eine solche Geometrie minimiert das Stapelvolumen und damit die Kosten der Piezokeramik, aber nicht unbedingt die Gesamtkosten des Wandlers, da z.B. der erhebliche Kostenanteil des Elektrodenmaterials unberücksichtigt geblieben ist (hierauf wird später eingegangen).

In einem weiteren Entwurfsschritt muss entweder die Dicke $l_S$ einer einzelnen Keramikschicht oder die Anzahl $n$ der Schichten pro Gesamthöhe $l_P$ des Stapels festgelegt werden. Hierbei ist zu berücksichtigen, dass mit wachsendem $n$ die Schichtdicke $l_S$ geringer wird ($l_P$ = const.!) und sich daher die elektrische Kapazität $C$ erhöht, was wiederum eine Verringerung der Frequenzbandbreite des Leistungsverstärkers nach sich zieht (s. Gl. (2.18)). Andererseits wird hierdurch die zur Erzeugung von $E_{max}$ notwendige elektrische Spannung reduziert. Da diese Zusammenhänge sich beim Verkleinern von $n$ umkehren, hat der Entwickler die Aufgabe, hinsichtlich der Entwurfsparameter $n$, $l_S$ und $l_P$ einen an die Aufgabenstellung angepassten Kompromiss zu finden.

Schließlich werden die Parameter der elektromechanischen Ersatzschaltung gemäß Bild 2.9a ermittelt. Hierbei helfen die Gleichungen (2.9a) und (2.12), die im Falle des aus $n$ Schichten bestehenden Piezotranslators folgende Form annehmen:

$$q = nCu + nd_{33}F, \tag{2.29}$$

$$F = \frac{c_P}{n}\left(\Delta l - nd_{33}u\right). \tag{2.30}$$

Mit Gleichung (2.4) für die Steifigkeit einer einzelnen piezoelektrischen Scheibe und der Gleichung

$$C = \varepsilon_{33}\frac{A_P}{l_S} \tag{2.31}$$

für deren elektrische Kapazität erhält man für die Kapazität des geklemmten Piezotranslators, für seine Steifigkeit und für die Blockierkraft folgende Ausdrücke:

$$C_{kl} = \left(\varepsilon_{33} - \frac{d_{33}^2}{s_{33}}\right)\frac{nA_P}{l_S}, \tag{2.32}$$

$$c_{Pges} = \frac{A_P}{s_{33}nl_S}, \tag{2.33}$$

$$F_B = -\frac{A_P d_{33}}{s_{33}l_S}. \tag{2.34}$$

Es sei daran erinnert, dass es sich bei diesen Kenngrößen um Kleinsignal-Parameter handelt, die das Großsignalverhalten des Piezotranslators lediglich näherungsweise beschreiben.

Die Zusammenhänge zwischen Schichtdicke, Kapazität und Steuerspannung schlagen sich natürlich auch in den Herstellungskosten der Aktoren nieder. Bild 2.34 erläutert die Abhängigkeiten am Beispiel von Multilayer-Wandlern für Dieselinjektoren (vgl. Abschnitt 2.7.2). Hierbei ist die erforderliche Leistungselektronik in die Betrachtung einbezogen. Wie man sieht, sind die Wandler umso teurer, je niedriger die Steuerspannung wird (kleinere Schichtdicken bedingen – bei konstanter Stapelhöhe – eine größere Zahl von (Edelmetall-) Elektroden und damit einen nennenswert höheren Kostenanteil des Elektrodenmaterials), während die Leistungselektronik umso teurer wird, je größer die Steuerspannung und/oder die Steuerleistung werden (größere Kapazitäten haben höhere Umladeströme zur Folge). Das Minimum der Gesamtkosten liegt in diesem Beispiel bei einer Steuerspannung von etwa 160 V, was – unter der Annahme $E_{max}$ = 2 kV/mm – auf (realitätskonforme) Schichtdicken von 80 µm führt.

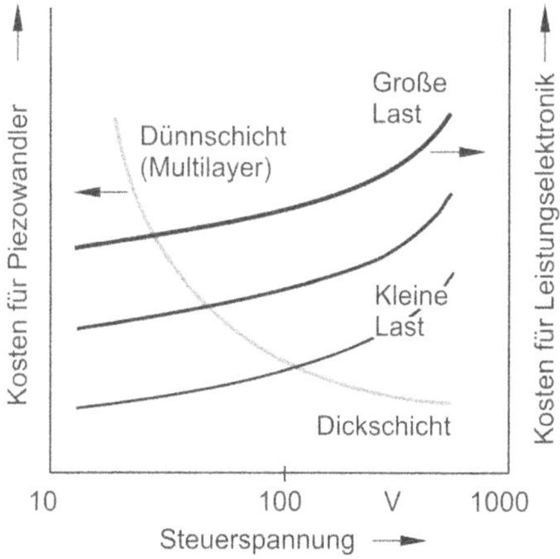


***Bild 2.34*** *Qualitativer Verlauf der Kosten von Piezowandler und Leistungselektronik in Abhängigkeit von der Steuerspannung [Uch08]*

# 2.8 Entwicklungstendenzen

Bei der Entwicklung von neuen piezoelektrischen Materialien sind Japan und die USA weltweit führend; im Bereich der Multilayer-Technologien hat sich hingegen Europa in den letzten Jahren eine Spitzenstellung erobert. Beispielsweise sind aus deutscher Fertigung seit Mitte der 1990er Jahre 40 mm hohe Wandler aus 60 bis 100 µm dicken Keramikschichten auf dem Markt. Voraussichtlich werden in wenigen Jahren Multilayer-Wandler mit Schichtendicken von wenigen 10 µm realisiert werden können, so dass längerfristig maximale Steuerspannungen im Kleinspannungsbereich realistisch erscheinen. Im Hinblick auf die Entwicklungsziele aktorrelevanter Werkstoffe zeichnen sich folgende Trends ab:

- Verbesserung der Ausdehnungseffizienz, beispielsweise durch elektrostriktive Blei-Magnesium-Niobat(PMN)-Keramiken mit $d_{33}$ > 800 pC/N.
- Erhöhung der Curie-Temperatur und damit des Betriebstemperaturbereiches, z.B. $\vartheta_C$ = 500 °C bei Blei-Titanat ($PbTiO_3$).

- Ersatz der teuren Edelmetall-Elektroden (Pt, AgPd) in Multilayer-Keramiken durch preiswertere Materialien (z.B. Cu).
- Aufgrund gesetzlicher Vorgaben verstärkte Anstrengungen zur Substitution der bleihaltigen PZT-Keramiken durch andere Werkstoffe, beispielsweise Kalium-Natrium-Niobat (KNN).
- Verbesserung der Eigenschaften von Piezokeramiken durch gerichtetes Kornwachstum mittels Einbringung von Kleinkristalliten.
- Intensivierung der Forschungsarbeiten zur kostengünstigen Herstellung von Relaxor-basierten Einkristallen (sehr hohe Dehnungseffizienz, kleine Kennlinienhysterese).
- Untersuchung aktorischer Einsatzmöglichkeiten für den Schereffekt, der sich durch eine große piezoelektrische Ladungskonstante auszeichnet ($d_{15} > 1100$ pC/N).

Weitere Entwicklungsschwerpunkte betreffen Verbesserungen des mechanischen Wandleraufbaus, um beispielsweise im dynamischen Betrieb die Verlustwärme aus dem Piezomaterial effizienter abführen zu können oder die im statischen Betrieb nachteilige Wirkung der Luftfeuchte vom Material fernzuhalten. Unter Systemaspekten ist auch die Entwicklung klein bauender, leistungsstarker Verstärker mit großer Bandbreite und hohem Wirkungsgrad – insbesondere zur Ansteuerung von Multilayer-Wandlern mit ihren großen Kapazitätswerten – einzubeziehen. Hierbei könnte die Ladungsansteuerung wachsende Bedeutung gegenüber der Spannungsansteuerung erlangen.

# 3 Magnetostriktive Aktoren

Die aus der Elektrotechnik bekannte Dualität zwischen dem elektrischen und dem magnetischen Feld berührt auch die Krafterzeugungsmechanismen in piezoelektrischen und magnetostriktiven Festkörperaktoren. Das folgende Kapitel befasst sich mit Aktoren auf der Basis hochmagnetostriktiver Werkstoffe (engl. *giant magnetostrictive material*, *GMM*). Die vielfachen Analogien zu den Piezoaktoren legen es nahe, am Ende des Kapitels auf Gemeinsamkeiten und Unterschiede der beiden Aktorarten einzugehen.

## 3.1 Physikalischer Effekt

Wird ein ferromagnetischer Kristall magnetisiert, so ändert sich seine Form umso mehr, je größer die magnetische Feldstärke wird. Dieses Phänomen bezeichnet man als magnetostriktiven Effekt. Der wichtigste Anteil der Magnetostriktion ist ein von James Prescott Joule im Jahre 1842 entdeckter Effekt, der darauf beruht, dass sich die sog. Weissschen Bezirke („Domänen") in die Magnetisierungsrichtung drehen und dabei ihre Grenzen verschieben. Hierdurch ändert der ferromagnetische Körper seine Form, wobei das Volumen nahezu konstant bleibt. Mit dem Begriff magnetostriktiver Effekt ist gewöhnlich dieser Joule-Effekt gemeint, da eine Volumenänderung der aktorisch interessanten, hochmagnetostriktiven Werkstoffe vernachlässigt werden kann.

Im Unterschied zum Piezoeffekt gibt es keine direkte Umkehrung des magnetostriktiven Effektes und somit auch keinen direkten magnetostriktiven Sensoreffekt. Bekannt ist aber der magnetoelastische Effekt, der die Änderung der magnetischen Materialeigenschaften (Suszeptibilität, Permeabilitätszahl) in Abhängigkeit von einer mechanischen Spannung beschreibt. Diesen Effekt kann man deshalb für den Bau von hochempfindlichen Sensoren zur Erfassung mechanischer Spannungen oder Dehnungen nutzen. Beispielsweise können sog. metallische Gläser verwendet werden, z.B. Metglas®, deren Empfindlichkeit mehr als 100 mal größer ist als die piezoresistiver Dehnungssensoren.

Obwohl die Magnetostriktion streng genommen als das magnetische Gegenstück zum elektrostriktiven Effekt anzusehen ist, den ein quadratischer Ursache-Wirkung-Zusammenhang kennzeichnet (vgl. Bild 2.5), wird sie in praxi durch ein Gleichungssystem beschrieben, das hinsichtlich seines formalen Aufbaus den linearen Zustandsgleichungen des piezoelektrischen Effekts entspricht:

$$\boldsymbol{B} = \boldsymbol{d}\boldsymbol{T} + \boldsymbol{\mu}^{\mathrm{T}}\boldsymbol{H}, \tag{3.1a}$$

$$\boldsymbol{S} = \boldsymbol{s}^{\mathrm{H}}\boldsymbol{T} + \boldsymbol{d}_{\mathrm{t}}\boldsymbol{H}. \tag{3.1b}$$

***S*** und ***T*** symbolisieren die mechanische Dehnung bzw. die mechanische Spannung, ***H*** und ***B*** kennzeichnen die magnetische Feldstärke bzw. die magnetische Flussdichte, ***d*** ist die magnetostriktive (auch: piezomagnetische) Konstante, $\boldsymbol{\mu}^{\mathrm{T}}$ die Permeabilität bei konstanter mechanischer Spannung ***T***, und $\boldsymbol{s}^{\mathrm{H}}$ ist die Elastizitätskonstante (auch: Nachgiebigkeit) bei konstanter magnetischer Feldstärke ***H***.

Die Gleichungen (3.1) sind formal-mathematisch wie das Gleichungssystem (2.1) zu handhaben, das den direkten und den inversen Piezoeffekt beschreibt. Allerdings ergeben sich demgegenüber weitgehende Vereinfachungsmöglichkeiten aus dem Umstand, dass überwiegend stabförmige magnetostriktive Werkstoffe zum Einsatz kommen, deren Achse stets mit der Magnetisierungsrichtung zusammenfällt. Hierdurch ist lediglich ein einachsiger Dehnungs- und Spannungszustand zu berücksichtigen, so dass in der Praxis fast ausschließlich die magnetostriktive Konstante $d_{33}$ von Interesse ist.

Ähnlich wie bei den piezoelektrischen Materialien lässt sich auch für die magnetostriktiven Materialien ein Kopplungsfaktor angeben:

$$k_{33} = \frac{d_{33}}{\sqrt{s_{33}^{\mathrm{H}}\mu_{33}^{\mathrm{T}}}}. \tag{3.2}$$

Ganz analog entspricht $k^2$ dem Verhältnis der im magnetostriktiven Aktor gespeicherten mechanischen Energie zur gesamten gespeicherten Energie.

# 3.2 Magnetostriktive Bauelemente

## 3.2.1 Werkstoffe

In Legierungen mit Eisen-, Nickel- oder Kobalt-Anteilen ruft der magnetostriktive Effekt Dehnungen im Bereich von 10 bis 30 µm/m hervor, während er in hochmagnetostriktiven Materialien aus Seltenerdmetall-Eisen-Legierungen Dehnungen von über 2000 µm/m verursacht. Seit Beginn der 1960er Jahre wurden in den USA von Arthur E. Clark und Mitarbeitern hochmagnetostriktive Materialien für Sonar-Systeme in Unterwasseranwendungen entwickelt. Eines dieser Materialien ist das 1971 gefundene Terfenol-D®, das eine Energiedichte aufweist, die von gleicher Größenordnung ist wie die der piezoelektrischen Keramiken.

Terfenol-D ist der Name für die Legierung $Tb_{0.3}Dy_{0.7}Fe_2$, wobei die ersten beiden Silben für Terbium und Eisen (lat. *Ferrum*) stehen, die dritte erinnert an den Ort der Materialentwicklung: Naval Ordnance Laboratory. Die Entwicklung dieser Verbindung geht auf Arbeiten an Seltenerdmetallen wie Terbium zurück, die bei kryogenen Temperaturen (< 200 K) und/oder hohen Magnetfeldern große Dehnungen zeigen (vgl. auch Abschnitt 7.1). Der Betrieb bei Raumtemperatur wird durch den Legierungszusatz Eisen ermöglicht; das relativ hohe Dehnungsvermögen unter gut beherrschbaren Feldstärken wird durch das Element Dysprosium (daher der Buchstabe D) realisiert.

Die Herstellung von Terfenol-D ist aufgrund von Verunreinigungen der Ausgangsstoffe und der hohen Reaktionsfreudigkeit der Seltenerdmetalle nicht trivial. In der Praxis haben sich vor allem das Bridgman-Verfahren und das Zonenschmelz-Verfahren durchgesetzt. Beim Bridgman-Verfahren geht man von einer vollständig geschmolzenen Lösung aus, die, durch einen Impfkeim angeregt, kristallisiert. Die Schmelze wird mit konstanter Geschwindigkeit < 0,1 mm/s relativ zum Temperaturfeld der Heizung bewegt, so dass sie sich von einem Ende her verfestigen kann. Um trotz der thermisch bedingten inneren Spannungen größere Stabdurchmesser (bis ca. 60 mm) produzieren zu können, hat die US-Firma Edge Technologies, Inc., das Bridgman-Verfahren modifiziert.

Beim Zonenschmelz-Verfahren wird die Schmelzzone durch die Oberflächenspannung der Schmelze in der Schwebe gehalten. Es sind die bezüglich Preis und Qualität besten Verfahren, um hochmagnetostriktive Werkstoffe mit guten Eigenschaften kommerziell herzustellen. Der Vorteil des Verfahrens ist, dass die Schmelze durch das Tiegelmaterial nicht kontaminiert werden kann, da sie mit diesem in keinem Kontakt steht. Nachteilig ist der durch die Oberflächenspannung der Schmelze begrenzte Stabdurchmesser. Die maximalen Dehnungen, die mit solchen Kristallen erzielt werden können, sind allerdings größer als bei den mit dem Bridgman-Verfahren hergestellten.

Positive Dehnungen von 1000 … 2000 µm/m, die mit einem $H$-Feld von 50 bis 200 kA/m erzielt werden können, treten bei sog. Volumenmaterial auf (s. Fußnote 11). In Tabelle 3.1 sind einige Kenngrößen und -werte von Terfenol-D aufgelistet.

Ähnlich wie bei den piezoelektrischen Werkstoffen kann man sehr dünne magnetostriktive Schichten durch Sputtern erzeugen. Entsprechende Sputter-Targets sind ebenfalls kommerziell verfügbar. Magnetostriktive Filme finden Anwendung in der Mikroaktorik; sie können positive oder negative Magnetostriktion aufweisen, wobei in der Literatur über erzielbare Dehnungen von 500 … 1000 µm/m berichtet wird. Schließlich sei Terfenol-Pulver erwähnt, das in unterschiedlichen Korngrößen erhältlich ist und für den Aufbau von Sensoren sowie als Basismaterial in Kompositen verwendet wird. Hierbei kommen elektrisch nicht leitende Bindemittel zum Einsatz, so dass mit solchen Verbundwerkstoffen die Wirbelstrombildung wirksam unterdrückt wird und Betriebsfrequenzen von einigen 10 kHz erreicht werden können.

Vor wenigen Jahren fand man heraus, dass eine Beimischung von etwa 20 Atomprozent Gallium zu Eisen ebenfalls einen beträchtlichen magnetostriktiven Effekt bei Raumtemperatur hervorruft. Dieses als Galfenol bezeichnete Material hat im Vergleich zu Terfenol-D hohe $d_{33}$-Werte, aber ein geringeres Dehnungsvermögen von max. 250 µm/m, benötigt hierfür aber auch nur kleine Feldstärken. Von Vorteil ist, dass es über eine wesentlich höhere Zugfestigkeit als Terfenol verfügt und wesentlich weniger spröde ist, also besser mechanisch bearbeitet werden kann. Zurzeit wird Galfenol im Labormaßstab von der Etrema Products, Inc., Ames/USA produziert [3.1].

***Tabelle 3.1*** *Kennwerte des hochmagnetostriktiven Werkstoffes Terfenol-D*

| | | | |
|---|---|---|---|
| Magnetostriktive Konstante | $d_{33}$ | 1,5 | $10^{-8}$ V s/N |
| Permeabilitätszahl | $\mu_{33}^{T} / \mu_0$ | 5 ... 10 | |
| | $\mu_{33}^{S} / \mu_0$ | 3 ... 6 | |
| Elastizitätskonstante | $s_{33}^{H}$ | 30 ... 40 | $10^{-12}$ $m^2$/N |
| Elastizitätsmodul | $c_{33}^{H}$ | 25 ... 35 | $10^3$ N/$mm^2$ |
| | $c_{33}^{B}$ | 50 ... 55 | $10^3$ N/$mm^2$ |
| Kopplungsfaktor | $k_{33}$ | ... 0,75 | |
| Energiedichte | $E/V$ | 10 ... 25 | kJ/$m^3$ |
| Spezif. elektr. Widerstand | $\rho_{el}$ | 0,6 | $10^{-6}$ Ωm |
| Druckfestigkeit | $T_t$ | 700 | N/$mm^2$ |
| Zugfestigkeit | $T_P$ | 28 | N/$mm^2$ |
| Wärmeleitfähigkeit | $\lambda$ | 13 | W/m K |
| Spezif. Wärmekapazität | $c_W$ | 300 ... 400 | W s/kg K |
| Curie-Temperatur | $\vartheta_C$ | 380 | °C |
| Dichte | $\rho$ | 9,25 | $10^3$ kg/$m^3$ |

Phänomenologisch verhalten sich hochmagnetostriktive Materialien analog zu ferroelektrischen Materialien. Ihre Kennlinien $J(H)$[14] und $S(H)$ zeigen, wie die Charakteristiken $P(E)$ und $S(E)$ bei Piezokeramiken, Sättigung und Hysterese (s. Bild 3.1) ($S$: Dehnung, $J$: magnetische Polarisation, $H$: magnetische Feldstärke). Interessant ist, dass die erzielbare Dehnung $S$ offenbar deutlich von der mechanischen Vorspannung $T_v$ des Materials abhängt: Sie nimmt mit wachsendem $T_v$ zunächst zu und hat ein Maximum, um dann wieder abzufallen. Dieses Verhalten, das – wesentlich schwächer ausgeprägt – auch bei Piezokeramiken beobachtet wird, spielt für die optimale Auslegung von magnetostriktiven Wandlern eine wichtige Rolle.

Wie bei den piezoelektrischen Materialien treten auch bei den realen ferromagnetischen Materialien noch weitere physikalische Effekte auf, die sich auf aktorische Anwendungen auswirken können.

**Wirbelstromeffekt.** Ändert sich die magnetische Feldstärke in einem magnetostriktiven Werkstoff zeitabhängig, so werden in ihm Wirbelströme induziert. Da der spezifische elektrische Widerstand magnetostriktiver Werkstoffe klein ist, können diese Ströme – abhängig von der Geometrie und den Abmessungen des Wandlers sowie von der Betriebsfrequenz – eine nennenswerte Wirkleistung im Werkstoff hervorrufen. Diese Verlustleistung wird in Wärme umgesetzt und führt so zu einer thermischen Dehnung. Da der Wirbelstrom seiner Ursache entgegen wirkt, verringert sich die effektive Permeabilität des Werkstoffes. Sofern

[14] Aufgrund der Zusammenhänge $J = B - \mu_0 H$ und $B = \mu H$ unterscheidet sich die Kennlinie $J(H)$ von der ebenfalls üblichen Darstellung $B(H)$ lediglich um den kleinen Term $\mu_0 H$.

keine besonderen Maßnahmen ergriffen werden, schränkt der Wirbelstromeffekt den Einsatz magnetostriktiver Werkstoffe bei Betriebsfrequenzen oberhalb einiger Kilohertz ein.

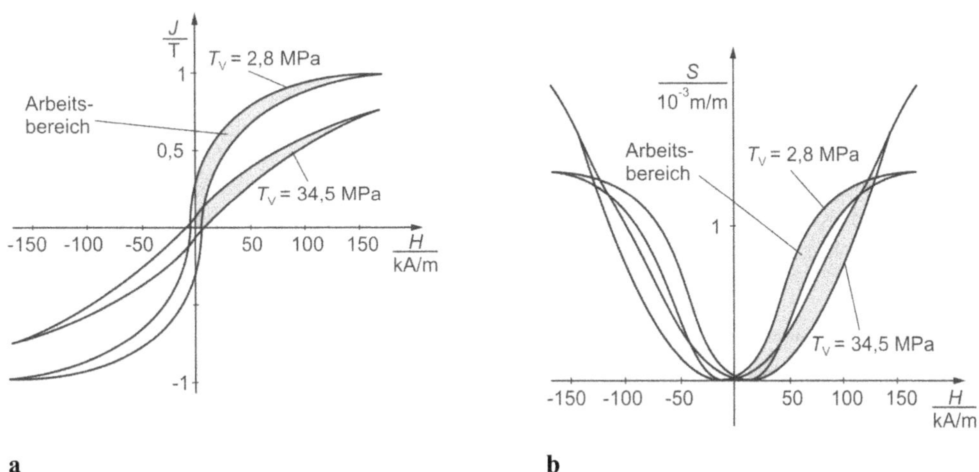


***Bild 3.1*** *Kennlinienverläufe J(H) und S(H) für den hochmagnetostriktiven Werkstoff Terfenol-D bei unterschiedlicher mechanischer Vorspannung $T_V$.* ***a*** *Kennlinie J(H),* ***b*** *Aktor-Kennlinie S(H)*

**Δ*E*-Effekt.** Die elastischen Eigenschaften von magnetostriktiven Werkstoffen sind infolge des großen Anteils der magnetoelastischen Energie stark mit dem magnetischen Feld verkoppelt. Die daraus resultierende Änderung des Elastizitätsmoduls in Abhängigkeit von der Magnetisierung nennt man $\Delta E$-Effekt; er besagt, dass die Steifigkeit eines magnetostriktiven Elementes von der magnetischen Feldstärke abhängt.

**Matteucci-Effekt.** Die Magnetisierung ferromagnetischer Materialien ändert sich unter Torsionsbeanspruchung. Unabhängig von der Tordierrichtung nimmt die Magnetisierung mit wachsender Torsion zunächst zu und fällt dann wieder ab: Matteucci-Effekt. Für praktische Anwendungen bedeutet dies, dass keine Torsionsspannungen in den Werkstoff eingeleitet werden dürfen. Dies muss durch geeignete konstruktive Vorkehrungen beim Entwurf des Wandlers gewährleistet werden.

**Magnetokalorischer Effekt.** Bei plötzlicher Magnetisierung eines ferromagnetischen Stoffes kann man einen Temperaturanstieg des Materials feststellen: Magnetokalorischer Effekt. Die Temperaturzunahme verursacht eine thermische Ausdehnung, was u.U. dann berücksichtigt werden muss, wenn Aktorauslenkungen im Submikrometerbereich gefordert werden. Für die Praxis ist dieser Effekt im Vergleich zu anderen, z.B. der Erwärmung des magnetostriktiven Werkstoffes aufgrund von Wirkleistungsverlusten in der Spule, von untergeordneter Bedeutung.

### 3.2.2 Magnetostriktive Elemente

Magnetostriktive Elemente aus Terfenol-D werden überwiegend in Stabform mit Längen bis etwa 200 mm und Durchmessern bis maximal 65 mm kommerziell hergestellt und angeboten. Für Massenanwendungen gibt es auch kleine Stäbe mit quadratischem Querschnitt und Kantenlängen zwischen 1 und 4 mm. Verfügbar sind darüber hinaus plattenförmige Elemente mit kreisförmigen oder quadratischen Querschnitten. Ausführungen mit Bohrungen werden genutzt, um eine optimale mechanische Vorspannung oder Kühlmaßnahmen realisieren zu können. Laminierte Elemente sind für höherfrequente Anwendungen vorgesehen, weil durch das Laminieren die unerwünschte Wirbelstrombildung erschwert wird. Hierbei wird der Stab parallel zu seiner Achse in dünne Scheiben geschnitten, die mit einem elektrisch isolierenden Kleber wieder zusammengefügt werden. Die letztgenannten Ausführungen werden sowohl katalogmäßig angeboten als auch kundenspezifisch produziert.

## 3.3 Magnetostriktive Aktoren mit begrenzter Auslenkung

Im Gegensatz zu piezoelektrischen Wandlern, bei denen verschiedene Subeffekte genutzt werden (Longitudinal-, Transversal-, Schereffekt), spielt bei den heute verfügbaren, meistens stabförmigen Hochmagnetostriktions-Werkstoffen lediglich der Longitudinaleffekt eine Rolle ($d_{33}$-Effekt, Feldrichtung und Dehnungsrichtung verlaufen parallel). Bild 3.2 zeigt eine kommerzielle Wandler-Baureihe des US-Herstellers Etrema. Der Terfenolstab wird hier durch Permanentmagnete vormagnetisiert und mit Federelementen mechanisch vorgespannt. Damit ist die symmetrische Auslenkung um einen Arbeitspunkt möglich, und bei optimaler Wahl von Vormagnetisierung und mechanischer Vorspannung erhält man ein nahezu lineares Verhalten über einen Dehnungsbereich bis etwa 750 µm/m.

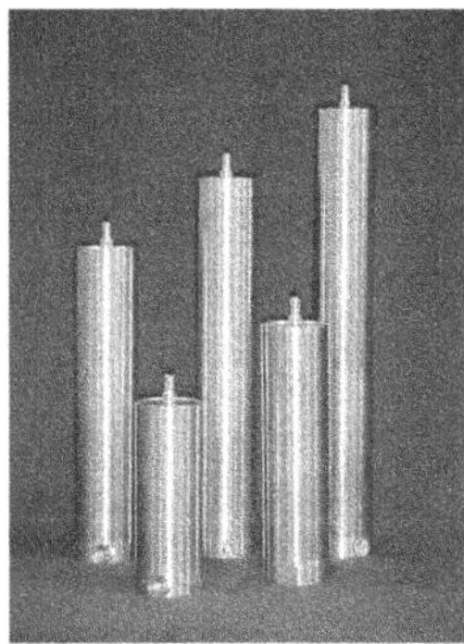

| | | |
|---|---|---|
| Nennstellweg, max. | ±25 ... ±125 | µm |
| Frequenzbereich | 0 ... 2,5 | kHz |
| Dynamische Kraft, max. | 1110 | N |
| Blockierkraft | 2220 | N |
| Nennstrom, max. | 5 | A |
| Induktivität | 1,8 ... 9,1 | mH |
| Wirkwiderstand | 1,0 ... 4,6 | Ω |
| Temperaturbereich | –20 ... 100 | °C |
| Länge | 165 ... 433 | mm |
| Gewicht | 2,7 ... 7 | kg |

***Bild 3.2*** *Beispiel für eine kommerzielle Wandler-Baureihe mit Kennwerten (Quelle: Etrema Products, Inc., Ames/USA [3.1])*

Neben Aktoren für den quasistatischen Betrieb hat sich Etrema in der jüngeren Vergangenheit verstärkt auf magnetostriktive Ultraschall-Aktoren spezialisiert. Sie erreichen – über ihre Eigenfrequenz hinausgehend – Arbeitsfrequenzen bis 30 kHz und erzeugen Kräfte bis etwa 8 kN; die maximalen Auslenkungen dieser Aktoren sind jedoch selbst im Resonanzfall kaum größer als 10 µm.

## 3.3.1 Translator

**Wirkungsweise und Aufbau.** Magnetostriktive Translatoren nutzen die magnetostriktive Konstante $d_{33}$, d.h. sie beruhen – wie die Piezo-Translatoren – auf dem Longitudinaleffekt. Bild 3.3a zeigt das Prinzip: Eine Spule mit $N$ Windungen umfasst den homogenen magnetostriktiven Stab der Länge $l_T$. Ein Steuerstrom $i$, der die Spule durchfließt, erzeugt in Achsrichtung den Magnetfluss $\Phi$. Infolge des magnetostriktiven Effektes ändert sich hierdurch die ursprüngliche Stablänge um die Auslenkung $\Delta l$, dabei entstehen im Werkstoff innere mechanische Spannungen. $F$ ist die – hier als Zugkraft eingezeichnete – äußere Belastung. Der Arbeitspunkt auf der $S(H)$-Kennlinie des magnetostriktiven Werkstoffes wird mit einem Dauermagneten oder durch eine gleichstromgespeiste Spule eingestellt (s. Bild 3.3b). Für die mechanische Vorspannung des Stabes sorgt ein Federelement. Das Gehäuse schützt den Wandler vor Umgebungseinflüssen und wirkt darüber hinaus als magnetische Abschirmung.

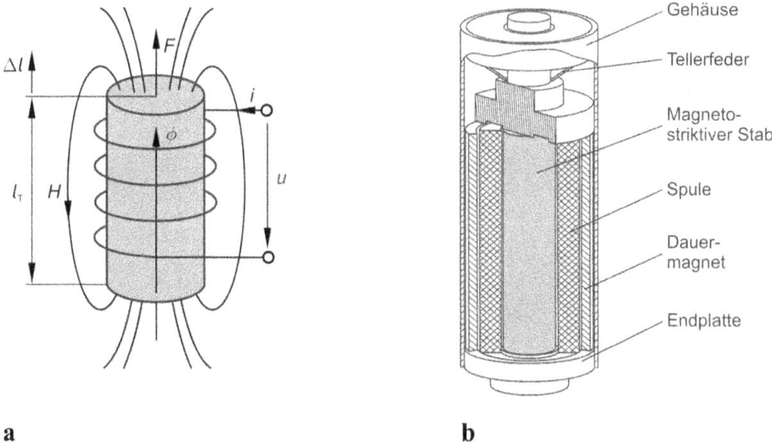


***Bild 3.3*** *Magnetostriktiver Translator.* ***a*** *Magnetomechanisches Schema,* ***b*** *grundsätzlicher Wandleraufbau*

Ausgehend vom Wandleraufbau in Bild 3.3b folgen nun einige allgemeine Hinweise zum Aufbau von magnetostriktiven Translatoren.

**Mechanischer Aufbau.** Bei magnetostriktiven Aktoren ist eine mechanische Vorspannung des aktiven Materials aus folgenden Gründen erforderlich:

- Die maximal zulässige Zugbelastung des Materials ist erheblich kleiner als die Druckbelastung. Daher muss das Material vorgespannt werden, wenn der Wandler sowohl positiv als auch negativ ausgelenkt werden soll.
- Aus der $S(H)$-Kennlinie ist ersichtlich, dass die maximalen Dehnungen von der Vorspannung $T_v$ abhängen. Man kann bis zu 50 % höhere Dehnungen erzielen, wenn das Material optimal vorgespannt wird.

Eine variable Druckvorspannung des Terfenolstabes vereinfacht die Anpassung des Wandlers an die mechanischen Randbedingungen der Anwendung. Sie kann beispielsweise mit Hilfe von Schrauben- oder Tellerfedern erfolgen. Darüber hinaus ist es möglich, das elastische Verhalten des metallenen Gehäuses für die Erzeugung der Vorspannung zu nutzen (vgl. hierzu Bild 2.8b, links).

Als genereller Störeinfluss auf die Wandlerfunktion ist die Temperatur zu berücksichtigen. Erfährt der Terfenolstab eine Temperaturänderung von beispielsweise 100 K, so liegt seine thermische Dehnung in der gleichen Größenordnung wie die Magnetostriktion. Mit Hilfe von Konstruktionsprinzipen, die aus dem Geräte- und Maschinenbau bekannt sind („thermische Kompensation"), lassen sich solche temperaturabhängigen Längenänderungen jedoch ausgleichen.

**Magnetischer Kreis.** Der Magnetkreis besteht aus dem Terfenolstab, der Steuerspule, der Flussführung und – gegebenenfalls – dem Permanentmagneten. Eine Flussführung aus hochpermeablem, elektrisch nicht leitendem Material (Wirbelströme!) reduziert den magnetischen Streufluss und erhöht so die mittlere magnetische Feldstärke im Terfenol-D und sorgt für eine möglichst homogene Feldverteilung. Der magnetische Arbeitspunkt des Aktors kann mit Hilfe einer Vormagnetisierung so eingestellt werden, dass der Wandler auch bipolar angesteuert werden kann. Verwendet man hierfür Permanentmagnete anstelle von gleichstromgespeisten Spulen, werden zusätzliche Kupferverluste vermieden (die Berechnung des Dauermagneten erfolgt in Abschnitt 3.7.4).

Da die Permeabilitätszahl von Terfenol klein ist ($\mu_r < 10$), dieser Werkstoff also nur über eine mäßige magnetische Leitfähigkeit verfügt, hat die Art der Flussführung großen Einfluss auf die Feldverteilung im Terfenolstab. Bild 3.4 zeigt verschiedene Möglichkeiten zur Gestaltung der Flussführung. Bild 3.5 präsentiert einige hierauf basierende, per FEM-Simulation gewonnene Ergebnisse [Sch94]. Die mittlere normierte magnetische Feldstärke bei vollständiger Flussführung beträgt für alle zugrunde gelegten Spulenaußenradien nahezu 100 % (Bild 3.5a, Fall c). Ohne Flussführung fällt die mittlere normierte Feldstärke bereits bei $r_{Sp}/r_T \approx 5$ auf 80 % ab (Bild 3.5a, Fall a), wobei die mittlere normierte Feldinhomogenität für alle $r_{Sp}/r_T$ ca. 10 % beträgt (Bild 3.5b, Fall a).

Aufgrund dieser ungünstigen Feldverteilung sollte in der Praxis immer eine Flussführung vorgesehen werden. Ist infolge aufgabenspezifischer Randbedingungen eine vollständige Flussführung nicht möglich, kann die Verwendung von hochpermeablen Endplatten an den beiden Spulenenden die mittlere normierte magnetische Feldstärke auf ca. 90 % erhöhen (Bild 3.5a, Fall b) und die Feldinhomogenität mit steigendem Außenradius $r_{Sp}$ bis unter 1 % gesenkt werden (Bild 3.5b, Fall b). Ferner lässt sich zeigen [Sch94], dass die vollständige Flussführung eine Reduzierung der Kupferverluste in der Feldspule um den Faktor drei bewirkt.

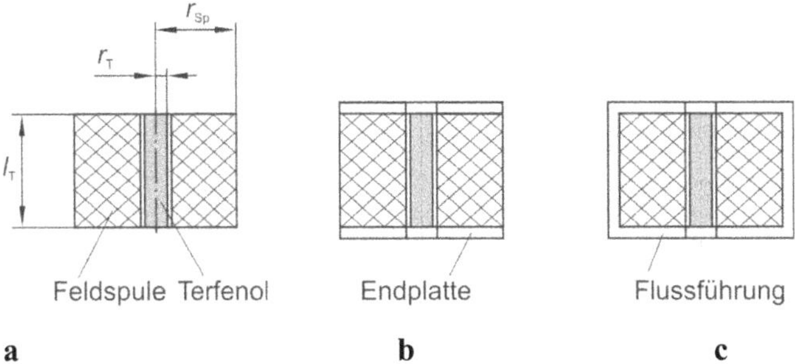


***Bild 3.4*** *Möglichkeiten zur Führung des magnetischen Flusses.* ***a*** *Ohne Führung,* ***b*** *mit Endplatten,* ***c*** *mit vollständiger Flussführung*

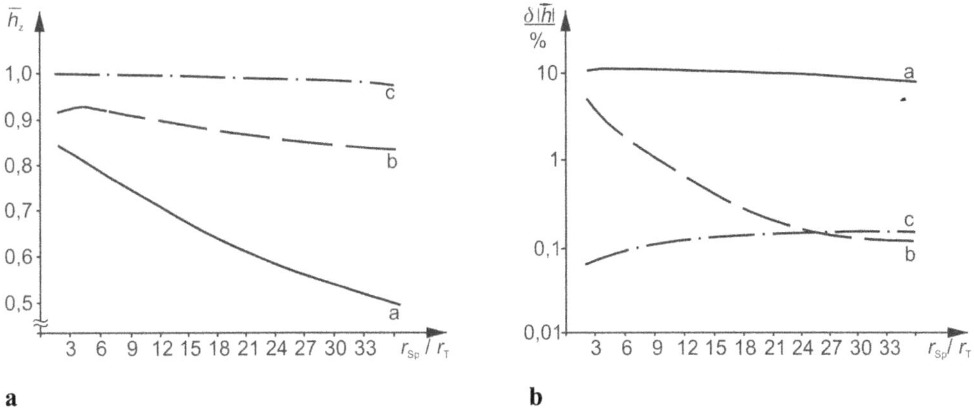


***Bild 3.5*** *Feldverläufe bei unterschiedlicher Flussführung gemäß Bild 3.4 ($l_T/r_T = 25$).* ***a*** *z-Komponente $\overline{h}_z$ der mittleren normierten Feldstärke,* ***b*** *mittlere relative Feldinhomogenität $\delta|\vec{h}|$*

Hinsichtlich der geometrischen Anordnung von Terfenolstab, Spule und Permanentmagnet zeigt eine genauere Untersuchung, dass lediglich die drei in Bild 3.6 dargestellten Möglichkeiten sinnvoll sind. Bei der Anordnung MTS führt die Forderung nach einem hinreichend hohen statischen Magnetfeld im Terfenolstab (maximal ca. 80 kA/m) auf einen Außendurchmesser des Terfenol-Hohlstabs von mindestens 13 bis 20 mm; diese Mindestabmessung schränkt die Anwendung der MTS-Anordnung so stark ein, dass sie nur in besonderen Fällen genutzt werden kann.

Die TMS-Anordnung darf nicht in eine vollständige Flussführung eingebunden sein, da diese den Dauermagneten magnetisch kurzschließen würde. Bei der TSM-Anordnung dienen die Endplatten und der Magnet als Flussführung. Eine vollständige Flussführung würde auch hier den Dauermagneten magnetisch kurzschließen und ist deshalb nicht sinnvoll. Für beide Anordnungen wurde das statische und dynamische Magnetfeld unter vereinfachenden Annahmen berechnet [Sch94]. Aus dem Ergebnis folgt, dass die TSM-Anordnung der TMS-Anordnung bis auf eine Ausnahme gleichwertig oder überlegen ist: Sie besitzt eine wesentlich geringere

Feldinhomogenität, weniger Kupferverluste und eine gute Kopplung des magnetischen Wechselfeldes; lediglich die Kopplung des statischen Magnetfeldes ist bei der TMS-Anordnung geringfügig besser. Hieraus ist zu folgern, dass die TSM-Anordnung bevorzugt verwendet werden sollte (vgl. auch Bild 3.3b).

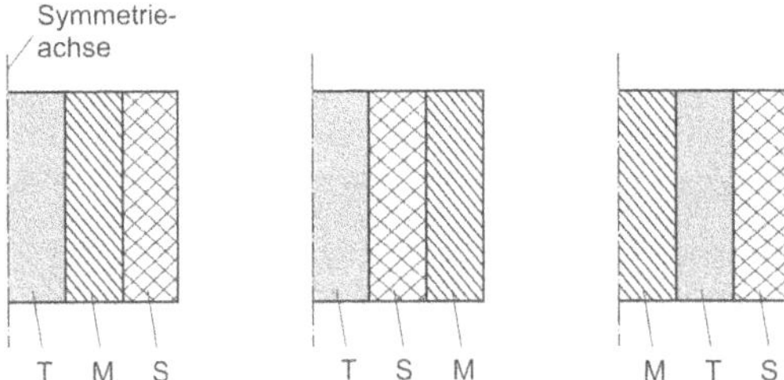


***Bild 3.6*** *Sinnvolle Anordnungen von Terfenolstab (T), Feldspule (S) und Dauermagnet (M) (Flussführung nicht dargestellt)*

Bei zeitveränderlichem Magnetfeld werden im Terfenolstab Wirbelströme induziert, die das Feld schwächen und Wirkverluste hervorrufen. Die Frequenz, bei der die mittlere magnetische Energie im Stab nur noch halb so groß ist wie bei $f \rightarrow 0$, wird –3 dB-Grenzfrequenz $f_w$ genannt. In Bild 3.7a ist die (berechnete) Abhängigkeit der Frequenz $f_w$ vom Außenradius $r_{Ta}$ eines Terfenolstabs (hohl- und vollzylindrisch) dargestellt; Parameter ist der Innenradius $r_{Ti}$. In der Praxis ist infolge der vorgegebenen mechanischen Last oftmals die Querschnittsfläche $A_T$ des Stabs eine maßgebende Entwurfsgröße, so dass dann der Graph $f_w(A_T)$ hilfreich ist (s. Bild 3.7b).

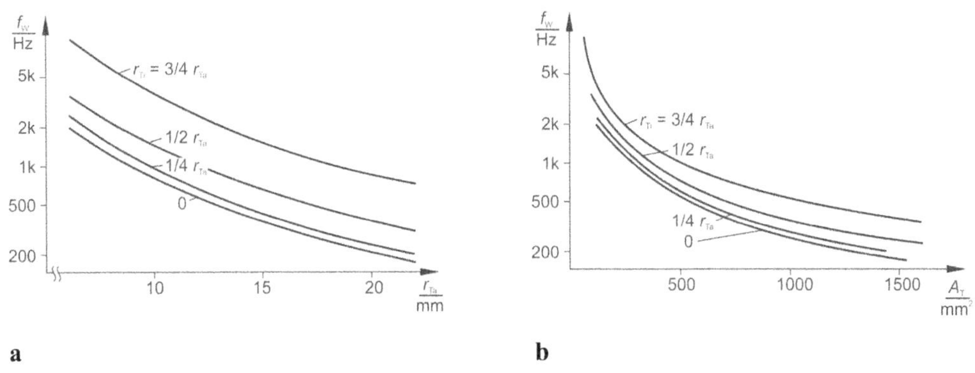


***Bild 3.7*** *–3 dB-Grenzfrequenz $f_w$ als Funktion des Außenradius $r_{Ta}$ und der Querschnittsfläche $A_T$ eines Terfenolstabs ($r_{Ti}$: Innenradius, $\mu_r = 7$, $\rho_{el} = 0{,}6\ \mu\Omega m$).* ***a*** *$f_w(r_{Ta})$,* ***b*** *$f_w(A_T)$*

Wie zu erwarten, zeigen Hohlstäbe höhere Werte für $f_w$ als Vollstäbe. Um die Wirbelstromverluste zu begrenzen, sollte die maximale Betriebsfrequenz kleiner als $f_w$ gewählt werden. Aus demselben Grund muss die Flussführung aus einem hochpermeablen Werkstoff mit kleiner elektrischer Leitfähigkeit bestehen. Hierzu sind spezielle Werkstoffe kommerziell verfügbar. Bei Frequenzen < 1 kHz kann auch Transformatorblech verwendet werden.

**Dynamisches und statisches Verhalten.** In gedanklicher Analogie zum piezoelektrischen Wandler (Abschnitt 2.3.1) folgen aus den Zustandsgleichungen (3.1a) und (3.1b) unter Zugrundelegung des magnetomechanischen Schemas Bild 3.3a zwei Systemgleichungen mit den integralen Zustandsgrößen des magnetostriktiven Wandlers, nämlich dem Verkettungsfluss $\psi$ ($\psi = N\phi$) und dem elektrischen Strom $i$ sowie der Auslenkung $\Delta l$ und der Kraft $F$:

$$\psi = Li + d_{\mathrm{M}}F, \tag{3.2a}$$

$$\Delta l = d_{\mathrm{M}}i + \frac{1}{c_{\mathrm{M}}}F. \tag{3.2b}$$

Hiernach kann der Eingang des Wandlers als Spule mit der Kleinsignal-Induktivität $L$ und sein Ausgang als Feder mit der Kleinsignal-Steifigkeit $c_{\mathrm{M}}$ betrachtet werden (s. Bild 3.8a) ($d_{\mathrm{M}}$ ist die magnetostriktive Konstante).

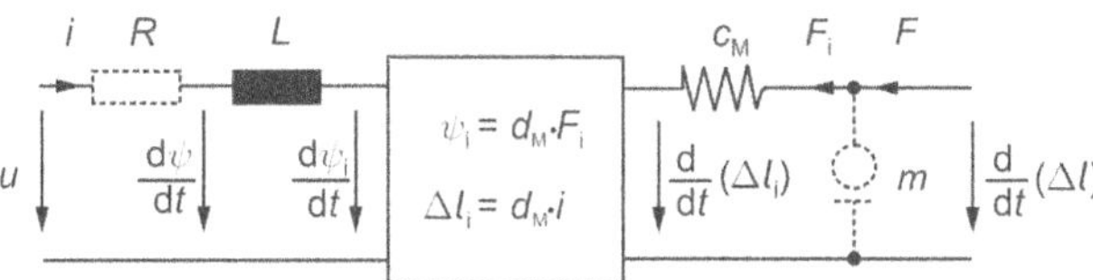


**a**

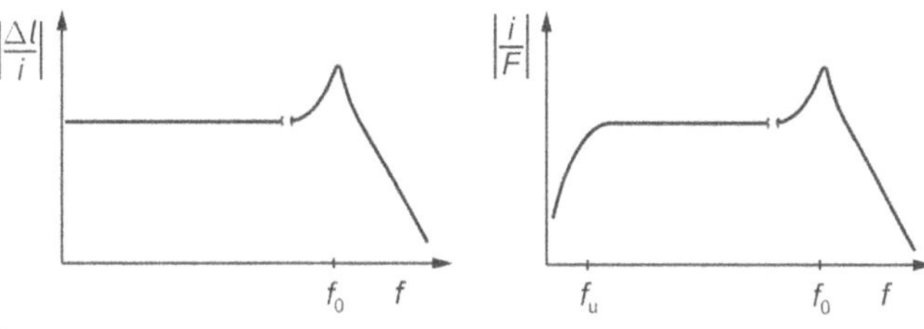


**b**

***Bild 3.8*** *Magnetostriktiver Wandler im Kleinsignalbetrieb.* ***a*** *Elektromechanische Ersatzschaltung,* ***b*** *Amplitudengänge des aktorischen (links) und sensorischen (rechts) Übertragungsverhaltens*

Die Spannung $u$ auf der elektrischen Seite der Ersatzschaltung ergibt sich als Summe aus einer induzierten Spannung und dem Spannungsabfall am ohmschen Spulenwiderstand $R$:

$$u = \frac{\mathrm{d}\psi}{\mathrm{d}t} + Ri. \tag{3.3}$$

Die Kraft $F$ setzt sich – wie beim Piezowandler – aus der Wandlerkraft $F_{\mathrm{i}}$ und einer durch die Trägheit der effektiven Wandlermasse (s. Abschnitt 2.3.1) bedingten Komponente zusammen.

Die Aussagen zum piezoelektrischen Translator – beispielsweise zur statischen Kennlinie in Abschnitt 2.2.1 und zum Amplitudengang in Abschnitt 2.3.1 – sind sinngemäß auf den magnetostriktiven Translator übertragbar. Seinen Arbeitsfrequenzbereich unterhalb der niedrigsten Eigenfrequenz bezeichnet man als quasistatischen Betrieb. Dieser ist beispielsweise in Zusammenhang mit Positioniereinrichtungen, Schwingungsdämpfern, Schrittmotoren oder Einrichtungen zur Steuerung von Fluidströmen interessant. Der mechanische Resonanzbetrieb (vgl. den Amplitudengang in Bild 3.8b, links) ermöglicht Dehnungen, die deutlich größer sein können als die im statischen Betrieb; er kommt daher bevorzugt bei Hochleistungswandlern („Ultraschall-Aktoren“) zur Anwendung.

Höherfrequenten Anwendungen, die den Werkstoff Terfenol-D in laminierter oder Pulver-Form nutzen, kommt zugute, dass die Hysterese der Aktorkennlinie deutlich schmaler ist als bei den meisten Piezokeramiken. Folglich bleibt die im dynamischen Betrieb erzeugte Verlustwärme vergleichsweise gering, und sie kann aufgrund der wesentlich höheren Wärmeleitfähigkeit von Terfenol-D (vgl. die entsprechenden Werte in den Tabellen 2.1 und 3.1) zudem besser abgeführt werden.

In Tabelle 3.2 sind die wichtigsten Vor- und Nachteile von magnetostriktiven Wandlern zusammengestellt.

***Tabelle 3.2*** *Wichtige Eigenschaften von magnetostriktiven Wandlern*

| Vorteile | Nachteile |
|---|---|
| – Große Kräfte realisierbar, hohe Steifigkeit* | – Kennwerte sind temperaturabhängig* |
| – Hoher elektromechanischer Wirkungsgrad* | – Spröde, schwierig zu bearbeiten* |
| – Sehr kurze Reaktionszeit (µs-Bereich)* | – Elektrische Leistung auch im statischen Betrieb erforderlich (durch Vormagnetisierung mit Dauermagneten reduzierbar) |
| – Hohe Energiedichte* | – Aufwändiger magnetischer Kreis |
| – Kein Stapelaufbau erforderlich | – Kennlinienhysterese* |
| – Breiter Temperatureinsatzbereich | – Teuer und schlecht verfügbar |
| | – Zur Zeit wird überwiegend der $d_{33}$-Modus genutzt |

*Eigenschaft tritt in ähnlicher Form bei piezoelektrischen Wandlern auf.

## 3.4 Magnetostriktive Aktoren mit unbegrenzter Auslenkung

**Wurmmotor**

Sozusagen als magnetostriktives Gegenstück zum piezoelektrischen Inchworm-Motor (s. Abschnitt 2.4.1.1) haben Kiesewetter und Huang [Kie88] in den 1980er Jahren einen Wurmmotor konstruiert, der eine schrittweise translatorische Bewegung erzeugt, ohne vergleichbare Klemm-Aktoren zu erfordern. Er beruht auf der Voraussetzung, dass ein Terfenolstab bei konstantem Volumen seinen Durchmesser verringert, wenn er sich in der Achse dehnt. Diese Änderung wird genutzt, um den Stab aus der Klemmung durch eine rohrförmige metallene Passform zu lösen.

Bild 3.9 beschreibt die Bewegungsphasen dieses Wurmmotors. Sorgt man dafür, dass in einer Reihenanordnung mehrerer scheibenförmiger Spulen die einzelnen Spulen nacheinander angesteuert werden, entsteht ein wanderndes Magnetfeld. Im stromlosen Zustand (Phase 1) wird der Terfenolstab vollständig durch die Passform gehalten. Fließt ein Strom durch die erste Spule (2), so dehnt sich der Stab an dieser Stelle bei gleichzeitiger Verringerung seines Durchmessers. Wandert das Feld (im Bild durch eine verschiebbare Spule symbolisiert) infolge der sequentiellen Ansteuerung der Spulen von links nach rechts (Phasen 3 bis 6), so wird das linke Ende wieder geklemmt. Nach Erreichen des rechten Stabendes (7) hat sich mit dem Abschalten des Stromes (8) der Stab um die Schrittweite $\Delta l$ nach links bewegt. Wenn man diesen Vorgang hinreichend oft wiederholt, kann sich der Stab schrittweise nahezu über seine gesamte Länge bewegen. Mit einem Terfenolstab von 20 mm Durchmesser und 80 mm magnetisch nicht belasteter Länge wurde eine Schrittweite von 28 µm erzielt, wobei sich der Durchmesser um 14 µm verringerte; die Haltekraft betrug 800 N.

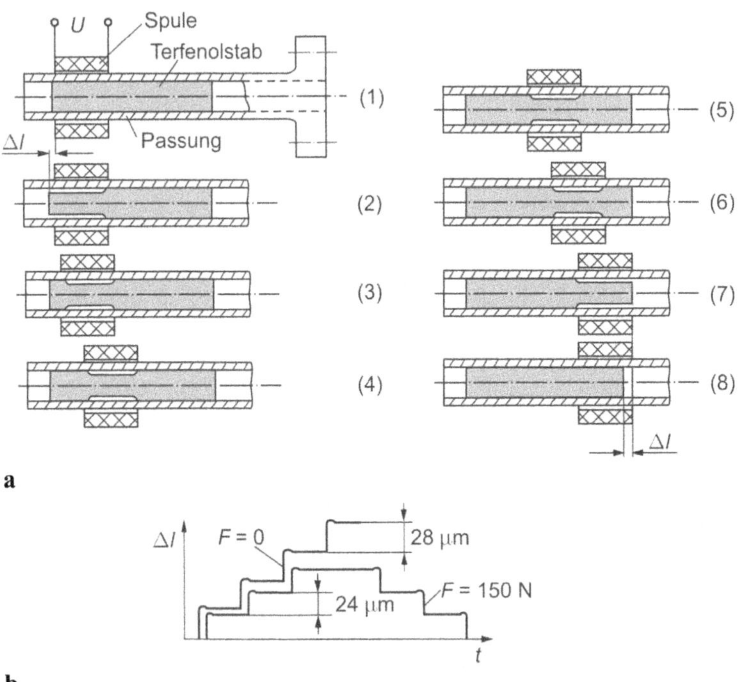


***Bild 3.9*** *Wurmmotor.* ***a*** *Bewegungsablauf,* ***b*** *Schrittweite bei unterschiedlich großer Vorschubkraft [Kie88]*

Nach dem Prinzip des Wurmmotors sind in den letzten Jahren eine Reihe von Varianten publiziert worden. Im Unterschied zu Piezomotoren ist eine kommerzielle Umsetzung dieser Motorprinzipien bisher nicht bekannt geworden. Dies liegt wohl auch daran, dass es nicht gelingt, unter quasistatischen Betriebsbedingungen mit magnetostriktiven Werkstoffen ebenso hohe elektromechanische Wirkungsgrade zu erreichen wie mit Piezokeramiken.

# 3.5 Messen von magnetostriktiven Kenngrößen

Ähnlich wie bei Piezoaktoren steht bei magnetostriktiven Aktoren die Erfassung der Abhängigkeiten zwischen den integralen Zustandsgrößen $\psi$, $i$, $\Delta l$ und $F$ sowie die Bestimmung der Netzwerkelemente in der elektromechanischen Ersatzschaltung (vgl. Bild 3.8a) für den aktorischen Großsignalbetrieb im Vordergrund. Hinsichtlich der Verfügbarkeit von standardisierten Messverfahren muss man auch hier von der in Abschnitt 2.5 beschriebenen Situation ausgehen. In Anlehnung an den dort eingesetzten Sawyer-Tower-Messkreis zur Erfassung des Polarisationsladung-Spannung-Zusammenhangs könnte man andererseits für die Aufnahme der hier interessierenden $\psi(i)$-Charakteristik die Schaltung in Bild 3.10 verwenden [Kuh08]. Damit ließe sich der Wandlerstrom $i$ aus dem Spannungsfall am Widerstand $R_L$ bestimmen. Einen Zusammenhang zwischen der Messspannung $u_m$ und dem interessierenden Verkettungsfluss $\psi$ im Frequenzbereich liefert die Gleichung

$$U_m = \frac{j\omega}{1 + j\omega R_M C_M} \psi(\omega) + \frac{R + R_L}{1 + j\omega R_M C_M} I(\omega). \tag{3.4}$$

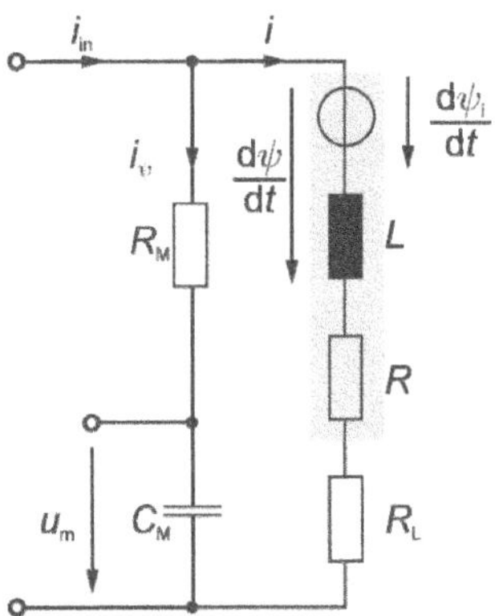


***Bild 3.10*** *Verkettungsfluss-Strom-Messkreis. L, R: Ersatzelemente des magnetostriktiven Wandlers; $C_M$, $R_M$: Referenzelement mit bekannten Werten; $R_L$: Messwiderstand*

Die Messspannung $u_m$ setzt sich aus zwei Teilspannungen zusammen, die jeweils aus einem Gleich- und einem Wechselanteil bestehen. Die Gleichanteile sind durch den Strom $i_0$ und die Kraft $F_0$ zur Einstellung des Arbeitspunktes festgelegt; die beiden Wechselanteile hängen vom elektrischen Steuerstrom und von der mechanischen Last ab. Die messtechnische Praxis zeigt nun, dass der erstgenannte Spannungsanteil um mehrere Zehnerpotenzen größer sein kann als die eigentlich interessierenden, aussteuerungsabhängigen Anteile. Damit ist aber der praktische Nutzen dieses Messkreises solange in Frage gestellt, wie der magnetische Arbeitspunkt des Aktors durch einen Gleichstrom $i_0$ und nicht durch Dauermagnete eingestellt wird. Eine bessere Möglichkeit zum Messen des Magnetflusses basiert auf dem Einsatz eines Hall-Sensors; allerdings wird hierzu in der Regel ein Eingriff in die Flussführung des Wandlers erforderlich sein (eine ausführliche Diskussion der Problematik findet man in [Kuh08]).

# 3.6 Elektronischer Leistungsverstärker

Auf die dualen Eigenschaften von piezoelektrischen und magnetostriktiven Wandlern wurde bereits hingewiesen. Daher überrascht es nicht, dass in beiden Fällen elektronische Steller sowohl durch schaltende als auch durch Analog-Verstärker realisiert werden können. Das erstgenannte Prinzip wurde schon in Abschnitt 2.6.1 vorgestellt, daher wird hier die zweite Möglichkeit beschrieben (s. Bild 3.11).

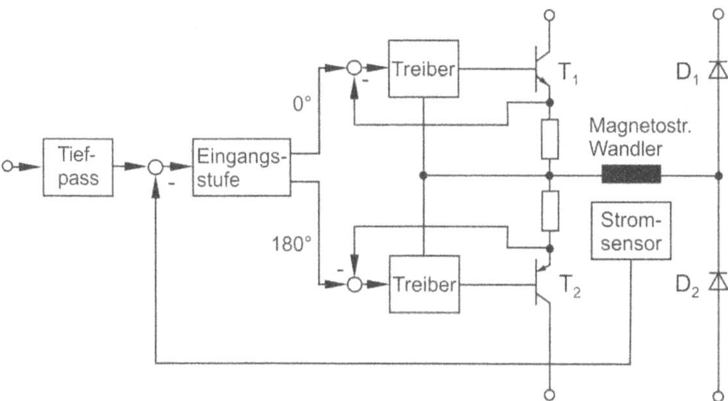


***Bild 3.11*** *Analoger Verstärker zur Stromansteuerung von magnetostriktiven Wandlern*

Das Steuersignal durchläuft zunächst einen Tiefpass, der unerwünschte hochfrequente Signalanteile beseitigt, die zu einem Kappen der Endstufenspannung führen würden, und gelangt dann zur Eingangsstufe, die auch die erforderliche Potenzialtrennung und Pegelanpassung durchführt. Ein Sensor misst potenzialfrei den Wandlerstrom am Ausgang der Leistungshalbbrücke und liefert ein stromabhängiges Spannungssignal, das an den Rückkopplungseingang der analogen Eingangsstufe gelegt und in dieser mit dem Eingangssignal verglichen wird. Aus der Sollwert-Istwert-Differenz bildet die Eingangsstufe ein Stellsignal und dessen um einen Festwert gespiegelte Inversion (0°/180°).

Das so aufbereitete und nach oberer ($T_1$) und unterer ($T_2$) Viertelbrücke aufgeteilte Stellsignal wird den beiden unterlagerten Regelungen zugeleitet, welche die Leistungstransistoren möglichst verzerrungsfrei unter Ausregelung der jeweiligen Transistorkennlinie ansteuern. So wird die überlagerte Regelung nicht mit transistorkennlinienbedingten Oberwellen belastet, und man erreicht eine höhere obere Grenzfrequenz. Die Freilaufdioden $D_1$ und $D_2$ schützen die Endstufen vor induzierten Spannungen, sei es aufgrund einer zu hohen Stromänderungsrate oder einer unerwünschten Lastrückwirkung.

Wie beim Piezoaktor ist es auch beim magnetostriktiven Aktor möglich, die – hier im magnetischen Feld der Spule – gespeicherte Energie beim Abbau des Feldes zurückzugewinnen. Am besten dafür geeignet ist ein Schaltungskonzept wie in Bild 2.28, das zu einer Vollbrücke („H-Brücke") erweitert wird.

# 3.7 Anwendungsbeispiele

## 3.7.1 Unterwasser-Sonarsystem

Eine der ersten Anwendungen von hochmagnetostriktiven Werkstoffen war ihr Einsatz in Unterwasser-Sonarsystemen. Der im Vergleich zu piezoelektrischen Keramiken kleinere Elastizitätsmodul $E$ von Terfenol zieht eine geringere Schallgeschwindigkeit $c$ nach sich ($c = \sqrt{E/\rho}$, $\rho$: Dichte des Materials) und sorgt damit für niedrige Eigenfrequenzen. Die geringere Schallkennimpedanz $Z = \rho \cdot c$ ermöglicht darüber hinaus eine bessere akustische Anpassung infolge des verminderten Reflexionsfaktors.

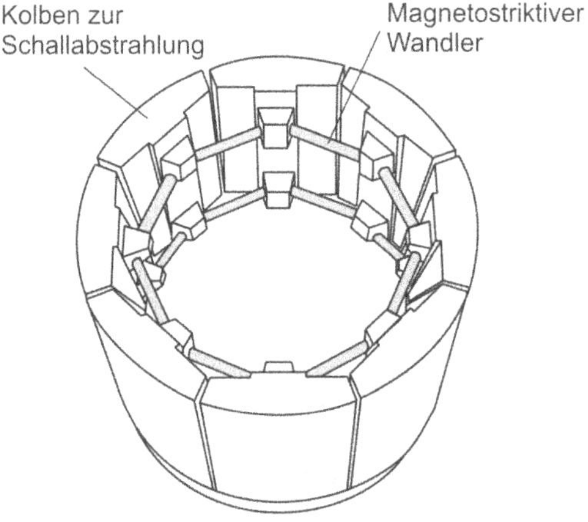


***Bild 3.12*** *Prinzipieller Aufbau eines Unterwasser-Sonarsystems*

Vor allem im niederfrequenten Betrieb zeigen sich entsprechend aufgebaute Sonarsysteme hinsichtlich des Schalldruckes und der Baugröße den piezoelektrischen Wandlern überlegen. Butler und Ciosek [BC80] haben einen Unterwasser-Ultraschallwandler in Form eines achteckigen Ringes mit ca. 25 cm Durchmesser realisiert (s. Bild 3.12), der durch 16 Terfenolstäbe (je zwei Stäbe mechanisch parallel) angetrieben wird. Er liefert bei einer Eigenfrequenz von 775 Hz eine Ausgangsschallleistung von max. 350 W.

## 3.7.2 Dynamischer Vibrationsabsorber

Mit dem nachfolgend beschriebenen dynamischen Vibrationsabsorber (DVA) lassen sich unerwünschte Schwingungen in mechanischen Strukturen breitbandig dämpfen (vgl. hierzu auch Abschnitt 1.5). Ein Anwendungsbeispiel ist die Reduzierung des Schalldruckpegels in der Passagierkabine von Turboprop-Flugzeugen. Die Vibrationen weisen in diesem Fall Frequenzanteile auf, die den Propellerblatt-Frequenzen von 100 Hz, 200 Hz und 300 Hz entsprechen. Der Lösungsansatz basiert auf der Verknüpfung von passiver und aktiver Funktionalität in ein und demselben Absorber („hybrider DVA“, vgl. Abschnitt 1.5). Bei seiner

Eigenfrequenz im Bereich der ersten Blattfrequenz kann der DVA die Hauptschwingungsstörung passiv tilgen; gleichzeitig arbeitet er im Frequenzbereich von 50 bis 400 Hz aktiv als Kraftgenerator [KPM06].

Bild 3.13a zeigt einen Prototyp des patentierten DVAs. Zur Erzeugung dynamischer (Gegen-)Kräfte wirken die Spulen, der magnetostriktive Stab und das Gehäuse als seismische Masse. Diese umfasst etwa 90 % der Gesamtmasse von 325 g. Die Auslenkung des magnetostriktiven Stabes wird verstärkt, wobei der Absorber Kräfte von 15 N, 9 N und 5 N bei den drei Blattfrequenzen entwickelt, ohne dass die Vorgaben für Größe und Gewicht des Absorbers überschritten werden.

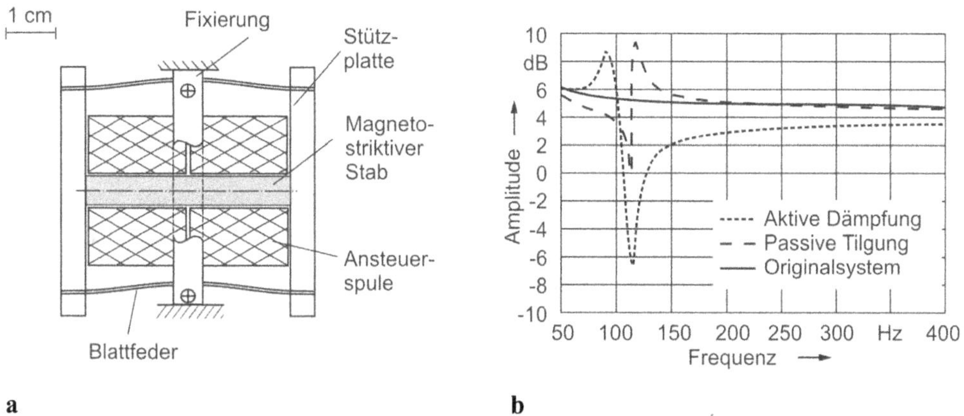


***Bild 3.13*** *Magnetostriktiver dynamischer Vibrationsabsorber (DVA).* ***a*** *Grundsätzlicher Aufbau,* ***b*** *Amplitudengang Massebeschleunigung/Erregerkraft*

Bei der in Bild 3.13a dargestellten Ausführung wurde mit Hilfe zweier Blattfedern die Dehnung des 40 mm langen aktiven Stabes um 90° umgelenkt und gleichzeitig um den Faktor 6 verstärkt. Die Feder ist in Längsrichtung steif und in Querrichtung weich; die Gesamtsteifigkeit des DVAs wird damit vorwiegend durch den Elastizitätsmodul des magnetostriktiven Stabes bestimmt.

Zum Nachweis seiner Leistungsfähigkeit wurde an den DVA ein elektrodynamischer Aktor zur Erzeugung von Störkräften angeschlossen. Die durchgezogene Linie in Bild 3.13b zeigt den nahezu konstanten Amplitudengang „Massebeschleunigung pro Erregerkraft" über den interessierenden Frequenzbereich. Der gestrichelte Amplitudengang zeigt, dass der DVA in der Lage ist, Vibrationen im Bereich seiner mechanischen Eigenfrequenz passiv zu tilgen. In diesem Beispiel wurde eine Dämpfung von etwa –6 dB erzielt. Wird der DVA aktiv in einem geschlossenen Wirkungskreis betrieben, zeigt er ein breitbandiges Dämpfungsverhalten, das als gepunktete Kurve dargestellt ist. Da Störungen der beschriebenen Art in vielen Transportmitteln anzutreffen sind, gibt es für dieses Tilger-/Dämpferprinzip ein großes Anwendungspotenzial.

### 3.7.3 Hybrider Linearmotor

Dieser Aktor besteht aus magnetostriktiven und piezoelektrischen Wandlern, die zu einem elektrischen Schwingkreis verschaltet werden. Während die Blindenergie zwischen den unterschiedlichen Wandlerarten hin- und herpendelt, müssen die mechanische Arbeit und die inneren Verluste durch Energiezufuhr aus einer externen Quelle kompensiert werden. Auf diese Weise wird im Vergleich zu Anwendungen mit separaten Festkörperaktoren ein höherer Wirkungsgrad erzielt.

Der Linearmotor in Bild 3.14a funktioniert ähnlich wie der Inchworm-Motor in Bild 2.16. Zwischen den Klemmern (1) und (3), die durch Piezoaktoren betätigt werden, befindet sich eine zylinderförmige Spule (2). Diese drei Elemente bilden den beweglichen Teil des Motors, den Läufer, und umfassen einen fixierten magnetostriktiven Stab. Zu Beginn eines Bewegungszyklus ist Klemmer (1) geschlossen und Klemmer (3) geöffnet. Die Spule erzeugt ein Magnetfeld, so dass der magnetostriktive Stab sich im Spulenbereich dehnt. Die Klemmung wechselt von (1) zu (3), und Spule (2) wird abgeschaltet. Hierdurch verkürzt sich der Stab auf seine Ursprungslänge. Schließlich wird Klemmer (1) wieder aktiviert und Klemmer (3) gelöst, und damit ist der Zyklus beendet. In dieser Zeit hat der Läufer einen Schritt entsprechend der Auslenkung des magnetostriktiven Wandlers getan [Cle99].

Die Elemente $C_1$, $C_3$ und $L_2$ im schaltenden Verstärker in Bild 3.14b bilden den bereits erwähnten elektrischen Schwingkreis, der in seiner Resonanzfrequenz arbeitet. Zu Beginn einer Schwingungsperiode wird Kondensator $C_1$ auf die Arbeitsspannung $u_{c1} = U_0$ und Hilfskondensator $C_z$ auf $u_{Cz}$ geladen. Sobald Transistor $T_2$ aktiviert ist, fließt ein Strom $i_2$ durch den als $L_2$ und $R_2$ dargestellten Wandler. $T_z$ schließt den Kondensator $C_z$ kurz, sobald der Differenzverstärker 1 die Spannung $u_{Cz} = 0$ registriert. Piezowandler $C_3$ wird geladen, bis Verstärker 2 den Strom null durch den Widerstand $R_{sh}$ registriert. Danach wird $T_2$ ge-schlossen und $T_p$ geöffnet, so dass die Ladung von $C_3$ über die parallel geschaltete Spule $L_p$, $R_2$ nach $C_1$ zurückgeführt wird. Sobald die Eingangsspannung von Verstärker (2) und folglich auch der Strom gleich null sind, öffnet $T_p$, und der Bewegungszyklus ist beendet.

Ein Versuchsmotor wies eine Arbeitsfrequenz von 650 Hz und – bei Weginkrementen von 12 µm – eine Geschwindigkeit von 7,8 mm/s sowie Vorschubkräfte von 5 bis 20 N auf. In Verbindung mit dem schaltenden Verstärker hat dieser hybride Linearantrieb folgende Vorteile:

- Der Motor ist in der Lage, sich selbsttätig an veränderliche Resonanzfrequenzen in Folge unterschiedlicher Lasten anzupassen.
- Die Geschwindigkeit ist nahezu lastunabhängig und kann zwischen null und dem Maximalwert eingestellt werden, je nach Höhe der Resonanzfrequenz.
- Eine zeitverzögerte Zuschaltung der Hilfsspule $L_p$, $R_p$ reduziert die Auslenkung – die Geschwindigkeit des Motors kann bis Null verringert werden.
- Durch die Rückgewinnung der Blindleistung erhöht sich der Wirkungsgrad des Aktors um etwa das Neunfache.

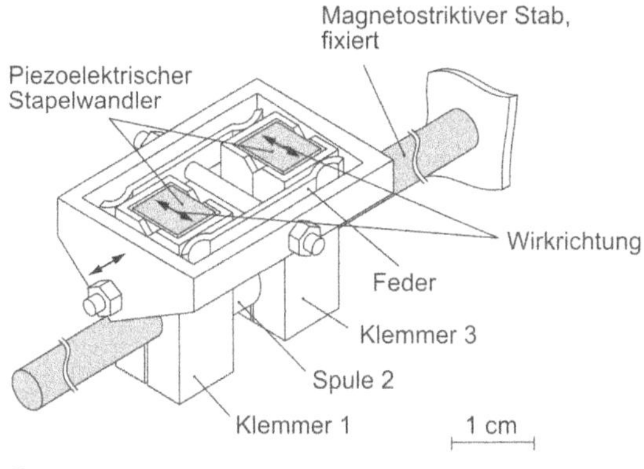


a

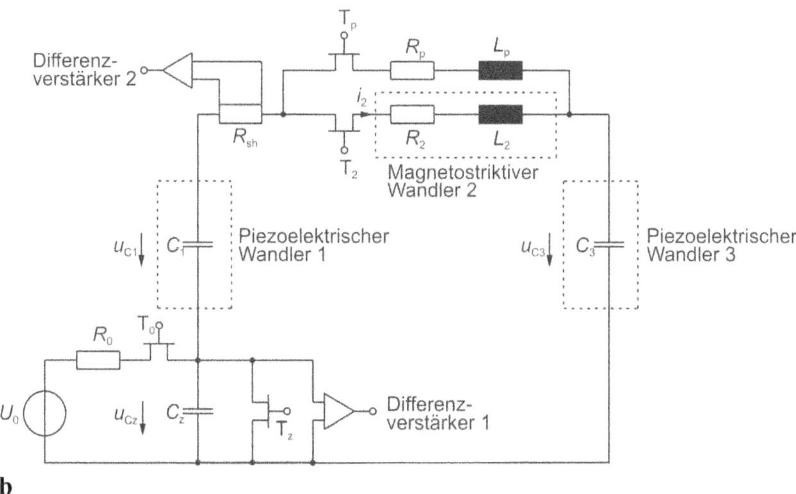


b

***Bild 3.14*** *Hybrider Linearmotor nach dem Inchworm-Prinzip.* ***a*** *Grundsätzlicher Aufbau,* ***b*** *schaltender Verstärker (nach [Cle99])*

## 3.7.4 Entwurfsablauf

Verglichen mit piezoelektrischen Wandlern, die konfektioniert in großer Typenvielfalt angeboten werden, kann der Anwender von magnetostriktiven Wandlern nur auf wenige Anbieter und damit eine sehr begrenzte Palette kommerzieller Wandler zurückgreifen. Er ist daher in den meisten Fällen selbst für den Wandlerentwurf zuständig, was einigen Aufwand erfordert, aber andererseits Chancen für anwendungsoptimierte Lösungen eröffnet.

Piezoelektrische und magnetostriktive Wandler haben ähnliche mechanische Eigenschaften, so dass beispielsweise die Ermittlung der maximal erforderlichen magnetischen Feldstärke $H_{max}$ und die Festlegung der Stababmessungen eines magnetostriktiven Translators in Abhängigkeit vom gewünschten maximalen Stellhub $\Delta l_{max}$ und von der maximalen Wandlerkraft $F_{max}$ sowie von der maximalen Betriebsfrequenz $f_{max}$ analog zum Prozedere beim Piezotranslator (s. Abschnitt 2.7.4) erfolgen kann.

Unterschiede ergeben sich aus dem besonderen Charakter des Magnetfeldes als Wirbelfeld; auf die hierdurch bedingten, zusätzlichen Entwurfskriterien wurde bereits in Abschnitt 3.3.1 hingewiesen. Sie sind immer zu berücksichtigen, wenn ein Magnetfeld mit Hilfe einer Steuerspule erzeugt und durch hochpermeables Material an seinen Wirkort geführt werden soll. Insofern sind die Hinweise allgemein gültig, auch wenn zur besseren Veranschaulichung ein konkreter Wandlertyp zugrunde gelegt worden ist.

Ein weiterer Entwurfsschritt wird erforderlich, wenn der Magnetkreis neben den immer benötigten Komponenten Erregerspule und Flussführung auch noch einen Dauermagneten beinhalten soll. In diesem Fall ist zunächst dafür zu sorgen, dass der Magnet die „passende" Geometrie hat und über den „richtigen" Energiehaushalt verfügt. Ferner soll er das Erregerfeld effizient, d.h. ohne nennenswerte Verluste (z.B. aufgrund von Streuung, parasitärer Luftspalte) in das aktive Material einkoppeln. Auf diese und einige daraus resultierende Design-Aspekte wird im Folgenden eingegangen.

**Dauermagnet.** Bei der Berechnung von Dauermagneten geht man von der Entmagnetisierungskurve des Magnetstoffs aus, d.h. von dem Teil seiner Hystereseschleife, der im zweiten Quadranten des $B_M(H_M)$-Diagramms liegt. Bild 3.15 zeigt die Entmagnetisierungkurven eines Seltenerdmetall(SE)-Dauermagneten und eines AlNiCo-Dauermagneten bei Raumtemperatur. Letzterer hat eine hohe remanente Flussdichte $B_r$, jedoch eine geringe Koerzitivfeldstärke $H_C^B$. Er zeichnet sich durch gute thermische Eigenschaften aus und gestattet Anwendungstemperaturen von –270 bis +400 °C. SE-Dauermagnetstoffe verfügen hingegen über hohe Energiedichten und hohe Koerzitivfeldstärken, was im Vergleich zu AlNi-Co-Magneten wesentlich kleinere Magnetvolumina ermöglicht. SE-Magnete sind allerdings deutlich teurer und ihre maximale Einsatztemperatur liegt, abhängig vom $H_C^B$-Wert und von der Magnetform, nur zwischen 80 und 150 °C.

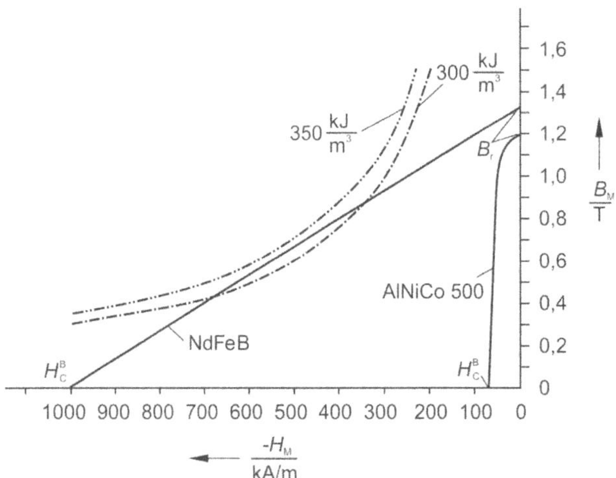


*Bild 3.15 Entmagnetisierungskennlinien von AlNiCo- und Seltenerdmetall(SE)-Permanentmagnetwerkstoffen (hier: AlNiCo 500 und VACODYM 362 HR; Quelle: Vacuumschmelze GmbH, Hanau)*

Besteht der gesamte Magnetkreis aus der Reihenschaltung eines Dauermagneten der Länge $l_M$ mit einem (kleinen) Luftspalt der Länge $l_L$, so kann unter der Voraussetzung gleicher Querschnitte und bei Vernachlässigung von Streuung die magnetische Flussdichte im Luftspalt gleich der im Dauermagneten angenommen werden:

$$B_L = B_M. \tag{3.4}$$

Außerdem muss das Durchflutungsgesetz

$$\oint H \mathrm{d}s = i \tag{3.5}$$

erfüllt sein.

Die konkrete Vorgehensweise beginnt damit, dass man den Magnetkreis unter der Voraussetzung eines konstanten Magnetflusses in $n$ Abschnitte der Länge $l_n$ mit jeweils gleichen magnetischen Eigenschaften zerlegt. Damit lässt sich das Umlaufintegral (3.5) durch eine Summe annähern:

$$\sum_n H_n l_n = iN. \tag{3.6}$$

$N$ ist die Windungszahl der Erregerspule und $i$ der Spulenstrom. Im vorliegenden Fall ist keine Erregerspule vorgesehen, somit gilt:

$$H_L l_L + H_M l_M = 0. \tag{3.7}$$

Hieraus folgt unter Nutzung der Beziehung $B_L = \mu_0 H_L$ eine lineare Gleichung für die Feldgrößen im Dauermagneten mit der Flussdichte $B_M$ als Funktion der Feldstärke $H_M$:

$$B_M = -\mu_0 \frac{l_M}{l_L} H_M. \tag{3.8}$$

Der Schnittpunkt dieser Geraden mit der Entmagnetisierungskurve liefert die beiden Größen $H_{Mo}$ und $B_{Mo}$; damit ist der Arbeitspunkt des Dauermagneten bestimmt. Man erkennt, dass beispielsweise mit größerem Luftspalt $l_L$ die Gerade flacher verläuft, so dass sich ein neuer Arbeitspunkt bei kleinerer magnetischer Flussdichte und größerer negativer magnetischer Feldstärke einstellt.

In vielen praktischen Aufgabenstellungen wird ein starkes Magnetfeld im Luftspalt bei kleinstmöglichem Magnetvolumen gefordert. Eine entsprechende Optimierung des Magnetkreises erfolgt dann, indem man den magnetischen Widerstand des Luftspalts an den magnetischen Innenwiderstand des Dauermagneten anpasst. In diesem Fall ist im Magnetstoff die maximal mögliche Energiedichte erreicht und die im Luftspalt gespeicherte Energie wird ebenso groß wie die magnetische Energie im Dauermagneten. In Bild 3.15 sind neben den Entmagnetisierungskurven auch Kurven gleicher Energiedichte, entsprechend $B_M H_M$ = konst., eingetragen. Die maximale Energiedichte im Magnetstoff – und damit der optimale Arbeitspunkt – wird dort erreicht, wo die Entmagnetisierungskurve die Hyperbel $B_M H_M = (B_M H_M)_{max}$ berührt.

Der hier interessierenden Aufgabenstellung liegt eine abweichende Ausgangssituation zugrunde: In ein magnetostriktives Material ist das Magnetfeld so einzubringen, dass die gewünschte Verformung erreicht wird, in diesem Fall als axiale Dehnung eines stabförmigen Wandlers. Ausgehend von der $S(H)$-Kennlinie des magnetostriktiven Materials verlangt die Lösung dieser Aufgabe eine bestimmte Feldstärke $H_T$ im Terfenol-Werkstoff; dabei ist aus Effizienzgründen ein möglichst großer Anteil des insgesamt erzeugten Magnetfelds in den Wandler einzukoppeln. Diese Aufgabe ist nicht gleichbedeutend mit der vorher erläuterten Maximierung der Energiedichten im Dauermagnet und im gesamten Magnetkreis und erfordert daher einen anderen Ansatz, der nun kurz angedeutet werden soll.

Um die erwähnte Verkopplung quantifizieren und optimieren zu können, wird zunächst ein magnetischer Kopplungsfaktor

$$k_{\mathrm{mag}} = \sqrt{E_{\mathrm{T}}/E_{\mathrm{mag}}} \tag{3.9}$$

eingeführt. Dieser ist ein Maß für die magnetische Energie $E_T$ im Wandlerstab, bezogen auf die Energie $E_{mag}$ im gesamten magnetischen Kreis. Damit wird $k_{mag}$ auch abhängig von den Abmessungen des Wandlers und des Magnetkreises, so dass Geometriedaten in die Optimierung eingeschlossen sind. Verwendet man Dauermagneten zur Einstellung eines festen Arbeitspunktes, bleibt deren Energieinhalt außer Betracht, d.h. $E_{mag}$ berücksichtigt dann lediglich die Energie des steuernden Magnetfeldes. In den meisten Fällen ist die in der hochpermeablen Flussführung gespeicherte magnetische Energie gegenüber der Energie $E_T$ im Wandlerstab und der Energie $E_{Sp}$ in der Feldspule vernachlässigbar, und man kann schreiben

$$k_{\mathrm{mag}} \simeq \left(1 + \frac{E_{\mathrm{Sp}}}{E_{\mathrm{T}}}\right)^{-1/2} . \tag{3.10}$$

In dieser Gleichung tritt der Quotient zweier Energien auf; daher kürzen sich die feldrelevanten Zustandsgrößen heraus und $k_{mag}$ wird nur noch vom Verhältnis weniger, die Spulen- und Wandlergeometrie beschreibender Größen sowie von der Permeabilitätszahl des magnetostriktiven Materials bestimmt. Ein entsprechender Magnetkreisentwurf wird in [Sch94] im Detail durchgeführt.

Die Eigenschaften eines konfektionierten Dauermagnetstoffes, insbesondere seine Koerzitivfeldstärke und seine Permeabilität, sind vorgegeben und können nicht ohne Weiteres an den jeweiligen Magnetkreis angepasst werden. Als Folge davon fällt entweder der Schnittpunkt der Ursprungsgeraden Gl. (3.6) mit der Entmagnetisierungskurve nicht in den optimalen Arbeitspunkt, oder die Feldstärke im Terfenolstab entspricht nicht dem gewünschten Wert. Man kann jedoch durch schichtweises Anordnen von Magnetstoff und hochpermeablem Flussführungsmaterial einen Ersatzmagneten konstruieren, dessen Koerzitivfeldstärke sich innerhalb gewisser Grenzen einstellen lässt. Bild 3.16 zeigt eine solche Anordnung [Sch94]. Im Falle von SE-Magnetstoffen, deren Entmagnetisierungskurven sich durch Geradengleichungen der Form

$$B_{\mathrm{M}} \simeq \mu_0 \left(H_{\mathrm{M}} - H_{\mathrm{C}}^{\mathrm{B}}\right) \tag{3.11}$$

annähern lassen (vgl. Bild 3.15), ergeben sich für einen derart konstruierten Magneten aufgrund einfacher Überlegungen die beiden Ersatzgrößen

$$B_r' = B_r \frac{1}{1 + \frac{1}{\mu_{Flr}} \frac{s_{Fl}}{s_M}} \tag{3.12}$$

und

$$H_C^{B'} = H_C^B \frac{1}{1 + \frac{s_{Fl}}{s_M}}; \tag{3.13}$$

die Bedeutung der Größen $s_{Fl}$ und $s_M$ geht aus Bild 3.16 hervor, $\mu_{Flr}$ ist die Permeabilitätszahl des Flussführungsmaterials.

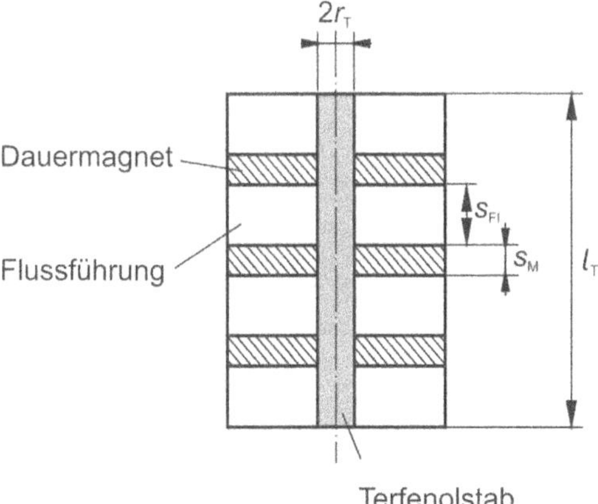


***Bild 3.16** Aufbau eines Ersatzmagneten mit einstellbarer Koerzitivfeldstärke $\left|H_C^{B'}\right| < \left|H_C^B\right|$ und nahezu unveränderter Remanenz $B_r' \approx B_r$*

**Leistungsverstärker.** Das magnetische Feld im Wandler wird bei harmonischer Anregung zweimal pro Periode vollständig auf- und abgebaut. Für den Verstärker bedeutet dies, dass entweder seine maximale Ausgangsspannung oder sein maximaler Ausgangsstrom frei gewählt werden kann und sich die maximale Blindleistung aus der gegebenen mechanischen Anwendung ergibt. Die Wirkleistung setzt sich aus den Kupferverlusten, den Wirbelstromverlusten und der abgegebenen mechanischen Leistung zusammen. Beispielsweise erhält man ausgehend vom größten zulässigen Spulenstrom $I_{max}$ und mit Kenntnis von $H_{max}$ die Windungszahl $N$ der Feldspule und damit deren Induktivität $L_{Sp}$ und ihren ohmschen Widerstand $R_{Sp}$. Unter Vorgabe der höchsten Betriebsfrequenz $f_{max}$ des Aktors folgt daraus zunächst der maximale Scheinwiderstand $Z_{max} = \left|R_{Sp} + j2\pi f_{max} L_{Sp}\right|$ und schließlich die Ausgangsspannung $U_a$ des Verstärkers. Umgekehrt ergibt sich nach Vorgabe von $U_a$ der Scheinwiderstand $Z_{max}$ und somit die Maximalfrequenz $f_{max}$.

## 3.8 Vergleich zwischen piezoelektrischen und magnetostriktiven Wandlern

Die übereinstimmende formal-analytische Beschreibung des magnetostriktiven und des piezolektrischen Effekts sowie die ähnlichen oder sogar gleichen Werte einiger aktorrelevanter Kenngrößen legen den Gedanken nahe, dass die eine Aktorspezies ohne weiteres durch die andere substituierbar ist (vgl. Tabelle 3.3): Mit beiden Aktorarten kann man Dehnungen im Promille-Bereich und Kräfte im Kilonewton-Bereich realisieren. Die statischen Kennlinien dieser Wandler sind hysteresebehaftet, die Reaktionszeit liegt im Mikro- und Millisekundenbereich, und sie weisen einen hohen elektromechanischen Wirkungsgrad auf. Darüber hinaus sind die üblichen piezoelektrischen und magnetostriktiven Materialien spröde und sie können schlecht spanend bearbeitet werden.

***Tabelle 3.3*** *Magnetostriktion und Piezoelektrizität im Vergleich*

| Eigenschaft | Magnetostriktion (Terfenol-D) | Piezoelektrizität (PXE 52) | |
|---|---|---|---|
| Maximale Dehnung | ... 1,5 | ... 1,5 | $10^{-3}$ m/m |
| Kopplungsfaktor | ... 0,75 | ... 0,75 | |
| Elastizitätsmodul | 25 ... 35 ($c^H$) | ≈ 110 ($c^D$) | $10^3$ N/mm$^2$ |
| | 50 ... 55 ($c^B$) | 60 ... 90 ($c^E$) | $10^3$ N/mm$^2$ |
| Schallgeschwindigkeit | 1700 ( $v_0^H$ ) | 2800 ( $v_0^E$ ) | m/s |
| | 2500 ( $v_0^B$ ) | 3800 ( $v_0^D$ ) | m/s |
| Energiedichte (Longitudinaleffekt) | 10 ... 25 | 20 ... 30 | $10^3$ J/m$^3$ |
| Curie-Temperatur | 380 | 165 ... 300 | °C |
| Dichte | 9,25 | 7,8 | $10^3$ kg/m$^3$ |
| Ansteuerung | Strom | Spannung | |
| Feld | *H*-Feld quellenfrei | *D*-Feld Quellenfeld | |

Auf der anderen Seite sind etliche – ebenfalls aktorrelevante – Kenngrößen und Eigenschaften sehr verschieden, so dass die richtige Entscheidung für die eine oder die andere Aktorart sowohl eine genaue Analyse der Aufgabenstellung als auch die umfassende Kenntnis des unterschiedlichen Aktorverhaltens voraussetzt. Folgende Aspekte spielen eine Rolle:

- Die Curie-Temperatur des magnetostriktiven Werkstoffes Terfenol-D beträgt 380 °C und ist somit höher als die der meisten Piezokeramiken (165 bis 300 °C), d.h. er kann bei höheren Temperaturen eingesetzt werden. Im Unterschied zur Piezokeramik verschwinden die magnetostriktiven Eigenschaften nur so lange, wie der Curie-Punkt überschritten wird.[15]

- Die Energiedichte in hochmagnetostriktiven Werkstoffen ist von etwa gleicher Größenordnung wie die in Piezokeramiken. Dies hat zur Folge, dass magnetostriktive Aktoren aufgrund des zusätzlichen Raumbedarfs für Steuerspule, Dauermagnet und Flussführung bei gleicher mechanischer Ausgangsleistung in der Regel größer bauen als Piezoaktoren.
- Bei Piezowandlern wird das elektrische Feld zwischen Metallelektroden aufgebaut, die unmittelbar auf der Keramikoberfläche appliziert werden (Quellenfeld); das Erregerfeld für den magnetostriktiven Wandler ist dagegen ein Wirbelfeld und kann durch eine Spule oder einen Permanentmagneten „abseits des aktiven Werkstoffes" erzeugt werden.
- Die Stromsteuerung von magnetostriktiven Wandlern vermeidet hohe Spannungen; allerdings können größere (Dauer-)Ströme als bei Piezowandlern auftreten. (Hohe Induktionsspannungen beim Schalten des Magnetfeldes können mit Hilfe von Freilaufdioden abgebaut werden).
- Piezowandler sind in der Lage, ihre statische Auslenkung nahezu ohne Zuführung elektrischer Energie beizubehalten; für die statische Auslenkung von magnetostriktiven Wandlern ist dagegen eine Vormagnetisierung mit Hilfe von Elektro- oder Permanentmagneten erforderlich.
- Im Großsignalbetrieb führen die hystereseabhängigen Verluste in der Piezokeramik bei höheren Frequenzen zu einer starken Erwärmung. Diese Verluste sind bei magnetostriktiven Wandlern aufgrund der geringeren Hysterese weniger ausgeprägt, hier spielen Wirbelstromverluste eine größere Rolle.
- Im Vergleich zu magnetostriktiven Werkstoffen ist die Variantenvielfalt handelsüblicher Piezokeramiken wesentlich größer. Außerdem kann von unterschiedlichen Effekten (longitudinal, transversal, Scherung) Gebrauch gemacht werden, während bei der Magnetostriktion für aktorische Anwendungen zur Zeit nur der Longitudinal-Mode genutzt wird.

Heute werden weit überwiegend Piezowandler eingesetzt, die fertig konfektioniert in einer großen Typenvielfalt kommerziell angeboten werden. Für magnetostriktive Aktoren gibt es dagegen weltweit nur wenige Lieferanten, die den magnetostriktiven Werkstoff in einigen Formen und Abmessungen anbieten. Darüber hinaus sind magnetostriktive Werkstoffe immer noch wesentlich teurer als Piezokeramiken.

## 3.9 Entwicklungstendenzen

Seit Beginn der 1980er Jahre erfolgten zahlreiche Forschungs- und Entwicklungsaktivitäten zur Optimierung der Eigenschaften und des Herstellungsprozesses von Terfenol-D mit dem Ziel einer umfassenden kommerziellen Nutzung. Heute werden konfektionierte Wandlerelemente aus Terfenol-D mit stabilen Werkstoffdaten im industriellen Maßstab hergestellt, so

---

15 Spezielle Piezokeramiken mit $\vartheta_C$ = 500 °C haben eine kleinere *d*-Konstante und ein geringeres Dehnungsvermögen.

dass ein zuverlässiger aktorischer Betrieb über einen weiten Temperatur- und Frequenzbereich unter den verschiedenartigsten Lastbedingungen erfolgen kann.

Die Eigenschaften hochmagnetostriktiver Materialien sind stark an die physikalischen Besonderheiten (magnetisches Moment) der Seltenerdmetalle Terbium und Dysprosium gebunden. Diese oder Elemente der gleichen chemischen Nebenreihe sind zur Herstellung von hochmagnetostriktiven Werkstoffen unumgänglich. Da die Preise der Ausgangsmaterialien die Hauptkosten ausmachen, würden andere als die bisherigen Herstellverfahren kaum zu einer wesentlichen Preissenkung führen. Schätzungen gehen davon aus, dass der Preis für hochmagnetostriktives Material bei stärkerer Nachfrage deutlich fallen wird.

Bisher wenig untersucht sind aktorische Anwendungen, bei denen positive (Elongation) und negative (Kontraktion) Magnetostriktion gemeinsam genutzt werden. Negative Magnetostriktion tritt beispielsweise auf, wenn das Terbium in Terfenol-D durch das Element Samarium ersetzt wird. Der gleichzeitige Einsatz von Terfenol-D und Samfenol ermöglicht z.B. die Realisierung von miniaturisierten Bimorph-Wandlern mit großen Stellwegen. Allerdings ist der Herstellungsprozess von Samfenol wesentlich aufwändiger als der von Terfenol-D.

Verhältnismäßig große dynamische Dehnungen (bis etwa $4 \cdot 10^{-3}$ m/m) lassen sich erzeugen, wenn man den magnetostriktiven Wandler in seiner mechanischen Resonanz betreibt – selbst wenn er hierbei gegen eine hohe Last arbeitet. Auf diesem Ansatz beruhen Bestrebungen, magnetostriktive Motoren mit größeren mechanischen Leistungen und höheren Wirkungsgraden zu realisieren, als sie beispielsweise bisher mit piezoelektrischen Inchworm-Antrieben erreicht werden konnten.

# 4 Aktoren mit elektrorheologischer Flüssigkeit

Dieses und das folgende Kapitel befassen sich mit Flüssigkeiten, bei denen bestimmte Stoffeigenschaften durch Anlegen elektrischer bzw. magnetischer Felder so beeinflusst werden können, dass sich mit ihnen Aktoren realisieren lassen. Zum besseren Verständnis der weiteren Ausführungen werden zunächst einige Grundlagen der Rheologie rekapituliert.

## 4.1 Einige rheologische Grundlagen

Die Rheologie untersucht das Fließen von Stoffen unter Einwirkung äußerer Kräfte. Die Untersuchung der Fließeigenschaften einer Flüssigkeit dient beispielsweise dazu, die Größen Scherspannung (auch: Schubspannung) $\tau$ und Scherrate (auch: Geschwindigkeitsgefälle; Schergeschwindigkeit) $\dot{\gamma}$ in Beziehung zu setzen: Fließgesetz. Wird hierzu die obere Platte in Bild 4.1 mit der Geschwindigkeit $v$ parallel zur unteren bewegt, so kommt die Flüssigkeit zwischen den Platten zum Fließen. Der Quotient aus der dazu notwendigen Kraft $F$ und der Grenzfläche $A$ zwischen Platte und Flüssigkeit wird als Scherspannung $\tau$ definiert:

$$\tau = \frac{F}{A}. \tag{4.1}$$

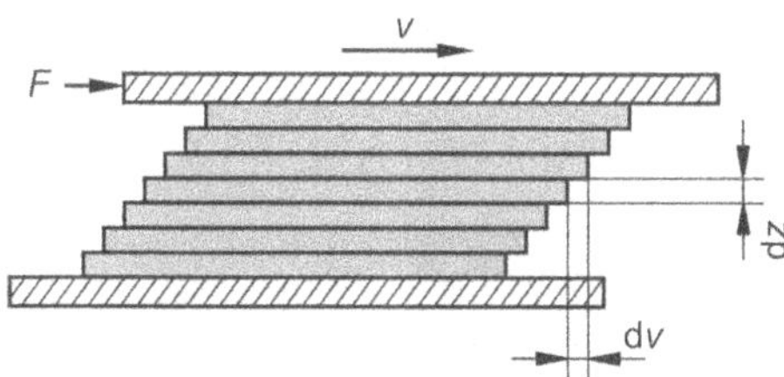


***Bild 4.1*** *Modell einer ebenen Schichtenströmung*

In dem Modell Bild 4.1 wird davon ausgegangen, dass sehr dünne Flüssigkeitsschichten der Dicke d$z$ sich gegeneinander verschieben („laminares Fließen"). Dabei bewegt sich eine Schicht gegenüber der benachbarten mit dem sehr kleinen Anteil d$v$ der Geschwindigkeit $v$. Weiterhin wird von einer Haftung der beiden äußeren Flüssigkeitsschichten an den Platten ausgegangen. Die Scherrate $\dot{\gamma}$ ist dann definiert als die Änderung der Geschwindigkeit benachbarter Flüssigkeitsschichten („Geschwindigkeitsgefälle"):

$$\dot{\gamma} = \frac{\mathrm{d}v}{\mathrm{d}z}. \tag{4.2}$$

Bei den so genannten newtonschen oder ideal viskosen Flüssigkeiten besteht ein linearer Zusammenhang zwischen Scherspannung und Scherrate; hier gilt das Fließgesetz also in der Form

$$\tau = \eta\dot{\gamma}. \tag{4.3}$$

Den Proportionalitätsfaktor $\eta$ bezeichnet man als dynamische Viskosität; er ist ein Maß für die Zähigkeit einer Flüssigkeit als Folge innerer Reibung und stellt eine Stoffgröße dar, die bei realen Fluiden von der Temperatur und vom Druck abhängt. Den qualitativen Verlauf der Fließkurve Gl. (4.3) zeigt Bild 4.2a; Beispiele für derartige Flüssigkeiten sind Öl oder Wasser.

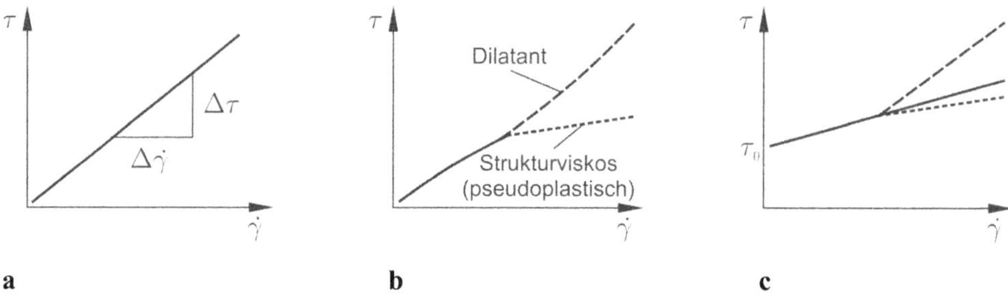


***Bild 4.2*** *Fließkurven unterschiedlicher Substanzen.* ***a*** *Ideal viskose Flüssigkeiten,* ***b*** *allgemein viskose Flüssigkeiten,* ***c*** *plastische Stoffe*

Flüssigkeiten mit nicht-linearem Fließverhalten werden als nicht-newtonsch bezeichnet. Wichtige Vertreter sind viskose Fluide im Allgemeinen (Bild 4.2b) und plastische Stoffe (Bild 4.2c). Die erstgenannte Gruppe kann wiederum unterteilt werden in strukturviskose Flüssigkeiten, bei denen die Viskosität mit steigender Scherrate abnimmt, und in dilatante Fluide, die sich genau umgekehrt verhalten (vgl. Bild 4.2b).

Plastische Stoffe erscheinen im unteren Scherspannungsbereich als ein elastischer oder viskoelastischer Körper. Erst oberhalb einer bestimmten Scherspannung, der Grenzscherspannung oder Fließgrenze $\tau_0$, besitzen diese Substanzen Flüssigkeitscharakter und zeigen dann beispielsweise strukturviskoses Verhalten (s. Bild 4.2c).

Fluide, bei denen die Fließgrenze $\tau_0$ durch elektrische (Kapitel 4) oder magnetische (Kapitel 5) Felder gezielt verändert werden kann, stehen im Mittelpunkt der weiteren Ausführungen.

## 4.2 Elektrorheologischer Effekt

Bereits gegen Ende des 19. Jahrhunderts war bekannt, dass die Viskosität bestimmter Flüssigkeiten durch elektrische Felder beeinflussbar ist. Mit Feldstärken von $E = 0{,}1 \ldots 1$ kV/mm konnte man Viskositätssteigerungen bis maximal 100 % erzielen, sofern die Flüssigkeit sowohl elektrisch leitend war als auch polares Verhalten zeigte. Diese Erscheinung wurde als elektroviskoser Effekt bezeichnet; er ist durch eine feldstärkeabhängige Drehung der Fließkurve $\tau(\dot{\gamma})$ um den Ursprung des $\tau,\dot{\gamma}$-Diagramms gekennzeichnet (s. Bild 4.3a) und kann analytisch wie folgt formuliert werden:

$$\tau = \eta(E)\,\dot{\gamma}. \tag{4.4}$$

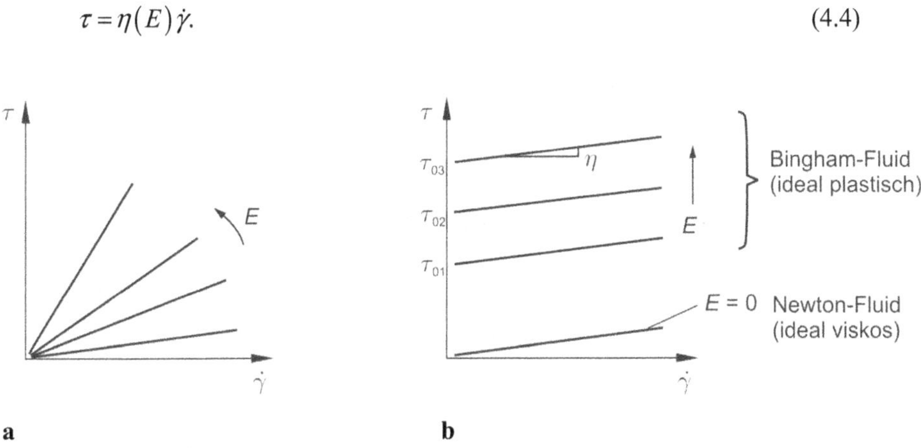


***Bild 4.3*** *Fließkurven elektrisch steuerbarer Fluide.* ***a*** *Elektroviskoser Effekt,* ***b*** *elektrorheologischer Effekt ($\tau$: Scherspannung, $\tau_0$: Fließgrenze, $\dot{\gamma}$: Scherrate (Schergeschwindigkeit), $\eta$: dynamische Viskosität)*

In den vierziger Jahren des letzten Jahrhunderts berichtete der amerikanische Ingenieur Willis M. Winslow erstmals von einer Suspension, die nach Anlegen eines elektrischen Gleich- oder Wechselfeldes innerhalb von Millisekunden zu einem plastischen Körper erstarrt und diesen Zustand beibehält, solange die aufgebrachte Scherspannung $\tau$ unterhalb der Fließgrenze $\tau_0$ bleibt. Beim Überschreiten von $\tau_0$ geht ein solcher Stoff in den flüssigen Zustand über, der dadurch gekennzeichnet ist, dass $\tau$ mit $\dot{\gamma}$ wächst. Der gesamte Vorgang ist reversibel und wird elektrorheologischer Effekt genannt.[16]

Eine plausible Erklärung dieses Effektes geht davon aus, dass ein elektrisches Feld zu einer Polarisierung der suspendierten Teilchen führt. Hierdurch wird in jedem Partikel ein Dipolmoment induziert, so dass ein elektrisches Drehmoment entsteht. Dadurch richten sich die Teilchen aus, und entlang der elektrischen Feldlinien zwischen den Elektroden bilden sich mechanisch belastbare Ketten, die nach Abschalten des Feldes wieder auseinander brechen.

---

[16] Zuweilen wird auch dieser Effekt als elektroviskoser Effekt bezeichnet.

Dieses Kettenmodell ist zwar anschaulich, es vermittelt aber lediglich ein qualitatives Verständnis der ERF-Eigenschaften.

Das Verhalten von elektrorheologischen Flüssigkeiten (ERF) kann man analytisch ebenfalls durch Fließkurven-Modelle beschreiben; bekannt sind beispielsweise das Bingham-, das Casson- oder das Herschel-Bulkley-Modell. Letzteres ist ein Drei-Parameter-Modell und lautet in allgemeiner Form:

$$\tau = \tau_0 + k_1 \dot{\gamma}^{k_2} \tag{4.5}$$

($k_1$, $k_2$: flüssigkeitsabhängige Koeffizienten). In Zusammenhang mit elektrisch (und magnetisch) steuerbaren Fluiden wird überwiegend das Bingham-Modell verwendet. Es ist ein Zwei-Parameter-Modell, das sich als Spezialfall $k_1 = \eta$ und $k_2 = 1$ aus Gl. (4.5) ableiten lässt und das Fließverhalten einer ERF in vielen Fällen hinreichend genau charakterisiert:

$$\tau = \tau_0(E) + \eta\dot{\gamma}. \tag{4.6}$$

Diese Schreibweise berücksichtigt, dass sich unter dem Einfluss eines elektrischen Feldes eine von der Feldstärke $E$ abhängige Fließgrenze $\tau_0$ bildet. Der grundsätzliche Sachverhalt lässt sich auch beschreiben, wenn man der übertragenen Scherspannung $\tau$ einen durch die (Basis-)Viskosität des ER-Fluids bewirkten Anteil $\tau_\eta$ und einen durch das elektrische Feld induzierten Anteil $\tau_{ER}$ zuordnet, also

$$\tau = \tau_\eta + \tau_{ER}. \tag{4.7}$$

Von dieser Interpretation des ER-Effektes wird z.B. in Abschnitt 4.3.2 Gebrauch gemacht.

Die Umsetzung des Fließgesetzes (4.6) in ein Fließdiagramm zeigt Bild 4.3b. Demnach verhalten sich ERFs ohne Feldeinfluss ($E = 0$) wie newtonsche Flüssigkeiten. Für aktorische Anwendungen ist es wesentlich, dass die Fließgrenze $\tau_0$ mit wachsender Feldstärke $E$ zunimmt. Streng genommen handelt es sich bei der Fließgrenze $\tau_0$ um einen theoretischen Wert der Scherspannung im Grenzfall $\dot{\gamma} = 0$; die Bestimmung geschieht demzufolge durch Extrapolation der Fließkurve in Richtung $\dot{\gamma} = 0$.

Bei realen ERFs kann es sinnvoll sein, zwischen einer statischen Fließgrenze $\tau_{0s}$, bei welcher der Übergang von fest zu flüssig erfolgt, und einer dynamischen Fließgrenze $\tau_{0d}$, die den umgekehrten Phasenwechsel charakterisiert, zu unterscheiden (durch Extrapolieren der Fließkurve in Richtung $\dot{\gamma} = 0$ würde man also $\tau_{0d}$ erhalten). Im Falle des idealen Bingham-Fluids sind $\tau_{0s}$ und $\tau_{0d}$ identisch mit $\tau_0$.

Die Erhöhung der Scherspannung mit der Feldstärke bei konstanter Scherrate lässt sich durch die relative Scherspannung

$$\tau_{rel} = \frac{\tau(E) - \tau(E=0)}{\tau(E=0)} \tag{4.8}$$

beschreiben, wobei der Zähler die so genannte Steuerspanne der ERF angibt. Zuweilen wird das Verhältnis $\tau(E)/\tau(E = 0)$ mit derselben Bezeichnung belegt; manchmal wird es auch

Schaltziffer genannt. Man erkennt aus Bild 4.3b, dass $\tau_{rel}$ mit wachsender Scherrate $\dot{\gamma}$ gegen null und mit fallendem $\dot{\gamma}$ gegen unendlich geht.

Gelegentlich wird auch über eine Steuerbarkeit des elektrischen, akustischen und optischen Verhaltens sowie der Wärmeleitfähigkeit berichtet. Darüber hinaus existieren Flüssigkeiten, deren rheologisches Verhalten sowohl durch elektrische als auch durch magnetische Felder steuerbar ist. Über eine Nutzung dieser Effekte in Anwendungen außerhalb der Forschungslaboratorien ist nichts bekannt, daher wird hierauf im Weiteren nicht eingegangen.

# 4.3 Technische Realisierung

## 4.3.1 Werkstoffe

Reale elektrorheologische Suspensionen bestehen aus einer nichtpolaren Trägerflüssigkeit mit geringer elektrischer Leitfähigkeit und kleiner Permittivitätszahl, in der polarisierbare Feststoffteilchen mit vergleichsweise hoher Permittivitätszahl dispergiert sind. Die Basisviskosität von ERFs wird im Wesentlichen durch die Eigenschaft der Trägerflüssigkeit bestimmt und liegt bei heutigen kommerziellen Fluiden in der Größenordnung von hundert mPa s.

Als Trägermedium dienen beispielsweise leichte Öle (Silikonöl, Transformatoröl), Di-Ether, Naphthen-Kohlenstoffe, aromatische Kohlenwasserstoffe, Paraffine und Kohlenwasserstoffverbindungen. Der Festkörperanteil besteht häufig aus Kieselsäure-Anhydriden wie Kieselgel, Aerosil, Kieselgur. In jüngerer Zeit kommen verstärkt Polymerpartikel, z.B. aus Polyurethan zum Einsatz. Die Abmessungen dieser Teilchen bewegen sich zwischen 1 und 100 µm, ihr Volumenanteil an der ERF reicht üblicherweise von 30 bis 50 %.

Unabdingbar ist darüber hinaus die Anwesenheit eines Aktivators in Form einer polaren Flüssigkeit, die von den Festpartikeln adsorbiert wird. Am häufigsten wird Wasser verwendet, was allerdings bei höheren Temperaturen verdampfen und dadurch den Einsatzbereich der ERF stark einschränken kann. Darum setzt man auch andere Stoffe wie z.B. Glyzerin und Amine ein.

Von praktisch brauchbaren ERFs wird verlangt, dass sie hinreichend absetzstabil und alterungsbeständig sind. Durch eine geschickte Modifikation der Partikeloberfläche mit einem chemischen Dispergator kann die Sedimentationsneigung infolge des Dichteunterschieds zwischen Partikel und Trägerfluid gut kontrolliert werden. Diese Oberflächenanpassung hilft auch bei der Redispergierung der ERFs nach längerer Standzeit.

In Tabelle 4.1 sind Kennwerte einer elektrorheologischen „Forschungsflüssigkeit" zusammengestellt, mit der eine Reihe von Parameterstudien durchgeführt worden sind. Für eine erste, überschlägige Auslegung von ERF-Aktoren sollen die hierauf basierenden, folgenden Kurven Hilfe geben. Sie wurden mit einem Rotationsrheometer bestimmt, bei dem an das Messsystem eine veränderbare elektrische Spannung zur Erzeugung der elektrischen Feldstärke $E$ angelegt wurde und das auch eine kontrollierte Temperierung der ERF ermöglicht (vgl. Abschnitt 4.4).

*Tabelle 4.1* *Kennwerte einer elektrorheologischen „Forschungsflüssigkeit“ (nach [Opp])*

| | 25 °C | 60 °C | 90 °C | |
|---|---|---|---|---|
| Grundviskosität $\eta(E = 0)$ | | | | |
| bei $\dot{\gamma} = 100\ s^{-1}$ | 780 | 210 | 180 | mPa s |
| $\dot{\gamma} = 1000\ s^{-1}$ | 1330[a] | 280 | 120 | mPa s |
| Relative Viskosität pro Feldstärke (50 Hz) | | | | |
| bei $\dot{\gamma} = 100\ s^{-1}$ | 1020 | 3960 | 3530 | % /(kV/mm) |
| $\dot{\gamma} = 1000\ s^{-1}$ | 60 | 300 | 540 | % /(kV/mm) |
| Schwellfeldstärke $E_0^b$ (50 Hz) | 0,55 | 0,48 | 0,53 | kV/mm |
| Scherspannung pro Feldstärke, Steigung $S$ (50 Hz, $E \geq E_0$) | 800 | 850 | 640 | Pa /(kV/mm) |
| Elektrische Leitfähigkeit pro Feldstärke[a] (50 Hz, $E \geq E_0$) | 8 | 35 | 206 | (nS /m)/(kV/mm) |

[a]extrapolierter Wert

[b]Mittelwerte aus mehreren Messungen bei unterschiedlicher Scherbelastung

Zunächst zeigt Bild 4.4a den Zusammenhang zwischen Scherspannung $\tau$ und Feldstärke $E$ bei konstanter Scherrate $\dot{\gamma}$. Die Steigung $S$ des linearen Kurvenastes ist ein Maß für die Stärke des elektrorheologischen Effektes. Als weitere Kenngröße kann man die Schwellfeldstärke $E_0$ einführen, die den Übergang der Kurve in den linearen Anstieg charakterisiert und die sich aus dem Schnittpunkt der Geraden mit der Steigung $S$ und der Geraden $\tau(E = 0)$ ergibt. Eine gute ERF zeichnet sich durch einen kleinen $E_0$-Wert und einen großen $S$-Wert aus. Mit zunehmender Temperatur wird $E_0$ kleiner und $S$ größer, d.h. die ERF spricht eher und stärker auf das elektrische Feld an. Allerdings steigt mit der Temperatur auch ihre elektrische Leitfähigkeit und damit die erforderliche Steuerleistung.

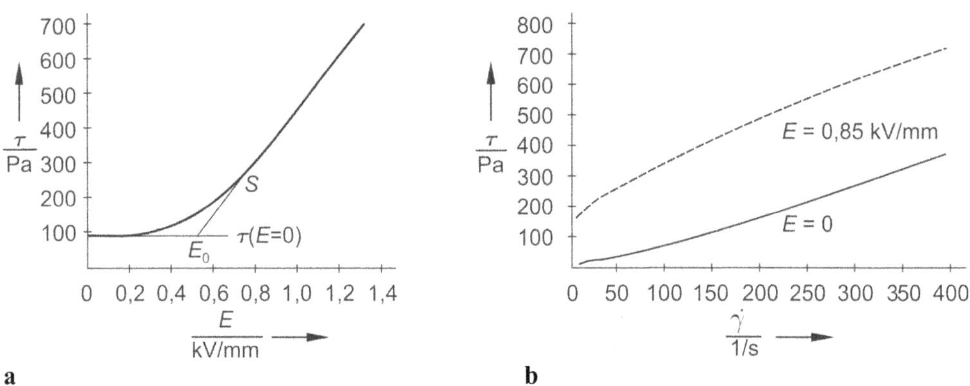


***Bild 4.4*** *Scherverhalten einer realen ERF.* ***a*** *Abhängigkeit $\tau(E)$ bei $\dot{\gamma} = 116\ s^{-1}$,* ***b*** *Fließkurven $\tau(\dot{\gamma})$ bei unterschiedlicher elektrischer Feldstärke, $\vartheta = 25$ °C [Opp]*

Die Kurven in Bild 4.4b wurden bei einem sinusförmigen, mittelwertfreien Feldstärke-Zeit-Verlauf ($f$ = 50 Hz) aufgenommen. Ohne Feld hängt die Scherspannung $\tau$ linear von der Scherrate $\dot{\gamma}$ ab, und unter Feldeinfluss tritt eine mit der Feldstärke wachsende Fließgrenze auf. Der Vergleich mit Bild 4.3b zeigt, dass das Bingham-Modell lediglich eine Näherung zur Beschreibung des Fließverhaltens realer Suspensionen ist.

Die elektrische Leitfähigkeit $\kappa_{\text{ERF}}$ von realen ERFs liegt bei Zimmertemperatur in der Größenordnung weniger zehn nS/m. Sie hängt im Wesentlichen von der elektrischen Feldstärke und der Temperatur ab, aber auch von der Frequenz des angelegten Feldes und von der Scherbelastung der ERF (vgl. Abschnitt 4.4). In Bild 4.5 ist $\kappa_{\text{ERF}}$ in Abhängigkeit von $E$ für verschiedene Temperaturen aufgetragen. Bei allen Kurven steigt die Leitfähigkeit mit wachsender Feldstärke, wobei dieser Anstieg mit zunehmender Temperatur immer größer wird. Infolge des damit verbundenen starken Stromanstiegs steht bei höheren Temperaturen nur noch ein reduzierter Feldstärkebereich zur Viskositätssteuerung zur Verfügung; dieser Nachteil wird aber teilweise durch die größere Steilheit der statischen ERF-Kennlinie bei höheren Temperaturen ausgeglichen. Die Temperaturabhängigkeit der Leitfähigkeit kann genutzt werden, um durch einfache Strommessung die ERF-Temperatur zu überwachen und dies beispielsweise zur Grundlage einer Temperaturregelung zu machen.

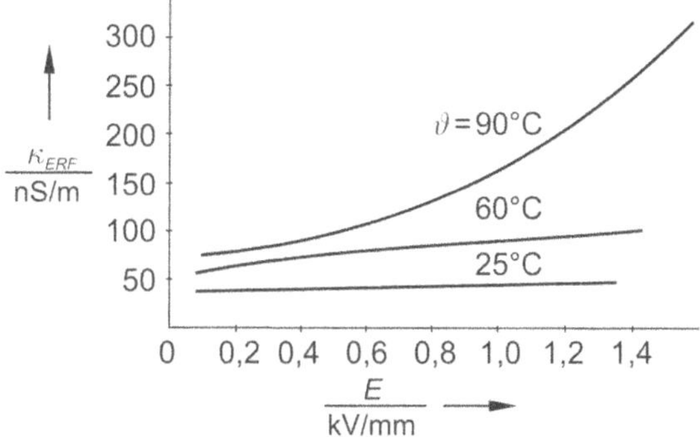


***Bild 4.5*** *Elektrische Leitfähigkeit einer ERF in Abhängigkeit von der Feldstärke ($\dot{\gamma}$ = 116 $s^{-1}$) [Opp]*

Da der elektrorheologische Effekt unabhängig von der Polarität des elektrischen Feldes ist, kann die Anregung der ERF sowohl mit Gleichspannung als auch mit Wechselspannung erfolgen. Bei Wechselspannungsanregung ist der elektrorheologische Effekt eine Funktion der Frequenz. Bild 4.6 zeigt die Scherspannung $\tau$ einer ERF als Funktion der Frequenz $f$ bei verschiedenen Temperaturen $\vartheta$. Die erzielbare Scherspannung ist bei Gleichspannung und niederfrequenter Wechselspannung (40 … 50 Hz) am größten. Bei einer Fluidtemperatur von 25 °C ist $\tau$ bei etwa 150 Hz bereits auf die Hälfte des Maximalwertes abgefallen (Grenzfrequenz). Mit zunehmender Temperatur wird die Grenzfrequenz immer größer; die Folge ist, dass die Reaktionszeit der ERF bei höheren Temperaturen kürzer ist als bei niedrigen.

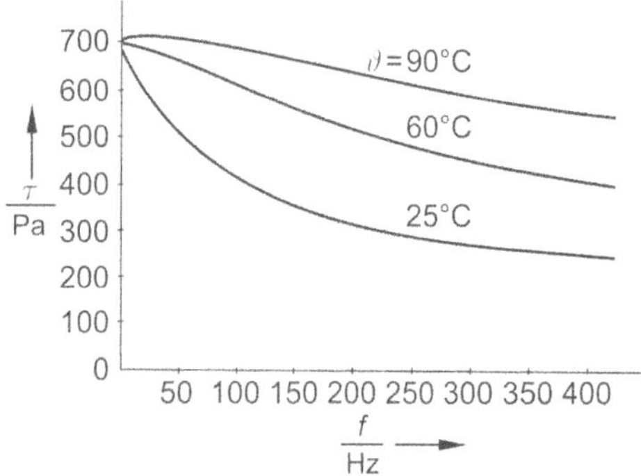


***Bild 4.6*** *Scherspannung einer ERF in Abhängigkeit von der Frequenz [Opp]*

Bild 4.7 zeigt den Verlauf $\tau_{rel}(\vartheta)$ einer anderen Forschungsflüssigkeit für verschiedene Feldstärkewerte. Die optimale Arbeitstemperatur dieser ERF liegt offenbar zwischen 70 °C und 120 °C. Durch Ändern der Fluid-Zusammensetzung lässt sich der Bereich von 50 K wohl verschieben; eine nennenswerte Erweiterung des Temperaturbereiches ist jedoch nicht möglich.

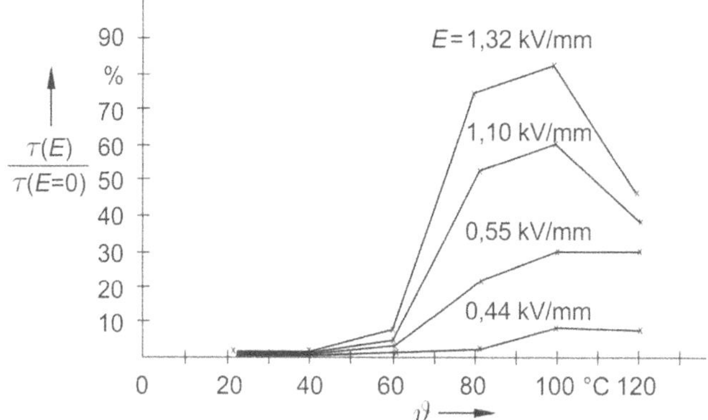


***Bild 4.7*** *Relative Scherspannung („Schaltziffer") τ(E)/τ(E = 0) in Abhängigkeit von der Temperatur [IKM90]*

Reale ERFs zeigen neben dem elektrorheologischen eine Vielzahl weiterer Effekte, die den idealen Kennlinienverlauf in Bild 4.3b beeinflussen können. Hierzu zählen Thixotropie, Elektrophorese, Partikelkoagulation, Sedimentation mit anschließender Agglomeration und Kettenabbau bei höheren Scherraten (s. Tabelle 4.2).

Weil diese Effekte in der Regel unerwünscht sind, müssen ihre Auswirkungen durch konstruktive Vorkehrungen, geeignete Betriebsweisen oder/und Auswahl der „richtigen" ERF verhindert oder wenigstens minimiert werden. Insbesondere die ausgeprägte Temperaturabhängigkeit der Kennwerte von ERFs verlangt eine sorgfältige Konzipierung der Aktoren.

Daten einer modernen, kommerziell vertriebenen ERF sind auszugsweise in Tabelle 4.3 wiedergegeben. Hierbei handelt es sich um eine auf Polyurethan basierende Suspension mit Silikonöl als Trägerflüssigkeit für den Einsatz in geregelten, hochdynamischen Hydrauliksystemen. Laut Hersteller besitzt das Produkt eine hohe Sedimentationsstabilität und zeichnet sich durch seine geringe dynamische Viskosität, hohe Isolationsfestigkeit, kurze Ansprechzeit, sehr gute elektrochemische Stabilität und niedrige elektrische Leitfähigkeit bei mittleren Betriebstemperaturen sowie bei höheren Schergeschwindigkeiten aus.

***Tabelle 4.2*** *Nebeneffekte in elektrisch steuerbaren Fluiden*

| | |
|---|---|
| Dielektrophorese | In einem inhomogenen elektrischen Feld bewegen sich die polarisierten Teilchen in Richtung des Feldgradienten. |
| Elektrophorese | In einem elektrischen Feld wandern die suspendierten Partikel je nach Oberflächenladung zur positiven oder negativen Elektrode. Bei Ansteuerung mit Gleichspannung ist die Elektrophorese bei allen bekannten ER-Suspensionen zu beobachten. |
| Koagulation | Ausfällen der suspendierten Teilchen durch chemische, physikalische oder thermische Einflüsse. Die Gesamtpartikelanzahl verringert sich zugunsten größerer Konglomerate. |
| Rheopexie | Viskosität des Fluides erhöht sich mit der Scherdauer. Ursprungsviskosität wird nach Beendigung der Belastung zeitverzögert zurück gewonnen (Gegensatz: Thixotropie). |
| Sedimentation | Absetzen von Feststoffpartikeln unter dem Einfluss der Schwerkraft und anderen Kräften wie z.B. der Zentrifugalkraft. |
| Thixotropie | Viskosität des Fluides verringert sich mit der Scherdauer. Nach Aussetzen der Scherbeanspruchung wird die Ausgangsviskosität allmählich wieder aufgebaut (Gegensatz: Rheopexie). |

***Tabelle 4.3*** *Daten der elektrorheologischen Flüssigkeit RheOil 2.2 (Hersteller: ERF Produktion Würzburg GmbH [4.1])*

| | | |
|---|---|---|
| Schubspannung ($E$ = 5 kV/mm, $\vartheta$ = 60 °C, $\dot{\gamma}$ = 10 000 $s^{-1}$) | 2900 | Pa |
| Permittivitätszahl (1 V, 1 kHz) | 2,1 | |
| Dynamische Viskosität ($\vartheta$ = 25 °C) | 57 | mPa s |
| Temperaturkoeffizient der Viskosität | – 0,5 | mPa s/K |
| Spezifische elektrische Leitfähigkeit | 6 | nS/m |
| Stromdichte ($E$ = 5 kV/mm, $\vartheta$ = 60 °C, $\dot{\gamma}$ = 10 000 $s^{-1}$) | 7 | µA/cm$^2$ |
| Durchschlagfestigkeit statisch und dynamisch ($\vartheta$ = 25 °C) | > 6 | kV |
| Dichte | 1,031 | kg/l |
| Feststoffanteil | 40,1 | % |
| Partikelverteilung | | |
| $d_{10}$ | 1,1 | µm |
| $d_{50}$ | 2,2 | µm |
| $d_{90}$ | 4,0 | µm |
| Optimale Ansprechtemperatur | > 40 | °C |
| Max. Dauerbetriebstemperatur | 80 | °C |

Neben ERFs mit dispergierten Feststoffteilchen sind homogene ERFs auf der Basis von oligomeren Carbonsäuren und ihren Seifen in Mineralöl entwickelt worden, bei denen ebenfalls der Fließwiderstand durch ein elektrisches Feld steuerbar ist. Im Unterschied zu ER-

Suspensionen zeigen sie unter Feldeinfluss keine Fließgrenze, d.h. sie nutzen den elektroviskosen Effekt. Probleme mit Elektrophorese, Partikelkoagulation, Sedimentation und Abrasivität treten nicht auf, da sie keine suspendierten Teilchen enthalten. Der mit homogenen ERFs erreichbare Effekt ist allerdings kleiner als bei den konventionellen ERFs und sie reagieren langsamer auf Änderungen des Steuerfeldes. Zurzeit werden diese ERFs auf dem Markt nicht angeboten.

## 4.3.2 Wirkprinzipien und Entwurfshinweise

Aktoren mit ERFs können nach drei Wirkprinzipien unterschieden werden, die einzeln oder kombiniert auftreten: Schermodus, Fließmodus und Quetschmodus. In allen Fällen befindet sich die ERF zwischen einer – meistens ebenen oder zylinderförmigen – Elektrodenanordnung, an die eine elektrische Spannung $U$ gelegt wird, die das Steuerfeld $E$ erzeugt (s. Bild 4.8).

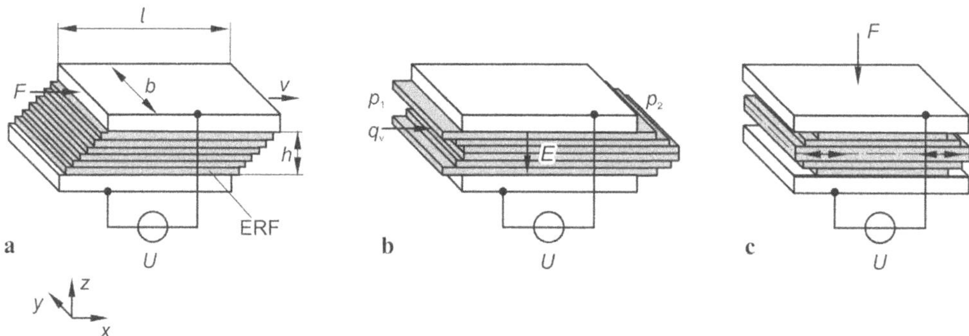


***Bild 4.8*** *Wirkprinzipien von ERF-Wandlern.* ***a*** *Schermodus,* ***b*** *Fließmodus,* ***c*** *Quetschmodus*

**Schermodus**

Der Schermodus (engl. *shear mode*) ist dadurch gekennzeichnet, dass jeweils entgegengesetzt gepolte Elektroden relativ zueinander bewegt werden (s. Bild 4.8a). Durch das elektrische Feld, das senkrecht zur Scherrichtung verläuft, kann die Scherspannung $\tau$ und damit die übertragene Kraft $F$ gesteuert werden. Der Schermodus kommt in Kupplungen und Schwingungsdämpfern zum Einsatz.

Die Scherkraft $F$ kann unter der vorausgesetzten laminaren Schichtenströmung auf einfache Weise berechnet werden. Man nimmt an, dass $F$ sich aus einem Anteil aufgrund der Flüssigkeitsviskosität ohne Steuerfeld,

$$F_\eta = \frac{\eta v l b}{h}, \tag{4.9}$$

und einem durch die feldinduzierte Scherspannung entstehenden Anteil

$$F_\tau = \tau_0 lb \tag{4.10}$$

zusammensetzt. Um die Elektroden mit der Relativgeschwindigkeit $v$ parallel zueinander zu bewegen, ist die resultierende Kraft

$$F = F_\eta + F_\tau \tag{4.11}$$

erforderlich. Von diesen Gleichungen abgeleitet kann das minimale Fluidvolumen $V_{sch}$ bestimmt werden, das benötigt wird, um ein gewünschtes Steuerverhältnis $k_F = F_\tau / F_\eta$ zu erzielen:

$$V_{sch} = k_F v F_\tau \frac{\eta}{\tau_0^2}. \tag{4.12}$$

**Fließmodus**

Beim Fließmodus (engl. *flow mode* oder *valve mode*) strömt die ERF durch einen feststehenden Spalt (s. Bild 4.8b). Ohne elektrisches Steuerfeld zeigt sich die Durchflusscharakteristik einer newtonschen Flüssigkeit mit einem proportionalen Zusammenhang zwischen dem Differenzdruck $\Delta p = p_1 - p_2$ und dem Volumenstrom $q_v$ (vgl. Bild 4.13b). Dabei ist $\Delta p$ außer vom aufgeprägten Volumenstrom nur von der Basisviskosität $\eta$ und der Spaltgeometrie abhängig. Innerhalb der Flüssigkeit nimmt die Scherrate vom Rand her linear ab und erreicht in der Spaltmitte den Wert Null, wobei sich ein parabelförmiges Profil der Strömungsgeschwindigkeit $v$ ergibt. Entsprechend nimmt auch die zu einer Druckdifferenz führende Scherspannung ab.

Nach Anlegen einer elektrischen Spannung entsteht aufgrund der Fließgrenze eine Pfropfenströmung mit der in Bild 4.9 gezeigten Scherspannungs- und Geschwindigkeitsverteilung. Am Rand des Strömungsspaltes liegt die Scherspannung oberhalb der Grenzscherspannung, weshalb hier das Verhalten einer newtonschen Flüssigkeit vorliegt. Zur Spaltmitte hin nimmt die Scherspannung ab und sinkt schließlich unter den Wert von $\tau_0$, so dass sich die Flüssigkeit verfestigt und einen Pfropfen bildet, dessen Höhe $h_p$ von der Feldstärke abhängt. Für den Fall, dass auch schon die Wandscherspannung unter der Grenzscherspannung liegt, ist der Pfropfen über die gesamte Spalthöhe ausgebildet, und es tritt kein Volumenstrom auf.

Typische Anwendungen sind elektrisch steuerbare Ventile. Mit einem solchen Ventil als Teil eines steuerbaren Bypasses können auch Stoß- und Schwingungsdämpfer aufgebaut werden (vgl. Bild 4.19b).

In gedanklicher Analogie zur Separierung der Kraftwirkungen im Schermodus lassen sich im Fließmodus die Druckdifferenzen

$$\Delta p_\eta = \frac{12 \eta q_v l}{h^3 b} \tag{4.13}$$

und

$$\Delta p_\tau = \frac{c \tau_0 l}{h} \tag{4.14}$$

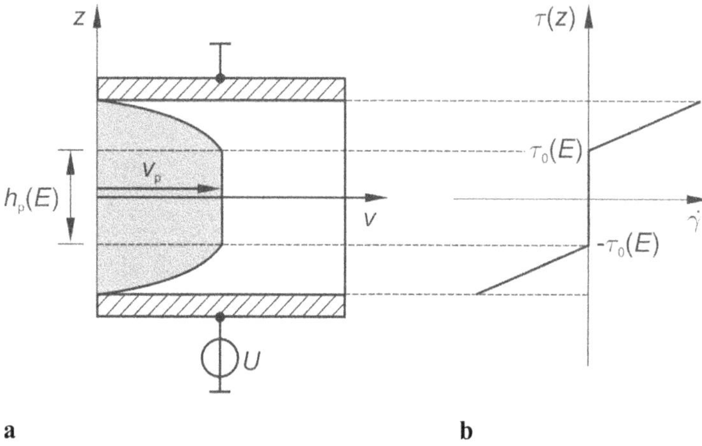


***Bild 4.9*** *Pfropfenströmung einer ER-Suspension nach dem Bingham-Modell.* ***a*** *Geschwindigkeitsverteilung,* ***b*** *Scherspannungsverteilung*

unterscheiden. Der Parameter $c$ hängt vom Verhältnis der Druckdifferenz ohne Steuerfeld zur Druckdifferenz mit Steuerfeld ab. Er liegt zwischen $c = 2$ für ein Verhältnis $\Delta p_\tau / \Delta p_\eta \approx 1$ und $c = 3$ für $\Delta p_\tau / \Delta p_\eta > 100$. Hiermit ergibt sich der Druckabfall über einem ER-Ventil insgesamt zu

$$\Delta p = \Delta p_\eta + \Delta p_\tau. \tag{4.15}$$

Ähnlich wie beim Schermodus kann man auch für den Fließmodus das minimale Flüssigkeitsvolumen $V_{\text{fl}}$ angeben, das man für die Realisierung eines bestimmten Steuerverhältnisses $k_p = \Delta p_\tau / \Delta p_\eta$ braucht:

$$V_{\text{fl}} = k_p q_v \Delta p_\tau \frac{\eta}{\tau_0^2} \frac{12}{c^2}. \tag{4.16}$$

## Quetschmodus

Als dritte Möglichkeit ändert sich beim Quetschmodus (engl. *squeeze mode*) der Abstand der Elektrodenflächen, wobei die einwirkende Normalkraft parallel zu den Feldlinien verläuft (s. Bild 4.8c). Die übertragbare Normalkraft kann durch das elektrische Feld variiert werden. Aktoren, die im Quetschmodus arbeiten, können insbesondere zur Dämpfung von Schwingungen mit hohen dynamischen Kräften bei gleichzeitig geringen Amplituden eingesetzt werden (z.B. in Werkzeugmaschinen).

Für den Quetschmodus lassen sich ähnlich einfache Berechnungsformeln wie im Falle des Scher- und des Fließmodus nicht angeben, da infolge der Abstandsänderung der Elektroden eine zweidimensionale Druck-Dehn-Strömung (Quetschströmung) mit einem zeitabhängigen Strömungsquerschnitt auftritt. Aufgrund der inhomogenen Verteilung des Volumenstromes im ERF-Spalt gibt es Bereiche, in denen die Scherspannung so gering ist, dass die Fließgrenze nicht überschritten wird. Dann ist die ERF in der einen, durch eine Grenzfunktion abgeteilten Spaltregion plastisch („fest"), in der anderen fließt sie (s. Bild 4.10).

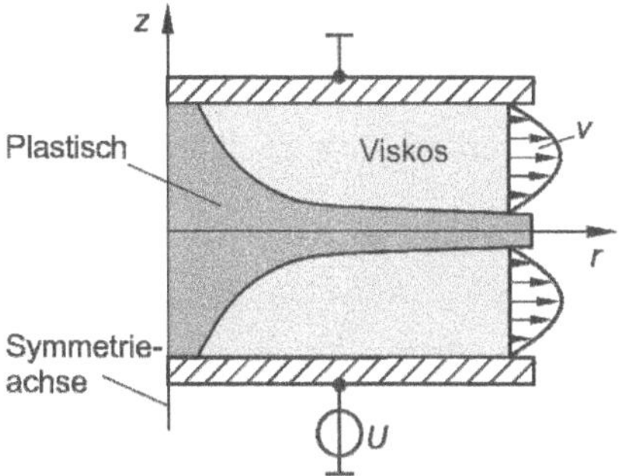


***Bild 4.10*** *Verlauf der Grenzfunktion und des Strömungsgeschwindigkeitsprofils in einem rotationssymmetrischen ERF-Quetschspalt [Rec96]*

**Elektrorheologische Ersatzschaltung**

Eine vereinfachte Ersatzschaltung für ERF-Wandler besteht im elektrischen Teil aus der Parallelschaltung eines Kondensators und eines ohmschen Widerstands, siehe Bild 4.11. Die Kapazität $C$ ergibt sich als Produkt aus dem so genannten Geometriefaktor der Elektrodenanordnung, $C_0/\varepsilon_0$ ($C_0$: Kapazität der Anordnung im Vakuum, $\varepsilon_0$: elektrische Feldkonstante), und der Permittivität der ERF, $\varepsilon_{\mathrm{ERF}}$. Der Leitwert $1/R$ folgt aus dem Produkt von Geometriefaktor und elektrischer Leitfähigkeit der ERF, $\kappa_{\mathrm{ERF}}$ (zur messtechnischen Erfassung von $\varepsilon_{\mathrm{ERF}}$ und $\kappa_{\mathrm{ERF}}$ siehe Abschnitt 4.4.2).

Das rheologische Verhalten der ERF lässt sich mit Hilfe des sog. Bingham-Körpers veranschaulichen, der aus drei Grundelementen besteht, siehe Bild 4.11, rechter Teil. Eine Feder (hookescher Körper/Schubmodul $G$) beschreibt die linearen elastischen Eigenschaften des Fluids unterhalb der Fließgrenze $\tau_0$. Oberhalb der Fließgrenze müssen zusätzlich viskose und plastische Reibungsanteile überwunden werden, die durch eine Parallelschaltung von viskosem Dämpfer (Newton-Körper/Viskosität $\eta$) und Haftreibdämpfer (St. Venant-Körper/ Kraftschwellwert $F_r$) dargestellt werden.

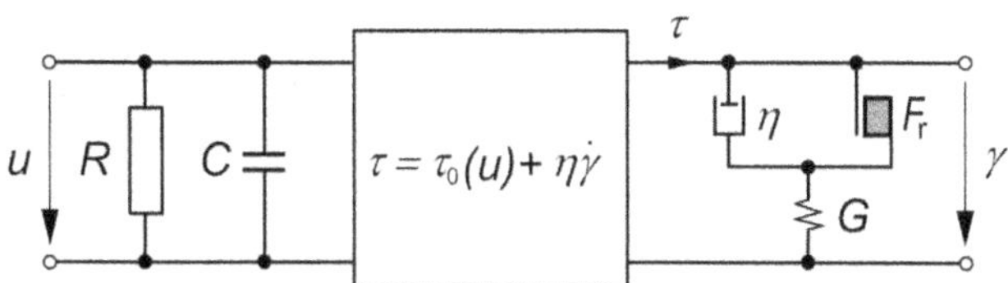


***Bild 4.11*** *Elektromechanische Ersatzschaltung für ERF-Wandler*

Je nach Aufbau und Wirkungsweise eines ERF-Wandlers kann die Scherspalthöhe und damit der Elektrodenabstand variabel sein. Ebenso kann sich seine aktive Scherfläche und dadurch die wirksame Elektrodenfläche ändern. In diesem Fall sind sein Geometriefaktor und somit die Werte seiner elektrischen Ersatzelemente nicht konstant. Die hierdurch bedingte Rückwirkung des Wandlers auf die elektronische Ansteuerung muss bei der Konzipierung des Aktors berücksichtigt werden.

Tabelle 4.4 beschreibt Eigenschaften von Wandlern mit elektrorheologischen Flüssigkeiten.

***Tabelle 4.4*** *Wichtige Eigenschaften von Wandlern mit elektrorheologischen Flüssigkeiten*

| Vorteile | Nachteile |
|---|---|
| – Fließwiderstand über mehrere Größenordnungen elektrisch steuerbar<br>– Kurze Reaktionszeit (ms-Bereich)<br>– Einfache mechanische Konstruktionen möglich<br>– Vielfältig einsetzbar (Kupplungen, Ventile, Dämpfer) | – Ungesicherte Alterungsbeständigkeit<br>– Zahlreiche Störeinflüsse auf den elektrorheologischen Effekt<br>– Kennwerte stark temperaturabhängig<br>– Teuer und wenig verfügbar<br>– Hochspannungsquelle erforderlich, Steuerleistungen bis einige 100 Watt |

## 4.4 Messen von ERF-Kenngrößen

Etwa seit Mitte der neunziger Jahre existieren kommerzielle Messgeräte (Rheometer, Viskosimeter), die – in gewissen Grenzen – an die Eigenschaften von ERFs angepasst sind (z.B. [4.2, 4.3]). Bisher gibt es für die Charakterisierung der Fluide allerdings keine standardisierten Messverfahren; demzufolge werden die von den ERF-Herstellern erhältlichen Daten unter abweichenden Messbedingungen ermittelt, so dass ein direkter Vergleich verschiedener Flüssigkeiten schwierig ist und der Anwender von ERFs auch eigene Messungen unter aufgabenrelevanten Bedingungen durchführen muss. Dieser Abschnitt liefert Hinweise auf geeignete Methoden und Verfahren zur Untersuchung rheologischer und elektrischer ERF-Eigenschaften.

### 4.4.1 Rheologische Kenngrößen

**Schermodus**

Für den Entwurf von ERF-Aktoren im Schermodus wird insbesondere die Scherspannung in Abhängigkeit von der elektrischen Feldstärke, der Scherrate und der Temperatur benötigt. ERFs können im Schermodus mit Hilfe von Rotationsrheometern charakterisiert werden. Sie bestehen im Wesentlichen aus einem rotationssymmetrischen Behälter („Messbecher") zur Aufnahme der ERF, in den ein zweiter Körper so eintaucht, dass ein Messspalt entsteht. Versetzt man einen der beiden Körper motorisch in Drehung, entsteht die gewünschte Scherbelastung der ERF. Als Scherkörper finden hauptsächlich Platte-Platte-, Kegel-Platte- und Becher-Zylinder-Anordnungen Verwendung. Die häufig eingesetzten Zylinder-Rheometer werden danach unterschieden, welcher der beiden Körper angetrieben wird: Beim Couette-Typ ist der innere Zylinder fixiert und der koaxiale Becher rotiert, beim Searle-Typ ist es umgekehrt (s. Bild 4.12). Mit letzterem wurden die nachfolgend und die in Abschnitt 4.3.1 beschriebenen Abhängigkeiten ermittelt.

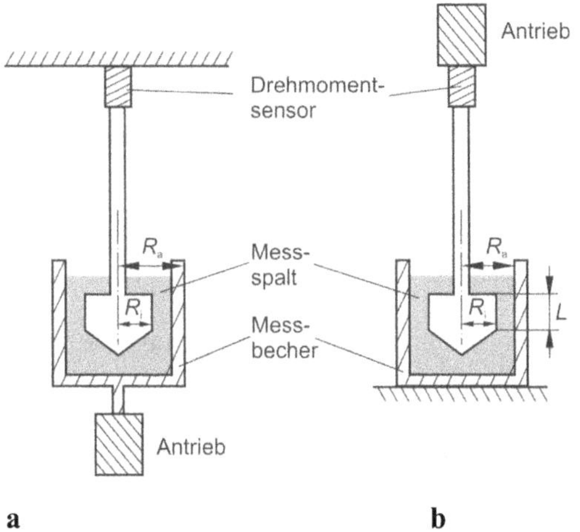


***Bild 4.12*** *Aufbau von Rotationsrheometern mit zylindrischen Messkörpern.* ***a*** *Couette-Typ,* ***b*** *Searle-Typ*

Zur Bestimmung der Viskosität oder zur Aufnahme der Fließkurve werden die Winkelgeschwindigkeit $\omega$ und das Drehmoment $M$ gemessen – die letztlich gesuchten Kenngrößen Scherspannung $\tau$ und Scherrate $\dot{\gamma}$ sind dann aus diesen originären Messgrößen leicht zu ermitteln. Wichtig ist, dass nur derjenige Anteil des Drehmomentes in die Auswertung einfließt, der aus der Wechselwirkung zwischen Messsystem und ERF entsteht; daher muss u.a. die Hochspannungszuführung zum rotierenden Teil des Messsystems sehr reibungsarm ausgeführt werden. Sofern $R_a/R_i < 1{,}1$ (vgl. Bild 4.12) kann ein hinreichend homogener Verlauf des elektrischen Feldes zwischen den Scherflächen angenommen werden.

Bei Zylinder-Messsystemen ist zu beachten, dass Scherspannung und Scherrate im Messspalt nicht konstant sind, sondern beispielsweise bei Searle-Systemen von innen nach außen abnehmen. Weiterhin hängt die Scherratenverteilung im Messspalt von den rheologischen Eigenschaften des untersuchten Materials ab. Daher müssen die aufgenommenen, scheinbaren Fließkurven in wahre Fließkurven umgewandelt werden. Dies kann mit der Methode der repräsentativen Viskosität erfolgen. Dazu werden eine repräsentative Scherspannung $\tau_{rep}$ und eine repräsentative Scherrate $\dot{\gamma}_{rep}$ definiert, die an einem bestimmten Ort im Messspalt auftreten. Für praktisch alle vorkommenden Stoffsysteme entsprechen $\tau_{rep}$ und $\dot{\gamma}_{rep}$ der wahren Fließkurve. Die konkrete Vorgehensweise wird beispielsweise in [Böl99, Rec96] beschrieben.

Da ER-Suspensionen einen hohen Feststoffanteil haben und unter Feldeinfluss Strukturen bilden, muss unter Umständen geprüft werden, ob die vorausgesetzte laminare Schichtenströmung tatsächlich entsteht. Ferner sorgt das elektrische Steuerfeld für eine Erwärmung der ERF (→ Erhöhung des Fließwiderstandes → Zunahme der inneren Reibung → Anwachsen der elektrischen Leitfähigkeit), so dass auf ihre Temperierung nicht verzichtet werden kann. Schließlich besteht die Gefahr der Elektrophorese, die durch eine Ansteuerung der ERF mit reinen, d.h. mittelwertfreien Wechselfeldern vermieden wird.

**Fließmodus**

Eine Messeinrichtung zur Charakterisierung elektrorheologischer Flüssigkeiten im Fließmodus besteht im Prinzip aus einem ERF-Ventil gemäß Bild 4.8b, aus Sensoren zur Bestimmung des Volumenstromes $q_v$ und des Druckabfalls $\Delta p = p_1 - p_2$ über dem Ventil sowie einer Pumpe zur Förderung der ERF. Weiterhin soll das Fluid temperiert werden können. Solche Messeinrichtungen werden danach unterschieden, ob sie kontinuierliche oder oszillierende Strömungen erzeugen können. Eine Möglichkeit zur Untersuchung des ERF-Verhaltens bei oszillierender Strömung bietet der Dämpfer mit Bypass in Bild 4.13a.

Bei der dargestellten Ausführung kann der Kolben um 20 mm verfahren werden, und die Elektrodenlänge ist zwischen 30 und 60 mm variierbar. Damit das Verdrängungsvolumen des Kolbens unabhängig von seiner Stellung konstant bleibt, ist die Kolbenstange durchgehend ausgeführt. Die Hin- und Her-Bewegung des Kolbens verursacht eine oszillierende ERF-Strömung durch die Querbohrungen im Innenrohr und den Strömungskanal zwischen Innen- und Außenrohr. Eine an die konzentrischen Elektroden gelegte Spannung erzeugt im Strömungskanal ein radial gerichtetes elektrisches Feld, mit dem der ERF-Fließwiderstand gesteuert wird.

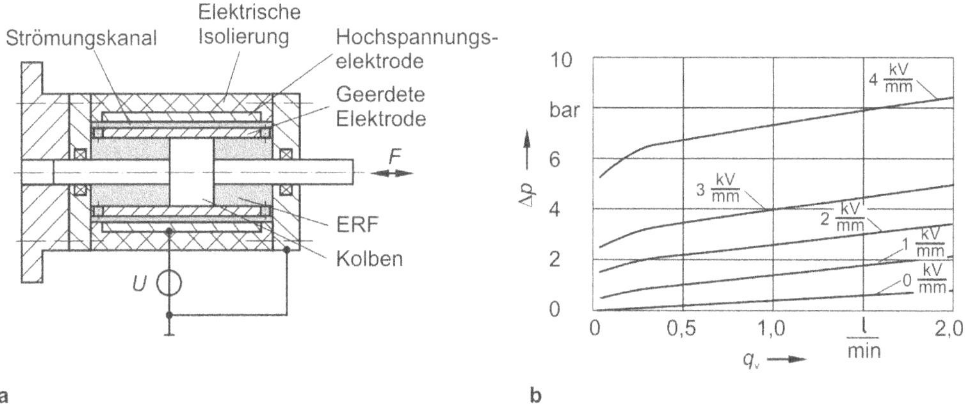


*Bild 4.13 Charakterisierung einer ERF im Fließmodus. a Prinzipieller Aufbau eines Messdämpfers, b Druckabfall als Funktion des Volumenstroms [Rec96]*

In Bild 4.13b ist für eine ER-Suspension der Zusammenhang zwischen dem Volumenstrom $q_v$ und der Druckdifferenz $\Delta p$ über dem Messventil bei verschieden großer Feldstärke $E$ dargestellt. Ohne Feldeinfluss ($E = 0$) zeigt sich die Charakteristik einer newtonschen Flüssigkeit mit einer zum Volumenstrom proportionalen Druckdifferenz. Bei angelegtem Steuerfeld ergibt sich aufgrund der Grenzscherspannung $\tau_0(E)$ eine von der Feldstärke abhängige Grenzdruckdifferenz $\Delta p_0(E)$, bis zu der kein Volumenstrom auftritt ($q_v = 0$). Nach Überschreiten von $\Delta p_0(E)$ beginnt die ERF zu fließen, wobei $\Delta p$ mit $q_v$ ansteigt.

**Quetschmodus**

Für den Entwurf von ERF-Aktoren im Quetschmodus wird insbesondere die übertragene Normalspannung $\sigma$ in Abhängigkeit von der elektrischen Feldstärke sowie der Frequenz und Amplitude der mechanischen Deformation benötigt. Für entsprechende Untersuchungen eignet sich die Messeinrichtung in Bild 4.14a, die im Wesentlichen aus einem Becher zur Aufnahme der ERF und einer scheibenförmigen Gegenelektrode besteht. Zur Einstellung des Grundabstandes $h_0$ der Elektroden respektive der Spalthöhe ist die Gegenelektrode im Bereich weniger Millimeter justierbar. Ein Schwingungserreger versetzt den Becher in Bewegung, wobei das biegesteife Gestell die auftretenden Normalkräfte aufnimmt. Die Einrichtung ist mit Sensoren zum Erfassen des Elektrodenabstands und der Normalkraft sowie zur Messung der elektrischen Spannung zwischen den Elektroden ausgerüstet.

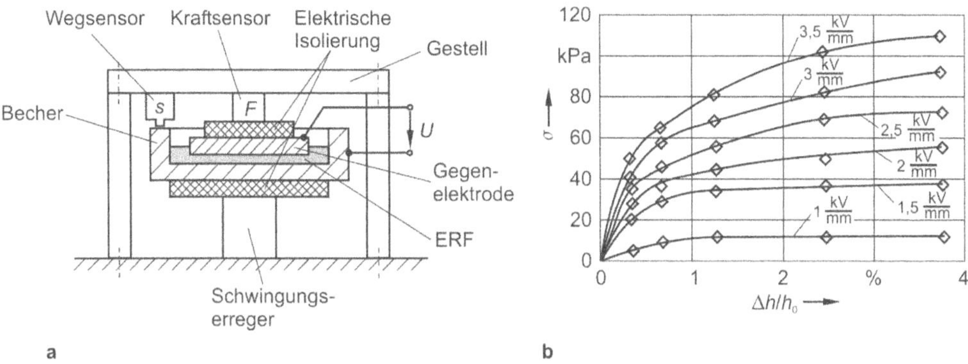


***Bild 4.14*** *Charakterisierung einer ERF im Quetschmodus.* ***a*** *Messeinrichtung zum Erfassen der Normalspannung (prinzipieller Aufbau),* ***b*** *Normalspannung als Funktion der Spalthöhe [Rec96]*

Im Vergleich zu den im Schermodus erreichbaren Scherspannungswerten sind die im Quetschmodus auftretenden Werte der Normalspannung wesentlich größer. Dies verdeutlicht Bild 4.14b, das die gemessene Abhängigkeit der Normalspannung $\sigma$ von der Spalthöhenänderung $\Delta h/h_0$ zeigt. Die Aktivierung der ERF erfolgte hierbei durch Anlegen einer niederfrequenten, mittelwertfreien (Elektrophorese!) elektrischen Spannung, deren Polarität gleichzeitig mit den Nulldurchgängen der ERF-Deformation wechselte. Bei Auslenkungen $\Delta h$ bis 100 µm und einer Steuerfeldstärke von 3,5 kV/mm traten Normalspannungen von über 100 kPa auf. Die gleiche ER-Suspension übertrug bei dieser Feldstärke im Schermodus eine Scherspannung von ca. 3 kPa.

Bei kleiner werdendem Elektrodenabstand verhält sich die ER-Suspension ähnlich wie eine Druckfeder mit nichtlinearer Kennlinie. Nach Überwinden des Scheitelpunktes der Elektrodenbewegung zeigt sie jedoch im Gegensatz zu einer Feder keine Entlastungsphase, in der die Federkraft mit wachsendem Elektrodenabstand abnimmt und am Ausgangspunkt der Auslenkung wieder zu Null wird. Stattdessen ordnen sich im Umkehrpunkt (Stillstand der Elektroden) die polarisierten Teilchen im elektrischen Feld um, wobei gleichzeitig die Normalspannung auf den Wert Null sinkt. Danach verhält sich die ER-Suspension wie eine Zugfeder mit nichtlinearer Kennlinie. Mit Hilfe des Quetscheffektes lässt sich also viskoelastisches Verhalten, aber grundsätzlich keine Federcharakteristik mit linearer Kennlinie realisieren.

## 4.4.2 Elektrische Kenngrößen

Bei der Messung der elektrischen ERF-Kenngrößen Leitfähigkeit $\kappa_{ERF}$ und Permittivitätszahl $\varepsilon_{rERF}$ ist zu berücksichtigen, dass diese ebenso wie die rheologischen Kenngrößen nichtlinear von der Amplitude und Frequenz des angelegten elektrischen Feldes sowie von der Temperatur abhängen. Weiterhin existiert ein Einfluss der Scherrate $\dot{\gamma}$ bzw. des Volumenstromes $q_v$ der ERF. Für die Ermittlung von $\kappa_{ERF}$ und $\varepsilon_{rERF}$ im Fließmodus bedeutet dies, dass eine möglichst pulsationsfreie Volumenstromförderung realisiert werden muss, und für Messungen im Schermodus, dass eine sehr hohe Drehzahlkonstanz des Rheometers gewährleistet sein muss.

Hinsichtlich der elektrischen Anregung der ERF ist sicherzustellen, dass das im elektrischen Feld befindliche ERF-Volumen nicht über längere Zeit einem Gleichfeld ausgesetzt ist, sonst macht sich – u.U. schon nach einigen zehn Sekunden – der Effekt der Elektrophorese als Abhängigkeit der Messwerte von der Messdauer bemerkbar. Um dies zu vermeiden, ist eine Ansteuerung von ER-Suspensionen mit mittelwertfreien Wechselfeldern nötig; im Falle einer Gleichfeldansteuerung sind daher nur Kurzzeitmessungen sinnvoll.

In Zylinder-Rotationsrheometern tritt die Wirkung der Dielektrophorese sowohl bei Ansteuerung mit Gleichspannungen als auch mit Wechselspannungen auf und verursacht einen scheinbaren Anstieg der Leitfähigkeit und der Permittivität. Aus diesem Grund sind Zylinder-Anordnungen nur zur Durchführung von Kurzzeitmessungen geeignet. Bei Untersuchungen im Fließmodus wird das aktive ERF-Volumen prinzipbedingt ständig ausgetauscht, solange das Messventil nicht vollständig geschlossen ist. In diesem Fall spielt Elektrophorese keine Rolle.

Von Rech wurde ein Messverfahren vorgeschlagen, das auf dem Ersatzschaltbild 4.11 basiert [Rec96]. Hierbei wird an den Wandler ein bipolarer, rechteckförmiger Spannung-Zeit-Verlauf gelegt. Der Gesamtstrom und seine Phasenlage gegenüber der Spannung werden gemessen. Daraus werden die Ersatzkapazität $C$ und der Ersatzwiderstand $R$ ermittelt, woraus sich mit Hilfe des Geometriefaktors $C_o/\varepsilon_o$ die Kenngrößen $\kappa_{ERF}$ und $\varepsilon_{rERF}$ bestimmen lassen. Bild 4.15 präsentiert die derart erfasste Abhängigkeit dieser Kenngrößen von der Amplitude und Frequenz des elektrischen Steuerfeldes.

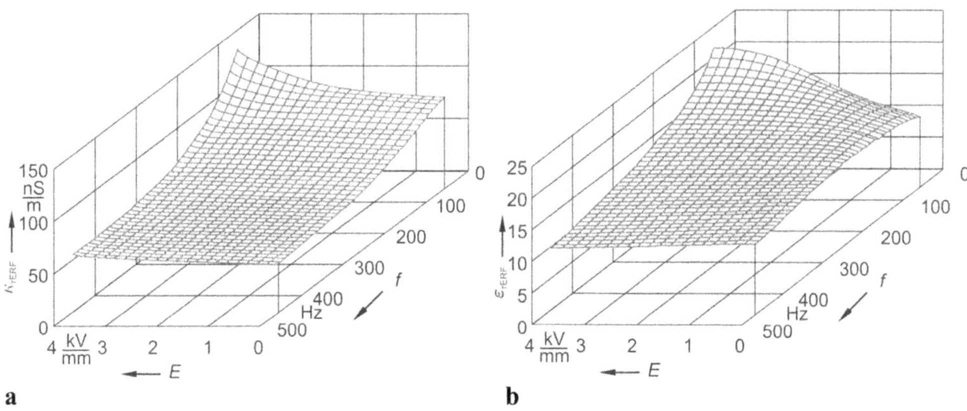


*__Bild 4.15__ Abhängigkeit der elektrischen Kenngrößen einer typischen ER-Flüssigkeit von Amplitude und Frequenz des elektrischen Steuerfeldes. __a__ Leitfähigkeit $\kappa_{ERF}$, __b__ Permittivitätszahl $\varepsilon_{rERF}$ [Rec96]*

Diese und die Messkurven in Abschnitt 4.3.1 zeigen, dass die Leitfähigkeit $\kappa_{ERF}$ einer ER-Suspension mit wachsender Feldstärke zunimmt; hingegen verringert sie sich mit steigender Feldfrequenz. Mit größer werdender Temperatur wächst die Leitfähigkeit derart, dass sie sich bei einer Temperaturerhöhung um $\Delta \vartheta = 6$ K angenähert verdoppelt. Bei höherer Strömungs- bzw. Schergeschwindigkeit sinkt $\kappa_{ERF}$, weil die Wechselwirkung zwischen den Teilchen und damit die Ausbildung von Strompfaden in der ERF behindert wird.

Da die Permittivitätszahl $\varepsilon_{rERF}$ einer ER-Suspension von der Polarisation ihrer suspendierten Teilchen bestimmt wird, nimmt $\varepsilon_{rERF}$ mit wachsender Feldstärke zu und mit steigender Feldfrequenz ab. Ebenso wird $\varepsilon_{rERF}$ bei einer Zunahme der ERF-Temperatur größer.

Durch die nichtlineare Feldstärkeabhägigkeit von $\varepsilon_{rERF}$ und $\kappa_{ERF}$ treten besonders bei hohen ERF-Temperaturen im Strom-Zeit-Verlauf nicht zu vernachlässigende Oberwellenanteile auf. Leistungsverstärker für ERF-Wandler sollten daher über eine hinreichend große Frequenzbandbreite verfügen.

## 4.5 Elektronischer Leistungsverstärker

Aktoren mit ERFs stellen für den Leistungsverstärker ohmsch-kapazitive, nichtlineare Lasten dar (s. Kapitel 11). Rückwirkungen von der mechanischen Ausgangsseite des Aktors auf seinen elektrischen Eingang treten beispielsweise auf, wenn die Aktorkapazität bei konstanter gespeicherter Ladungsmenge verkleinert wird, z.B. durch betriebsmäßiges Vergrößern des Elektrodenabstands oder Verkleinern der wirksamen Elektrodenfläche. Der damit verbundenen Spannungserhöhung am Aktor wirkt besonders bei hoher Temperatur der Ladungsabfluss aufgrund der elektrischen Leitfähigkeit entgegen, die sich im Temperaturbereich 20 … 80 °C um den Faktor 1000 ändern kann. Des Weiteren können als Folge von Lufteinschlüssen, Verunreinigung oder Sedimentation der ERF Kurzschlüsse oder Lichtbögen auftreten. Der ansteuernde Verstärker muss alle diese Fälle unbeschadet überstehen.

Sofern die hohe Dynamik von ERF-Aktoren optimal nutzbar sein soll, sind Anstiegs- und Abfallzeiten der Verstärker-Ausgangsspannung von mehreren tausend Volt pro Millisekunde notwendig. Einquadranten-Verstärker, also Verstärker mit unipolarer Ausgangsspannung und unipolarem Ausgangsstrom, können die Wandlerkapazität lediglich laden; ihre Entladung erfolgt ausschließlich über den temperaturabhängigen Widerstand $R$. Ein schneller kontrollierter Auf- und Abbau der Aktorspannung unabhängig vom ERF-Leitwert ist erst mit Hilfe von Zweiquadranten-Verstärkern möglich, die einen definierten bipolaren Ausgangsstrom ermöglichen. Mittelwertfreie Steuerspannungen, wie sie zur Vermeidung der Elektrophorese notwendig sind, können nur mit Hilfe von Vierquadranten-Verstärkern realisiert werden. Solche Verstärker arbeiten als Stromquelle und Stromsenke für positive und negative Ausgangsspannungen. Alle genannten Verstärkerarten lassen sich als analoge und schaltende Verstärker realisieren.

Bei einer analogen Endstufe – unabhängig davon, ob sie in Klasse-A- oder Klasse-C-Technik realisiert wird – ist problematisch, dass die verwendeten Transistoren Spannungen von mehreren Kilovolt sicher sperren müssen. Es existieren zwar Halbleiter-Module mit entsprechend hohen Sperrspannungen, jedoch sind diese für Ströme von einigen hundert Ampere ausgelegt und daher aufgrund ihrer Baugröße für ERF-Anwendungen weniger geeignet. Da als Folge der hohen Ausgangsspannung und der hierdurch notwendigen Serienschaltung von einzelnen Transistoren weitere Probleme auftreten können, ist es sinnvoll, die notwendige Ausgangsspannung im Bereich von einigen kV mit Hilfe eines Schaltnetzteils als Hochspannungsquelle zu erzeugen. Bild 4.16 zeigt den grundsätzlichen Aufbau eines solchen schaltenden Zweiquadranten-Verstärkers.

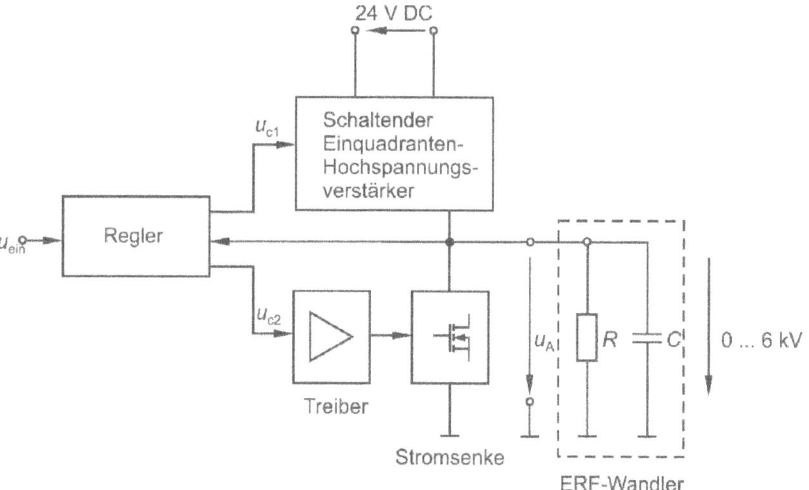


***Bild 4.16*** *Schaltender Zweiquadranten-Verstärker*

Dieser Verstärker besteht im Wesentlichen aus einem schaltenden Einquadranten-Verstärker und einer analogen Stromsenke. Setzt man voraus, dass die Hochspannung direkt aus einer Gleichspannung generiert werden soll, so sind für die Realisierung der Hochspannungsquelle Sperrwandler oder (Eintakt-)Durchflusswandler gut geeignet. Der klassische Ansatz für die Regelung des Schaltnetzteils ist die festfrequente Pulsweitenmodulation (PWM), welche als Voltage- oder Current-Mode-Control ausgeführt werden kann. Unter Berücksichtigung entsprechender Entwurfsrichtlinien wurde ein Hochspannungsverstärker realisiert, der von einer 24 V-Gleichspannungsquelle versorgt wird und bei Eingangsspannungen 0 ... 6 V Ausgangsspannungen 0 ... 6 kV liefert. Die Ausgangsdauerleistung beträgt 100 W, die Anstiegszeit auf die maximale Ausgangsspannung ist <1 ms bei der Last 1 MΩ‖1nF; die Abfallzeit ist von gleicher Größenordnung [Sti02].

Abschließend sei erwähnt, dass eine Rückgewinnung der gespeicherten Feldenergie ähnlich wie bei Piezoverstärkern auch hier grundsätzlich möglich wäre, aber aufgrund des geringen Anteils der rückgewinnbaren Energie infolge des relativ hohen ERF-Leitwertes und praktischer Probleme mit der Hochspannung nicht sinnvoll ist.

# 4.6 Anwendungsbeispiele

Im Folgenden werden einige Aktorrealisierungen mit ERFs vorgestellt. Anhand der Beispiele lässt sich das Einsatzpotenzial dieser Fluide gut abschätzen; meistens handelt es sich hierbei um Prototypen, kommerzielle ERF-Produkte gibt es zurzeit nur in begrenztem Umfang.

## 4.6.1 Stellantrieb

Mit elektrorheologischer Flüssigkeit als Arbeitsmedium in einem Hydraulikkreis lassen sich Proportionalventile ohne bewegliche Teile realisieren. Solche ERF-Ventile bestehen aus Koaxialelektroden oder aus parallel angeordneten, ebenen Elektroden wie in Bild 4.8b. Mit Hilfe des elektrischen Steuerfeldes sind der Fließwiderstand und damit der Druckabfall im Ventil steuerbar. Bei ausreichend hoher Amplitude des Steuerfeldes schließt das Ventil vollständig und der Volumenfluss stoppt. Ein ERF-Ventil kann kompakt aufgebaut und mit geringer Steuerleistung betrieben werden. Konventionelle Proportionalventile mit Spulenantrieb bestehen aus einer größeren Anzahl präzise gefertigter mechanischer Bauteile (Proportionalmagnet), was sie im Vergleich zu ERF-Ventilen relativ teuer und verschleißanfällig macht. Ein weiterer Vorteil von Proportionalventilen auf ERF-Basis sind die erzielbaren hohen Betriebsfrequenzen.

Ein Anwendungsbeispiel für ERF-Ventile ist der in Bild 4.17 gezeigte Stellantrieb. Er besteht aus einem Hydraulikzylinder, vier ERF-Ventilen, die eine Vollbrücke bilden, einer 4-kanaligen Hochspannungsquelle sowie einem Regler. Der Weg $s$ des Kolbens wird mit Hilfe eines Wegsensors und die vom Kolben ausgeübte Kraft $F$ mit einem Kraftsensor gemessen. Der Druck im hydraulischen Netz wird von einer Pumpe mit konstanter Drehzahl erzeugt. Durch die ständige Regelung des Druckabfalls in den ERF-Ventilen sind der Druck auf den Kolben und folglich der Betrag und die Richtung seiner Geschwindigkeit sowie seine Haltekraft jederzeit steuerbar. Im regelungstechnischen Sinn handelt es sich hierbei um ein nichtlineares Mehrgrößensystem, das mit entsprechenden Methoden der nichtlinearen Regelungstheorie zu behandeln ist [4.4].

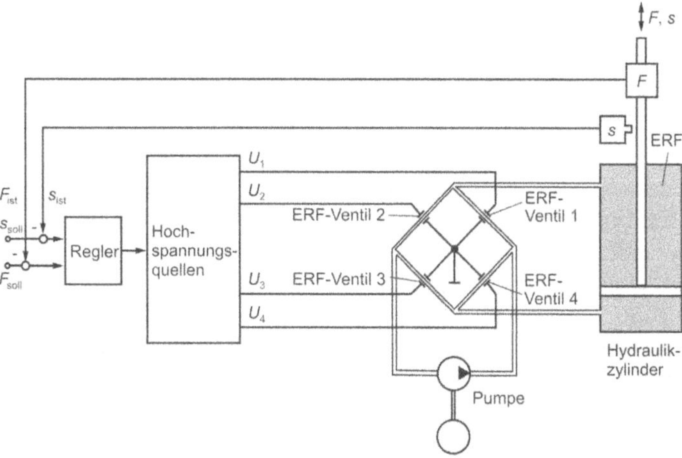


***Bild 4.17*** *Beispiel für einen Stellantrieb mit ERF-Ventilen*

Nach diesem Konzept wurde auch ein ERF-Stellzylinder als hochdynamische Kraftquelle für eine Prüfmaschine entwickelt. Hierbei wurde die hydraulische Wirkung der ERF genutzt, denn der elektrorheologische (wie auch der in Kapitel 5 behandelte magnetorheologische) Effekt ist prinzipiell nicht in der Lage, Kräfte direkt zu generieren. Bei maximalen Hüben von ±35 mm erzeugte der Stellzylinder Prüfkräfte bis 300 N; seine Arbeitsfrequenz reichte bis 100 Hz, bei kleineren Kraft- und Wegamplituden bis etwa 400 Hz. In einer anderen Anwendung wurden ähnliche Stellzylinder zusammen mit einem Hydrospeicher als Feder-Dämpfer-Elemente eingesetzt. Dabei wurden Kräfte bis 5 kN (Betriebsdruck 120 bar) und Hübe bis 85 mm erzielt; der Arbeitsfrequenzbereich erstreckte sich bis zu einigen Hz.

## 4.6.2 Tastelement

Mit Hilfe von ERF-Aktoren kann das von Oberflächen vermittelte Tastgefühl eingestellt werden. Zu diesem Zweck werden ERF-Aktoren in einem Array angeordnet. Ein von der Daimler-Benz AG entworfenes Beispiel zeigt Bild 4.18. Jeder der Aktoren enthält eine obere Tastkammer und eine untere Ausgleichskammer. Beide Kammern sind mit ERF gefüllt und durch ein ERF-Ventil miteinander verbunden. Nach außen sind sie mit je einer Membran abgeschlossen. Durch Druck auf die Membran der Tastkammer, z.B. mit dem Finger, wird ERF aus der Tastkammer durch das Ventil in die Ausgleichskammer verdrängt. Der dabei entstehende Gegendruck kann mit der an dem Ventil anliegenden elektrischen Spannung verändert werden. Auf Basis dieser Tastaktoren wurde eine Zange für die minimal-invasive Chirurgie prototypisch entwickelt. Das Tastgefühl der Zangengreifer im menschlichen Körper wird im Griff der Zange durch ein solches ERF-Tastarray nachgebildet.

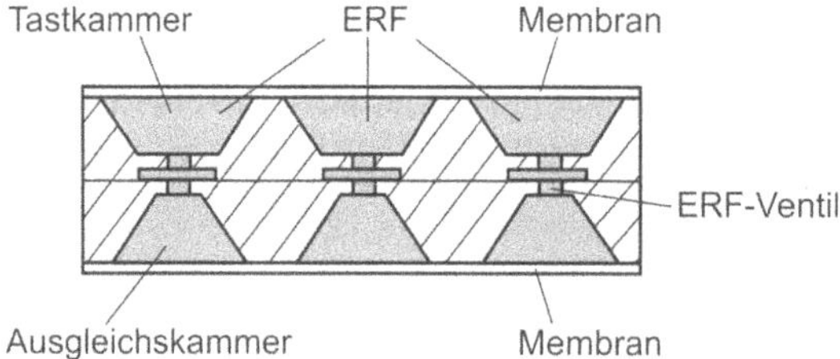


***Bild 4.18*** *Prinzipieller Aufbau eines ERF-Tastarrays*

Bei einer Ausführungsvariante ist die Membran über den Tastkammern an ihrer Unterseite vollflächig mit einer geerdeten Metallfolie als Elektrode versehen. Der Boden des Tastarrays besteht aus isoliert angeordneten Einzelelektroden, an die voneinander unabhängig Hochspannung gelegt werden kann. Alle Hochspannungselektroden nutzen als gemeinsame Gegenelektrode die geerdete Metallfolie. Zwischen den Hochspannungselektroden und der Metallfolie befindet sich die ER-Flüssigkeit. Bei geeigneter Ansteuerung der Einzelelektroden kann ein gewünschtes Tastprofil erzeugt werden. Der Vorteil dieser Variante ist, dass man zwischen den einzelnen Aktoren keine Trennwände braucht, welche die Tasteigenschaften beeinflussen würden.

### 4.6.3 Entwurfsaufgabe Stoßdämpfer

Am Beispiel eines Schwingungs- und Stoßdämpfers für den Einsatz in Personenkraftwagen (Pkw) soll nun die Vorgehensweise beim Entwurf von ERF-Dämpfern gezeigt werden. Auslegungshinweise für Hilfsmassedämpfer findet man z.B. in [Rec96].

Für den Dämpferbau kommen grundsätzlich alle drei Wirkprinzipien in Bild 4.8 in Frage. Die hier vorgesehene Anwendung lässt den Quetschmodus aufgrund seiner kleinen Wegamplituden allerdings von vornherein als ungeeignet erscheinen. Ausführungsbeispiele für ERF-Schwingungs- und Stoßdämpfer nach dem Fließ- und Schermodus sind in Bild 4.19 dargestellt. Vergleicht man beide Moden hinsichtlich der erzielbaren Schubspannungen, so zeigt sich, dass letzterer effizienter ist. Er soll daher die Grundlage der weiteren Ausführungen bilden; der Entwurfsweg orientiert sich an der in [Häg90] beschriebenen Vorgehensweise.

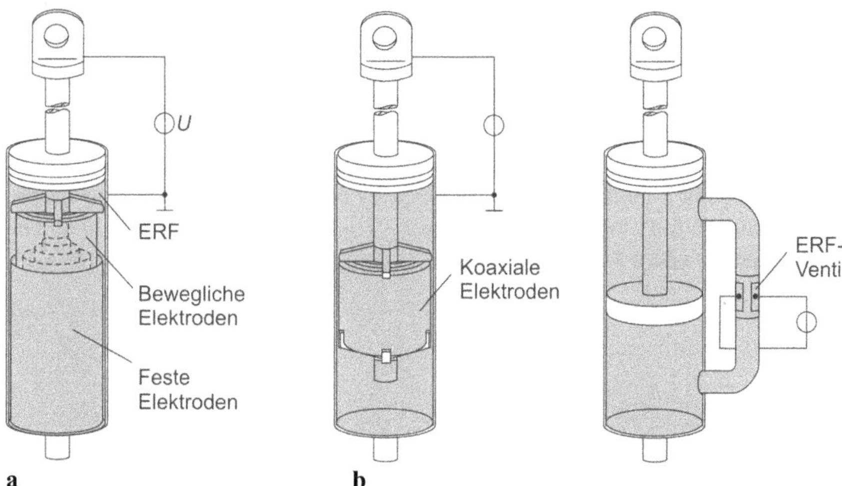


***Bild 4.19*** *Ausführungsbeispiele für elektrorheologische Schwingungs- und Stoßdämpfer.* ***a*** *Schermodus,* ***b*** *Fließmodus (in den praktischen Ausführungen sorgt ein Gasvolumen im unteren Dämpferbereich, das durch eine elastische Membran von der ERF getrennt ist, für den Volumenausgleich der mehr oder weniger eintauchenden Kolbenstange)*

Elektrisch steuerbare Stoßdämpfer in Pkws müssen die folgenden Forderungen erfüllen (zugrunde gelegt ist eine Dämpfergeschwindigkeit von $v_D = 1$ m/s).

1. Die maximale Dämpferkraft soll $F_{Dmax} \geq 3$ kN sein.
2. Die minimale Dämpferkraft soll $F_{Dmin} \leq 200$ N betragen ($F_{Dmin} = F_D(E = 0)$). Somit gilt $F_{Dmax}/F_{Dmin} = k \geq 15$.
3. Die Reaktionszeit des Dämpfers soll $t_s \leq 5$ ms sein, damit eine kontinuierliche Regelung der Dämpferkraft möglich ist.
4. Das zwischen den Elektroden (= Scherflächen) wirksame Volumen der ERF sollte, um sich konventionellen Dämpfer-Baugrößen anzugleichen, $V \leq 0{,}5$ l sein.
5. Die zur Aussteuerung des Dämpfers erforderliche elektrische Leistung $P_{el}$ soll $\leq 100$ W bleiben; hierbei sind Spannungen bis 5 kV erforderlich.

6. Die Dämpferfunktion muss mindestens im Temperaturbereich $-40\ °C \leq \vartheta \leq +120\ °C$ gesichert sein. Dies ist zu berücksichtigen, wenn die in Frage kommenden ERFs nach ihren Parametern Fließgrenze $\tau_0$, dynamische Viskosität $\eta$ und elektrische Leitfähigkeit $\kappa_{ERF}$ spezifiziert werden.

Praktische Untersuchungen zeigten, dass die zweite und die dritte Bedingung durch die meisten ERFs von vornherein erfüllt werden. Um ein möglichst großes $k$ zu erreichen, ist allerdings ein optimaler Elektrodenabstand einzuhalten, wie die folgende Überlegung zeigt.

Die Scherkraft, die ja gleich der Dämpferkraft $F_D$ ist, ergibt sich zu

$$F_D = A(v_D \eta / h + \tau_0), \tag{4.17}$$

mit der Scherfläche $A$ und der Spalthöhe $h$ (die identisch ist mit dem Elektrodenabstand). Der erste Summand steht für den viskosen Kraftanteil, der zweite berücksichtigt die zusätzliche Wirkung des elektrorheologischen Effekts (s. Gleichungen (4.9), (4.10)). Bezieht man $F_D$ auf das aktive Fluidvolumen $V = A \cdot h$, so erhält man für die Kraftdichte:

$$F_D / V = v_D \eta / h^2 + \tau_0 / h. \tag{4.18}$$

Unter den hier vorliegenden Rahmenbedingungen sei $h$ der einzig frei wählbare Entwurfsparameter. Die entsprechende funktionale Abhängigkeit $F_D/V = f(h)$ ist für drei unterschiedliche Grenzscherspannungen $\tau_0$ in Bild 4.20 dargestellt.

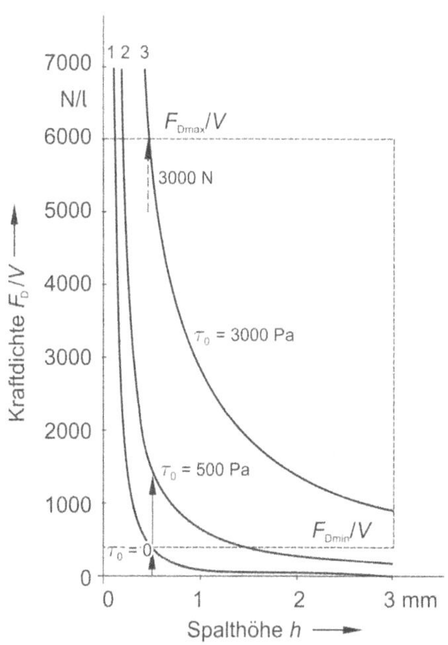


*Bild 4.20* *Schwingungsdämpfer nach dem Schereffekt. Kraftdichte in Abhängigkeit der Spalthöhe ($V = 0{,}5\ l$, $v_D = 1\ m/s$, $\eta = 100\ mPas$) [Häg90]*

Die Spalthöhe $h$ muss so gewählt werden, dass einerseits die viskose Kraftkomponente allein ($E$ = 0, Kurve 1) unterhalb der minimalen Kraftdichte $F_{\mathrm{Dmin}}/V$ bleibt, andererseits mit Hilfe des elektrorheologischen Effektes die maximale Kraftdichte $F_{\mathrm{Dmax}}/V$ erreicht wird ($E$ = 4,2 kV/mm, Kurven 2 und 3).

Eine problemgerechte Interpretation der Kurvenverläufe ergibt, dass dies mit den vorgegebenen Werten für $V$, $v_{\mathrm{D}}$ und $\eta$ nur möglich ist, wenn $\tau_0 \geq 3000$ Pa; hierfür folgt $h = 0{,}5$ mm als optimale Spalthöhe (vgl. Bild 4.19). Größere Spalthöhen würden zwar auf größere $k$-Werte führen, die geforderte Maximalkraft wird aber dann nicht mehr erreicht. Umgekehrt würde man mit kleineren Spalthöhen zwar eine größere Maximalkraft erzielen, dann jedoch nicht mehr den gewünschten $k$-Wert realisieren können. Größere Spalthöhen bei gleichzeitiger Einhaltung der $k$-Vorgabe sind somit nur möglich, wenn ERFs mit höheren Fließgrenzen verfügbar sind.

Auf der Basis dieser Überlegungen lässt sich ein analytischer Ausdruck für die bei optimaler Spalthöhe erforderliche Mindest-Grenzscherspannung angeben:

$$\tau_{0\mathrm{min}} = (k-1)\sqrt{\frac{F_{\mathrm{Dmax}} v_{\mathrm{D}} \eta}{Vk}}. \tag{4.19}$$

Diese Gleichung verknüpft mechanische und rheologische ERF-Eigenschaften, berücksichtigt aber nicht elektrische Kenngrößen. Da reale ERFs keine idealen Isolatoren sind, sondern eine nennenswerte elektrische Leitfähigkeit $\kappa_{\mathrm{ERF}}$ aufweisen können (vgl. Bilder 4.5 und 4.15a), wird unter Einfluss des elektrischen Steuerfeldes $E$ in ihnen Wirkleistung umgesetzt, die sich als Verlustleistungsdichte

$$\xi = \kappa_{\mathrm{ERF}} \cdot E^2 \tag{4.20}$$

darstellen lässt. Man könnte $\xi$ verringern, indem man beispielsweise die Scherflächen (= Elektrodenflächen) verkleinert. Diese Maßnahme würde dann allerdings ERFs mit höheren $\tau_0$-Werten erfordern, sofern $F_{\mathrm{Dmax}}$ nicht reduziert werden darf.

Weitere Erkenntnisse lassen sich gewinnen, wenn man die elektrische Steuerleistung $P_{\mathrm{el}}$ einführt und den Zusammenhang

$$\xi_{\mathrm{max}} = \kappa_{\mathrm{ERF\,max}} \cdot E_{\mathrm{D}}^2 \equiv P_{\mathrm{el}} / V \tag{4.21}$$

berücksichtigt ($E_{\mathrm{D}}$: Durchschlagfeldstärke). Einsetzen von Gl. (4.20) in Gl. (4.18) führt schließlich auf eine Beziehung zwischen mechanischen, rheologischen und elektrischen Dämpfergrößen:

$$\tau_{0\mathrm{min}} = (k-1)\sqrt{\frac{F_{\mathrm{Dmax}} v_{\mathrm{D}} \eta \xi}{P_{\mathrm{el}} k}}. \tag{4.22}$$

Die grafische Umsetzung des Funktionals $\tau_0 = f(\xi)$ zeigt Bild 4.21. Als horizontale Grenzlinie $\tau_{0\mathrm{min}}$ ist die aus den Bedingungen (1) bis (4) folgende Schubspannung eingetragen, die – wie bereits Bild 4.20 ergab – für eine ERF mit $\eta$ =100 mPa s etwa 3000 Pa beträgt. Wird die Viskosität temperaturbedingt kleiner, so verringert sich dieser $\tau_{0\mathrm{min}}$-Wert, und umgekehrt.

Durch die schattierte Fläche wird dieses Verhalten für den Viskositätsbereich $\eta$ = 50 … 250 mPa s berücksichtigt. Aus den Bedingungen (4) und (5) folgt weiter, dass die maximal zulässige elektrische Verlustleistungsdichte 200 W/l beträgt; dieser Wert ist im Zustandsdiagramm als vertikale Grenzlinie eingezeichnet. Zu beachten ist auch, dass eine Änderung des aktiven Fluidvolumens die Abhängigkeit $\tau_{0\min} = f(\xi)$ beeinflusst, was Bild 4.21 für zwei weitere Viskositäten verdeutlicht.

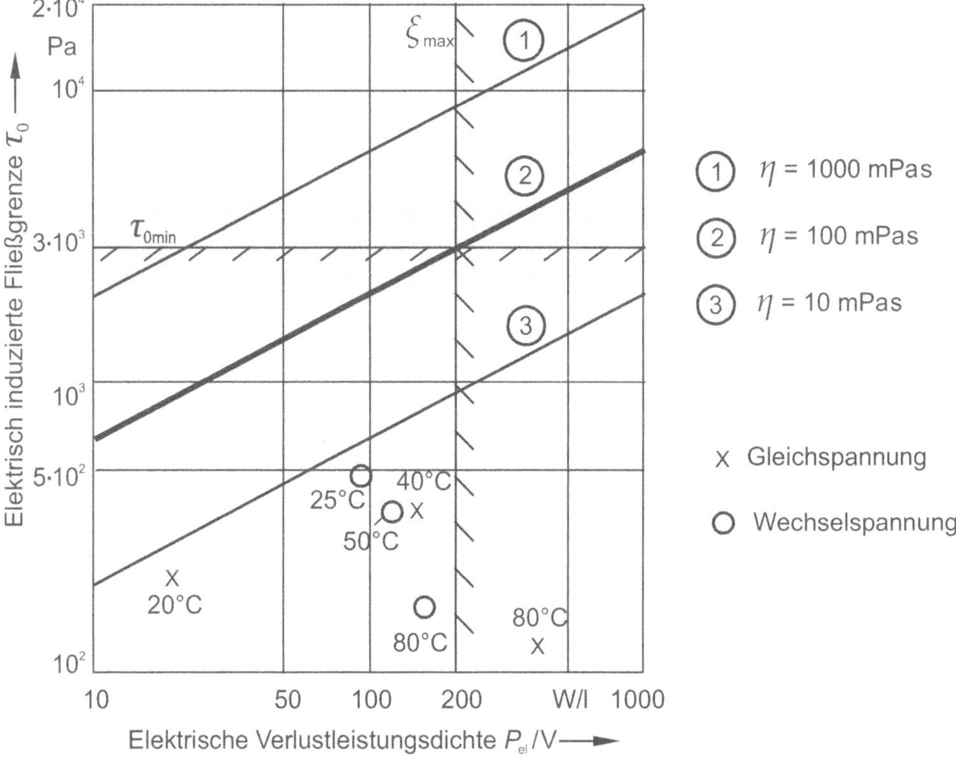


***Bild 4.21*** *Zustandsdiagramm für ERF-Kenngrößen ($E = E_D$) [Häg90]*

Die verfügbaren ERFs können nun hinsichtlich ihrer Eignung für den Aufbau von Stoßdämpfern verglichen werden, wenn man aus den Datenblättern die konkreten Werte für $\tau_{0\min}$ und $\xi$ in dieses Diagramm einträgt. Das ist in Bild 4.21 für zwei ERFs erfolgt, die für den Einsatz in Stoßdämpfern getestet wurden. Die Viskositäten lagen – temperaturabhängig – im Bereich 50 … 250 mPa s, wobei die Messungen sowohl mit Gleich- als auch mit Wechselspannung durchgeführt wurden. Die Ergebnisse zeigen, dass $\tau_{0\min}$ in allen Fällen um mindestens eine Zehnerpotenz zu klein ist. Die $\xi$-Werte lagen zwar diesseits der Grenzlinie; mit höheren Betriebstemperaturen nahm die elektrische Leitfähigkeit aber derart zu, dass die Grenzleistung sogar überschritten wurde. Dies bedeutet, dass die Stoßdämpfer nicht mit diesen ERFs realisierbar sind und daher besser geeignete Fluide ausgewählt werden müssen.[17]

## 4.7 Entwicklungstendenzen

Die Forschungen und Entwicklungen der vergangenen Jahre haben zu Verbesserungen sowohl der rheologischen als auch der elektrischen Eigenschaften von elektrorheologischen Flüssigkeiten geführt. Beispielsweise wirkten die ersten ERFs noch stark abrasiv; bei modernen ERFs spielt dieser Nachteil durch Verwendung nicht abrasiv wirkender Polymerpartikel, die zudem extrem beständig gegen mechanischen Verschleiß sind, keine Rolle mehr.

Bei manchen ERFs kann über kurz oder lang Sedimentation und Agglomeration der Partikel beobachtet werden; ein zusätzlicher Störeffekt ist die Elektrophorese. Die zunehmende Beherrschung dieser Probleme ergibt ERFs mit stabileren und besser reproduzierbaren rheologischen und elektrischen Kennwerten, was für viele potenzielle Einsatzbereiche, z.B. in der Kraftfahrzeugtechnik, eine entscheidende Voraussetzung für den Anwendungserfolg darstellt.

Bei künftigen ERFs wird die Scherspannung weiter erhöht und die Schwellfeldstärke $E_0$ verringert; die Temperaturabhängigkeit der Kennwerte wird verkleinert, gleichzeitig wird der Arbeitstemperaturbereich erweitert. Als Folge einer reduzierten elektrischen Leitfähigkeit kann die notwendige Steuerleistung herabgesetzt werden; hierdurch vermindert sich der Elektronikaufwand, was wiederum der breiteren Akzeptanz von Anwendungen mit ERF-Aktoren zugute kommen wird.

Es gibt heute viele ERFs im Forschungsbereich, aber wenig industriell einsetzbare Fluide. Die Entwicklungsarbeit geht daher in Richtung robuste ERF. Hierbei ist das Eigenschaftsspektrum an die spezifischen Anforderungen der Anwendungen anzupassen, d.h. für verschiedene Applikationen muss es unterschiedliche ERFs geben. Mehr als bisher ist bei der Entwicklung von ERF-Aktoren eine mechatronische Vorgehensweise zu berücksichtigen, d.h. ERF-Wandler, Leistungsverstärker/Regler und ER-Fluid sind von vornherein als Komponenten desselben Systems aufzufassen und daher von Beginn an gemeinsam zu konzipieren.

[17] Magnetorheologische Flüssigkeiten haben wesentlich höhere Grenzscherspannungen, siehe Kapitel 5. Das ist einer der Gründe dafür, dass diese – seit etwa 2002 – in elektrisch steuerbaren Fahrwerksdämpfern eingesetzt werden.

# 5 Aktoren mit magnetorheologischer Flüssigkeit

Magnetorheologische Flüssigkeiten (MRFs) besitzen ähnliche rheologische Eigenschaften wie elektrorheologische Fluide. Viele der Aussagen in Kapitel 4 lassen sich daher auf MRFs übertragen. Andererseits zeigen sich auch deutliche Unterschiede, z.B. hinsichtlich des Temperatureinsatzbereiches, der Stärke des Effektes, der Basisviskosität oder der Art der Ansteuerung. Speziell die optimale Auslegung des erforderlichen Magnetkreises stellt an den Entwickler von MRF-Aktoren hohe Anforderungen.

## 5.1 Physikalischer Effekt

Magnetorheologische Flüssigkeiten (MRF) sind Suspensionen aus magnetisierbaren Teilchen in einer Trägerflüssigkeit mit kleiner Permeabilitätszahl. Unter Einfluss eines magnetischen Feldes ändern die Suspensionen ihre magnetischen, elektrischen, thermischen, akustischen und optischen Eigenschaften und insbesondere ihr rheologisches Verhalten. Mit wachsender magnetischer Flussdichte steigt der Fließwiderstand merklich an, wobei die suspendierten Teilchen magnetische Dipole bilden, die sich entsprechend den magnetischen Feldlinien anordnen, in Wechselwirkung treten und entlang der magnetischen Feldlinien Ketten und Agglomerate formen. Diese Ketten sind mechanisch belastbar, was zur Bildung einer Grenzscherspannung führt. Der magnetorheologische Effekt, der erstmals Ende der 1940er Jahre von Jacob Rabinow beschrieben wurde, ist vollständig steuerbar und umkehrbar, d.h. nach Abschalten des Magnetfeldes nehmen die Teilchen wieder ihre ursprüngliche, statistische Verteilung ein. Die Schaltzeiten für die Strukturänderungen liegen im Millisekundenbereich.

Da ER- und MR-Fluide ähnliches rheologisches Verhalten zeigen, haben die Fließkurven $\tau(\dot{\gamma})$ für beide Fluide qualitativ den gleichen Verlauf (vgl. Bild 4.3b). Bei einer MRF ist lediglich die magnetische Flussdichte $B$ anstelle der elektrischen Feldstärke $E$ zu setzen. Darüber hinaus können die meisten der rheologischen Aussagen in Kapitel 4 sinngemäß auf MRF übertragen werden.

# 5.2 Technische Realisierung

## 5.2.1 Materialien

Die ursprünglich geringe Reproduzierbarkeit der Eigenschaften von MR-Flüssigkeiten, die starke Sedimentation und die hohe Abrasivität behinderten lange Zeit die Entwicklung von magnetorheologischen Produkten. In den letzten Jahren wurden jedoch besonders in den USA und in Deutschland MR-Suspensionen mit starkem MR-Effekt, einer deutlich verbesserten Sedimentationsstabilität und verringerter Abrasivität[18] für den kommerziellen Markt entwickelt. Inzwischen gibt es eine Vielzahl unterschiedlicher MR-Produkte (siehe z.B. [5.1, 5.2]).

MR-Flüssigkeiten bestehen aus der Trägerflüssigkeit, den suspendierten magnetisierbaren Teilchen und dem Stabilisator. Meistens werden Silikon- und Mineralöle als niedrigpermeable Trägerflüssigkeit verwendet. Diese muss geringe Viskosität aufweisen, in einem breiten Temperaturbereich stabil und beispielsweise mit Dichtungsmaterialien verträglich sein. Die Teilchen haben üblicherweise einen Durchmesser von 1 bis 10 µm; als Materialien finden stark ferromagnetische Verbindungen wie Karbonyleisen, Magnetit sowie Eisen-Kobalt- und Eisen-Nickel-Legierungen Anwendung. Ihr Volumenanteil beträgt je nach Einsatzgebiet 20 … 60 %. Die dritte Komponente, der Stabilisator, soll die Teilchen vor Sedimentation und Koagulation schützen. Hierfür werden oberflächenaktive Substanzen wie z.B. Ölsäure oder alkalische Seifen eingesetzt. Die Dichte der gesamten Suspension liegt etwa zwischen 3 g/cm$^3$ und 4 g/cm$^3$.

Bei Zimmertemperatur beträgt die Basisviskosität einer herkömmlichen MRF-Suspension bis zu mehrere 100 mPa s. Die Scherspannung kann durch Vergrößern der Teilchenzahl pro Volumen oder durch Verwendung größerer Teilchen bei konstantem Teilchenanteil gesteigert werden. Beide Methoden führen jedoch zu einer deutlichen Erhöhung der Basisviskosität, wodurch u.a. die Steuerspanne (vgl. Gl. (4.8)) verkleinert wird.

MR-Suspensionen sind superparamagnetisch, d.h. ideal weichmagnetisch. Ihre Sättigungsmagnetisierung und die Permeabilität sind von der magnetischen Feldstärke abhängig, und ihr magnetisches Verhalten ist hysteresefrei. Die übertragbare Scherspannung $\tau$ steigt mit wachsender magnetischer Flussdichte $B$ nach einer Potenzfunktion; bei mittlerer magnetischer Induktion ist ein linearer Anstieg zu beobachten (s. Bild 5.1a). Wenn die magnetische Flussdichte sich der Sättigungsmagnetisierung nähert (je nach MR-Flüssigkeit bis etwa 800 mT), steigt die Scherspannung immer weniger steil an. Die Scherspannung, die durch die MR-Flüssigkeit übertragen werden kann, wird durch die Sättigungsmagnetisierung begrenzt und kann 100 kPa und mehr erreichen.

---

[18] Das abrasive Verhalten von MR-Fluiden wird in verfeinerter Form zum Polieren von optischen Linsen genutzt: MagnetoRheological Finishing.

In einem Magnetfeld zeigen die MR-Suspensionen eine Grenzscherspannung $\tau_0$, die im Vergleich zu ER-Fluiden wesentlich höher ist, da die magnetische Wechselwirkung zwischen den Partikeln um Größenordnungen stärker ist. Ohne Steuerfeld verhalten sich die MRFs wie newtonsche Flüssigkeiten, d.h. bei Scherung zeigt die Scherspannung $\tau$ eine lineare Abhängigkeit von der Scherrate $\dot{\gamma}$ (s. Bild 5.1b). Stehen sie hingegen unter Einfluss eines steuernden Feldes, weisen sie annähernd die Eigenschaften eines Bingham-Mediums auf, und die Grenzscherspannung steigt mit stärker werdendem Magnetfeld. Beim Fließen bildet sich – wie bei der ERF – ein Plateau mit konstanter Strömungsgeschwindigkeit. Die Größe dieses Plateaus wächst, je stärker das Magnetfeld wird. Nimmt diese Fläche den gesamten Querschnitt ein, kommt der Volumenfluss zum Erliegen.

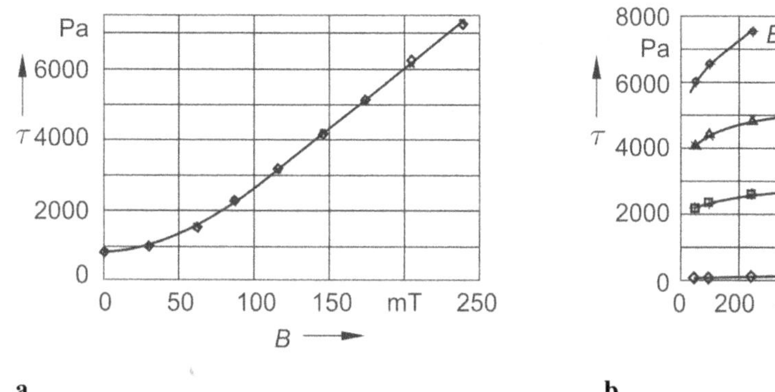


***Bild 5.1*** *Scherverhalten der MRF DEA 252, Scherflächen aus nichtmagnetischem Stahl.* ***a*** *Abhängigkeit* $\tau$ *(B) bei* $\dot{\gamma}$ *= 1000* $s^{-1}$*,* ***b*** *Abhängigkeit* $\tau$ *(* $\dot{\gamma}$ *) bei verschiedenen Flussdichten und* $\vartheta$ *= 23 °C [Böl99]*

Die Abhängigkeiten in Bild 5.1 wurden mit einem modifizierten Rotationsrheometer gemessen, bei dem die beiden Scherflächen aus nichtmagnetischem Werkstoff bestanden. Die gleiche MRF wurde außerdem in einer Messanordnung untersucht, bei der die Scherflächen und die Flussführung aus magnetischem Stahl gefertigt waren. Bild 5.2 zeigt, dass in diesem Fall die Scherspannungen deutlich höher sind als beim nichtmagnetischen Rotor, da die Teilchenketten an der magnetischen Scherfläche wesentlich besser haften. Durch eine Oberflächenrauheit in der Größenordnung der suspendierten Teilchen kann eine weitere Zunahme der übertragbaren Scherspannung erreicht werden.

Bild 5.3 zeigt am Beispiel der MRF DEA 252, dass – im Unterschied zu ERF (vgl. Bild 4.7) – die Scherspannung mit steigender Temperatur abnimmt. Ohne Magnetfeld ist die Zunahme der Scherspannung mit sinkender Temperatur deutlich stärker als mit Magnetfeld; folglich wird mit abnehmender Temperatur der MR-Effekt schwächer. Die elektrische Leitfähigkeit von MRF bei Raumtemperatur sowie deren Temperaturabhängigkeit sind – wiederum im Gegensatz zu ERF – so gering, dass sie für die meisten Anwendungen keine Rolle spielt.

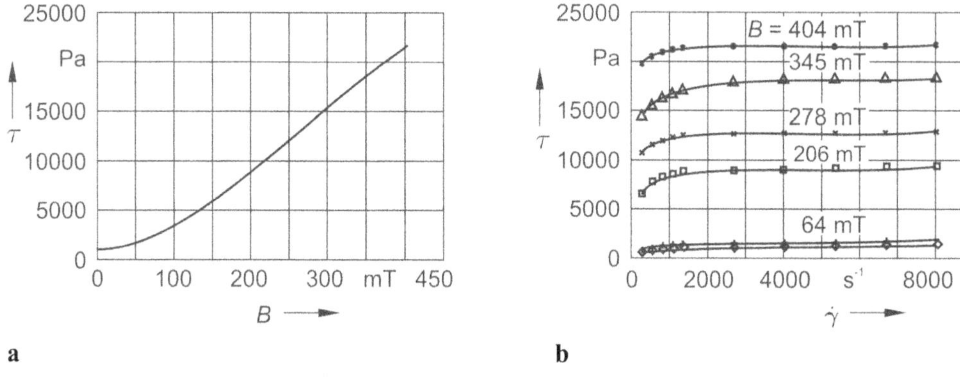


***Bild 5.2*** *Scherverhalten der MRF DEA 252, Scherflächen aus magnetischem Stahl.* ***a*** *Abhängigkeit τ (B) bei* $\dot{\gamma}$ *= 1000 s*$^{-1}$*,* ***b*** *Abhängigkeit τ (*$\dot{\gamma}$*) bei verschiedenen Flussdichten und* $\vartheta$ *= 28 °C [Böl99]*

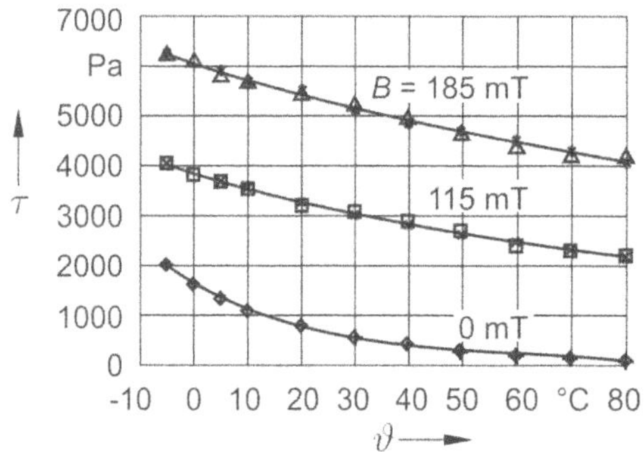


***Bild 5.3*** *Abhängigkeit τ (*$\vartheta$*) der MRF DEA 252 bei verschiedenen Flussdichten und* $\dot{\gamma}$ *= 1000 s*$^{-1}$ *[Böl99]*

In Tabelle 5.1 sind Kennwerte aus den Datenblättern zweier kommerzieller MR-Fluide auszugsweise wiedergegeben. Beide Flüssigkeiten basieren auf Hydrocarbonaten und sind für den Einsatz in energiedissipierenden Aktoren wie Schockabsorbern, Dämpfern und Bremsen vorgesehen.

Die tabellarisch aufgeführten Größen und Zahlenwerte, die dem Internet entnommen wurden, offenbaren ein gegenwärtiges Manko der im „open access“ verfügbaren MRF-Produktinformationen: Zur Charakterisierung der Fluide werden nur einige der relevanten physikalischen Größen mitgeteilt, ihre Auswahl variiert von Hersteller zu Hersteller und falls sie doch übereinstimmt, sind die Messwerte i.A. auf unterschiedliche Art und Weise erfasst worden. Gleiches gilt für die publizierten Kennlinienverläufe.

***Tabelle 5.1*** *Daten der magnetorheologischen Flüssigkeiten MRF-122 (Herst. Lord Corp., Cary/USA [5.1]) und Basonetic 5030 (Herst. BASF AG, Ludwigshafen [5.2])*

| | MRF-122 | Basonetic 5030 | |
|---|---|---|---|
| Scherspannung | | 50,4...49,3...48,5 | kPa |
| ($B = 0{,}7$ T, $\dot{\gamma} = 100\ \text{s}^{-1}$) | | ($\vartheta = 10...40...70$ °C) | |
| Permeabilitätszahl | | 7,96 | |
| Dichte | 2,32...2,44 | 4,12 | g/cm$^3$ |
| Feststoffanteil | 72 | | % |
| Partikelgröße | 1 ... 20 | | µm |
| Arbeitstemperaturbereich | –40 ... +130 | | °C |

Neben MR-Flüssigkeiten mit Teilchen im Größenbereich einiger Mikrometer sind MR-Fluide bekannt, deren Partikel einen Durchmesser von nur 30 nm aufweisen. Die Teilchen dieser sog. Nano-MRFs bestehen aus Ferrit und machen ca. 60 % des Gesamtgewichts der Suspension aus. Solche MR-Flüssigkeiten haben eine Dichte von ca. 2 g/cm$^3$ und sind aufgrund der geringen Größe ihrer Teilchen extrem absetzstabil, und ihre Abrasivität kann praktisch vernachlässigt werden. Andererseits ist die maximal übertragbare Scherspannung von etwa 7 kPa wesentlich niedriger als bei MR-Suspensionen mit Eisenpartikeln.

MRFs sind nicht mit Ferrofluiden zu verwechseln. Während in MRFs die Wechselwirkungen zwischen den Partikeln für die Steuerbarkeit der rheologischen Eigenschaften verantwortlich sind, ist eine gegenseitige Beeinflussung der Partikel in Ferrofluiden unerwünscht. Zur Vermeidung der Partikelwechselwirkungen ist es erforderlich, eine Partikelgröße von wenigen Nanometern und einen Volumenanteil der Partikel von ca. 10 % nicht zu überschreiten. Durch die geringe Größe der Partikel und die großen Abstände zwischen ihnen erreicht man, dass die thermische Energie der Partikel größer ist als die Wechselwirkungsenergie, wodurch eine Kettenbildung vermieden wird. Ferrofluide werden in Drehdurchführungen als Flüssigdichtung (z.B. bei Schrittmotoren) und in Lautsprechern zur Dämpfung der Membranbewegungen eingesetzt sowie in der Chemotherapie oder in der Hyperthermotherapie von Tumor-Erkrankungen zum Stofftransport und zur Stofffixierung.

## 5.2.2 Wirkprinzipien

MRF-Wandler basieren bisher auf drei verschiedenen Wirkprinzipien, die getrennt oder kombiniert auftreten können: Schermodus, Fließmodus und Quetschmodus. In allen Fällen befindet sich die Flüssigkeit – in Übereinstimmung mit den Gegebenheiten bei ERF-Wandlern – in einem Spalt innerhalb der magnetischen Flussführung. Die Feldlinien des magnetischen Steuerfeldes verlaufen senkrecht zur Scher- oder Fließrichtung der MRF. Bild 5.4 erläutert die genannten Betriebsmodi.

Im *Schermodus* bewegen sich die Platten parallel zueinander, und die übertragbare Kraft bzw. das Moment kann mit Hilfe des magnetischen Feldes gesteuert werden. Zu den Anwendungen des Schermodus zählen Kupplungen und Bremsen sowie elektrisch steuerbare Dämpfer. Im *Fließmodus* strömt die MRF durch einen Spalt innerhalb der magnetischen Flussführung. Das Steuerfeld beeinflusst den Fließwiderstand der MRF und somit auch den Druckabfall $\Delta p = p_1 - p_2$. Solche Proportionalventile benötigen keine beweglichen mechanischen Teile; sie werden überwiegend in Stoß- und Schwingungsdämpfern sowie in Hydrauliksystemen mit der MRF als hydraulisches Medium verwendet. Im *Quetschmodus* ändert sich der Abstand zwischen den parallelen Platten, was eine Quetschströmung hervorruft. In diesem Modus können relativ große Kräfte erzielt werden; er eignet sich daher besonders zur Dämpfung von Schwingungen mit Amplituden im Millimeterbereich und hochdynamischen Kräften.

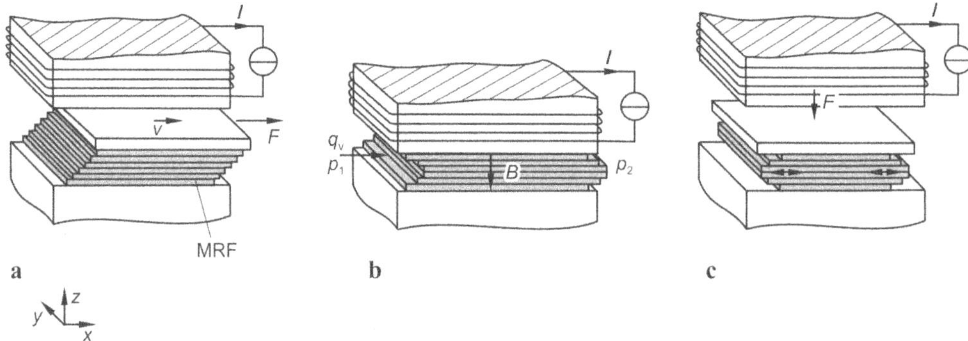


***Bild 5.4*** *Wirkprinzipien von MRF-Wandlern.* ***a*** *Schermodus,* ***b*** *Fließmodus,* ***c*** *Quetschmodus*

Die Beschreibung der MRF-Wirkprinzipien bestätigt die Verwandtschaft zwischen elektro- und magnetorheologischen Flüssigkeiten. So nimmt es nicht wunder, dass die Gleichungen (4.9) bis (4.16) auch für den Entwurf von MRF-Wandlern genutzt werden können.

In jüngster Vergangenheit wurde ein vierter MRF-Modus nachgewiesen, der als *magnetic gradient pinch* (*MGP*-)Mode bezeichnet wird [CG08]. Er beruht auf der Wirkung eines rotationssymmetrischen Magnetfeldes am inneren Rand einer kreisförmigen Blende (s. Bild 5.5). Ohne Feldeinfluss durchströmt die MRF diese Blende ungestört, mit wachsender Feldstärke wird das Fluid jedoch – ausgehend vom Blendenrand – zunehmend verfestigt. Dieser Einschnüreffekt (engl. *pinch effect*) reduziert den effektiven Blendendurchmesser $D_{\mathrm{eff}}$, der sich üblicherweise im Bereich weniger Millimeter bewegt. Im Unterschied zum Fließmodus (Bild 5.4b), bei dem in einem felddurchsetzten Spaltvolumen die gesamte MRF plastisch wird, verfestigt sich die MRF hier lediglich in etwa konzentrischen Teilquerschnitten der Blende.

Die beschriebene kontinuierliche Betriebsweise wird durch die Charakteristik $\Delta p(q_{\mathrm{v}})$ in Bild 5.5a qualitativ veranschaulicht. Im Unterschied zum Fließmodus, bei dem die Kennlinien $\Delta p(q_{\mathrm{v}})$ in Abhängigkeit von der Feldstärke ungefähr parallel verschoben sind (vgl. Bild 4.13b), ändert sich hier zusätzlich die Steigung $\theta$ der Kennlinien. Verwendet man Suspensionen mit größeren und damit billigeren Ferritpartikeln (ca. 100 µm), kann ein weiterer Effekt auftreten: Bei einer bestimmten kritischen Feldstärke $H_{\mathrm{krit}}$ kommt es zu reversiblen Verklemmungen der Teilchen in der Blende; die Strömung stoppt abrupt und es entsteht ein steiler Druckanstieg, der zu einer Druckdifferenz zwischen Blendenausgang und -eingang in der Größenordnung von einigen Megapascal führt (s. Bild 5.5b). Diese bistabile Betriebsweise wird als Klemmeffekt (engl. *jamming effect*) bezeichnet. Die Zukunft wird zeigen, inwiefern der MGP-Modus mit seinen beiden Effekten in neuen technischen Produkten genutzt werden kann.

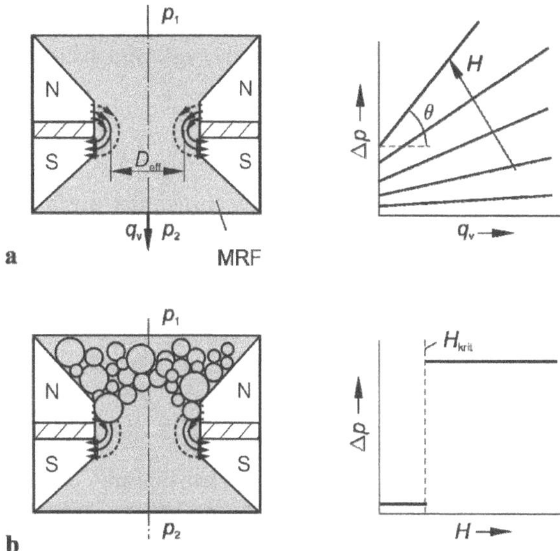


***Bild 5.5*** *MGP-Modus. **a** Einschnüreffekt, **b** Klemmeffekt [CG08]*

**Magnetorheologische Ersatzschaltung**

Das Übertragungsverhalten von MRF-Wandlern kann durch die Ersatzschaltung in Bild 5.6 veranschaulicht werden. Eingangsseitig bezeichnet $L$ die (stromabhängige) Induktivität des magnetischen Kreises einschließlich MRF, $R_{sp}$ ist der ohmsche Spulenwiderstand, und mit $R_{wi}$ wird der Einfluss von Wirbelströmen beim Betrieb mit Wechselfeldern berücksichtigt. Für den schnellen Aufbau eines Magnetfeldes muss die Zeitkonstante $T$ des Spulenstromes $i_L$ möglichst klein sein. Wird der Wandler an Spannung betrieben, ist $T = (L/R_{sp})\ (1+R_{sp}/R_{wi})$, wobei in der Regel $R_{sp} \ll R_{wi}$. Beim Wandlerentwurf sind also ein möglichst kleines $L$ und ein großes $R_{wi}$ anzustreben (letzteres z.B. mit Hilfe einer geblechten Flussführung wie bei Transformatorkernen). Die zeitverzögernde Wirkung von $L$ kann auch verringert werden, indem man die Spulenwicklung für eine hohe Stromdichte auslegt, allerdings hat dies einen deutlichen Anstieg der elektrischen Steuerleistung zur Folge. Eine andere Möglichkeit besteht darin, den Wandler mit Konstantstrom zu speisen; in diesem Fall gilt nämlich $T = L/R_{wi}$.

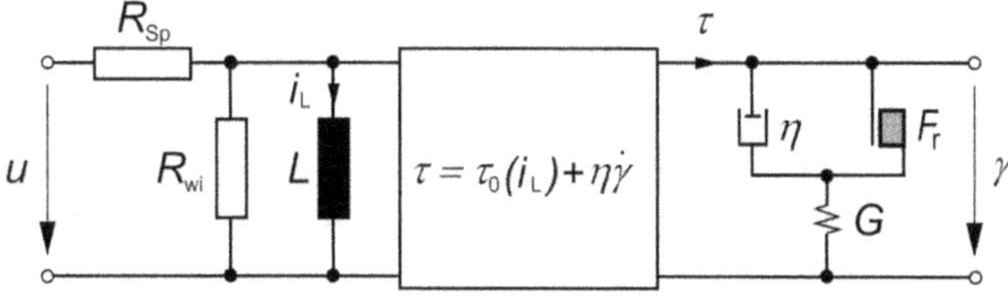


***Bild 5.6*** *Magnetorheologische Ersatzschaltung für MRF-Wandler*

Der rheologische Teil der Ersatzschaltung lässt sich durch einen Bingham-Körper modellieren, der in Zusammenhang mit dem ERF-Wandler bereits erläutert wurde (vgl. Bild 4.11).

### 5.2.3 Wandlerentwurf

Beim Entwurf von MRF-Wandlern müssen zunächst die Anforderungen aus der mechanischen Anwendung wie beispielsweise die gewünschten minimalen und maximalen Kräfte und Auslenkungen sowie das verfügbare Bauvolumen bedacht werden. Weitere Anforderungen, wie die maximal erforderliche elektrische Energie, die Reaktionszeit und Betriebsbedingungen wie beispielsweise der Arbeitstemperaturbereich, ergeben sich aus der jeweiligen Aufgabenstellung. Im Folgenden werden die wesentlichen Entwurfskriterien erläutert.

**Magnetischer Kreis**

Bei MRF-Aktoren besteht der magnetische Kreis aus Erregerspule(n), Flussführung, Permanentmagnet(en) und dem Arbeitsvolumen mit der MRF. Die Flussführung hat die Aufgabe, das Magnetfeld in das MRF-Volumen einzukoppeln, wobei dafür zu sorgen ist, dass das Feld senkrecht zur Scher- oder Strömungsrichtung der MRF im Spalt gerichtet und homogen verteilt ist. Die Flussführung soll möglichst klein bauen, damit der Aktor insgesamt leicht und kompakt gestaltet werden kann.

Für die Flussführung werden vorzugsweise weichmagnetische Werkstoffe eingesetzt, mit denen sich hohe Flussdichten bei kleinen Feldstärken erreichen lassen. Wünschenswert ist weiter eine geringe elektrische Leitfähigkeit, um die Wirbelstromverluste klein zu halten. Niedrige Wirbelstromverluste können auch durch Verwenden gesinterter Pulverwerkstoffe (z.B. Ferrit) erreicht werden, die allerdings eine geringe Sättigungsmagnetisierung haben und schlecht zu bearbeiten sind. Werden magnetische Stähle zur Führung des Magnetfeldes eingesetzt, sollten diese einen niedrigen Kohlenstoffgehalt besitzen. Durch Beimengen von Silizium lässt sich zwar der spezifische elektrische Widerstand vergrößern, jedoch wird die Sättigungsflussdichte herabgesetzt.

Die Berechnung des magnetischen Kreises beginnt damit, dass man den Kreis unter der Voraussetzung eines konstanten Magnetflusses in $n$ Abschnitte der Länge $l_{\mathrm{n}}$ mit jeweils gleichen magnetischen Eigenschaften zerlegt. Bezeichnet $A_{\mathrm{n}}$ den Querschnitt des Flusses in den einzelnen Abschnitten, so gilt wegen der Konstanz des Flusses

$$B_{\mathrm{n}} A_{\mathrm{n}} = \text{konst.} \tag{5.1}$$

Aus der Flussdichte $B_{\mathrm{n}}$ folgt die magnetische Feldstärke $H_{\mathrm{n}}$ mit Hilfe der Magnetisierungskurve des betreffenden Stoffes. Man beginnt mit der Flussdichte $B_{\mathrm{MRF}}$ im MRF-Spalt, deren betriebsmäßiger Maximalwert knapp unter dem Sättigungsbereich bleiben soll. Hierdurch wird einerseits eine hinreichend große Steuerspanne (s. Gl. (4.8)) des Wandlers gewährleistet; andererseits wird vermieden, dass Zuwächse im Bereich höherer Flussdichten durch eine überproportional große Zunahme der Amperewindungszahl erkauft werden müssen (mit den unerwünschten Folgen: unverhältnismäßige Erhöhung der Steuerleistung, Vergrößerung des Bauvolumens). Bei vielen MR-Fluiden liegt der Sättigungsbeginn bei etwa 600 bis 800 mT.

Die im Verhältnis zur Flussführung geringe Permeabilität der MRF ($\mu_{MRF} < 10$)[19] bestimmt den magnetischen Widerstand des Magnetkreises, was folgende Wirkung hat: Ist die Höhe des Spaltes nicht mehr klein gegen seine Querschnittsabmessungen, weitet sich das Magnetfeld im Spalt, und dessen Querschnitt muss größer angesetzt werden, als es den Polflächen der unmittelbar angrenzenden Flussführung entspricht. Geeignete Vergrößerungsfunktionen können der einschlägigen Literatur entnommen werden oder man nutzt kommerzielle FEM-Programme, die diesen Effekt berücksichtigen.

Mit Dauermagneten kann der magnetische Arbeitspunkt eines MRF-Aktors auch ohne Feldspule und damit ohne elektrische Ansteuerleistung eingestellt werden. Der Arbeitspunkt des Magneten liegt immer auf seiner Entmagnetisierungskurve, d.h. im zweiten Quadranten des $B_M$,$H_M$-Diagramms (vgl. hierzu Bild 3.15 in Abschnitt 3.6.4). Dauermagnete besitzen aufgrund ihrer geringen Permeabilität einen nennenswerten magnetischen Widerstand. Bei dem NdFeB-Magneten in Bild 3.15 ist beispielsweise $\mu_r = 1{,}1$. Wird ein magnetischer Kreis betrachtet, bestehend aus dem MRF-Spalt der Länge $l_{MRF}$, einer magnetischen Flussführung aus Weicheisen mit $\mu_r >> 1$ und einem Dauermagneten, so folgt aus dem Durchflutungsgesetz (Gleichung (3.5)) unter Vernachlässigung von Streufeldern und des magnetischen Widerstands der Flussführung

$$H_{MRF} l_{MRF} + H_M l_M = 0. \tag{5.2}$$

$H_{MRF}$ und $H_M$ sind die magnetischen Feldstärken in der MRF bzw. im Dauermagneten, und $l_M$ ist die Länge des Dauermagneten. Mit Gl. (5.1) erhält man

$$B_{MRF} A_{MRF} = B_M A_M. \tag{5.3}$$

$B_{MRF}$ und $B_M$ sind die magnetischen Flussdichten im MRF-Spalt bzw. im Dauermagneten und $A_{MRF}$ und $A_M$ die zugehörigen Querschnittflächen. Vorgegeben sind in den meisten Fällen die Abmessungen des MRF-Spaltes und $B_{MRF}$. Gesucht sind die Abmessungen des Dauermagneten und sein Arbeitspunkt $H_{Mo}$, $B_{Mo}$. Zu beachten ist, dass $H_M < 0$ und somit auch $H_{Mo} < 0$. Die Gleichungen (5.2) und (5.3) lassen sich wie folgt zusammenfassen:

$$B_M = -\frac{l_M}{l_{MRF}} \frac{A_{MRF}}{A_M} \mu_0 \mu_{MRF} H_M. \tag{5.4}$$

Der Arbeitspunkt des Magneten ergibt sich als Schnittpunkt dieser Geraden mit der Entmagnetisierungskurve des Magneten; er kann durch Verändern der Magnetabmessungen variiert werden. Befindet sich der Magnet innerhalb einer vollständig geschlossenen Flussführung, so liegt der Arbeitspunkt bei der Remanenzflussdichte $B_r$. Wird der Magnetkreis geöffnet, wandert der Arbeitspunkt auf der Entmagnetisierungskurve in Richtung $H_C$. Wünschenswert ist, dass der Arbeitspunkt im Punkt größter magnetischer Energie liegt, d.h.

---

[19] Dieser Wert ist von gleicher Größenordnung wie der von Terfenol, daher können die Aussagen und Ergebnisse aus Abschnitt 3.3.1 sinngemäß auch hier angewendet werden.

$$(H_M B_M)_{max} = H_{Mo} B_{Mo}. \tag{5.5}$$

Dieses Ziel ist in der Praxis nicht immer zu erreichen. Nach Gl. (5.4) müssen AlNiCo-Magnete eine große Länge in Magnetisierungsrichtung besitzen, um stabil zu bleiben. Die Aussteuerung um den Arbeitspunkt wird üblicherweise mit Hilfe von Spulen vorgenommen, deren Feld das Feld des Dauermagneten verstärkt oder schwächt. Für die Auslegung des Dauermagneten unter Berücksichtigung von Streufeldern und Sättigungseffekten in der Flussführung sind ebenfalls leistungsfähige, kommerzielle FEM-Programme (vgl. Abschnitt 1.5) verfügbar.

### Rheologisches Konzept

**Kupplungen und Bremsen.** Kupplungen und Bremsen mit MR-Flüssigkeit basieren überwiegend auf dem Schermodus. Wenn die Scherflächen, die den MRF-gefüllten Raum begrenzen, aus hochpermeablem Material bestehen, ist eine gute Haftung der Kettenstruktur an den Scheroberflächen im magnetischen Feld sichergestellt. Die Scherspannungen, die auf diese Weise erzielt werden, können wesentlich höher sein als bei nichtmagnetischen Scherflächen. Bei einer Oberflächenrauheit, die zwei- bis dreimal so groß ist wie der Radius der suspendierten Teilchen, werden die von einer MR-Flüssigkeit übertragbaren Kräfte trotz geringerer magnetischer Flussdichte hinreichend groß.

Kupplungen und Bremsen, die auf dem Schermodus beruhen, können mit scheibenförmigen oder zylinderförmigen Scherflächen entworfen werden (vgl. Bild 5.7). Bei der Scheibenkupplung (oder Scheibenbremse) sind Bauvolumen und Gewicht geringer als bei der Zylinderkupplung. Das Gewicht wird noch weiter gesenkt, wenn man die Kupplung für eine niedrige Maximalinduktion in der MR-Flüssigkeit auslegen kann, weil damit auch die erforderliche elektrische Steuerleistung sinkt. Grundsätzlich ist jedoch zu beachten, dass die suspendierten Teilchen bei hohen Drehzahlen und kleinen Feldstärken nach außen wandern und somit eine Teilchenverarmung im Spalt erfolgt (s. hierzu Abschnitt 5.5.3). Ausführliche Entwurfshinweise sind beispielsweise in [Böl99] zu finden.

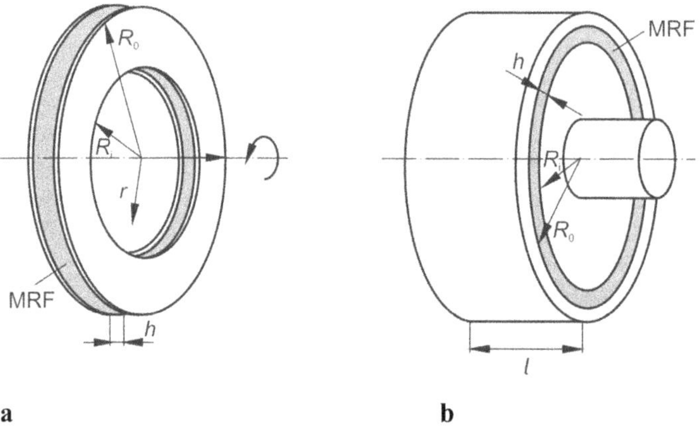


***Bild 5.7*** *Prinzipieller Aufbau von MRF-Kupplungen.* ***a*** *Scheibenkupplung,* ***b*** *Zylinderkupplung*

**Dämpfer für größere Schwingungsamplituden.** MRF-Dämpfer für Schwingungsamplituden von einigen Millimetern und mehr nutzen hauptsächlich den Fließmodus, indem ein MRF-Proportionalventil in den Kolben oder, im Falle eines Doppelrohrdämpfers, in den Bypass integriert wird (vgl. Bild 5.9). Im Automobilbereich werden MRF-Dämpfer insbesondere als Stoßdämpfer im Fahrwerk oder zur Dämpfung des Fahrersitzes in Nutzfahrzeugen und Personenkraftwagen eingesetzt [5.1]. Vor allem in Stoßdämpfern können bei hohen Kolbengeschwindigkeiten Volumenströme und Scherraten in den MRF-Ventilen entstehen, die wesentlich höher sind als beispielsweise im Schermodus. Dämpfer für Schwingungsamplituden von wenigen Millimetern können auch im Schermodus aufgebaut werden, z.B. in Form einer zylindrischen Doppelspaltanordnung. Drehschwingungsdämpfer werden analog zu MRF-Bremsen im Schermodus realisiert.

Beim Aufbau eines MRF-Stoßdämpfers mit Proportionalventilen muss der Einfluss der Reaktionszeit der MRF berücksichtigt werden. Geringe Ventillänge, kleine Spaltbreite und ein hoher Volumenstrom können bei höheren Kolbengeschwindigkeiten eine Abnahme des MR-Effektes bewirken. Durch längere MRF-Ventile wird die Verweildauer der MRF-Partikel im magnetischen Feld des MRF-Ventils erhöht. Die dadurch bewirkte höhere Grunddämpfung ohne Magnetfeld kann durch eine größere Spaltbreite des Ventils verringert werden, wodurch die mittlere Strömungsgeschwindigkeit der MRF weiter reduziert wird. Eine größere Ventillänge und eine größere Spaltbreite bewirken eine Zunahme des magnetischen Widerstandes der MRF-Ventile. Andererseits kann die maximale magnetische Flussdichte in der MRF auf den Sättigungsbeginn beschränkt werden, da höhere magnetische Induktionen die erzielbaren Dämpfungskräfte beeinflussen. Konkrete Entwurfshinweise findet man wiederum in [Böl99].

**Dämpfer für kleine Schwingungsamplituden.** Die Messergebnisse aus Abschnitt 5.3 zeigen, dass MRFs im Quetschmodus sehr hohe Normalspannungen übertragen können, deutlich höher als im Scher- oder Fließmodus. Daher eignet sich der Quetschmodus zur Dämpfung von Schwingungen mit hohen Kraftamplituden und kleinen Wegamplituden im Millimeter- und Submillimeterbereich, wie sie beispielsweise bei Werkzeugmaschinen auftreten.

Aufgrund der kleinen Schwingungsamplituden zeigen Dämpfer im Quetschmodus oft viskoelastisches Verhalten. Die elastischen Schwingungsanteile sorgen unter anderem für eine Abnahme der im Dämpfer dissipierten Energie; diese Anteile können mit Hilfe einer elektrischen Steuerung, die an das Bewegungsverhalten des Dämpfers angepasst ist, verringert werden.

Abschließend sind in Tabelle 5.2 wichtige Eigenschaften von magnetorheologischen Flüssigkeiten für den Aufbau von Wandlern zusammengestellt.

*Tabelle 5.2 Wichtige Eigenschaften von magnetorheologischen Flüssigkeiten für den Wandlerbau*

| Vorteile | Nachteile |
|---|---|
| – Fließwiderstand über mehrere Größenordnungen elektrisch steuerbar*<br>– Kurze Reaktionszeit (ms-Bereich)*<br>– Einfache mechanische Konstruktionen möglich*<br>– Vielfältig einsetzbar (Kupplungen, Ventile, Dämpfer)*<br>– Moderate Ströme und Spannungen zur Ansteuerung erforderlich<br>– Unempfindlich gegenüber Verunreinigungen<br>– Magnetischer Widerstand weitgehend temperaturunabhängig | – Ungesicherte Alterungsbeständigkeit*<br>– Auslegung eines magnetischen Kreises notwendig (Spule, Flussführung)<br>– Ungeklärte Materialverträglichkeit<br>– Datenblätter für Vergleiche unzureichend<br>– Kommerzielle Messtechnik nur beschränkt verfügbar |

*ähnliche Eigenschaften wie elektrorheologische Flüssigkeiten

# 5.3 Messen von MRF-Kenngrößen

Hinsichtlich der Verfügbarkeit kommerzieller Messtechnik und standardisierter Messverfahren gilt die Aussage in Abschnitt 4.4 auch für MR-Fluide. Es ist daher hilfreich, wenn der Anwender dieser Flüssigkeiten zumindest über einige Grundkenntnisse der Methoden und Verfahren zur Untersuchung von MRF-Eigenschaften verfügt.

## 5.3.1 Rheologische Kenngrößen

**Schermodus**

Für den Entwurf von MRF-Aktoren im Schermodus wird insbesondere die Scherspannung in Abhängigkeit von der magnetischen Flussdichte, der Scherrate und der Temperatur benötigt. Eine Untersuchung von MRF-Eigenschaften im Schermodus kann mit Hilfe von modifizierten Rotationsrheometern durchgeführt werden. Searle-Rotationsrheometer (s. Bild 4.12b) eignen sich für die Modifikation am besten, da die magnetische Flussführung einfacher in den Stator integriert werden kann. Für die Untersuchung von MRFs kommen insbesondere zylindrische Doppelspalt- und Kegel-Platte-Anordnungen in Frage [Böl99].

Bei der Doppelspalt-Anordnung in Bild 5.8 bilden die beiden Polschuhe jeweils ein 90°-Segment des Außenzylinders. Sie werden durch zwei weitere 90°-Segmente aus niederpermeablem Material zu einem Zylinder vervollständigt. Der Innenzylinder besteht ebenfalls aus hochpermeablem Material zur Flussführung und niederpermeablem Material zur Ergänzung der Zylinderform. Im Idealfall wird genau die Hälfte der Rotormantelfläche vom Magnetfeld durchflutet (vgl. Bild 5.8), d.h. diese Hälfte geht in die Berechnung der Schubspannung $\tau$ aus dem gemessenen Drehmoment $M$ ein. (Bei der Bestimmung von $\tau$ bei $B = 0$ T muss natürlich die gesamte Mantelfläche berücksichtigt werden.)

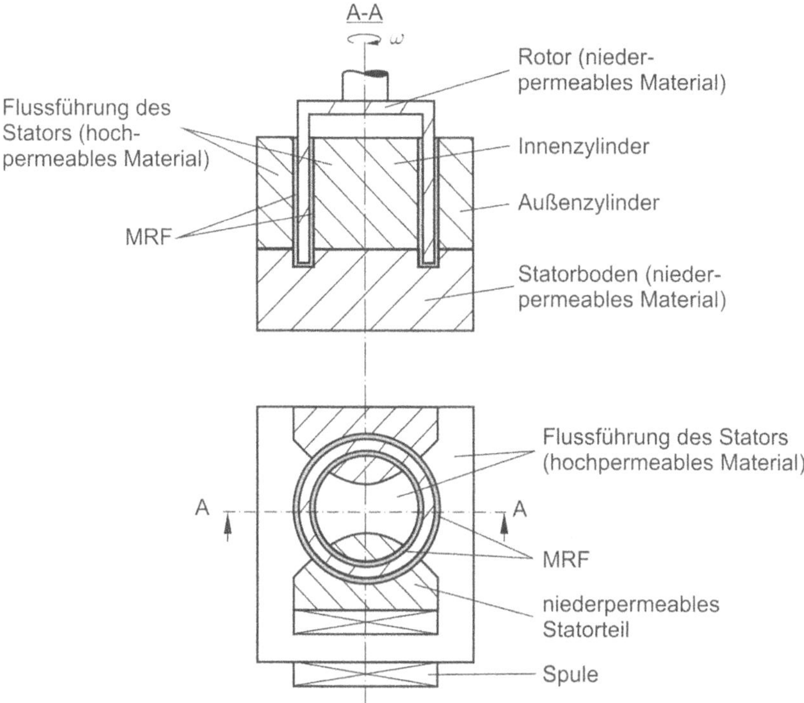


***Bild 5.8*** *Rotationsrheometer mit koaxialer Doppelspaltmessanordnung*

Der Rotor (Prüfzylinder) muss aus nichtmagnetischem Material gefertigt sein, sofern Kräfte auf den Rotor und somit auf die Lager des Rheometers aufgrund magnetischer Feldinhomogenitäten vermieden werden sollen. Will man allerdings den Einfluss von magnetischen Werkstoffen auf die übertragene Scherspannung untersuchen, müssen Prüfzylinder und Flussführung aus magnetischem Stahl gefertigt sein. Auf die Tatsache, dass Scherspannung und Scherrate im Messspalt der Zylinderanordnung nicht konstant sind, und auf die Notwendigkeit einer hierauf abgestellten Vorgehensweise bei der Auswertung von Messwerten wurde bereits in Abschnitt 4.4 hingewiesen.

**Fließmodus**

Für die Untersuchung des Fließverhaltens von MRFs kann ein Messdämpfer mit Bypass gemäß Bild 5.9 eingesetzt werden. Gehäuse und Kolbenrohr bestehen aus hochpermeablem Material. Das vom Kolben verdrängte Flüssigkeitsvolumen fließt durch den Bypass, in den MRF-Ventile integriert sind. Das von der Spule erzeugte magnetische Feld verläuft senkrecht zur Strömungsrichtung der MRF durch die Ventile. Der mittlere Teil des Bypasses zwischen den Ventilen ist feldfrei und besitzt eine deutlich höhere Spaltbreite als die MRF-Ventile, um den Strömungswiderstand in diesem Bereich zu reduzieren. Im mittleren Teil des Bypasses zwischen den Ventilen ist ein Temperatursensor angeordnet, der die Betriebstemperatur der MRF im Messdämpfer kontrolliert.

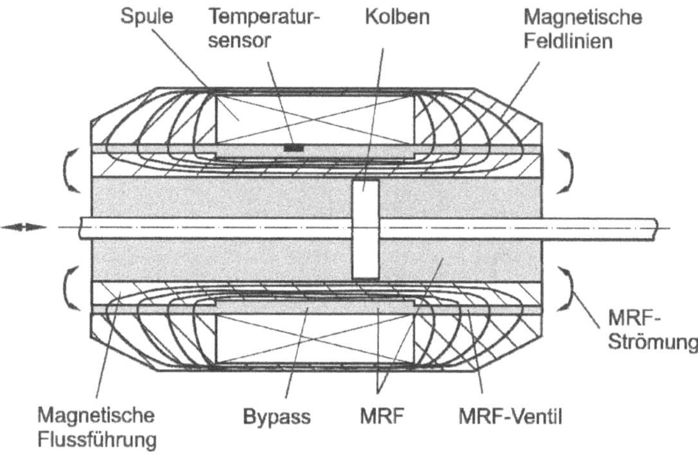


*Bild 5.9* *Prinzipieller Aufbau eines MRF-Messdämpfers [Böl99]*

Der Dämpfer ist modular aufgebaut; durch Modifikation des Kolbenrohres im Bereich der MRF-Ventile können die Länge der Ventile und die Spaltbreite variiert werden. Der Kolben besitzt einen Durchmesser von 30 mm und kann einen maximalen Weg von 120 mm verfahren. Es können Ventile bis zu einer Gesamtlänge von 56 mm integriert werden. Mit Hilfe eines elektromotorisch angetriebenen Exzenters wird dem Dämpfer ein sinusförmiger Weg-Zeit-Verlauf eingeprägt. Die Kraft, die der Dämpfer der Bewegung des Kolbens entgegensetzt, wird mittels eines piezoelektrischen Kraftsensors erfasst. Ein ohmscher Wegsensor misst die Verschiebung des Kolbens und ein Differenzierer errechnet hieraus die Kolbengeschwindigkeit, die in diesem Aufbau maximal erreicht werden kann.

**Quetschmodus**

Bild 5.10 zeigt den prinzipiellen Aufbau eines Normalspannungsmessplatzes für geringe Deformationsamplituden, mit dem die Abhängigkeit der Normalspannung von der Deformation der MRF und von der magnetischen Flussdichte untersucht werden kann. Hierzu wird das von einer Spule erzeugte magnetische Feld mit Hilfe der Flussführung parallel zur Richtung der Deformationsschwingung in die MRF eingekoppelt. Die mechanische Anregung erfolgt hier durch einen Piezotranslator, der sinusförmige Kraftverläufe mit Amplituden bis zu 4,5 kN und Stellwege bis zu 120 μm erzeugt.

Die MRF befindet sich in zwei Spalten zwischen der vom Piezostapel angetriebenen Scheibe und der Flussführung. Die Spalte sind über einen äußeren Kunststoffrahmen zu einer Kammer verbunden. Bei einer Bewegung der Scheibe wird die MRF aus dem einen Spalt in den anderen gedrückt. Die von der MRF der Deformation entgegengebrachte Kraft wird mittels eines Kraftsensors gemessen, die Bewegungsamplitude der Scheibe erfasst ein Wegsensor. Die Spalthöhe in ihrer Grundeinstellung beträgt 1 mm, so dass sich mit oben erwähnter Translatorauslenkung eine relative Änderung der Spalthöhe von 0,06 ergibt.

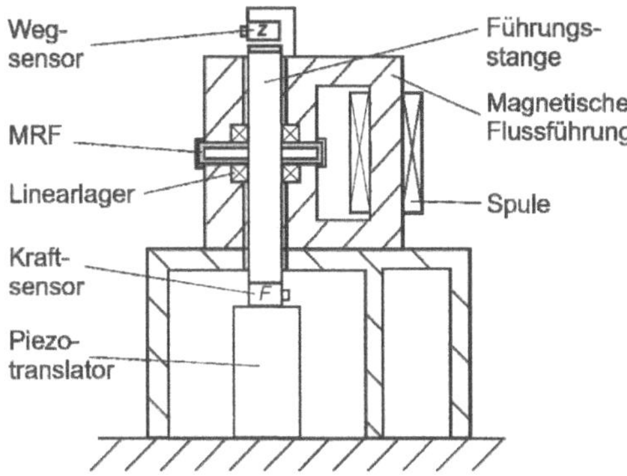


***Bild 5.10*** *Messplatz zur Untersuchung von MRFs im Quetschmodus [Böl99]*

Bild 5.11 zeigt die mit einer MRF aufgenommene, hysteresebehaftete Kraft-Weg-Abhängigkeit. Ohne Magnetfeld zeigt die MRF die Eigenschaften einer newtonschen Flüssigkeit. Bei $B_{\mathrm{MRF}}$ = 75 mT sind sowohl viskose als auch elastische Anteile im Verhalten der MRF erkennbar. Mit zunehmender magnetischer Flussdichte nimmt der plastische Anteil der MRF im Messspalt zu, während der viskose Anteil kleiner wird. Die starke Neigung der Kurve bei $B_{\mathrm{MRF}}$ = 500 mT zeigt, dass die MRF bei dieser Flussdichte nahezu ausschließlich elastische Eigenschaften besitzt. Aus den bereits im Abschnitt 4.4.1 („Quetschmodus") genannten Gründen ergibt sich dennoch nicht das Verhalten einer idealen Feder.

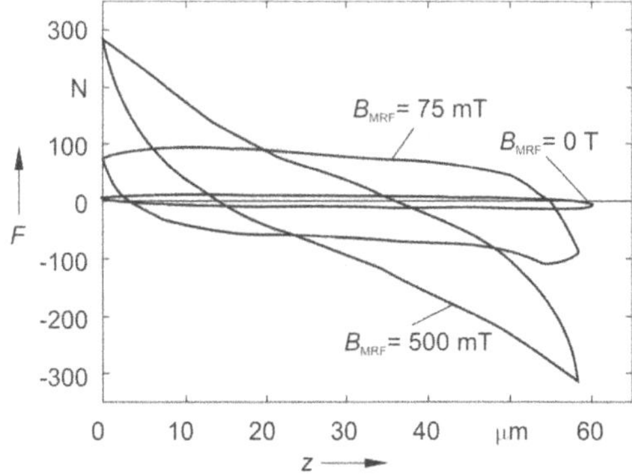


***Bild 5.11*** *Kraft-Weg-Abhängigkeit eines MRF-Wandlers im Quetschmodus [Böl99]*

# 5.4 Elektronische Leistungsverstärker

Für eine bestimmte Anwendung sind die vom MR-Fluid zu übertragene mechanische Spannung oder der Druckabfall und die maximale Betriebsfrequenz fest vorgegeben. Dadurch sind die maximale magnetische Flussdichte in der MRF, die Abmessungen des Arbeitsraumes der MRF und somit der magnetische Kreis festgelegt. Aus den Spulendaten errechnet sich der maximale Erregerstrom des Wandlers. Die maximale Blindleistung des Verstärkers folgt mit Kenntnis der Spuleninduktivität und der maximalen Betriebsfrequenz, die erforderliche Wirkleistung setzt sich aus den Kupferverlusten, den Wirbelstromverlusten und der abgegebenen mechanischen Leistung zusammen. (Aus allgemeiner Sicht wird das Thema Leistungsverstärker in Kapitel 11 behandelt).

### 5.4.1 Analoge Leistungsverstärker

Zur Ansteuerung magnetorheologischer Energiewandler mit Analogverstärkern werden spannungsgesteuerte Stromquellen und -senken verwendet. Um eine Spule mit der Induktivität $L$ und dem ohmschen Widerstand $R_{sp}$ bei einer Frequenz $f_{max}$ mit einem maximalen Erregerstrom $I_{max}$ treiben zu können, muss die Versorgungsspannung des Verstärkers mindestens

$$U_S = I_{max}\sqrt{R_{sp}^2 + \left(2\pi f_{max} L\right)^2} \tag{5.6}$$

betragen. Im statischen Betrieb tritt bei maximaler Erregung lediglich der Spannungsabfall $I_{max}R_{sp}$ an der Spule auf. Bei Analogverstärkern fällt in diesem Fall daher fast die gesamte Spannung $U_S$ an den Leistungstransistoren ab, in denen dann ungefähr die Verlustleistung $U_S I_{max}$ in Wärme umgewandelt wird.

Die Stromquelle zur Ansteuerung des MRF-Wandlers wird je nach Anforderung und Aufbau des Wandlers (z.B. mit oder ohne Permanentmagneten) als Viertel-, Halb- oder Vollbrückenschaltung ausgeführt (s. Bild 5.12). Da die Transistoren quasi als steuerbare elektrische Widerstände verwendet werden, besitzt der analoge Verstärker eine hohe Verlustleistung und einen geringen Wirkungsgrad. Er kann den Iststrom allerdings sehr genau ausregeln, was eine hohe Signalgüte (kleiner Klirrfaktor, geringe Sollstrom-Iststrom-Abweichung) zur Folge hat.

Eine Reduzierung der Verlustleistung lässt sich durch den Aufbau der Leistungsendstufe in Klasse-C-Technik erreichen. Hier tritt im Gegensatz zur Klasse-A-Technik bei einem Ausgangsstrom $I = 0$ keine Verlustleistung auf. Allerdings ist die Signalgüte bei Klasse-C-Verstärkern aufgrund von Übernahmeverzerrungen geringer als bei Klasse-A-Verstärkern. Klasse-B- oder Klasse-AB-Schaltungen sind ungebräuchlich, da hier die Vorteile der Klasse-A-Technik nicht genutzt werden, die Übernahmeverzerrungen der Klasse-C-Technik aber bereits auftreten.

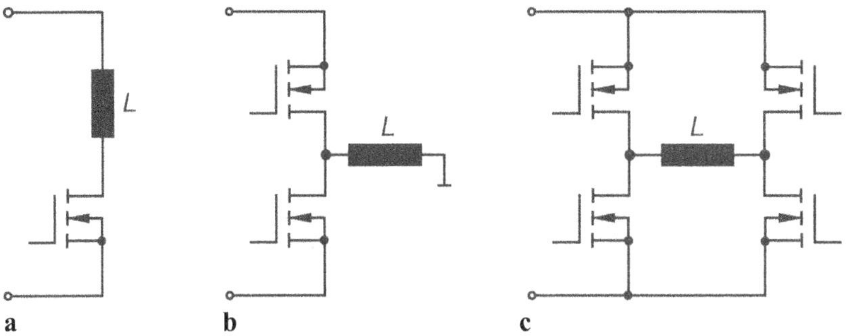


***Bild 5.12*** *Endstufen analoger Leistungsverstärker.* ***a*** *Viertelbrücke,* ***b*** *Halbbrücke,* ***c*** *Vollbrücke*

## 5.4.2 Schaltende Leistungsverstärker

Schaltende Leistungsverstärker unterscheiden sich von analogen dadurch, dass die Leistungstransistoren als schnelle elektronische Schalter eingesetzt werden. Das Prinzip eines schaltenden Verstärkers für bipolare Ausgangsströme zeigt Bild 5.13. Solange die Transistoren $T_1$ und $T_4$ leiten, fließt ein Strom in positiver Zählpfeilrichtung durch die Spule; werden $T_1$ und $T_4$ gesperrt und $T_2$ und $T_3$ geöffnet, fließt er in negativer Zählpfeilrichtung. Auf diese Weise wird eine bipolare pulsweitenmodulierte Ausgangsspannung erzeugt, und es ergibt sich ein Iststrom $I_{ist}$, der dem Sollwert $I_{soll}$ im Mittel folgt, jedoch mit der Schaltfrequenz um diesen schwankt. Eine genaue Signalverlaufsformung ist damit nicht möglich.

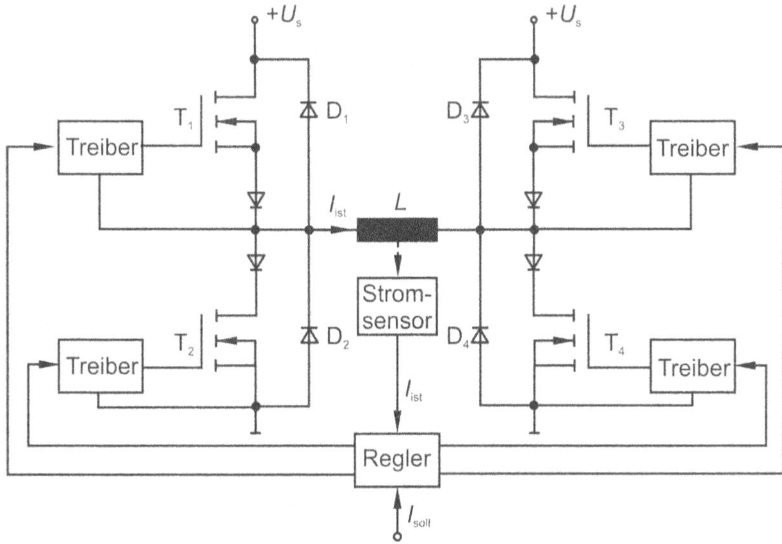


***Bild 5.13*** *Prinzipieller Aufbau eines schaltenden Verstärkers*

Die beste Regelung ist eine Dreipunktregelung mit variabler Toleranzbandbreite, die einerseits nahe beim Sollwert, andererseits aber möglichst selten schaltet. Die Schalthäufigkeit bestimmt sowohl die thermische Belastung der Transistoren als auch die mechanischen Oberwellen im MRF-Wandler. Schaltende Konzepte ohne Energierückgewinnung verlagern die Wärmeleistung auf robuste passive Bauelemente (Widerstände) und können so hinsichtlich der elektrischen und thermischen Dimensionierung der Transistoren Vorteile gegenüber analogen Verstärkern bieten. Da die zulässige Betriebstemperatur passiver Elemente in der Regel höher ist als die von Halbleitern, können der Kühlaufwand und somit die Herstellungskosten weiter reduziert werden.

Die elektrischen Verluste in einem Schaltverstärker entstehen lediglich während der kurzen Schaltzeiten der Transistoren. Daher besitzen diese Verstärker einen deutlich höheren Wirkungsgrad als analoge Verstärker. Andererseits erzeugt der schaltende Verstärker aufgrund der steilen Aus- und Einschaltflanken hochfrequente elektromagnetische Störimpulse.

Während bei analogen Verstärkern die in der Erregerspule gespeicherte Energie beim Feldabbau im Transistor in Wärme umgewandelt wird, kann man bei schaltenden Verstärkern dafür sorgen, dass diese Feldenergie in die Spannungsversorgung zurück fließt und zwischengespeichert wird, um beim Feldaufbau wieder verwendet zu werden. Durch diese Art von Energierückgewinnung lässt sich der Aktorwirkungsgrad spürbar vergrößern. Das Schaltnetzteil wird dazu bidirektional für variable Eingangs- und Ausgangsspannungen ausgeführt, und die in die Spannungsversorgung fließende elektrische Ladung wird in einem Kondensator des Schaltnetzteils gespeichert. Ein konkretes Ausführungsbeispiel wird in Abschnitt 5.5.2 (Motorlager) erläutert.

# 5.5 Anwendungsbeispiele

## 5.5.1 Bremse

1995 brachte die US-Firma Lord Corp. als erstes kommerzielles Produkt mit magnetorheologischer Flüssigkeit eine Scheibenbremse für Heimtrainer auf den Markt. Im Vergleich zu Wirbelstrombremsen sorgt die MRF-Bremse schon bei niedriger Drehzahl $n$ für ein großes Bremsmoment, und dieses Moment $M$ ist über den Steuerstrom $I$ regelbar, wobei es weitgehend unabhängig von der Drehzahl ist. Der grundsätzliche Aufbau der Bremse mit ihrer Kennlinie $M(I)$ ist in Bild 5.14 zu sehen. Die beiden Spalte zwischen dem Gehäuse und der Bremsscheibe sind mit MR-Flüssigkeit gefüllt, und das von der Spule erzeugte magnetische Feld verläuft senkrecht zur Scherrichtung durch die MR-Flüssigkeit.

Der äußere Durchmesser der Bremse beträgt $d = 92$ mm, und man braucht für sie eine Steuerleistung von etwa $P = 10$ W beim Steuerstrom von $I = 1$A. Die mechanische Energie von maximal $P_W = 700$ W wird in Wärme umgewandelt. Mit überschaubarem Änderungsaufwand kann diese Bremse in eine Scheibenkupplung umkonstruiert werden.

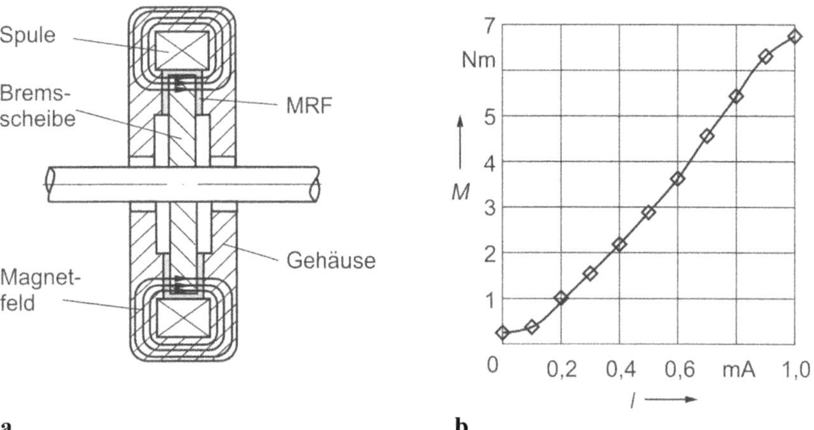


***Bild 5.14*** *MRF-Bremse.* ***a*** *Schematischer Aufbau,* ***b*** *Abhängigkeit des Bremsmoments M vom Steuerstrom I im Bereich 200 min*$^{-1}$ *< n < 1000 min*$^{-1}$ *[5.1]*

## 5.5.2 Motorlager

Motorlager in Kraftfahrzeugen sollen eine Reihe von Funktionen erfüllen, die widersprüchliche Eigenschaften verlangen: Um guten Fahrkomfort zu gewährleisten, müssen einerseits die Schwingungen, die durch die Unebenheiten der Fahrbahn über das Fahrwerk des Autos eingekoppelt werden und die im Bereich der Motoreigenfrequenzen liegen, durch ein Motorlager hoher Steifigkeit bedämpft werden. Anderseits sollen auch die höherfrequenten Vibrationen vom Fahrgastraum entkoppelt werden, die entstehen, wenn sich der Motor im Drehzahlbereich oberhalb der Leerlaufdrehzahl bewegt. Dazu bedarf es jedoch eines Lagers mit möglichst geringer Steifigkeit. Diese gegensätzlichen Ziele können mit Hilfe von lasttragenden Elementen realisiert werden, die in der Lage sind, ihre charakteristischen Eigenschaften an den jeweiligen Betriebszustand des Motors anzupassen. Die besten Ergebnisse werden durch direkte Einflussnahme auf die Schwingungsübertragung zwischen Fahrgestell und Motor erzielt.

Bild 5.15 zeigt den Prototypen eines elektrisch steuerbaren MRF-Motorlagers für Personenkraftwagen, das im Rahmen eines öffentlich geförderten Verbundprojektes realisiert wurde [5.3]. Ein konventionelles Gummi-Metall-Lager als „Grundlager" realisiert die erforderliche Querfestigkeit sowie das Grundniveau der Axialsteifigkeit (150 N/mm). Der MRF-Aktor und eine durch ihn aktivierbare Axialsteifigkeit (600 N/mm) werden dem Motor-Grundlager parallel geschaltet. Bei aktiviertem Aktor liegen beide Federelemente parallel; wird er ausgeschaltet, wirkt nur noch die Steifigkeit des Grundlagers. Der Aktor besteht aus einem dünnwandigen Hohlzylinder als Scherelement, das in der MRF rotiert; die Zusatzfeder liegt mit ihm in Reihe und ist mit einem Hebel angelenkt.

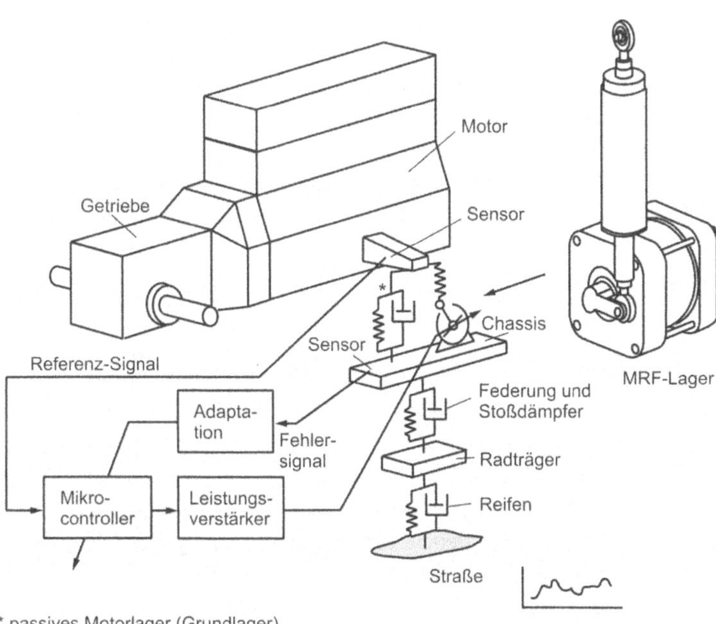


***Bild 5.15*** *Konzept eines semi-aktiven MRF-Motorlagers*

Mit dieser Konstruktion ist es einfach, die gewünschte und präzise Bewegung des Scherelements und die mechanische Übersetzung (Länge des Hebels zwischen Zylinderachse und Federangriffspunkt) zu realisieren. Die Eigenfrequenz des MRF-Lagers liegt bei 150 Hz und ist somit höher als die Anregungsfrequenz des Motors. Es ist für dynamische Kräfte von ±500 N und Stellwege von ±2 mm konzipiert. Der maximale magnetische Fluss im MRF-Spalt beträgt 600 mT und wird über die nachfolgend beschriebene, spezielle Leistungselektronik gesteuert, die durch Energierückgewinnung einen hohen Wirkungsgrad des Aktors sicherstellt.

Herkömmliche Analog- und Schaltverstärker müssen nicht immer die beste Lösung sein. Im Falle des MRF-Motorlagers sollte die Aktorinduktivität (Feldspule) mit unipolaren Stromimpulsen betrieben werden. Als Scheitelwert des Stromes war 13 A gefordert; seine Anstiegs- und Abfallzeiten sollten $\leq$ 1 ms sein bei einstellbaren Pulsdauern von 2 bis 25 ms. Eine Machbarkeitsstudie ergab, dass unter diesen Voraussetzungen in einem analogen Leistungsverstärker eine mittlere Verlustleistung von etwa 440 W auftreten würde. Bei einem Schaltverstärker, mit dem sich die in der Feldspule gespeicherte Energie teilweise zurückgewinnen ließe, wäre zur Regelung der Stromamplitude eine Schaltfrequenz von > 10 kHz erforderlich. Infolge der verhältnismäßig hohen Betriebsspannung von 170 V würde dies zu nennenswerten Verlusten in den Schalttransistoren und zu erhöhten Wirbelstromverlusten im Eisenkreis führen, d.h. ein grundsätzlicher Vorteil des Schaltverstärkers, nämlich sein hoher Wirkungsgrad, käme hier nur eingeschränkt zum Tragen.

Die Schaltung in Bild 5.16a liefert bessere Ergebnisse, indem sie elektrische Resonanzen nutzt und den Sollwert des Stromes bei deutlich verringerter Versorgungsspannung mit wenigen Schaltvorgängen aufrecht erhält. Hierzu wird der Kondensator $C_0$ auf die Spannung $u$ geladen, so dass die in ihm gespeicherte elektrische Energie gleich ist der magnetischen Energie, die nach vollständiger Energieübertragung in der Lastinduktivität $L$ enthalten ist. Zwischen den Zeitpunkten 0 und 1 ms sind die Transistoren $T_1$ und $T_2$ leitend; die Energie fließt von $C_0$ in die Last $L$ und führt dort zum Stromanstieg bis zum Sollwert (s. Bild 5.16b). In der Zeitspanne 1 ms bis 10 ms bleibt der Transistor $T_2$ leitend, und durch Schalten von $T_1$ wird zwischen den Zuständen „Nachladen" (aus der vergleichsweise niedrigen Batteriespannung) und „Halten" über $T_2$ und $D_1$ ständig gewechselt. Der Spannungshochsetzer ist während dieser Zeit inaktiv und durch $D_3$ überbrückt. Zum Zeitpunkt $t$ = 10 ms werden beide Transistoren gesperrt; die Energie fließt über $D_1$ und $D_2$ aus der Last zurück in den Kondensator und lädt diesen im Idealfall wieder auf das ursprüngliche Potenzial auf [5.3].

Diese Elektronik benötigt für den Betrieb des Motorlagers eine Leistung von ungefähr 20 W. Gegenüber einem äquivalenten Analogverstärker beträgt die Energieeinsparung also 95 %, was für den Einsatz im Kraftfahrzeug zweifellos einen wichtigen Vorteil darstellt.

Ein Funktionsmuster dieses Motorlagers wurde auf einem so genannten Einmassenprüfstand getestet. Auf diesem Prüfstand wird das fußpunkterregte Lager mit einer reibungsfrei gelagerten Masse, die der anteiligen Aggregatmasse des Zielfahrzeugs entspricht, statisch belastet und dann im relevanten Amplituden- und Frequenzbereich angeregt. Die Abstimmung der Dämpfungseigenschaften des Motorlagers ist so anzustreben, dass eine möglichst geringe Resonanzüberhöhung der durch die Fahrbahn angeregten Hubeigenfrequenz des Aggregats und gleichzeitig eine gute Isolation der Karosserie von den hochfrequenten Motoranregungen erzielt wird.

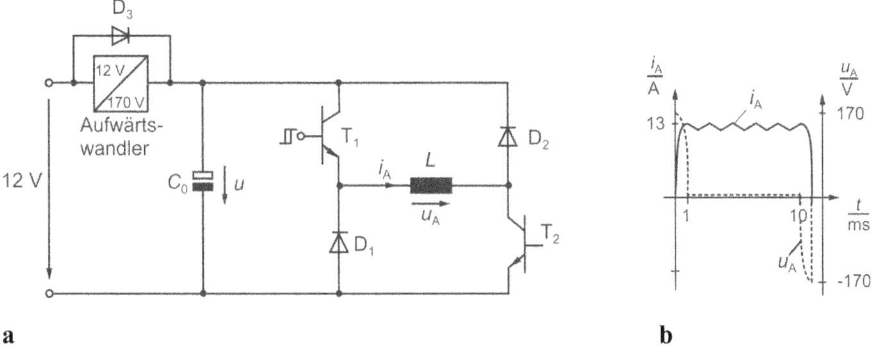


***Bild 5.16*** *Leistungselektronik für MRF-Wandler.* ***a*** *Stromlaufplan,* ***b*** *Strom-Zeit- und Spannung-Zeit-Kennlinie*

Bild 5.17 präsentiert Ergebnisse, die unter folgenden Betriebsbedingungen erzielt wurden: Die Feldspule des MRF-Aktors wurde mit Strömen unterschiedlicher Amplitude („gain") über verschieden lange Zeitintervalle, die jedoch stets kleiner blieben als die Periodendauer der eingeleiteten Schwingungen (50 … 300 ms), erregt. Die Angabe „gain unbestromt" beschreibt den Fall, dass die Zusatzfeder nicht aktiviert ist; bei „gain 1 A konstant" sind sowohl Basis- als auch Zusatzfeder dauernd wirksam. Man sieht, dass die Vergrößerungsfunktion mit den Ansteuerdaten 16 %, 5 ms eine niedrigere Resonanzüberhöhung erreicht als der Fall konstant 1 A (wenn auch bei niedrigerer Frequenz); sie ist aber überkritisch, dem ungedämpften Fall gleichwertig und erkauft somit die Dämpfung nicht durch eine schlechtere Isolation.

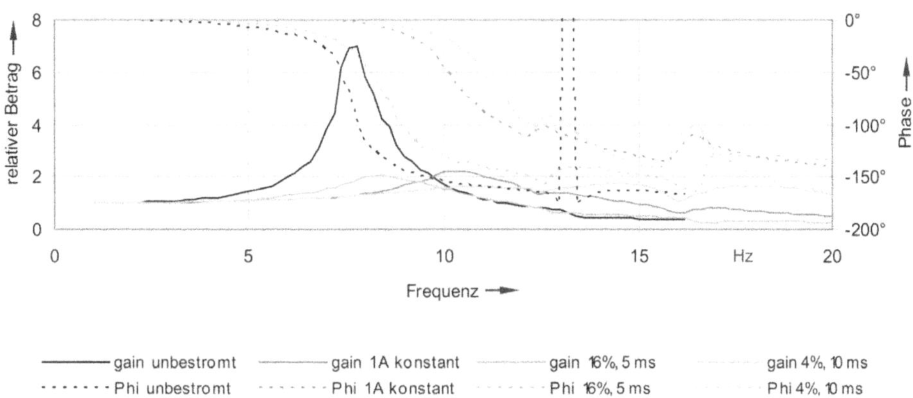


***Bild 5.17*** *MRF-Motorlager. Auf dem Einmassenprüfstand gemessene Amplitudengänge*

### 5.5.3 Spannvorrichtung für Werkstücke

Für die spanende Bearbeitung (z.B. Drehen, Fräsen) von komplex geformten Werkstücken werden diese mit Hilfe einer Spannvorrichtung auf der Werkzeugmaschine fixiert. Problematisch ist, dass die Teile hierbei ungewollt verformt werden und/oder nach der Bearbeitung und dem Entspannen wieder in ihre Ursprungsform zurückfedern können. Speziell bei den im Flugzeugbau verwendeten Titan-Legierungen kann sich darüber hinaus der thermische Formgedächtnis-Effekt negativ auswirken (vgl. Abschnitt 6.2). Dies führt zu der grundsätzlichen Forderung, dass Spannvorrichtungen einerseits möglichst geringe Kräfte auf das Werkstück ausüben, dieses andererseits aber den im Fertigungsprozess auftretenden Kräften sicher standhält, also seine Lage auf keinen Fall verändert.

Die konkret zu bewältigende Aufgabe verlangte die Entwicklung eines neuartigen Spannsystems, das zunächst über die erwähnten Grundeigenschaften verfügt, mit dem aber darüber hinaus das Spannen von Titan-Profilen für eine Fräsbearbeitung schneller erfolgen kann als bisher und möglichst viele Bearbeitungsschritte mit möglichst wenigen Umspannvorgängen vollzogen werden können. Aus einer Vielzahl von Lösungsvorschlägen kristallisierte sich das „Prinzip des offenen MRF-Bades“ als am besten geeignet heraus. Vorversuche mit Aluminium-Profilen ergaben, dass die Lage eines nichtmagnetischen Bauteils, das formschlüssig[20] in eine wenige Millimeter dünne MR-Fluidschicht taucht, durch die Bearbeitungskräfte des Fräsprozesses nicht verändert wird, sofern das Fluid einem hinreichenden starken Magnetfeld ausgesetzt wird.

Im Rahmen eines EU-geförderten Verbundprojektes wurde das beschriebene Spannverfahren realisiert [5.4]. Die Erzeugung des Magnetfeldes in der MRF erfolgte mit Hilfe einer elektrisch schaltbaren Magnetplatte, die in verschiedenen Abmessungen kommerziell angeboten wird, siehe Bild 5.18a. Mit der Platte fest verbunden wurde eine etwa 5 mm flache Wanne aus Aluminium; sie enthält die MRF, in die das Werkstück gelegt wird. Das für diese Anwendung eigens entwickelte Fluid wies eine Partikelkonzentration von etwa 50 Vol% auf und lieferte bei 400 mT eine Schubspannung von 40 kPa. An einem T-Profil aus Titan mit den Maßen $74 \times 76 \times 1276$ mm$^3$, dessen Fuß bis ungefähr zur halben Höhe in das MRF-Bad tauchte, wurden Haltekräfte zwischen 680 N und 1200 N (richtungsabhängig) gemessen.

Fräsversuche belegten, dass Adhäsionskräfte dieser Größe das sichere Fixieren des Bauteils gewährleisten. Der Zeitaufwand für den Spannvorgang reduziert sich gegenüber den bisher verwendeten Verfahren auf weniger als die Hälfte, wobei das Profil in ein und derselben Einspannung von mehreren Seiten bearbeitet werden kann. Ein positiver Nebeneffekt des MRF-Bades ist, dass es störende Maschinenvibrationen vom Wirkort des Fräswerkzeugs fernhält. Verbesserungspotenzial eröffnet die Flussführung in Bild 5.18b, die zwischen Magnetplatte und Alu-Wanne montiert wird. Durch sie wird das verhältnismäßig grobe Raster der Polabstände auf der Magnetplatte deutlich verfeinert, und gleichzeitig wird die Polabfolge um $90^\circ$ gedreht. Hierdurch lässt sich in der MRF eine wesentlich homogenere Feldverteilung erreichen, was u.a. einer höheren Flussdichte zugute kommt.

[20] Bei gleich großen Haltekräften sind die Werkstückverformungen kleiner, wenn man eine formschlüssige statt einer kraftschlüssigen Spannmethode verwendet.

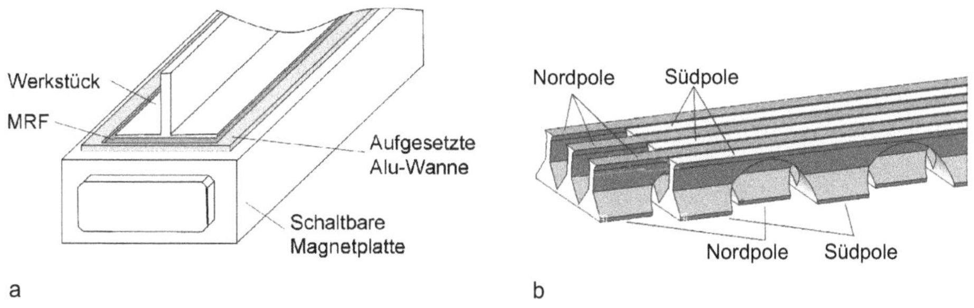


***Bild 5.18*** *Spannvorrichtung mit MRF.* ***a*** *Prinzipieller Aufbau,* ***b*** *verbesserte Flussführung*

## 5.5.4 Entwurfsaufgabe Kupplung

Eine Drehmomentübertragung mit MRF-Kupplungen ist prinzipiell sowohl durch Anwendung des Schermodus als auch des Fließmodus möglich. Im ersten Fall wird eine Scherkraft zwischen Antriebs- und Abtriebsflächen genutzt; im zweiten Fall wird eine Druckdifferenz erzeugt, die eine antreibende Kraft auf das Fluid ausübt. Diese Kraft kann beispielsweise durch eine rotierende Zahnscheibe erzeugt werden, die auf der Vorderseite der Zähne einen Überdruck und auf der Rückseite einen Unterdruck erzeugt [Lam00]. Da das Verhältnis zwischen übertragbarem und Leerlauf-Drehmoment beim Schermodus wesentlich günstiger ist, wird in der Praxis ausschließlich mit diesem Kraftübertragungsprinzip gearbeitet. Hierbei lassen sich die bereits erwähnten Grundbauformen unterscheiden: Bei der einen besteht die Elektrodenanordnung aus konzentrischen Hohlzylindern für An- und Abtrieb, zwischen denen sich die MRF befindet; bei der anderen befindet sich die MRF zwischen zwei oder mehr parallelen, meist kreisförmigen Scheiben (s. Bild 5.7).

Im Folgenden werden Hinweise zum Entwurf von Scheibenkupplungen gegeben. Hierbei wird vorausgesetzt, dass der Phasenwechsel von fest nach flüssig bei der Fließgrenze $\tau_{0s}$, der Wechsel von flüssig nach fest hingegen bei der hiervon abweichenden Fließgrenze $\tau_{0d}$ erfolgt (vgl. hierzu Abschnitt 4.2). Die zugrunde gelegte Kupplungsgeometrie mit den verwendeten Größen ist in Bild 5.7a dargestellt.

**Feste Phase.** In einem kreisrunden scheibenförmigen Festkörper mit dem Außenradius $R_a$ wächst die Schubspannung unter Torsionsbeanspruchung linear mit dem Radius $r$ bis zum Maximalwert $\tau(R_a) = \tau_{0s}$:

$$\tau(r) = \tau_{0s}\frac{r}{R_a}. \qquad (5.7)$$

Von einer kreisringförmigen Fläche mit dem inneren Radius $r$ und der Breite d$r$ kann durch Schubkraft das Moment

$$\mathrm{d}M = \tau(r)2\pi r^2\mathrm{d}r \qquad (5.8)$$

übertragen werden.

Einsetzen von Gl. (5.7) in Gl. (5.8) und Integration dieser Gleichung zwischen den Grenzen $R_i$ und $R_a$ führt auf das Moment, das in der festen Phase der MRF maximal übertragen werden kann:

$$M_{\max,s} = \pi \tau_{0s} \frac{R_a^4 - R_i^4}{2R_a}. \tag{5.9}$$

Bei diesem so genannten statischen Grenzdrehmoment erfolgt der Übergang von synchroner zu asynchroner Drehmomentübertragung.

**Flüssige Phase.** Bei laminarer MRF-Strömung (d.h. bei Reynoldszahlen Re < 750) ist das Geschwindigkeitsprofil zwischen den beiden Kupplungsscheiben linear und man erhält

$$\tau(r) = \tau_{0d} + \eta(\omega_2 - \omega_1)\frac{r}{s} \tag{5.10}$$

mit $\omega_1$ und $\omega_2$ als Winkelgeschwindigkeiten der beiden Scheiben.

Einsetzen von Gl. (5.10) in Gl. (5.8) und Integration dieser Gleichung führt auf das Moment, das die Kupplung in der flüssigen Phase übertragen kann:

$$M_d = \underbrace{\pi \tau_{0d}\left(R_a^3 - R_i^3\right)\frac{2}{3}}_{\text{feldinduziertes Drehmoment}} + \underbrace{\pi\eta\frac{\omega_2 - \omega_1}{2h}\left(R_a^4 - R_i^4\right)}_{\text{Leerlauf-Drehmoment}}. \tag{5.11}$$

Nach Gl. (5.11) beeinflusst die Spalthöhe $h$ lediglich das Leerlauf-Drehmoment, nicht jedoch das feldinduzierte Drehmoment. Die Zunahme mit dem Scheibenradius erfolgt beim Leerlauf-Drehmoment offensichtlich mit höherer Potenz als beim feldinduzierten Drehmoment. Strebt man ein möglichst großes Verhältnis zwischen insgesamt übertragbarem und Leerlauf-Drehmoment an, wäre es daher günstig, die Scherflächen mit kleinen Radien zu realisieren. Die damit einhergehende Reduzierung des Absolutwertes von $M_d$ lässt sich konstruktiv durch eine Flächenvergrößerung auffangen, beispielsweise in Gestalt einer Parallelschaltung von Übertragungsspalten. Dies wird jedoch eine Verringerung der Flussdichte nach sich ziehen, was durch Erhöhen des magnetischen Flusses, letztlich also durch eine vergrößerte elektrische Steuerleistung, kompensiert werden muss.

Aus Gl. (5.11) folgt für den Grenzfall $\omega_1 = \omega_2$ das Drehmoment

$$M_{\min,d} = \pi \tau_{0d}\left(R_a^3 - R_i^3\right)\frac{2}{3}. \tag{5.12}$$

Bei $M_{\min,d}$ wechselt die MRF-Phase von flüssig zu fest, und die Kupplung geht vom schlupfenden (asynchronen) in den nichtschlupfenden (synchronen) Betrieb über.

Da sich im Allgemeinen $M_{\max,s}$ und $M_{\min,d}$ unterscheiden, kann bei jedem Phasenwechsel ein unerwünschter Momentensprung auftreten. Andererseits lassen sich – bei bekanntem oder unveränderbarem $\tau_{0s}$ und $\tau_{0d}$ – die Radien $R_a$ und $R_i$ so aufeinander abstimmen, dass beide Momente gleich groß werden. Interessant ist, dass bei Zylinderkupplungen die geometrieabhängigen Ausdrücke in den entsprechenden beiden Momentengleichungen exakt übereinstimmen [Lam00]. Infolgedessen ist diese Bauform nicht geeignet, das Entstehen von Momentensprüngen mit konstruktiven Mitteln zu verhindern.

Ein Problem ist die bereits erwähnte Neigung der MRF zum Entmischen. Dieser Effekt tritt bei hohen Drehzahlen im Leerlauf, also ohne Steuerfeld, auf; mit Steuerfeld wird er nicht beobachtet. Bild 5.19 veranschaulicht für beide Kupplungsbauformen den Einfluss der Fliehkraft auf die Eisenpartikel. Sie wandern in radialer Richtung nach außen, wodurch es zur Ausbildung eines Viskositätsgradienten kommt. Bei der Scheibengeometrie führt die stärkere Teilchenkonzentration an den Rändern zu einem erhöhten Leerlauf-Drehmoment. Bei der Zylindergeometrie wird hingegen die Scherkraft durch den niederviskosen Fluidbereich am Innenzylinder bestimmt, folglich wird sich das Grundmoment nicht vergrößern.

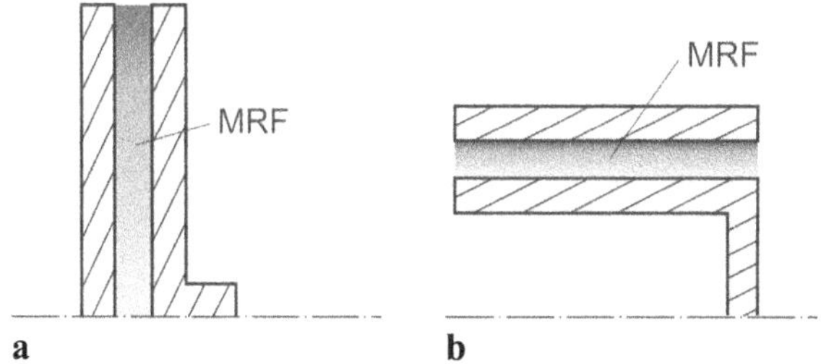


***Bild 5.19*** *Einfluss der Fliehkraft auf MRF-Partikel im Kupplungsspalt.* ***a*** *Scheibenkupplung,* ***b*** *Zylinderkupplung (je dunkler der Grauton, desto höher die Teilchenkonzentration)*

Lampe hat gezeigt [Lam00], dass zur Vermeidung der Partikelwanderung bei der Scheibenkupplung unter bestimmten Voraussetzungen eine Zirkulationsströmung angeregt werden kann, die dem Entmischen entgegenwirkt. Diese Strömung ist umso stärker ausgeprägt, je größer die Spalthöhe $h$ ist und je kleiner die suspendierten Partikel sind. Bei der Umsetzung dieser Erkenntnis ist allerdings zu berücksichtigen, dass auch der Widerstand des magnetischen Kreises mit wachsendem $h$ zunimmt, was einen größeren Magnetfluss erfordert, sofern die steuernde Flussdichte nicht kleiner werden soll.

Bild 5.20a beschreibt eine interessante, ausgeführte Variante einer MRF-Kupplung nach dem Schermodus. Durch den V-förmigen Übertragungsspalt werden die gerade beschriebenen Nachteile der Zylinder- und der Scheibenform vermieden, nämlich dass bei Entmischung der MRF durch die Zentrifugal- und/oder die Gravitationskraft die innere Drehmoment-Übertragungsfläche an Partikeln verarmt bzw. das Leerlauf-Drehmoment wächst. Gegenüber der Scheibenform benötigt die V-Form bei gleichem übertragbarem Drehmoment weniger Bauraum.

Man erkennt, dass zwei Magnetkreise parallel angeordnet sind, damit das erforderliche Moment (> 10 Nm) übertragen werden kann. Um ein Auslaufen der MRF im Stillstand zu verhindern (im rotierenden Betrieb wird die MRF ja durch die Zentrifugalkraft in den Kupplungsspalten gehalten), wird hier eine spezielle Dichtung eingesetzt, bestehend aus einem ringförmigen Permanentmagneten mit axialer Magnetisierungsrichtung und einer Flussführung. Bild 5.20b zeigt einige Kennlinien dieser sog. Schrägspalt-Kupplung.

Magnetorheologische Flüssigkeiten als Drehmoment-Übertragungsmedium haben ihren potenziellen Einsatzbereich beispielsweise in schnell schaltenden Sicherheitskupplungen und drehmomentsteuerbaren Kupplungen. Die Vorteile gegenüber herkömmlichen Kupplungen sind die exakt reproduzierbare Steuerbarkeit des übertragenen Drehmoments, die kurze Reaktionszeit und der geringe Verschleiß.

Ein Anwendungsfeld von MRF-Kupplungen in Personenkraftwagen ist die Energieübertragung zu Nebenaggregaten wie beispielsweise der Lichtmaschine oder dem Ventilator. Auf diese Weise wird es möglich, die Lichtmaschine – unabhängig von der Motordrehzahl – immer im Bereich der Drehzahl mit dem höchsten Wirkungsgrad zu betreiben. In jüngster Vergangenheit ist es gelungen, durch sorgfältige Entwurfsoptimierung auf der Basis umfassender Feldsimulationen eine mehrspaltige Zylinderkupplung für die Übertragung von Drehmomenten im Automotivbereich bis 700 Nm zu realisieren [GSK08]. Damit ist eine serienmäßige Integration von MRF-Kupplungen in den Antriebsstrang von Personenkraftwagen in greifbare Nähe gerückt.

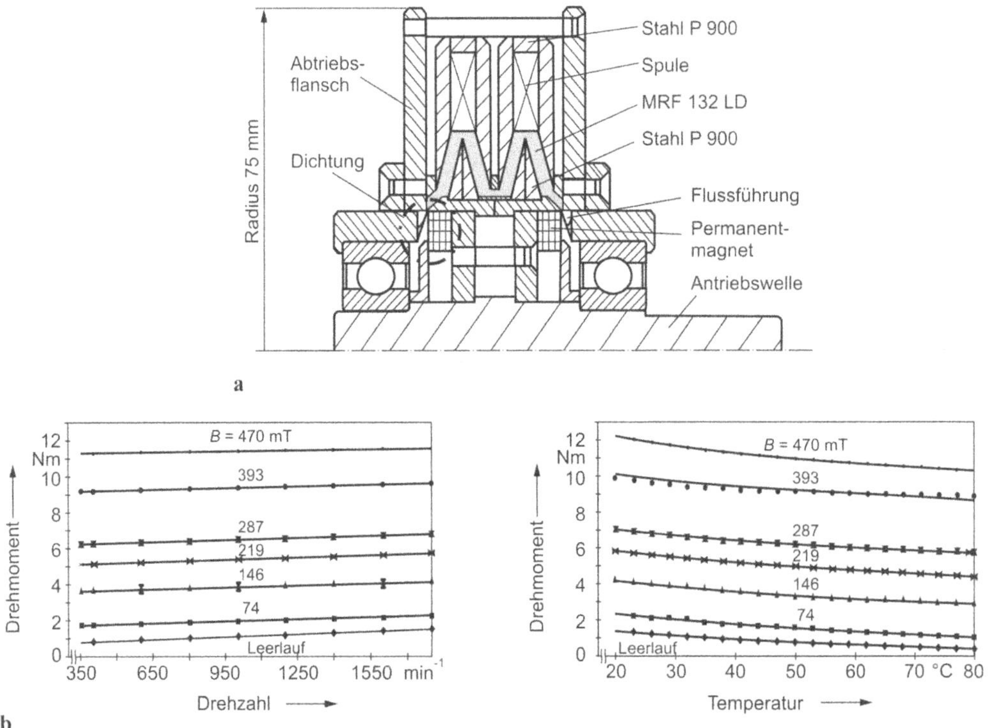


*__Bild 5.20__ Schrägspalt-Kupplung. __a__ Aufbau, __b__ Drehmoment vs. Drehzahl bei $\vartheta$ = 34 °C (links), Drehmoment vs. Temperatur bei 1000 min$^{-1}$ (rechts), jeweils bei verschiedenen Flussdichten [Lam00]*

Einen Vergleich der Eigenschaften von ERF- und MRF-Kupplungen liefert Tabelle 5.4.

***Tabelle 5.4*** *Vergleich zwischen ERF- und MRF-Kupplungen mittlerer Leistung*

| | ERF-Kupplungen | MRF-Kupplungen |
|---|---|---|
| Elektrische Steuerung | spannungsgesteuert | stromgesteuert |
| Steuersignal | $U > 1$ kV; $I$ einige mA bei $\vartheta < 50$ °C; AC | $U < 30$ V<br>0,5 A $< I <$ 3 A; DC |
| Steuerleistung | einige 10 W bei $\vartheta < 50$ °C | einige 10 W |
| Temperaturabhängigkeit | exponentieller Anstieg bei steigender Temperatur | kleiner Momentenverlust bei Temperaturanstieg, MR-Effekt bleibt konstant |
| Temperaturbereich | –20 °C $< \vartheta <$ +80 °C | –20 °C $< \vartheta <$ +130 °C |
| Maximales Drehmoment | ≈ 10 Nm | ≈ 100 Nm |
| Beeinträchtigung durch Verschmutzung | sehr empfindlich | unempfindlich |

# 5.6 Vergleich zwischen ERF- und MRF-Aktoren

Die Eigenschaften der magnetorheologischen Flüssigkeiten sind denen der elektrorheologischen Flüssigkeiten sehr ähnlich. Auch der MR-Effekt ist reversibel, und bei zeitlichen Änderungen des magnetischen Feldes liegt die Reaktionszeit von MR-Flüssigkeiten gleichfalls im Bereich von wenigen Millisekunden. Die Hauptunterschiede zwischen Aktoren mit ER- und mit MR-Flüssigkeit beruhen auf ihren unterschiedlichen Wechselwirkungen mit elektrischen bzw. magnetischen Feldern:

- Aktoren mit ER-Flüssigkeiten werden mit elektrischer Spannung angesteuert, und für die Hochspannungselektronik stellen sie eine ohmsch-kapazitive Last dar; sie benötigen eine hohe Spannung (einige Kilovolt) bei geringem Strom (Milliampere-Bereich). Aktoren mit MR-Flüssigkeit werden hingegen mit Strom angesteuert; zur Steuerung der Feldspule genügen unter quasistatischen Bedingungen Spannungen von weniger als 10 V und Ströme von weniger als 2 A. Die maximale Steuerleistung vergleichbarer ER- und MR-Wandler ist bei Temperaturen < 80 °C ungefähr gleich groß und liegt im Watt-Bereich.
- Schon eine geringe Anzahl von Fremdkörpern oder Luftbläschen können die Eigenschaften der ER-Flüssigkeit verschlechtern oder zu einem elektrischen Durchbruch der Flüssigkeit führen. Bei einem Durchbruch lagern sich auf den Elektroden Verbrennungsreste ab und verunreinigen so die ER-Flüssigkeit. Solche Betriebszustände verlangen von der Steuerelektronik eine hohe Kurzschlussfestigkeit. MR-Flüssigkeiten sind hingegen weniger empfindlich was Verunreinigungen angeht. Allerdings sind beide Flüssigkeiten hygroskopisch und sollten deshalb vor Luftfeuchtigkeit geschützt werden, weil dies zu Koagulation führen kann.
- Die Basisviskosität üblicher ERFs liegt mit weniger als 100 mPa s bei Zimmertemperatur deutlich unter dem Wert der meisten MR-Flüssigkeiten. Darum haben ER-Flüssigkeiten wesentlich geringere Fließverluste in Hydraulikkreisen, während bei MR-Flüssigkeiten die übertragbare Scherspannung um eine Größenordnung höher liegt. Mit ER-Flüssigkeiten lassen sich Scherspannungen von bis zu 10 kPa übertra-

gen, wohingegen bei MR-Flüssigkeiten mit Teilchengrößen im Mikrometer-Bereich Scherspannungen von 100 kPa und mehr gemessen wurden. Daher erfordern MRF-Wandler häufig ein geringeres Arbeitsvolumen.

- Die elektrische Leitfähigkeit von ER-Flüssigkeiten wächst mit steigender Temperatur nach einer Potenzfunktion. Daher ist die obere Temperaturgrenze, die für bestimmte Anwendungen gilt (z.B. Kupplungen, Bremsen, Dämpfer nach dem Schermodus), nicht auf die chemische Stabilität von ER-Flüssigkeiten zurückzuführen, sondern auf einen hohen Bedarf an elektrischer Steuerleistung. Bei MR-Flüssigkeiten gibt es kein vergleichbares Verhalten. Gewöhnliche MR-Flüssigkeiten können bei Temperaturen bis 150 °C und mehr eingesetzt werden.
- Mit Hilfe von Permanentmagneten kann der Arbeitspunkt von MRF-Wandlern (d.h. ein bestimmter Fließwiderstand) auch ohne elektrische Energiezufuhr eingestellt werden. Die betriebliche Aussteuerung um den Arbeitspunkt herum erfolgt dann mit Hilfe von Spulen hinreichend großer Induktivität, die das Feld des Permanentmagneten stärken oder schwächen. Für ERF-Wandler gibt es keine vergleichbare Möglichkeit.
- ERF-Wandler müssen mit reinen Wechselfeldern betrieben werden, sofern Elektrophorese zum Tragen kommt: Wird eine ERF mit einem Gleichstromfeld angesteuert, wandern die suspendierten Teilchen, entsprechend der elektrischen Oberflächenladung, allmählich zu der Elektrode mit einem höheren oder niedrigeren elektrischen Potenzial. Folglich entstehen Bereiche mit hoher Teilchenkonzentration und mit Teilchenverarmung; der resultierende ER-Effekt kann dadurch stark abnehmen.
- In ERFs können weiche Teilchen suspendiert werden, die eine weitaus geringere Dichte haben als die Eisen- oder Ferritteilchen in MRFs. Da diese weniger leicht sedimentieren, kann man hierdurch die Abrasivität der ERF verringern und eine niedrige Basisviskosität erreichen. Sogenannte homogene ERFs, bei denen die dynamische Viskosität im elektrischen Feld wächst, zeigen weder Sedimentation noch Abrasion; allerdings weisen sie einen geringeren ER-Effekt auf.

Im Allgemeinen können sowohl MR- als auch ER-Fluide für den Aufbau von Aktoren verwendet werden. Welche Flüssigkeit letztendlich besser geeignet ist, hängt von den Anforderungen der jeweiligen Anwendung ab; d.h. für die Auswahl der Flüssigkeit sind die Betriebsbedingungen des Aktors entscheidend.

## 5.7 Entwicklungstendenzen

In den letzten Jahren zeichnet sich eine verstärkte Hinwendung von ERF- zu MRF-Anwendungen ab. Dies dürfte eine Folge der in vielen Applikationen besseren Leistungsbilanz von MRF sein, was inzwischen zu einer Reihe von Serienprodukten mit MRF-Aktoren geführt hat, darunter auch im Automotive-Bereich (z.B. elektrisch steuerbare Stoßdämpfer, siehe auch [GLM13]).

Einige der bei ERF erkennbaren Entwicklungstrends (vgl. Abschnitt 4.7) sind auf MRF übertragbar (und umgekehrt). Die Situation ist hier jedoch übersichtlicher, da die Zusammensetzung der MRFs und ihre Eigenschaften weniger komplex sind als bei ERF – beispielsweise spielt die elektrische Leitfähigkeit von MRF aufgrund vernachlässigbar kleiner Werte keine Rolle beim Aktorentwurf.

Ein Thema für weitere Verbesserungen bleibt die Sedimentationsstabilität bzw. Redispergierbarkeit. Eine hohe Sedimentationsstabilität der MRF muss in der Regel durch eine hohe Basisviskosität erkauft werden. Die Entschärfung dieses Konflikts ist daher eines der aktuellen Entwicklungsziele, hierbei sind – abhängig von den Anforderungen aus der Anwendung – Kompromisse hinsichtlich der Formulierung der MRF einzugehen.

Ein anderes wichtiges Entwicklungsziel ist die Erhöhung der Lebensdauer von MRFs und MRF-Aktoren. Die Partikel in der MRF stellen hohe Anforderungen an die Materialien und den Aufbau von Dichtungen; dennoch gibt es bislang kaum Untersuchungen der möglichen Zersetzungsprozesse in der MRF oder Arbeiten, die eine Vorhersage von Schädigung zum Inhalt haben.

# 6 Aktoren mit thermischen Formgedächtnis-Legierungen

## 6.1 Physikalischer Effekt

Der thermische Formgedächtnis(FG)-Effekt (engl. *thermal shape memory effect*) kennzeichnet die Fähigkeit einiger Materialien, sich an eine definierte Form zu „erinnern". Frühe Hinweise, die in Richtung des FG-Effektes gingen, stammen aus der Zeit um 1932, aber erst 20 Jahre später konnte das Phänomen auch wissenschaftlich erklärt werden. Grundlage des thermischen FG-Effektes ist eine reversible Umwandlung zwischen der martensitischen und der austenitischen Phase einer FG-Legierung. Hierbei nimmt der Werkstoff in Abhängigkeit von seiner Temperatur oder von einer äußeren mechanischen Spannung zwei unterschiedliche Kristallstrukturen ein. Die dabei auftretenden Dehnungen übertreffen die elastische Dehnbarkeit metallener Strukturwerkstoffe bei Weitem.

Die temperaturinduzierte Phasenumwandlung ist durch vier Temperaturen charakterisiert: $\vartheta_{Ms}$ und $\vartheta_{Mf}$ während des Abkühlens, sowie $\vartheta_{As}$ und $\vartheta_{Af}$ während der Erwärmung (s. Bild 6.1).

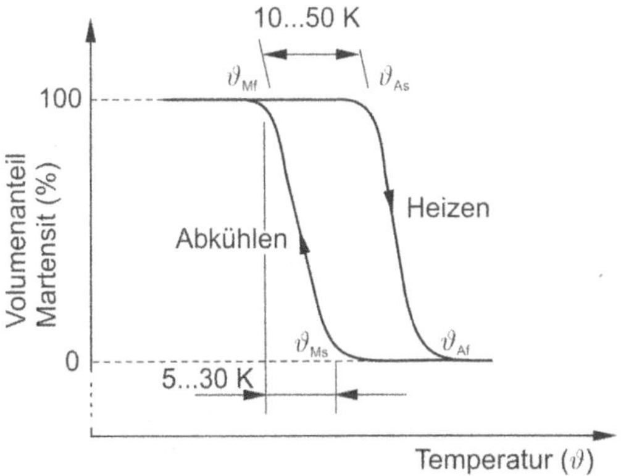


***Bild 6.1*** *Volumenanteil, der während eines Temperaturzyklus zu Martensit gewandelt wird*

$\vartheta_{Ms}$ und $\vartheta_{Mf}$ sind die Temperaturen, bei denen die Umwandlung aus der austenitischen in die martensitische Phase (engl. *martensite start*) beginnt bzw. endet (engl. *martensite finish*); entsprechendes gilt für $\vartheta_{As}$ und $\vartheta_{Af}$. Unterhalb $\vartheta_{Mf}$ ist das Gefüge vollständig martensitisch, oberhalb $\vartheta_{Af}$ vollständig austenitisch. In den Intervallen [$\vartheta_{As}$, $\vartheta_{Af}$] beim Erwärmen und [$\vartheta_{Ms}$, $\vartheta_{Mf}$] beim Abkühlen koexistieren beide Phasen in temperaturabhängigen Volumenanteilen (vgl. Bild 6.1). Der vollständige Umwandlungszyklus hat eine Temperaturhysterese in der Größenordnung von 10 bis 50 K.

Die mikroskopischen Vorgänge im FG-Werkstoff lassen sich vereinfacht wie folgt beschreiben: Die Umwandlung von Austenit zu Martensit läuft diffusionslos ab, indem ganze Atomgruppen so verschoben werden, dass jedes Atom auch nach der Verschiebung seine unmittelbaren Nachbaratome behält. Dies ist ein wichtiger Grund für die Reversibilität der martensitischen Gefügeumwandlung. Im Temperaturbereich unterhalb $\vartheta_{Mf}$ besteht das Gefüge aus reinem Martensit, das in einer sog. Zwillingsstruktur angeordnet ist. Durch Verschieben der hochbeweglichen Zwillingsgrenzen ist der Martensit leicht verformbar. Diese pseudoplastische Verformung verschwindet wieder, wenn die FG-Legierung über die Temperatur $\vartheta_{As}$ hinaus erwärmt wird.

Die reversible temperaturinduzierte Phasenumwandlung ist die Basis für die aktorische Anwendung von thermischen FG-Legierungen. Sie wird im Folgenden am Beispiel einer FG-Schraubenfeder genauer erklärt, hierbei wird zwischen dem Einweg- und dem Zweiweg-Effekt unterschieden.

**Einweg-Effekt** (Bild 6.2a): Die FG-Feder wird bei einer Temperatur unterhalb $\vartheta_{Mf}$ (Martensit-Phase) belastet (A → B) und anschließend entlastet (B → C). Die verbleibende plastische Verformung kann durch Erwärmen auf eine Temperatur oberhalb $\vartheta_{Af}$ (Austenit-Phase) wieder in die Ursprungsform zurückgeführt werden (C → D). Dieser Effekt wird als Einweg-Effekt bezeichnet, da der Werkstoff sich lediglich an seine Form im erwärmten Zustand erinnert, d.h. beim Abkühlen tritt keine weitere Formänderung auf. Daher ist der Einweg-Effekt für die aktorische Nutzung im Sinne von Abschnitt 1.1 ungeeignet.

Ein oft zitiertes Anwendungsbeispiel für den Einweg-Effekt sind Verbindungsstücke für die Rohrleitungen in Flugzeugen: Eine FG-Muffe wird bei niedriger Temperatur aufgeweitet und über die zu verbindenden Rohrenden geschoben und erwärmt, so dass sie sich fest um die Rohre presst. Dabei entstehen mechanische Spannungen von einigen hundert MPa. Der vergleichsweise hohe Preis dieser FG-Elemente wird durch die schnelle und sichere Montage aufgewogen.

**Zweiweg-Effekt** (Bild 6.2b, c): Hier erfolgt die Verformung der FG-Feder spontan beim Abkühlen auf eine Temperatur unterhalb $\vartheta_{Mf}$ (A → B). Durch anschließendes Erwärmen auf eine Temperatur oberhalb $\vartheta_{Af}$ (B → C) erhält man wieder die ursprüngliche Form. Beim Zweiweg-Effekt erinnert sich der Werkstoff also sowohl an die Form im erwärmten als auch im abgekühlten Zustand. Dieser Effekt wird nur dann erzielt, wenn der Werkstoff-Hersteller vorher eine spezielle thermomechanische Behandlung, das sog. Training, durchgeführt hat.

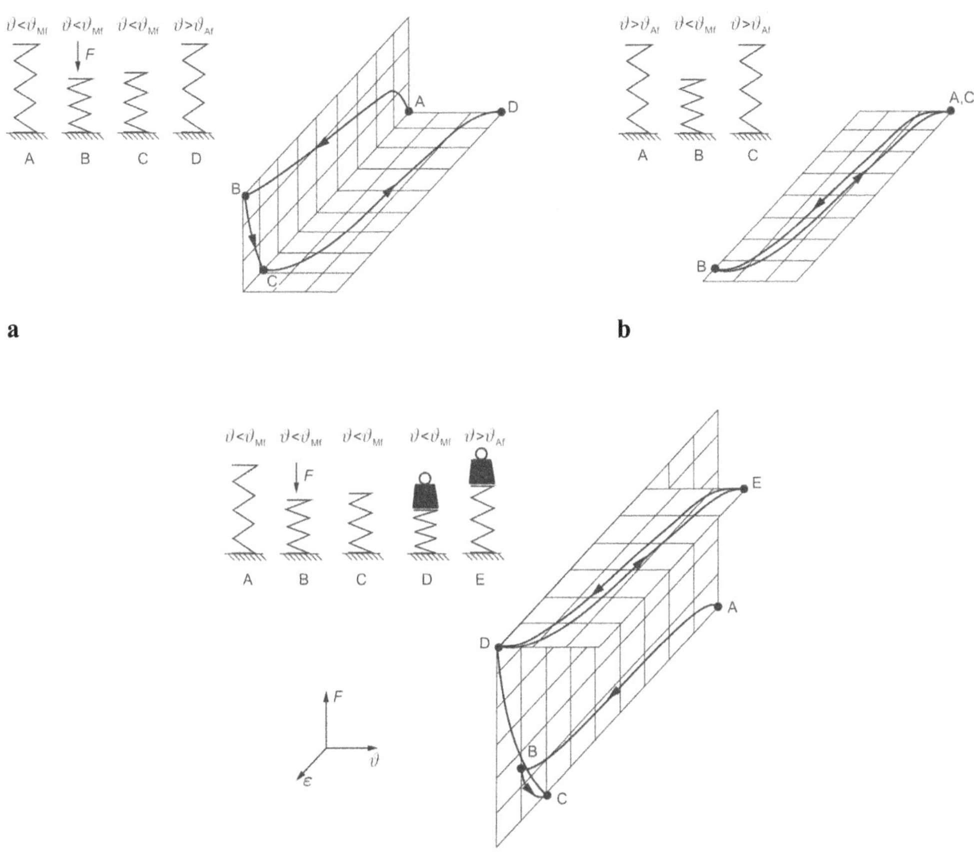


***Bild 6.2*** *Thermischer Formgedächtnis-Effekt.* ***a*** *Einweg-Effekt,* ***b*** *intrinsischer Zweiweg-Effekt,* ***c*** *extrinsischer Zweiweg-Effekt (Dehnung, Aktorlast und Temperatur werden durch $\varepsilon$, $F$ und $\vartheta$ symbolisiert) (nach [Hum01])*

Beim Zweiweg-Effekt lassen sich die beiden folgenden Subeffekte unterscheiden: Der sog. intrinsische Zweiweg-Effekt beruht auf Temperaturzyklen und setzt keinerlei äußere Krafteinwirkung auf das FG-Element voraus (s. Bild 6.2b). Allerdings ist hierbei der mechanische Spannungszustand im Werkstoff schlecht definiert und die Betriebsbedingungen sind nicht konsistent. Damit ist dieser Effekt für technische Anwendungen weniger nützlich. Beim extrinsischen Zweiweg-Effekt wird dieser Nachteil durch Aufbringen einer mechanischen (Vor-)Spannung umgangen, was zu einer wesentlich besser definierten Spannungssituation im FG-Werkstoff führt (s. Bild 6.2c).

Durch eine externe Kraft auf die FG-Feder, z.B. eine konstante Gewichtskraft wie in Bild 6.2c gezeigt, wird ein neuer Arbeitspunkt in der $F,\varepsilon$-Ebene eingestellt (Punkt D). Beim Erwärmen führt die Feder eine Bewegung entgegen der externen Kraft aus; hierbei verrichtet beispielsweise eine NiTi-Feder eine spezifische Arbeit von bis zu 5 J/g. Beim Abkühlen sorgt die Gewichtskraft für die Formrückkehr. Das FG-Element kann also einen vollständigen Bewegungszyklus reversibel und steuerbar ausführen. Somit ist die Definition des Aktors gemäß Abschnitt 1.1 klar erfüllt, und den weiteren Ausführungen über thermische FG-Aktoren wird ausschließlich der extrinsische Zweiweg-Effekt zugrunde gelegt. Der Vollständigkeit halber wird aber zunächst ein weiterer FG-Effekt angesprochen.

**Pseudoelastizität.** Reversible Phasenumwandlungen können auch bei einer konstanten Temperatur in einem schmalen Temperaturbereich oberhalb von $\vartheta_{Af}$ erzeugt werden. Ohne Krafteinwirkung befindet sich das FG-Element in der Austenit-Phase. Allein durch äußere Belastung entsteht die Martensit-Struktur, in der das Element leicht verformbar wird. Nach Wegfall der Krafteinwirkung kehrt die Austenit-Phase und damit die ursprüngliche Form zurück. Man spricht hierbei von einem mechanischen FG-Effekt. Entsprechende Legierungen heißen pseudoelastisch oder superelastisch; sie sind schon bei Raumtemperatur austenitisch, und man erreicht mit ihnen scheinbar elastische Dehnungen bis 12 % und mehr, bevor eine plastische Verformung auftritt. Populäre Anwendungsbeispiele sind hochflexible Brillengestelle und Antennen in Mobiltelefonen. Hauptmarkt ist jedoch die Medizintechnik, wo die Eigenschaft der Superelastizität in Verbindung mit einer guten Biokompatibilität der NiTi-Legierungen zur Entwicklung vielseitig einsetzbarer und einfach aufgebauter Instrumente und Implantate (Operationswerkzeuge, Stents, Knochenanker,...) geführt hat. Für den aktorischen Einsatz im eingangs definierten Sinne ist dieser Effekt ungeeignet.

Ein vierter Effekt, das hohe Dämpfungsvermögen von FG-Legierungen aufgrund innerer Reibung und/oder infolge des hysteretischen Zusammenhangs zwischen Dehnung und mechanischer Spannung, wird hier nur der Vollständigkeit halber erwähnt (Einzelheiten hierzu z.B. in [Hum01]).

Wie bei anderen Aktorarten stellt sich auch bei FG-Aktoren die Frage nach einem inhärenten Sensoreffekt. In der Tat ist bekannt, dass sich bei thermischen FG-Elementen der ohmsche Widerstand in Abhängigkeit von der temperaturinduzierten Dehnung ändert. Diese Widerstandsänderung lässt sich messtechnisch leicht ermitteln. Sie beruht zum einen auf der Temperaturabhängigkeit des spezifischen elektrischen Widerstands, die man von den reinen Metallen kennt; in höherem Maße hängt sie aber vom Gefügezustand der FG-Legierung ab. Infolgedessen nimmt der elektrische Widerstand mit wachsender Temperatur zunächst zu und verringert sich dann mit der fortschreitenden Umwandlung vom Martensit zum Austenit. Auf der Grundlage dieses Effektes lassen sich Self-sensing-Aktoren und entsprechende Anwendungen gemäß Kapitel 12 realisieren.

Abschließend sei erwähnt, dass neben dem thermischen und dem mechanischen Formgedächtnis-Effekt auch ein magnetischer Formgedächtnis-Effekt existiert; hierauf wird in Kapitel 7 eingegangen.

## 6.2 Kommerzielle Formgedächtnis-Legierungen

Der thermische FG-Effekt ist bisher bei Edelmetall-, Cu-, Fe- und NiTi-basierten Legierungssystemen sowie nichtmetallenen Formgedächtnis-Werkstoffen beobachtet worden. Der Formgedächtnis-Effekt bei NiTi-Systemen wurde von William J. Buehler und Mitarbeitern erstmals um 1960 herum am Naval Ordnance Laboratory (NOL), USA, beobachtet, was zu dem Namen Nitinol® führte. Man kann sagen, dass mit der Verfügbarkeit der NiTi-Legierungen die kommerzielle Nutzung des FG-Effektes ihren Anfang nahm. NiTi wird beispielsweise im Elektronenstrahl- oder im Vakuuminduktionsofen erschmolzen. Die Warmumformung gegossener NiTi-Blöcke nimmt man durch Walzen oder Strangpressen vor. Ebenso sind alle gängigen Kaltumformverfahren zur Halbzeugherstellung durchführbar.

Einige wichtige Eigenschaften von NiTi- und Cu-basierten TFG-Legierungen sind in Tabelle 6.1 zusammengefasst. In den mit Abstand meisten Anwendungen werden NiTi-Legierungen aufgrund der günstigen Kombination von Werkstoffeigenschaften bevorzugt. Bei ihnen ist sowohl der Einweg-Effekt als auch der Zweiweg-Effekt größer, die Gefahr der Überhitzung ist geringer, die Langzeitstabilität ist besser, und die Korrosionseigenschaften sind sehr gut. NiTi-Legierungen haben darüber hinaus einen größeren spezifischen elektrischen Widerstand, was eine direkte Ansteuerung vereinfacht. Die Umwandlungstemperaturen von NiTi- und Cu-basierten FGLs sind von gleicher Größenordnung und werden jeweils durch die Zusammensetzung der Legierung festgelegt. Verfügbar sind Legierungen mit Umwandlungstemperaturen im Bereich von ca. –200 bis +170 °C.

***Tabelle 6.1*** *Kennwerte von thermischen Formgedächtnis-Legierungen [Mer98]*

| | NiTi | CuZnAl | CuAlNi | |
|---|---|---|---|---|
| Einweg-Effekt, max. | 7 | 4 | 6 | % |
| Zweiweg-Effekt | 3,2 | 0,8 | 1 | % |
| Zulässige Belastbarkeit | 100 ... 130 | 40 | 70 | $N/mm^2$ |
| Elastizitätsmodul, Martensit | 28 ... 60 | 70 | 80 | $10^3$ $N/mm^2$ |
| Austenit | 83 ... 100 | 70 ... 100 | 80 ... 100 | $10^3$ $N/mm^2$ |
| Zugfestigkeit, Martensit | 700 ... 1100 | 700 ... 800 | 900 ... 1200 | $N/mm^2$ |
| Austenit | 800 ... 1500 | 400 ... 800 | 500 ... 800 | $N/mm^2$ |
| Bruchdehnung, Martensit | 40 ... 60 | 40 ... 50 | 8 ... 10 | % |
| Austenit | 12 ... 30 | 10 ... 15 | 5 ... 7 | % |
| Umwandlungstemperatur-Bereich | –100 ... +100 | –200 ... +110 | –200 ... +170 | °C |
| Temperaturhysterese | 30 | 15 | 20 | K |
| Überhitzbar bis maximal | 400 | 150 | 300 | °C |
| Wärmeleitfähigkeit | 10 ... 18 | 120 | 75 | W/mK |
| Therm. Ausdehnungskoeffizient | 6,6 ... 10 | 17 | 17 | $10^{-6}$ 1/K |
| Spezifischer elektr. Widerstand | 0,5 ... 1,1 | 0,07 ... 0,12 | 0,1 ... 0,14 | $10^{-6}$ Ωm |
| Dichte | 6,45 | 7,90 | 7,15 | $10^3$ $kg/m^3$ |
| Thermische Zyklenzahl | ≥ 100 000 | ≥ 10 000 | ≥ 5 000 | |
| Korrosionsbeständigkeit | sehr gut | ausreichend | gut | |
| Biologische Kompatibilität | sehr gut | schlecht | schlecht | |

Infolge des ausgeprägt nichtlinearen Materialverhaltens von FG-Legierungen ist eine gleichzeitig umfassende und gut handhabbare Modellierung von FG-Aktoren nicht möglich. Beispielsweise ist vom Elastizitätsmodul bekannt, dass er bei den meisten Metallen mit wachsender Temperatur kleiner wird. In FG-Materialien nimmt er jedoch zu und kann in der Hochtemperaturphase (Austenit-Gefüge) bis dreimal größer werden als in der Niedertemperaturphase (Martensit-Gefüge) (vgl. Tabelle 6.1). Es hat daher keinen Sinn, in diesem Fall die lineare Elastizitätstheorie anzuwenden und auf Grundlage der damit gewonnenen Ergebnisse präzise Aussagen über das Werkstoffverhalten machen zu wollen.

Bild 6.3 zeigt einige FG-Bauteile – links in der Niedertemperatur-, rechts in der Hochtemperaturphase: Beim L-förmigen Element ganz unten ist der längere Schenkel am freien Ende fixiert. Bei Erwärmung tordiert er, so dass der kürzere Schenkel um 180° gedreht wird.

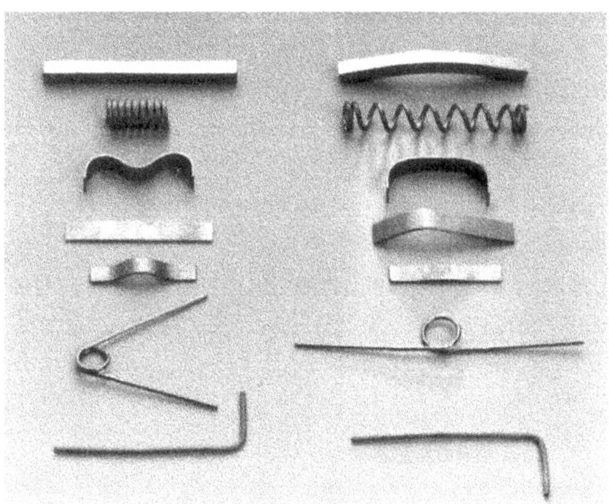

***Bild 6.3*** *Ausführungsbeispiele für Bauteile aus thermischen FG-Legierungen (Quelle: Fried. Krupp GmbH, Essen)*

In Tabelle 6.2 sind die für den Aktorbau wichtigen Vor- und Nachteile von TFG-Legierungen zusammengefasst.

***Tabelle 6.2*** *Wichtige Eigenschaften von thermischen Formgedächtnis(TFG)-Legierungen für den Aktorbau*

| Vorteile | Nachteile |
|---|---|
| – Nahezu sprungartige Formänderung in einem Temperaturintervall von 10 ... 50 K<br>– Hohe Energiedichte (Arbeitsvermögen pro Volumen)<br>– Unterschiedliche Formänderungsarten (Längung, Kürzung, Biegung, Torsion)<br>– Effekt kann auf bestimmte Elementbereiche beschränkt werden<br>– Einfacher Mechanismus (Prinzip der Phasenumwandlung) | – Stabilität des Formgedächtnis-Effektes stark abhängig von der Legierungsqualität<br>– Hoher Preis der NiTi-Legierung<br>– Einsatz erfordert Beratung durch den Hersteller<br>– Niedrige Energieeffizienz<br>– Begrenzter thermischer Einsatzbereich<br>– Degradation und Ermüdung des Materials möglich |

Im Vergleich zu anderen Aktorprinzipien zeigt der thermische FG-Effekt die höchste Energiedichte, die bei NiTi-Legierungen in der Größenordnung von $10^7$ J/m$^3$ liegt. Damit ist dieser Effekt insbesondere für Anwendungen interessant, bei denen trotz geringer Baugröße hohe Kräfte und Stellwege benötigt werden. Gewisse Nachteile rühren daher, dass FG-Aktoren thermisch betrieben werden. Die Folge sind eine geringe thermodynamische Effizienz und niedrige Wärmeübertragungsraten, so dass – bei makroskopischen Baugrößen – Wirkungsgrade von etwa 5 % und Frequenzbandbreiten von wenigen Hertz kaum überschritten werden. Diese Beschränkungen kommen jedoch im mikrodimensionellen Bereich („Mikroaktoren") viel weniger zur Wirkung – hier kann man beispielsweise Zykluszeiten von wenigen Millisekunden erreichen (vgl. Kapitel 10) [KHK00].

# 6.3 Aufbau von thermischen FG-Aktoren

Fertig konfektionierte TFG-Aktoren auf der Basis des extrinsischen Zweiweg-Effektes sind auf dem Markt nur sehr begrenzt verfügbar (s. z.B. [6.2]). Sofern daher potenzielle Anwender den Einsatz selbst entwickelter FG-Aktoren in ihren Produkten erwägen, sollten sie die Erfahrungen eines kompetenten Materialherstellers in ihre Überlegungen einbeziehen, denn viele Entwurfsversuche scheitern bereits in der Prototypenphase infolge des nicht einfach durchschaubaren Materialverhaltens. Vor diesem Hintergrund stellen die folgenden Abschnitte einige bewährte Erkenntnisse über den Aufbau von TFG-Aktoren bereit.

## 6.3.1 Aktorkonzepte

Als aktive Elemente in thermischen Formgedächtnis-Aktoren werden weit überwiegend Zugdrähte und Schraubenfedern aus FG-Legierungen eingesetzt. Drähte verfügen gegenüber Federn über einen besseren Wirkungsgrad, eine kürzere Reaktionszeit, und sie sind billiger. Sie ermöglichen darüber hinaus höhere Kräfte, während sich mit Federn größere Stellwege realisieren lassen. In Tabelle 6.3 sind typische Anforderungen an Nitinol-Aktoren zusammengefasst.

***Tabelle 6.3*** *Typische Anforderungen an Nitinol®-Aktoren*

| Aktorgeometrie | Anforderungen |
|---|---|
| Drahtförmig | – Aufheizen durch direkten Stromdurchgang |
| | – Stellwege <5 mm, Drehwinkel <90° |
| | – Kräfte $\leq$ 30 N |
| | – Sehr moderate Dynamik (< 1 Hz) |
| | – Ein-aus-Betrieb |
| | – Zyklenzahl bis $10^6$ |
| Schraubenfeder | – Aufheizen durch externe Wärmequelle |
| | – Stellwege typisch <30 mm |
| | – Kräfte $\leq$ 30 N |
| | – Keine besonderen Anforderungen an die Dynamik |
| | – Zyklenzahl bis $0{,}5 \cdot 10^6$ |

Die beiden wichtigsten Arten der Belastung erläutert Bild 6.4 am Beispiel einer FG-Schraubenfeder, wobei der in Abschnitt 6.1 erläuterte extrinsische Zweiweg-Effekt zur Anwendung kommt. Im Teilbild 6.4a wird die Feder durch eine konstante Gewichtskraft belastet, im Teilbild 6.4b durch eine wegabhängige Kraft – beispielsweise in Gestalt einer konventionellen Schraubenfeder aus Stahl (das Bild erinnert an die ähnlichen Gegebenheiten bei Piezowandlern, vgl. Abschnitt 2.3.1). Die Substitution der Stahlfeder durch eine TFG-Feder und die hierdurch mögliche Ansteuerung der beiden TFG-Elemente im Gegentakt verbessert das Abkühlverhalten des Systems. Eine solche Agonist-Antagonist-Struktur ist übrigens funktional vergleichbar mit dem Muskelapparat vieler Lebewesen.

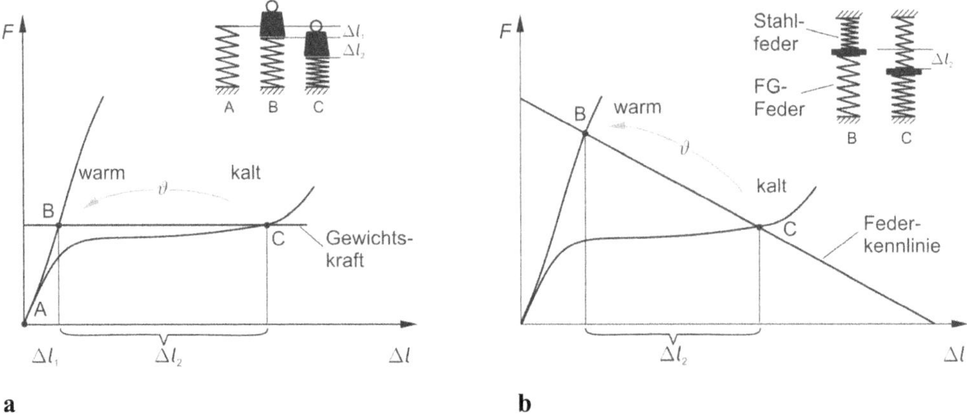


***Bild 6.4*** *Unterschiedliche Arten der Belastung von thermischen FG-Aktoren.* ***a*** *Konstante Last,* ***b*** *wegabhängige Last*

Bei Nitinol-Drähten werden die Umwandlungstemperaturen ($\vartheta_{As}, \vartheta_{Af}$ ebenso wie $\vartheta_{Ms}$ und $\vartheta_{Mf}$) auch von der externen mechanischen Spannung beeinflusst. Die mit wachsender Spannung einhergehende Erhöhung der Umwandlungstemperaturen kann erheblich sein, wie Bild 6.5 zeigt.

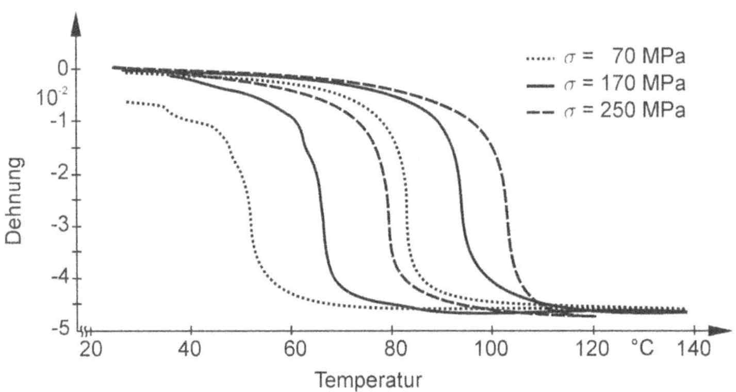


***Bild 6.5*** *Dehnung-Temperatur-Charakteristik von SmartFlex®03-Draht (ø 0,3 mm) bei unterschiedlich großen, mechanischen Spannungen [MV07]*

Diese Abhängigkeit kann genutzt werden, um das geforderte Übertragungsverhalten des FG-Aktors auch bei höheren Umgebungstemperaturen sicherzustellen.

Unter moderaten Spannungen, beispielsweise 170 MPa und weniger, kann man eine Lebensdauer von mindestens 50 000 ... 100 000 Temperaturzyklen erwarten, selbst wenn das maximale Dehnungsvermögen (3,5 ... 4 %) vollständig genutzt wird. Sofern die Aufgabenstellung höhere Umwandlungstemperaturen erfordert, sollte man die Vorspannung auf 300 MPa oder mehr erhöhen und die Dehnung auf 1 % oder weniger begrenzen. Mit dieser Optimierung können FG-Drähte mehr als 100000 Zyklen schadlos überstehen.

## 6.3.2 Beheizung von thermischen FG-Bauteilen

TFG-Bauteile können auf unterschiedliche Weise erwärmt werden, nämlich durch Strahlung, thermische Leitung oder Konvektion sowie durch direktes induktives oder resistives Heizen. Für eine schnelle und gleichmäßige Reaktion ist resistives Heizen die beste Lösung und wird aus diesem Grund häufig verwendet. Da hierbei die Temperatur unter 100 °C bleibt, kann Strahlung vernachlässigt werden. Wenn das umgebende Medium (Flüssigkeit oder Gas) sich nicht bewegt, findet vorwiegend Wärmeleitung statt. Bei bewegter Flüssigkeit oder bewegtem Gas (erzwungene Zirkulation) überwiegt Konvektion.

Eine günstige Konstellation liegt vor, wenn das TFG-Bauteil von einem flüssigen oder gasförmigen Medium umströmt wird, dessen Temperaturänderung zu einer Formänderung des Elementes führt. Diese Art der Ansteuerung wird bei Druck- oder Zugfedern aus Nitinol bevorzugt. Als Kontaktheizungen kommen umsponnene oder in Silikongummi eingebettete Widerstandsheizdrähte sowie Mantelheizleiter und Heizfolien in Frage. Zum Auslösen des FG-Effektes in Nitinol-Drähten wird überwiegend die joulesche Wärme des stromdurchflossenen Bauteils genutzt. Bei dieser direkten Erwärmung besteht die Möglichkeit, den FG-Effekt durch einen Stromimpuls schlagartig auszulösen (s. Bild 6.6).

Beim Aufheizen des Drahtes wird die Reaktionsgeschwindigkeit durch die Amplitude des Stromimpulses bestimmt. Beim Abkühlen hängt die Aktorreaktion hingegen von der Wärmeübertragung zum umgebenden Medium ab, die durch erzwungene Zirkulation von Luft oder Flüssigkeit oder durch ein hohes Oberfläche-Volumen-Verhältnis verbessert werden kann (bei Drähten sind daher rechteckige Querschnitte besser als runde). Da die martensitische Umwandlung während des Abkühlens exotherm (ca. 20 J/g) erfolgt, muss zusätzlich Wärme abgeführt werden.

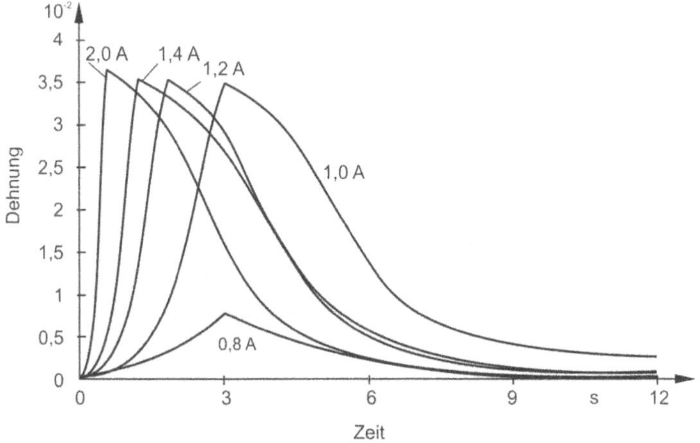


***Bild 6.6*** *Einfluss der Amplitude eines Stromimpulses auf das dynamische Verhalten eines Nitinol-Drahtes (ø 0,3 mm, Last 170 MPa). Eine Begrenzung schaltet den Strom bei einer Dehnung von 3,5 % ab [MV07]*

Ferner ist zu berücksichtigen, dass sowohl die Aufheiz- als auch die Abkühlgeschwindigkeit durch die Umgebungstemperatur beeinflusst werden. Während das Abkühlen eines 0,3 mm-

Drahtes bei Raumtemperatur innerhalb von 7 ... 8 s geschieht (vgl. Bild 6.6), dauert dies weitaus länger, wenn das Element bei Temperaturen über 60 °C eingesetzt wird. Im Hinblick darauf können TFG-Legierungen mit hohen Umwandlungstemperaturen die Leistungsfähigkeit solcher Aktoren verbessern. Darüber hinaus wird durch Verringern der Gesamtmasse des Aktors (Mikroaktorik!) auch die Geschwindigkeit erhöht.

### 6.3.3 Dimensionierung von NiTi-Bauteilen

NiTi-FGLs werden als anwendungsspezifische Formteile oder als einfache Standardbauelemente wie Zugdrähte, Schraubenfedern sowie Torsions- und Biegeelemente hergestellt. Der Vorteil von Federn liegt darin, dass sie aus einer kleinen mikroskopischen Dehnung eine große makroskopische Auslenkung erzeugen. Hierbei ist die Spannungsverteilung im Drahtquerschnitt nicht konstant. Das bedeutet, dass Sicherheitszuschläge anzuraten sind, die aber ein größeres Materialvolumen erforderlich machen. Dies hat nachteilige Auswirkungen auf den Wirkungsgrad und die Frequenzbandbreite, denn um die gleiche Ausgangsleistung zu erzielen, muss ein größeres Werkstoffvolumen erwärmt und abgekühlt werden. Verwendet man hingegen Drähte als aktive Elemente, so wird die notwendige Arbeit mit einem minimalen Einsatz von Formgedächtnismaterial erzeugt. Aus diesem Grund hat die Lastart Zugkraft einen viel größeren Wirkungsgrad als andere Lastarten wie Torsion oder Biegung.

Im Folgenden werden einige Auslegungshinweise zur Dimensionierung häufig eingesetzter NiTi-Bauteile für den Aufbau von FG-Aktoren gegeben.

**Zugdraht.** Ein für FG-Anwendungen günstiger Fall liegt vor, wenn der Aktor verhältnismäßig große Kräfte bei Auslenkungen im Millimeter- oder Zentimeterbereich liefern soll und hierfür einachsig auf Zug beanspruchte FG-Drähte eingesetzt werden können. Die Dimensionierung erfolgt nach der maximal zulässigen Normalspannung

$$\sigma_{\text{zul}} = \frac{F}{A}. \tag{6.1}$$

($F$: Aktorkraft, $A = \pi\,(d/2)^2$: Drahtquerschnitt). Der erforderliche Drahtdurchmesser folgt hieraus zu

$$d = 2\sqrt{\frac{F}{\pi\sigma_{\text{zul}}}}. \tag{6.2}$$

Es ist nicht empfehlenswert den Durchmesser größer zu wählen als notwendig, da andernfalls der Strom zum Aufheizen zu groß wird und das Abkühlverhalten sich verschlechtert sowie die Gefahr inhomogener Spannungszustände im Material wächst. Daher kann es ggf. besser sein, den erforderlichen Querschnitt mit mehreren dünnen FG-Drähten zu realisieren, die zu einem Bündel zusammen gefasst werden. Manchmal ergibt die Dimensionierung des FG-Drahtes, dass die gewünschte Aktorkraft leicht erreicht wird, die angestrebte Auslenkung aber ziemlich große Drahtlängen erfordert. In diesem Fall können Umlenkrollen helfen das Bauvolumen des Aktors zu begrenzen.

Tabelle 6.4 ist ein Auszug aus dem Angebot eines kommerziellen Herstellers von Formgedächtnis-Drähten.

*Tabelle 6.4 Kennwerte von FG-Drähten (Quelle: SAES Getters S.p.A., Lainate/Italien [6.1])*

| | Durchmesser<br>µm | Maximale Kraft<br>N | Maximale Dehnung<br>% | Empfohlene Kraft<br>N | Empfohlene Dehnung<br>% |
|---|---|---|---|---|---|
| SmartFlex® 25 | 25 | 0,3 | 5 | 0,1 | < 3,5 |
| 50 | 50 | 1,2 | | 0,3 | |
| 01 | 100 | 4,7 | | 1,3 | |
| 02 | 200 | 19 | | 5 | |
| 05 | 500 | 118 | | 33 | |

**Schraubenfeder.** Die Auslegung ist nach DIN 2089 durchführbar. Für eine grobe Dimensionierung sind folgende Gleichungen für die Federkraft $F$ und den Federhub $s_F$ heranzuziehen:

$$F = \frac{\pi d^3 \tau}{8D}, \quad D \gg d, \tag{6.3}$$

$$s_F = \frac{nD^2 \pi \gamma}{d}. \tag{6.4}$$

($d$: Drahtdurchmesser, $\tau$: max. zulässige Schubspannung an Windungsinnenseite, $D$: mittlerer Windungsdurchmesser, $n$: Windungszahl, $\gamma$: Schiebung ($\gamma = \tau / G$)).

Für die zulässigen Schubspannungen sind je nach Einsatzfall Werte bis 100 N/mm² einzusetzen; die Schiebung (oder Gleitung) erstreckt sich von 1,2 % bis 3,5 %. Zur genaueren Dimensionierung versieht man die Schubspannung und die Schiebung in den Gleichungen (6.3) bzw. (6.4) wegen der bereits erwähnten, inhomogenen Materialbeanspruchung mit Korrekturfaktoren. Ein auf dieser Basis durchgeführter Federentwurf erfolgt beispielsweise in [ÖW99]. In einem kommerziellen Angebot (s. Tabelle 6.5) findet man Formgedächtnis-Schraubenfedern, deren Aktivierungstemperaturen ($= \vartheta_{As}$) durch Verändern der Legierungsanteile herstellerseits zwischen 10 und 90 °C (bei Temperaturhysteresen von typisch 15 ... 20 K) eingestellt werden kann.

*Tabelle 6.5 Kennwerte von FG-Schraubenfedern (Quelle: SAES Getters S.p.A., Lainate/Italien [6.1])*

| | Federdurchmesser<br>mm | Freie Federlänge<br>mm | Drahtdurchmesser<br>mm | Typische Federkraft<br>N | Typischer Federweg<br>mm |
|---|---|---|---|---|---|
| Druckfedern | 3 | 8 | 0,6 | 2 | 2 |
| | 6 | 18 | 1,5 | 30 | 3 |
| | 10 | 25 | 1,5 | 14 | 8 |
| | 14 | 130 | 1,5 | 20 | 30 |
| Zugfedern | 5 | 30 | 0,8 | 3 | 100 |
| | 12 | 60 | 1,5 | 10 | 160 |

## 6.4 Anwendungsbeispiele

Einsatzgebiete von TFG-Werkstoffen sind

- Antriebs, Stell- und Auslöseelemente im Automobilbau,
- Sicherheits- und Verriegelungsmechanismen in der Haushaltsgeräteindustrie und der Raumfahrt,
- Sicherheitseinrichtungen im Brandschutz und Kraftwerksbau,
- Klappenverstelleinrichtungen im Bereich Heizung/Klima,
- Ausrückeinrichtungen als Überhitzungsschutz für Kupplungen und Lagerungen,
- Greifer für Handhabungseinrichtungen (z.B. Industrieroboter),
- Miniaturantriebe für den technischen Modellbau.

Der Markt für Bauteile aus Formgedächtnis-Legierungen verzeichnet ein jährliches Wachstum in der Größenordnung von 15 % und umfasst alle Bereiche der modernen Industrie. Es sind heute Serienanwendungen bekannt, die von der Raumfahrttechnik und Elektronik über Medizin- und Feinwerktechnik bis zu Spielwaren reichen. Der echte Aktorbetrieb (= extrinsischer Zweiweg-Effekt) ist hierbei allerdings die Ausnahme.

### 6.4.1 Klappenantrieb

Eine der ersten kommerziellen Anwendungen des Zweiweg-Effekts zeigt Bild 6.7. Um die Lamellenluftklappe eines Ventilators automatisch beim Einschalten zu öffnen und beim Ausschalten zu schließen, wurde zunächst ein Bimetallstreifen verwendet (vgl. Abschnitt 6.6). Die Ventilatoren wurden weiterentwickelt, und der Bimetallstreifen fand keinen Platz mehr in dem kompakten Gehäuse. Durch den Einsatz eines TFG-Biegestreifens konnte das Bauvolumen wesentlich verringert werden. Der einseitig eingespannte NiTi-Streifen wird von einem PTC-Widerstand (s. hierzu auch Bild 8.6) auf 90 bis 105 °C Auslösetemperatur indirekt erwärmt, dabei biegt er sich und öffnet die sechs Lamellen mit einer Kraft von 2,5 N. Nach Ausschalten des Lüfters kühlt der Streifen auf die Umgebungstemperatur ab, nimmt wieder die gerade Ursprungsform an und schließt dabei die Lamellen. Eine Weiterentwicklung führte auf eine Lösung für größere Lüfterklappen. Hierbei handelt es sich um Außenklappen, und es müssen Kräfte bis zu 25 N aufgebracht werden. Die Lösung basiert auf einem zugbeanspruchten TFG-Draht von ca. 100 mm Länge mit einem Durchmesser von 0,8 mm.

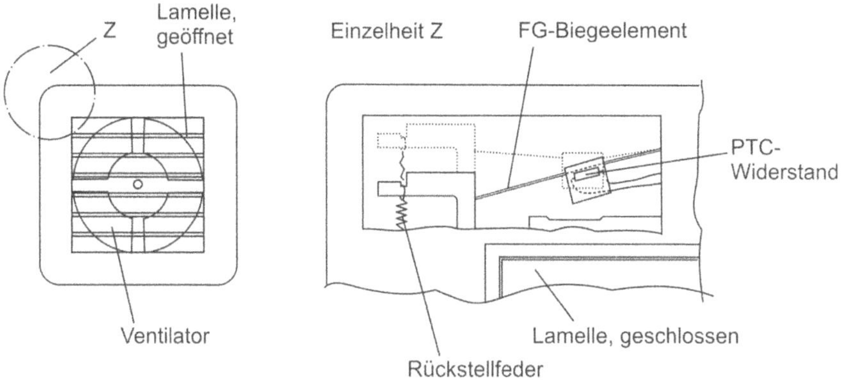


***Bild 6.7*** *Klappenantrieb mit TFG-Biegestreifen bei einem Ventilator*

## 6.4.2 Modellbau

Ein jüngerer Anwendungsbereich für den Zweiweg-Effekt ist der technische Modellbau. Beispielsweise werden strombeheizte TFG-Torsionselemente als Kleinstantriebe eingesetzt, um im Modelleisenbahnbau ferngesteuert den Stromabnehmer von Elektrolokomotiven aufzurichten und abzusenken, Weichen umzustellen oder Schranken zu betätigen. In Bild 6.8 ist ein kontaktbeheizter Antrieb mit einigen Daten dargestellt.

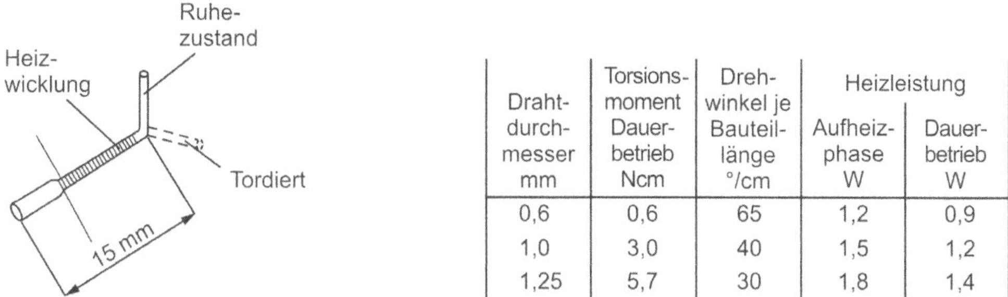


| Draht-durch-messer mm | Torsions-moment Dauer-betrieb Ncm | Dreh-winkel je Bauteil-länge °/cm | Heizleistung Aufheiz-phase W | Heizleistung Dauer-betrieb W |
|---|---|---|---|---|
| 0,6 | 0,6 | 65 | 1,2 | 0,9 |
| 1,0 | 3,0 | 40 | 1,5 | 1,2 |
| 1,25 | 5,7 | 30 | 1,8 | 1,4 |

***Bild 6.8*** *Miniaturantrieb mit TFG-Torsionselement für den Modelleisenbahnbau*

Ein Vorteil von TFG-Antrieben für den Modellbau ist die einfache Miniaturisierbarkeit des Antriebes; im Falle der Schranke besteht er z.B. aus einem NiTiCu-Draht von ca. 20 mm Länge und 0,6 mm Durchmesser mit einer Heizwicklung. Setzt man dünne Zugdrähte (ø 0,12 × 60 mm) ein, so lassen diese sich über ihren ohmschen Widerstand direkt aufheizen. Ein anderer Vorteil ist die vorbildnahe Bewegungscharakteristik, die mit einem solchen Antrieb erzeugt werden kann.

### 6.4.3 Stellzylinder für große Lasten

Bild 6.9 zeigt einen sog. Hochlast-Aktor, bei dem eine CuZnAl-Schraubenfeder als aktives Element verwendet wird. Das Besondere ist, dass diese Kupferlegierung mehrere außergewöhnliche Eigenschaften wie den Formgedächtnis-Effekt, hohe innere Dämpfung und Superelastizität in sich vereint.

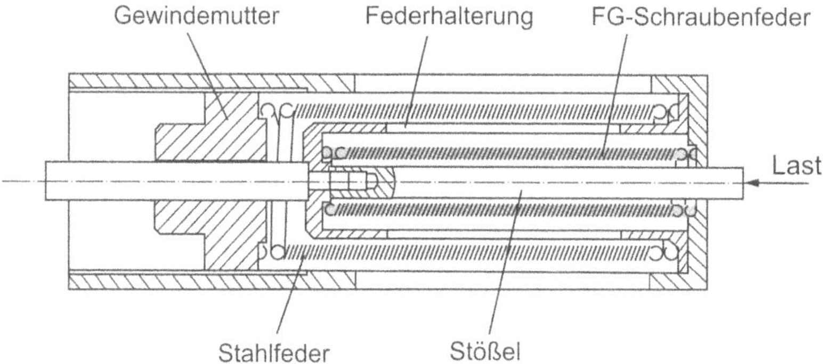


***Bild 6.9*** *Stellzylinder mit TFG-Schraubfeder für große Lasten (Quelle: amt, Herk-de-Stad/Belgien)*

Ein PTC-Widerstand als elektrisches Heizelement ist in den Stößel eingebaut und erwärmt das Formgedächtnis-Element. Dieses arbeitet über eine Federhalterung gegen eine konventionelle Stahlfeder und erzeugt eine axiale Bewegung des Stößels. Mithilfe einer Gewindemutter ist es möglich, die (spannungsabhängige!) Umwandlungstemperatur der FG-Spule einzustellen. Die Eigenschaften dieses Aktors sind: Last bis 400 N, Auslenkung bis 10 mm bei 400 N, Gewicht 0,5 kg. Von Vorteil ist die direkte, stoßfreie Bewegung, ohne dass eine Umsetzung von rotatorischer in translatorische Bewegung notwendig ist, sowie der vollkommen geräuschlose Betrieb.

### 6.4.4 AF-/ OIS-Aktor

In einem neuartigen Kameramodul für Smartphones vereint der in Bild 6.10a dargestellte Linsenträger die beiden Funktionen autofokussieren und bildstabilisieren. Als Aktoren kommen acht Nitinol-Drähte mit einem Durchmesser von 25 µm zum Einsatz, die durch direkten Stromdurchgang (einige 10 mA) aktiviert werden. Sie werden so angesteuert, dass die gewünschten Bewegungen in $z$-Richtung für den Autofokus (engl. *auto focus, AF*) und in $x$- bzw. $y$-Richtung für den Bildstabilisator (engl. *optical image stabilizer*, *OIS*) zustande kommen, siehe Bild 6.10b. Die erforderlichen Stellsignale werden beispielsweise von den ohnehin im Smartphone integrierten Gyrometern (Drehratensensoren) geliefert. Die Rückstellung erfolgt durch Federkraft.

Die maximalen Auslenkungen der Linse, die einen Durchmesser von 6,5 mm hat, betragen 300 µm (AF) bzw. 120 µm (OIS) und werden in wenigen hundertstel Sekunden erreicht. Diese Dynamik erfordert hohe Stromdichten in den FG-Drähten. Damit es hierdurch nicht zu vorzeitiger Materialermüdung kommt, wird nur ein Bruchteil des maximalen Dehnungsvermögens genutzt (1…2 % anstatt 5…6 %). Gegenüber konkurrierenden Verfahren, u.a. auf Basis von elektrodynamischen Aktoren (sog. Tauchspulen, engl. *voice coils*), baut diese Ausführung wesentlich kleiner; beispielsweise ist die Grundfläche lediglich 8,5 × 8,5 $mm^2$ groß. Jährliche Stückzahlen in zweistelliger Millionenhöhe erscheinen realistisch; die absolute Marktgröße wird auf 400 Millionen Stück geschätzt.

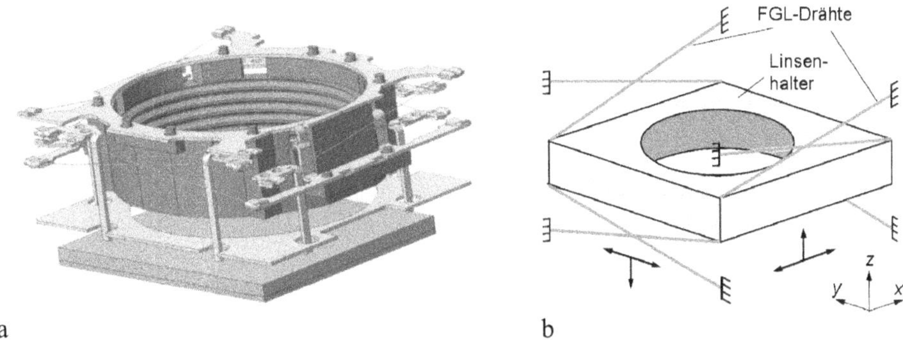


***Bild 6.10*** *Multifunktionaler AF- und OIS-Aktor.* ***a*** *Linsenhalter mit FG-Drähten,* ***b*** *prinzipieller Wirkungsplan; jeweils parallele Drahtpaare sind elektrisch in Reihe geschaltet (Bildquelle: Actuator Solutions GmbH, Treuchtlingen [6.4])*

# 6.5 Entwicklungstendenzen

FG-Legierungen sind in einigen Bereichen eingeführt und gewinnen zunehmend an Bedeutung. Konstrukteure haben gelernt mit diesen nichtlinearen Werkstoffen umzugehen, und materialspezifische Modelle können zum Einstellen oder zur Vorhersage des FG-Verhaltens verwendet werden. Neben der erfolgreichen Anwendung von FG-Legierungen in der Medizintechnik rechnet man künftig mit einer weiteren Zunahme von aktorischen Anwendungen in der Mikrosystemtechnik. Darüber hinaus besteht Bedarf an neuen oder verbesserten FG-Werkstoffen mit folgenden Eigenschaften: stabil bei höheren Temperaturen, gut beherrschbare Hysterese, verlängerte Lebensdauer, größeres Dämpfungsvermögen. Mit Blick auf aktorische Anwendungen lassen sich drei Hauptforschungsfelder unterscheiden:

- Suchen nach stabilen und zuverlässigen thermischen FG-Legierungen, die bei Umgebungstemperaturen weit über 100 °C eingesetzt werden können (z.B. für Anwendungen im Automobilbereich).
- Forschen nach vollkommen neuen Werkstoffen mit ähnlichen Funktionseigenschaften wie die klassischen FGLs.
- Entwickeln neuartiger Werkstoffverbünde mit gewebten, gestrickten und geflochtenen FG-Legierungen, die als Aktor oder Sensor in die Matrix eingebunden sind („smart textiles“).

In Hinblick auf den derzeit in der Aktorik fast ausschließlich eingesetzten Werkstoff Nitinol sind folgende Verbesserungen wünschenswert:

- Höhere Umwandlungstemperaturen, um verstärkt in automotive Anwendungen vorzudringen ( $\vartheta_{\mathrm{Mf}} > 80$ °C),
- verringerte Nichtlinearität der Widerstand-Temperatur-Kennlinie, um den Einsatz des Self-sensing-Effektes (s. Kapitel 12) zu forcieren,
- schmalere Hysterese der Dehnung-Temperatur-Kennlinie, um das dynamische Verhalten der FG-Aktoren und ihre Steuerbarkeit zu verbessern.

## 6.6 Vergleich mit direkt konkurrierenden Aktorprinzipien

Bei Aktoren mit thermischen Formgedächtnis-Legierungen und mit den im Folgenden beschriebenen Thermobimetallen wird Wärme in mechanische Energie umgeformt. Infolge dieser phänomenologischen Gemeinsamkeit überdecken sich zwar ihre Anwendungsbereiche teilweise; die zugrunde liegenden physikalischen Effekte sind aber völlig verschiedenartig. Dementsprechend unterscheiden sich natürlich auch die aktorrelevanten Eigenschaften beider Werkstoffgruppen.

**Thermobimetall**

Thermobimetalle sind Schichtverbundstoffe aus mindestens zwei Komponenten, die untrennbar miteinander verbunden sind und unterschiedliche Wärmeausdehnungskoeffizienten haben. Bei Erwärmung dehnt sich eine (die sog. aktive) Komponente stärker aus als die andere (die passive), und das Thermobimetall krümmt sich. Gemäß DIN 1715 gilt die spezifische thermische Krümmung $k$ als Abnahmewert für die thermische Empfindlichkeit von Thermobimetallen. Diese Krümmung $k$ wird aus der gemessenen Ausbiegung $A$ eines auf zwei Stützen aufgelegten Thermobimetallstreifens bei der Temperaturdifferenz $\Delta\vartheta$ bestimmt (s. Bild 6.11a). Die Ausbiegung-Temperatur-Kennlinie eines Streifens verläuft entsprechend der Kurve in Bild 6.11b.

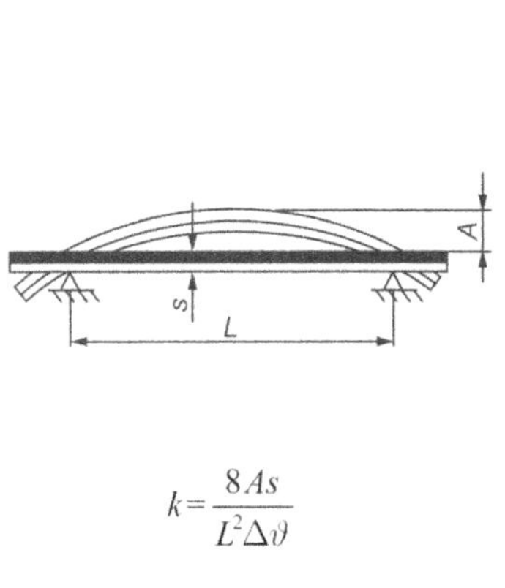


a

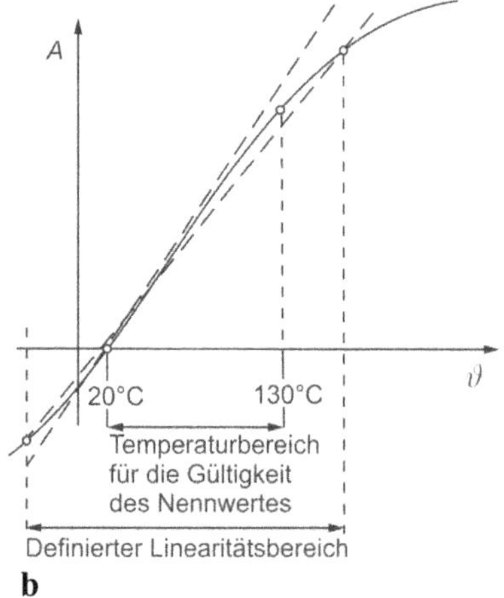


b

*Bild 6.11 Ausbiegung-Temperatur-Kennlinie von Thermobimetallen. a Messaufbau, b Kennlinienverlauf*

Für die Herstellung von Thermobimetallen im technischen Maßstab waren zwei Voraussetzungen erforderlich: Die Erforschung und großtechnische Herstellung von Eisen-Nickel-Legierungen und die Beherrschung der Plattiertechnik, um diese Metalle preiswert und sicher miteinander zu verbinden. Das wirtschaftlich und technisch günstigste und daher am häufigsten verwendete Thermobimetall ist TB 1577 (DIN 1715). Seine passive Komponente besteht aus Invar (FeNi36), seine aktive Komponente aus einer Eisen-Nickel-Mangan-Legierung (FeNi20Mn6). Es zeichnet sich im Temperaturbereich –20 ... +200 °C durch hohe thermische Empfindlichkeit aus (s. Tabelle 6.6).

***Tabelle 6.6*** *Kennwerte des Standard-Thermobimetalls TB 1577*

| | | |
|---|---|---|
| Spezif. Krümmung $k$ | 28,5 | $10^{-6}$ 1/K |
| Spezif. Ausbiegung $A$ | 15,5 | $10^{-6}$ 1/K |
| Elastizitätsmodul | 170 | $10^{3}$ N/mm$^2$ |
| Zulässige Biegespannung | 200 | N/mm$^2$ |
| Wärmeleitfähigkeit | 13 | W/mK |
| Spezif. Wärmekapazität | 460 | Ws/kgK |
| Spezif. elektr. Widerstand | 0,78 | $10^{-6}$ Ωm |
| Dichte | 8,1 | $10^{3}$ kg/m$^3$ |

Sofern äußere Kräfte der freien Ausbiegung entgegenwirken, entwickelt das Thermobimetall eine Federspannung, es kann also mechanische Energie speichern und abgeben. Bild 6.12 zeigt einige verbreitete Ausführungsformen. Scheibenförmige Elemente haben den Vorteil relativ hoher Federkraft bei kleinem Federweg und zeigen eine bessere Raumausnutzung und höheres Arbeitsvermögen. Sie werden in der Regel mechanisch vorgewölbt. Schichtet man solche Scheiben wechselsinnig zu einer Säule, so erhält man besonders große Hübe.

Die ausbiegungverursachende Erwärmung des Thermobimetalls erfolgt beispielsweise von seiner Befestigungsstelle aus durch thermische Leitung oder durch Strahlung oder durch Konvektion aus der Umgebung. Das Bimetall kann aber auch elektrisch erwärmt werden, wobei die Beheizung indirekt durch ein elektrisches Heizelement nahe dem Bimetall oder direkt durch unmittelbare Stromleitung erfolgen kann. Direkten Stromdurchgang bevorzugt man bei Strömen >10 A (Anwendung z.B. als Überstromauslöser in elektrischen Leitungen, Motoren und Geräten). Sofern Thermobimetalle mit einem spezifischen elektrischen Widerstand $< 0{,}6 \cdot 10^{-6}$ Ωm benötigt werden, verwendet man Zwischen- oder Aufbaulagen aus Nickel oder Kupfer.

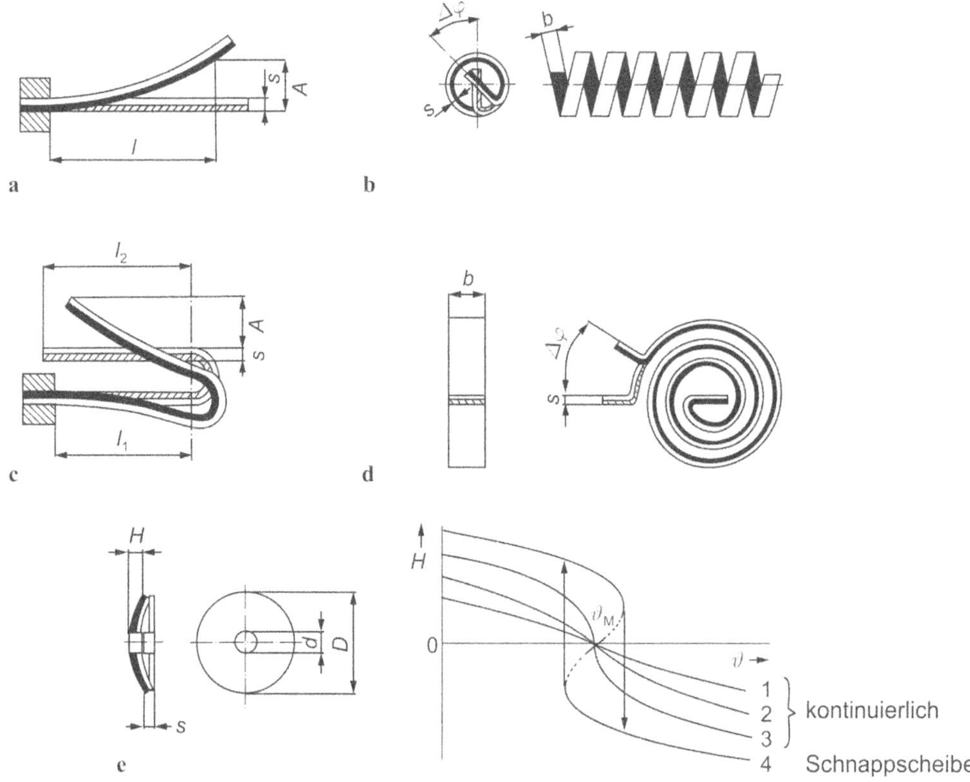


*Bild 6.12 Ausführungsformen von Thermobimetall-Elementen. **a** Einseitig eingespannter Streifen, **b** Wendel, **c** U-förmiger Streifen, **d** Spirale, **e** Schnappscheibe*

Tabelle 6.7 beschreibt wichtige Eigenschaften von Thermobimetallen für den Einsatz in Aktoren.

***Tabelle 6.7** Wichtige Eigenschaften von Thermobimetallen für den Aktorbau*

| Vorteile | Nachteile |
|---|---|
| – Hoch verfügbar (als Halbzeug nach DIN 1715) | – Kleine Stellkräfte |
| – Preiswert | – Nur eine Formänderungsart (Biegung) |
| – Durch den Anwender konfigurierbar | – Geringe Energiedichte (Arbeitsvermögen pro Volumen) |
| – Lineare Temperatur-Weg-Abhängigkeit | |
| – Anwendung bis ca. 650 °C | |
| – Hohe Stabilität des Formänderungseffektes | |

Abschließend sei eine aus dem Alltag bekannte Anwendung beschrieben, bei der ein Thermobimetall zur Zeitsteuerung benutzt wird. Für Zeiten größer als etwa eine Minute kann man sowohl die Aufheiz- als auch die Abkühlphase von Bimetallen heranziehen. Im letztgenannten Fall ist der Zeitgeber nach der Auslösung sofort wieder betriebsbereit. Ein typisches Beispiel ist die Zeitsteuerung in Brotröstern (s. Bild 6.13). Die elektrische Leistung eines

Brotrösters liegt bei etwa 100 W, wovon die Bimetallheizung 30 bis 50 W umsetzt. Da die Temperatur des Bimetalls auf 200 bis 400 °C steigt, ist der Einfluss der Gerätetemperatur auf die Auslösezeit vernachlässigbar klein.

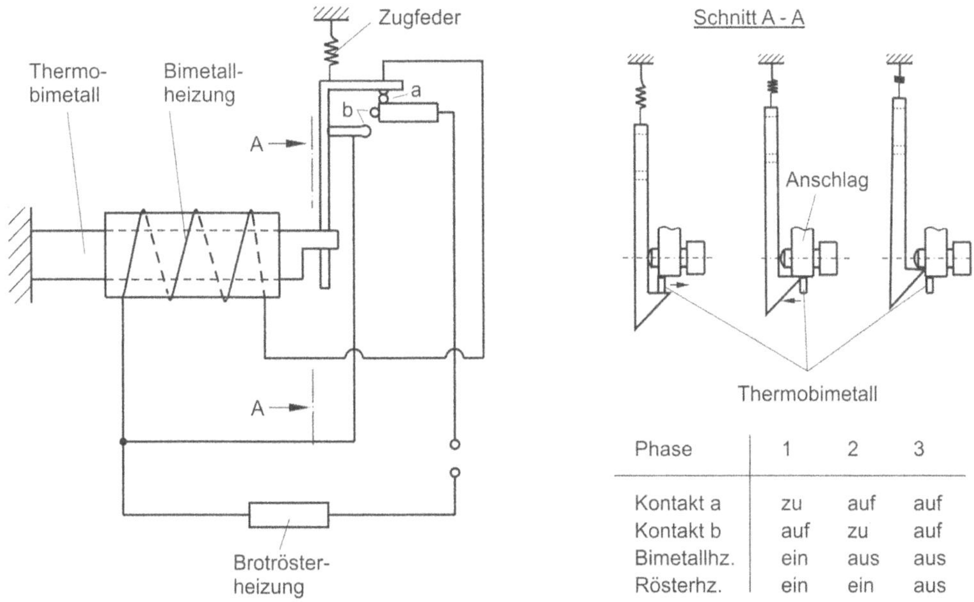


| Phase | 1 | 2 | 3 |
|---|---|---|---|
| Kontakt a | zu | auf | auf |
| Kontakt b | auf | zu | auf |
| Bimetallhz. | ein | aus | aus |
| Rösterhz. | ein | ein | aus |

***Bild 6.13*** *Brotröster mit Thermobimetall zur Zeitsteuerung (Phase 1: Erwärmung, Phase 2: Bimetall bewegt sich nach rechts, Phase 3: Bimetall bewegt sich nach links)*

Während der Erwärmung ist die Heizung des Bimetalls in Reihe mit der Rösterheizung geschaltet (s. Bild 6.13). Das Bimetall bewegt sich nach rechts, bis der federbelastete Haken frei wird, nach oben rutscht und gegen den Anschlag stößt. Kontakt a wird dabei geöffnet und Kontakt b geschlossen, wodurch die Bimetallheizung überbrückt wird. Das Bimetall fängt an, sich abzukühlen und den Haken nach links zu schieben, bis er nach oben schnellen kann. Der Kontakt zur Rösterheizung wird hierdurch unterbrochen und das Brot nach oben geschleudert.

# 7 Aktoren mit magnetischen Formgedächtnis-Legierungen

Seit einigen Jahren sind Materialien bekannt, die im Unterschied zu den bekannten thermischen Formgedächtnis(FG)-Legierungen (s. Kapitel 6) ihre Gestalt unter dem Einfluss von Magnetfeldern ändern. Auch wenn diese magnetischen FG-Legierungen (engl. *(ferro) magnetic shape memory alloys*, *(F)MSM alloys*) sich teilweise noch im Forschungs- und Entwicklungsstadium befinden, werden sie hier behandelt, da sie kommerziell verfügbar sind und in der Aktorik eine wichtige Rolle spielen können.

## 7.1 Physikalischer Effekt

Der magnetische Formgedächtnis(MFG)-Effekt tritt bei Ferromagnetika in der martensitischen Phase auf. Erste Berichte über große, magnetisch induzierte Dehnungen in einem Einkristall stammen aus dem Jahre 1968. Einige Zeit später wurde über eine reversible Dehnung von 3,4 % in der magnetisch harten Richtung eines Dysprosium-Einkristalls berichtet, der bei einer Temperatur von 4,2 K einem Magnetfeld von 8000 kA/m ausgesetzt worden war. Etwa seit Beginn der 1990er Jahre ist die Heuslerlegierung $Ni_2MnGa$, die den magnetischen FG-Effekt schon bei Raumtemperatur und einer Feldstärke von wenigen hundert kA/m zeigt, besonders intensiv untersucht worden. Sie stellt heute eine weltweit akzeptierte Referenz dar, mit der die Eigenschaften von alternativen oder neuen magnetischen FG-Legierungen verglichen werden.

Eine allgemein gültige Modellierung des magnetischen FG-Effektes oder seine analytische Beschreibung sind aufgrund der vielfältigen Reaktionen, die ein Werkstoff unter Einfluss von Magnetfeldern zeigen kann, äußerst komplex. Daher wird der Effekt hier – stark vereinfacht – am Beispiel eines stabförmigen Einkristalls erläutert. Ausgangspunkt ist die martensitische Niedertemperaturphase von $Ni_2MnGa$, in der eine tetragonale Kristallsymmetrie vorliegt. Die entsprechende Elementarzelle ist dadurch gekennzeichnet, dass eine ihrer Achsen, die $c$-Achse, kürzer ist als die beiden anderen, gleich langen Achsen $a$ und $b$. Ein Feld in Richtung der $c$-Achse magnetisiert den ferromagnetischen Werkstoff unter geringst möglichem Energiebedarf („magnetisch leichte Richtung"). Ferner gibt es im Stab Bereiche unterschiedlicher Kristallorientierung, die als Varianten bezeichnet werden. Bei den hier interessierenden Aktoranwendungen genügt eine zweidimensionale Betrachtung; dabei spielen lediglich zwei Varianten eine Rolle, die man durch ihre $a$- und $c$-Achsen charakterisiert (s. Bild 7.1).

In der martensitischen Phase liegen die beiden Varianten im MFG-Stab als streifenförmige Schichten mit alternierender Kristallorientierung vor („Zwillingsvarianten"), die durch sog. Zwillingsgrenzen getrennt sind. Die aktorische Nutzung des MFG-Effektes beruht darauf, dass diese Zwillingsgrenzen sowohl durch Anlegen eines Magnetfeldes als auch durch Aufbringen einer mechanischen Kraft verschoben werden können. Hierdurch vergrößert sich der Anteil der einen Variante auf Kosten der anderen. Die damit einhergehende Umorientierung der Elementarzellen führt aufgrund ihrer unterschiedlich langen *a*- und *c*-Achsen zu einer Dehnung (Längung bzw. Kürzung) des Stabes. Als wesentliche Voraussetzung für die Verschiebbarkeit der Zwillingsgrenzen müssen das angelegte Magnetfeld oder/und die aufgebrachte mechanische Kraft groß genug sein, um eine werkstoffinhärente, so genannte Zwillingsspannung im Innern der MFG-Legierung überwinden zu können.

Nach dieser Einführung lässt sich die aktorische Nutzung des MFG-Effektes anhand von Bild 7.1 gut nachvollziehen: Unter Einfluss einer mechanischen Spannung $T$, jedoch ohne äußeres Magnetfeld, richtet sich die kürzere *c*-Achse vertikal aus und der Stab hat die kleinstmögliche Länge (s. Bild 7.1, Fall a). Legt man nun zusätzlich ein Magnetfeld $H_1$ senkrecht zur Stabachse an, so bilden sich Regionen mit der magnetisch bevorzugten Variante, die sich mit steigender Feldstärke vergrößern. Infolge der hierdurch bewirkten Verschiebung der Zwillingsgrenzen wächst die dunkelgrau gekennzeichnete Variante auf Kosten der hellgrauen, und die Stabauslenkung in Achsrichtung nimmt zu (s. Bild 7.1, Fall b). Nach weiterem Erhöhen der Feldstärke ($H_2 > H_1$) ist fast nur noch die dunkelgraue Variante vorhanden, bei der die längere *a*-Achse vertikal ausgerichtet ist. Damit ist die maximale Dehnung des Stabes erreicht (Bild 7.1, Fall c); sie beträgt für tetragonale Kristallsysteme $S = 1 - (c/a)$.

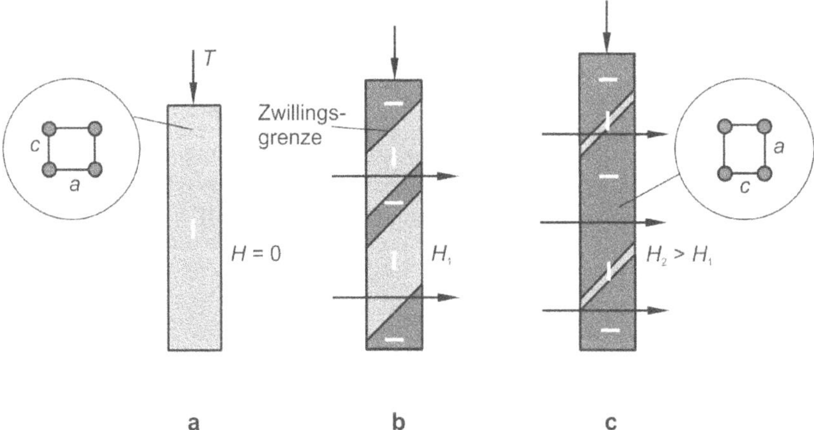


***Bild 7.1*** *Magnetischer Formgedächtniseffekt. Helle Striche symbolisieren die Richtung der c-Achse im Kristall, die kürzer ist als die a-Achse. Die durch Zwillingsgrenzen getrennten beiden Varianten sind dunkelgrau und hellgrau gekennzeichnet (nach [TSJ02])*

In den Ausgangszustand gelangt der Kristall entweder mit Hilfe eines weiteren Magnetfeldes, das in Richtung der Stabachse – also senkrecht zum ursprünglichen Steuerfeld – angelegt wird, oder durch Erhöhen der mechanischen Vorspannung. Erwähnenswert ist, dass beim magnetischen FG-Effekt, anders als sonst in Ferromagnetika, weder die Wände zwischen magnetischen Domänen bewegt werden, noch die Magnetisierung in Feldrichtung gedreht wird. Darüber hinaus ist festzuhalten, dass dem magnetischen FG-Effekt im Unterschied zum thermischen FG-Effekt, der auf dem Übergang zwischen einer austenitischen und einer martensitischen Phase beruht, eine reversible Umorientierung zwischen zwei Varianten zugrunde liegt, die ausschließlich in der Martensit-Phase erfolgt.

Abschließend sei darauf hingewiesen, dass eine direkte Umkehrung des MFG-Effektes, also ein MFG-Sensoreffekt, nicht existiert. In der sensorischen Anwendung des Werkstoffs wird ein magnetoelastischer Effekt genutzt: Kräfte auf den Stab werden in Änderungen der Permeabilitätszahl umgesetzt, die man dann durch eine Induktivitätsmessung erfassen kann.

## 7.2 Kommerzielle Formgedächtnis-Legierungen

Für den erfolgreichen Einsatz von MFG-Legierungen muss man wissen, wie bestimmte Werkstoffparameter das Auftreten des MFG-Effekts beeinflussen und wie diese Parameter kombiniert wirken. Nach jetzigem Kenntnisstand sind folgende Materialeigenschaften notwendig oder günstig:

- Die Wechselwirkung mit einem Magnetfeld tritt nur unterhalb der Curie-Temperatur $\vartheta_C$ auf, und makroskopische Formänderungen können nur in der Niedertemperaturphase, d.h. unterhalb der Martensit-Starttemperatur $\vartheta_{Ms}$ erreicht werden. Somit sind die Curie-Temperatur $\vartheta_C$ und die Martensit-Starttemperatur $\vartheta_{Ms}$ entscheidende Materialparameter.
- Die Zwillingsgrenzen müssen leicht verschiebbar sein, d.h. die Zwillingsspannung muss klein sein, damit ein möglichst großer Anteil der magnetfeldinduzierten mechanischen Spannung für das äußere aktorische Arbeitsvermögen verfügbar bleibt.
- Die Sättigungsmagnetisierung des Materials muss hoch sein – eine hohe Sättigungsmagnetisierung sorgt für höhere Aktorkräfte.
- Die Kristallanisotropie muss groß sein; hierdurch wird der konkurrierende Prozess, das Herausdrehen der Magnetisierung aus der magnetisch leichten Achse, erschwert.

Derzeit ist $Ni_2MnGa$ die einzige kommerziell verfügbare, magnetische Formgedächtnis-Legierung. Sie zeigt Dehnungen bis 6 % bei Raumtemperatur[21], ausgelöst durch ein Magnetfeld und bei Anwesenheit einer mechanischen Vorspannung. Dies spielt sich bei Frequenzen von null Hertz bis in den unteren Kilohertz-Bereich ab. Weil der MFG-Effekt in der martensitischen Phase auftritt, werden die Kristallstrukturen insbesondere in Verbindung mit den Phasenumwandlungs- und Curie-Temperaturen erforscht, denn hohe Umwandlungs- und Curie-Temperaturen sind die wesentlichen Voraussetzungen, um den Arbeitstemperaturbereich der MFG-Materialien zu erweitern. Bisher wurde der MFG-Effekt bei Temperaturen bis zu 65 °C beobachtet, wobei Änderungen der NiMnGa-Zusammensetzung die maximal zulässige Betriebstemperatur signifikant beeinflussen.

---

[21] Dieser Wert gilt für den sog. 5M-Kristall, der für den Aktorbau zu bevorzugen ist. Der 7M-Kristall ermöglicht zwar Dehnungen bis 10 %, hat aber wesentlich schlechtere Betriebseigenschaften.

Zur Herstellung von $Ni_2MnGa$-Einkristallen wird meistens das aus der Halbleiterfertigung bekannte Bridgman-Verfahren eingesetzt. Das ursprüngliche Verfahren ist allerdings weniger geeignet, weil Mangan (Mn) aus der geschmolzenen Legierung entweichen kann, wodurch die Zusammensetzung der Schmelze verändert wird. Oft wird darum unter hohem Druck Inertgas eingepresst, um die Manganverluste zu minimieren; eine hierdurch hervorgerufene Gasporosität kann jedoch die mechanischen Materialeigenschaften verschlechtern. Ein neues, als SLARE-Prozess (engl. *slag refinement and encapsulation*) bezeichnetes Verfahren vermeidet diese Nachteile und ermöglicht das zuverlässige Wachstum hochqualitativer $Ni_2MnGa$-Einkristalle [7.1]. Bei dieser Modifikation des Bridgman-Verfahrens werden bestimmte schlackebildende Flussmittel verwendet, um die Schmelze vor dem Erstarren zu reinigen und einen Flüssigkeitsfilm zu bilden, der die Schmelze bzw. den Einkristall von der Schmelztiegelwand trennt.

MFG-Materialien können ihre Form im Prinzip auf unterschiedliche Weisen verändern, beispielsweise durch Dehnen, Biegen oder Tordieren. In der Fachliteratur wird bisher nahezu ausschließlich über stabförmige Aktoren berichtet, die axial auslenken. Um in einem quaderförmigen MFG-Stab in der gewünschten Richtung die maximale Dehnung zu erzielen, sollte er bezüglich der kristallographischen Elementarzelle so aus dem Rohkristall präpariert werden, dass die Quaderachsen möglichst kollinear zu den elementaren Kristallachsen *a*, *b* und *c* ausgerichtet sind.

In Tabelle 7.1 sind einige anwendungsrelevante Kenngrößen und -werte der von der finnischen Firma AdaptaMat produzierten und häufig als Referenz herangezogenen $Ni_2MnGa$-Legierung zusammengefasst. Bei der Permeabilitätszahl gehört der kleine Wert zur magnetisch harten und der große zur magnetisch leichten Achse. Der Elastizitätsmodul ist abhängig von der kristallographischen Richtung im Einkristall: Der kleine Wert steht für die [001]-Richung, der große für die [111]-Richtung. Die Angabe des Arbeitsvermögens als Produkt $T_B \cdot S_{max}$ ist nur von begrenztem praktischen Nutzen, da diese Größen im Aktorbetrieb niemals gemeinsam auftreten (vgl. Abschnitt 1.6.1).

***Tabelle 7.1*** *Kennwerte einer MFG-Legierung (Quelle: AdaptaMat Ltd., Helsinki/Finnland [7.3])*

| | | NiMnGa | |
|---|---|---|---|
| Dehnung | $S_{max}$ | 5…6 | $10^{-2}$ m/m |
| Feldstärke | $H_{max}$ | 400…500 | kA/m |
| Permeabilitätszahl | $\mu_r$ | 2…90 | |
| Kopplungsfaktor | $k$ | 0,5…0,9 | |
| Elastizitätsmodul | $E$ | 20…200 | kN/mm$^2$ |
| Zugfestigkeit | $T_t$ | o.A. | |
| Druckfestigkeit | $T_p$ | 800 | N/mm$^2$ |
| Curie-Temperatur | $\vartheta_C$ | 95…105 | °C |
| Betriebstemperatur | $\vartheta_{max}$ | 65 | °C |
| Spezifischer elektr. Widerstand | $\rho$ | 0,7 | $10^{-6}$ Ωm |
| Energiedichte (bei Raumtemperatur) | $E/V$ | 200 | kJ/m$^3$ |
| Arbeitsvermögen (bei Raumtemp.) | $T_B \cdot S_{max}$* | 90 | kN/m$^2$ · m/m |

* $T_B$: Blockierspannung, hier definiert als mechanische Spannung, bei der die Auslenkung des MFG-Stabs im Sättigungsfeld 1 % der Leerlaufauslenkung beträgt

Die stark nichtlinearen *S*(*H*)-Kennlinien mit der Vorspannung $T_v$ als Parameter sind in Bild 7.2 dargestellt. Infolge der ausgeprägten Plateaus bei kleinen und großen Feldstärkewerten sind entsprechende MFG-Aktoren für den binären Betrieb prädestiniert. Je kleiner die Zwillingsspannung einer MFG-Legierung ist, desto mehr nähern sich die Kennlinien dem linearen Verlauf. Ebenso wie die Abhängigkeit der Dehnung von der Feldstärke ist die Abhängigkeit zwischen Dehnung und mechanischer Spannung hysteresebehaftet. Diese Werkstoffeigenschaft muss beim Entwurf des Aktors berücksichtigt werden.

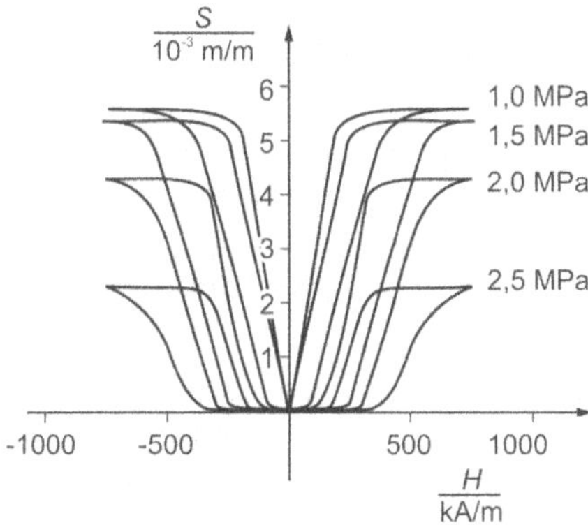


***Bild 7.2*** *Kennlinienverläufe S(H) der MFG-Legierung $Ni_2MnGa$ bei unterschiedlicher mechanischer Vorspannung $T_v$ [TSJ02]*

Laufende Forschungsarbeiten befassen sich mit den Einsatzmöglichkeiten auch von polykristallinem $Ni_2MnGa$-Material. Polykristalle sind zwar spürbar billiger als MFG-Einkristalle, verfügen jedoch über deutlich schlechtere Kennwerte. Andere Untersuchungen haben das Ziel, dem MFG-Effekt in Form von dünnen Schichten oder Filmen zu einem Einsatz in der Mikroaktorik zu verhelfen. Mit MFG-Material können auch Verbundwerkstoffe (Komposite) hergestellt werden. Hierbei werden MFG-Legierungen in Faser- oder Pulverform mit einer polymeren Matrix kombiniert, die so auszuwählen ist, dass Rückwirkungen minimiert und das Dehnungsvermögen nicht behindert werden. Komposite benötigen weniger aktives MFG-Material, und man erreicht höhere Betriebsfrequenzen.

# 7.3 Aufbau von magnetischen FG-Aktoren

Funktion und Aufbau von MFG-Aktoren werden durch die Existenz einer inneren Zwillingsspannung und deren Zusammenspiel mit äußeren mechanischen Spannungen bestimmt, die entweder direkt aufgebracht oder/und durch ein Magnetfeld induziert werden. Die Zusammenhänge zwischen Ursache und Wirkung sind hier komplexer als bei anderen Aktoren, daher erscheint zunächst die Beschäftigung mit dem Ursprung der aktorischen Kennlinien angebracht.

### 7.3.1 Entstehung der aktorischen Kennlinienverläufe

Die Abhängigkeit der Ausgangsgröße ‚Dehnung' eines MFG-Aktors von den Eingangsgrößen ‚mechanische Spannung' und/oder ‚magnetische Feldstärke' wird wesentlich von der Zwillingsspannung und der Mobilität der Zwillingsgrenzen bestimmt. Dies schlägt sich im Verlauf der Aktorkennlinien wieder, die somit eine wichtige Entwurfsgrundlage darstellen.

Um die Entstehung der Kennlinienverläufe zu verstehen, gehen wir davon aus, dass eine äußere mechanische Spannung $T$ im Inneren des MFG-Elements als „mikroskopische Kraft" eine Bewegung der Zwillingsgrenzen derart verursacht, dass sie das Anwachsen der einen Variante begünstigt. Ein extern angelegtes Magnetfeld $H$ induziert hingegen die mechanische Spannung $T_{\mathrm{mag}}$, die ebenfalls auf die Zwillingsgrenzen wirkt, jedoch das Wachstum der anderen Variante unterstützt (engl. *magnetic field induced strain, MFIS*). Die Bewegungsrichtung der Zwillingsgrenzen und die damit jeweils bevorzugte Variante wird vom Größenverhältnis der beiden inneren Spannungen bestimmt. Damit die Zwillingsgrenzen überhaupt bewegt werden können (also eine Dehnung $S$ erfolgen kann), muss in jedem Falle die materialspezifische Zwillingsspannung $T_{\mathrm{zw}}$, die man sich als eine in beide Richtungen wirkende, innere Reibung vorstellen kann, überwunden werden.

Nach dieser Vorbemerkung werde zunächst der Fall betrachtet, dass das MFG-Element ausschließlich durch eine mechanische Spannung $T$ belastet wird, also $H = 0$ (Bild 7.3a). Ausgangspunkt ist der Ruhezustand, d.h. die Anfangswerte von Spannung $T$ und Dehnung $S$ sind null und als einzige Variante ist $V_2$ vorhanden, siehe Bild 7.3a, Punkt A. Wenn man beginnt $T$ zu erhöhen, verformt sich das MFG-Element zunächst elastisch, bis die Zwillingsspannung $T_{\mathrm{zw}}$ erreicht ist (B). Sobald $T > T_{\mathrm{zw}}$, wächst der Anteil der Variante $V_1$, bis nur noch $V_1$ existiert (C). Diese Phase ist durch eine starke Verformung des Materials – Folge des MFG-Effekts – gekennzeichnet. Eine weitere Zunahme der äußeren Spannung, ihre nachfolgende Verringerung bis $-T_{\mathrm{zw}}$ (Punkt D, Wechsel von Zug- zu Druckspannung) ist wieder mit elastischem Verhalten der Probe verknüpft. Anschließend erfolgt die Umorientierung von $V_1$ nach $V_2$, bis das MFG-Element am Ende des Zyklus nur noch aus der Variante $V_2$ besteht.

Die Wirkung des Magnetfeldes $H$ lässt sich wegen $T_{\mathrm{mag}} = f(H)$ auch über die induzierte Spannung $T_{\mathrm{mag}}$ beschreiben, siehe Bild 7.3b. Wenn $T = 0$, d.h. es ist keine äußere Last vorhanden, kann man $H$ und damit $T_{\mathrm{mag}}$ zunächst erhöhen, ohne dass sich das MFG-Element verformt (siehe Bild 7.3b). Sobald $T_{\mathrm{mag}} > T_{\mathrm{zw}}$, beginnt die Umorientierung der Varianten, bis schließlich nur noch $V_1$ existiert (engl. *magnetically induced reorientation, MIR*; Punkt C). Nachdem die maximale Dehnung $S_{\mathrm{max}}$ erreicht ist, ändert auch eine weitere Erhöhung von $T_{\mathrm{mag}}$ nichts am Verformungszustand des MFG-Elements. Die folgende Verringerung von $T_{\mathrm{mag}}$ führt ebenfalls zu keiner Änderung. Auch wenn das Magnetfeld sein Vorzeichen wechselt, passiert nichts, da $T_{\mathrm{mag}}$ zwar von der Orientierung des Feldes, aber nicht von seinem Durchlauf- oder Richtungssinn abhängt. Ein vollständiger Bewegungszyklus (Elongation-Kontraktion-Elongation) lässt sich auf diese Weise also nicht realisieren. Vielmehr benötigt man eine hinreichend große, externe mechanische Spannung und/oder ein Magnetfeld, um das Element wieder in den kontrahierten Zustand überführen zu können.

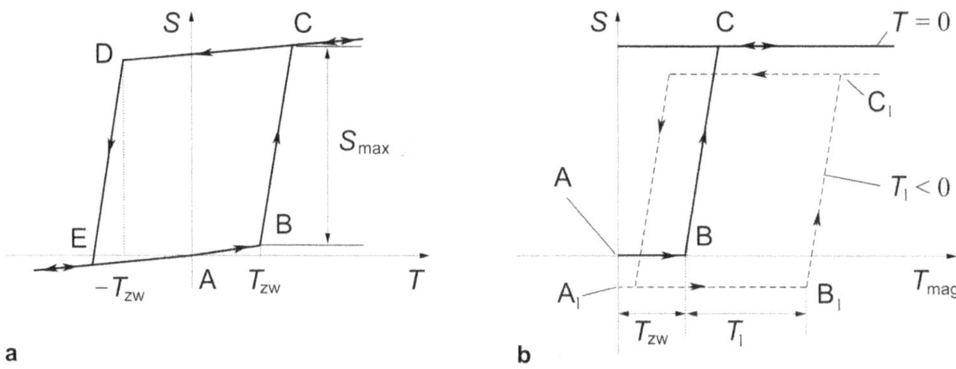


***Bild 7.3*** *Prinzipielle Kennlinienverläufe von MFG-Aktoren.* ***a*** *Dehnung S als Funktion der äußeren Spannung T ohne Magnetfeld (H = 0),* ***b*** *Dehnung S als Funktion der magnetfeldinduzierten Spannung Tmag mit T als Parameter (T < 0: Druckspannung)*

Das MFG-Element werde nun zusätzlich durch die konstante Druckspannung $T = T_1 < 0$ belastet. $T_1$ bewirkt zunächst eine Verschiebung des Anfangspunktes der $S(T_{mag})$-Kurve um einen kleinen elastischen Dehnungsanteil (siehe Bild 7.3b, Punkt $A_1$). Sobald $T_{mag} > T_{zw} + |T_1|$ beginnt die Umorientierung der Varianten ($B_1$). Wenn nur noch $V_1$ vorhanden und somit die maximale Dehnung erreicht ist ($C_1$), kann der kontrahierte Zustand des MFG-Elements durch Verringern von $T_{mag}$ bzw. von $H$ wiederhergestellt werden; damit ist ein vollständiger Bewegungszyklus abgeschlossen. Als notwendige Bedingung hierfür muss $|T_1| > T_{zw}$ erfüllt sein. Die Umorientierung der Varianten beginnt, sobald $|T_1| > T_{mag} + T_{zw}$. Auch wenn das Magnetfeld $H$ negative Werte annimmt, bleibt $T_{mag}$ positiv. Der vollständige Verlauf der aktorischen Kennlinie – die sog. Schmetterlingskurve – folgt aus Bild 7.3b daher durch Spiegeln der Kurven $S(T_{mag})$ an der $S$-Achse, vgl. hierzu den Kennlinienverlauf *S(H)* in Bild 7.2.

Abschließend sei erwähnt, dass man bei anwendungsnahen Aufgabenstellungen anstelle der Variablen $T$ und $T_{mag}$ häufig die korrespondierenden Größen (äußere) ‚Kraft $F$' bzw. ‚magnetische Feldstärke $H$' verwendet.

## 7.3.2 Betriebsarten von MFG-Aktoren

Nach den bisherigen Ausführungen sind für die Verlängerung (Elongation, elo) eines stabförmigen MFG-Elementes sowohl direkt aufgebrachte als auch magnetisch induzierte, mechanische Spannungen verantwortlich. Dasselbe gilt für die Verkürzung (Kontraktion, kon), so dass es letztlich vier Möglichkeiten gibt, um einen vollständigen Bewegungszyklus des Stabes zu realisieren. Die jeweils gewählte Kombination der externen Eingangsgrößen, also mechanische Kräfte $F_{elo}$, $F_{kon}$ und/oder magnetische Feldstärken $H_{elo}$, $H_{kon}$, wird hier als Betriebsart bezeichnet. Ausgangsgröße ist in jedem Fall die Dehnung $S$, die als Elongation oder Kontraktion des Stabes wirksam wird. Die Eigenschaften der verschiedenen Betriebsarten sowie deren Vor- und Nachteile werden nun im Einzelnen beschrieben.

In der Betriebsart 1 wird die Länge des MFG-Stabes ausschließlich durch äußere mechanische Kräfte beeinflusst. Ausgehend vom kontrahierten Zustand reagiert das aktive Element auf die Zugkraft $F_{\text{elo}}$ mit einer Verlängerung, sobald die Zwillingsspannung $T_{\text{zw}}$ überschritten wird. Wenn das Element seine maximale Auslenkung erreicht hat und dann mit der Druckkraft $F_{\text{kon}}$ beaufschlagt wird, zieht es sich zusammen, sobald die aufgebrachte Lastspannung größer ist als die Zwillingsspannung. Zugkräfte und Druckkräfte bewirken also einen vollständigen Bewegungszyklus, siehe Bild 7.4.

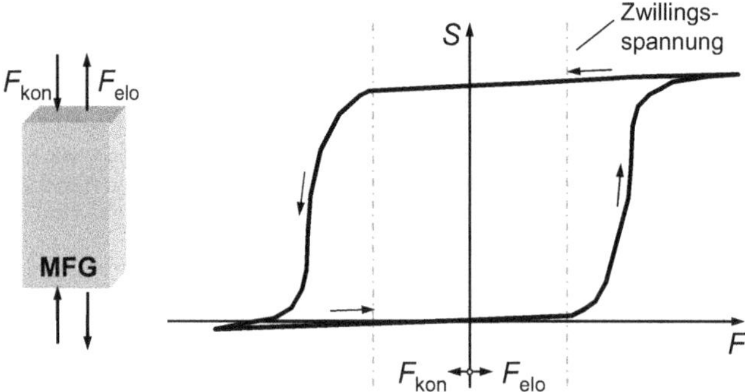


***Bild 7.4*** *Betriebsart 1. MFG-Aktor mit den Eingangsgrößen $F_{elo}$, $F_{kon}$ und prinzipieller Verlauf der Dehnung-Kraft-Kennlinie*

Den Einfluss der Zwillingsspannung kann man sich als innere Reibung vorstellen, gegen die das aktive Element (im zyklischen Betrieb) Arbeit verrichtet, die letztendlich in Wärme gewandelt wird. Daher lassen sich MFG-Legierungen grundsätzlich auch zur passiven Dämpfung von Vibrationen nutzen. Ihre Dämpfungswirkung ist umso größer, je höher die Zwillingsspannung ist. Diese kann der Materialhersteller beispielsweise durch Variieren der Legierungsbestandteile einstellen, so dass die Dämpfungseigenschaften sich an die jeweiligen Anforderungen anpassen lassen.

Zu beachten ist, dass zu hohe Zugkräfte $F_{\text{elo}}$ das spröde MFG-Material zerstören können. Die äußere Kraft muss daher vorsichtig aufgebracht werden und der Stab sollte gegen mechanische Überbeanspruchung durch konstruktive Maßnahmen, beispielsweise einen mechanischen Anschlag, geschützt werden. Prinzipiell kann $F_{\text{elo}}$ bei gleicher Wirkung durch eine senkrecht zur Stabachse gerichtete Druckkraft $F_{\text{kon}}$ ersetzt werden. In diesem Fall ist zu gewährleisten, dass die Einleitung der Druckkraft in die laterale Staboberfläche hinreichend kleinflächig erfolgt, damit die Beweglichkeit der Zwillingsgrenzen nicht beeinträchtigt wird.

Die folgenden Betriebsarten erfüllen die Aktordefinition in Abschnitt 1.1 insofern, als mindestens eine der Eingangsgrößen elektrisch steuerbar ist. Für den Einsatz als aktorisches Stellelement ist eine niedrige Zwillingsspannung (z.B. 0,2 MPa und kleiner) vorteilhaft, wenn die Stabauslenkung als Funktion der Steuergröße über möglichst weite Bereiche der Aktorkennlinie monoton verlaufen soll und eine hohe Beweglichkeit der Zwillingsgrenzen angestrebt wird (was sich günstig auf die Aktordynamik auswirkt).

Die Betriebsart 2 wird in der Literatur am häufigsten beschrieben. Ausgehend vom kontrahierten Zustand des aktiven Elements bewirkt ein Magnetfeld $H_{elo}$ in Richtung der kurzen magnetischen Achse eine Verlängerung des Stabes, die selbsthaltend ist, solange die Zwillingsspannung nicht durch äußere Krafteinwirkung überschritten wird, siehe Bild 7.5[22]. Für die Rückkehr in den kontrahierten Zustand sorgt die Gegenkraft $F_{kon}$, die meistens mit Hilfe einer Schrauben- oder Tellerfeder realisiert wird („Federaktor"). Weil das aktive Element gegen eine wegabhängige Kraft arbeitet, steht nur ein Teil der größtmöglichen Aktorkraft zur Verfügung (vgl. hierzu Abschnitt 2.3.1, insbesondere Bild 2.11b). Darüber hinaus ist ein kompakter Aufbau schwer zu realisieren, da $H_{elo}$ senkrecht zur Stabachse gerichtet sein muss.

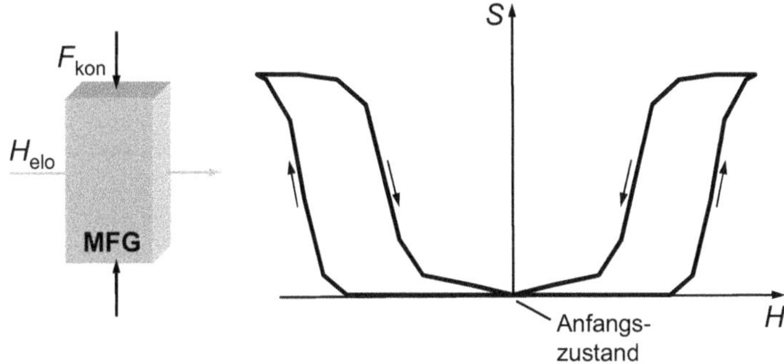


***Bild 7.5*** *Betriebsart 2. MFG-Aktor mit den Eingangsgrößen $H_{elo}$, $F_{kon}$ und prinzpieller Verlauf der Dehnung-Feldstärke-Kennlinie*

In der Betriebsart 3 erfährt das Element eine Verlängerung, indem die mechanische Druckkraft $F_{elo}$ senkrecht zur Stabachse wirkt; die maximale Elongation ist der Anfangszustand, siehe Bild 7.6. Ein Magnetfeld $H_{kon}$ in Richtung der Stabachse führt zu einer Kontraktion. Diese Konstellation vereinfacht den Aufbau des Magnetkreises, weil die Feldspule direkt um den MFG-Stab gewickelt werden kann. Die seitliche Einleitung der Kraft muss jedoch quasi durch die Spule hindurch erfolgen, was konstruktive Probleme mit sich bringt. Das zur Betriebsart 1 Gesagte gilt auch hier: Die Beweglichkeit der Zwillingsgrenzen darf durch die seitliche Krafteinleitung nicht behindert werden, und wollte man die laterale Druckkraft durch eine axiale Zugkraft substituieren, wären Vorkehrungen gegen eine Überlastung des MFG-Elementes zu treffen. Darüber hinaus würde sich auch hier die maximal mögliche Auslenkung reduzieren, wenn die Zugkraft wegabhängig wäre.

Für „echte" Aktoranwendungen ist Betriebsart 4 das Mittel der Wahl, da hier sowohl Elongation als auch Kontraktion durch Magnetfelder – letztlich also elektrisch – steuerbar sind: Ein Magnetfeld senkrecht zur Stabachse, $H_{elo}$, erzeugt die Elongation, und ein weiteres Feld in

---

[22] Laständerungen, die unterhalb der Zwillingsspannungen bleiben, wirken sich im Rahmen der elastischen Werkstoff-Eigenschaften aus.

Richtung der Stabachse, $H_{kon}$, bewirkt die Kontraktion, s. Bild 7.7. Für die Generierung der orthogonalen Felder braucht man zwei separate Magnetkreise, was einen kompakten Aktoraufbau erschwert. Weil für die Rückstellung keine Feder erforderlich ist, kann die im aktiven Material erzeugte Kraft vollständig genutzt werden; sie steht in beiden Richtungen (Druck und Zug) zur Verfügung.

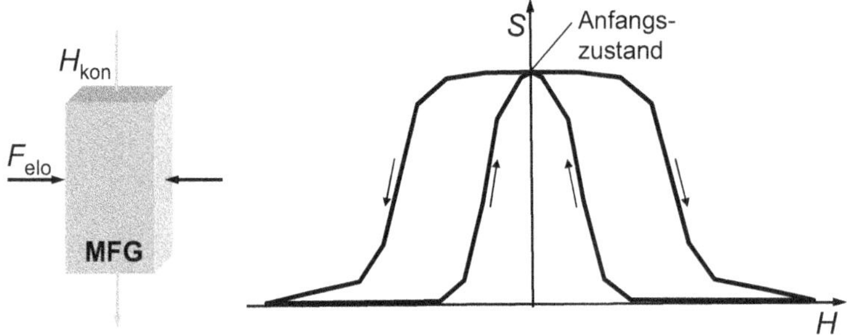


***Bild 7.6*** *Betriebsart 3. MFG-Aktor mit den Eingangsgrößen $F_{elo}$, $H_{kon}$ und prinzipieller Verlauf der Dehnung-Feldstärke-Kennlinie*

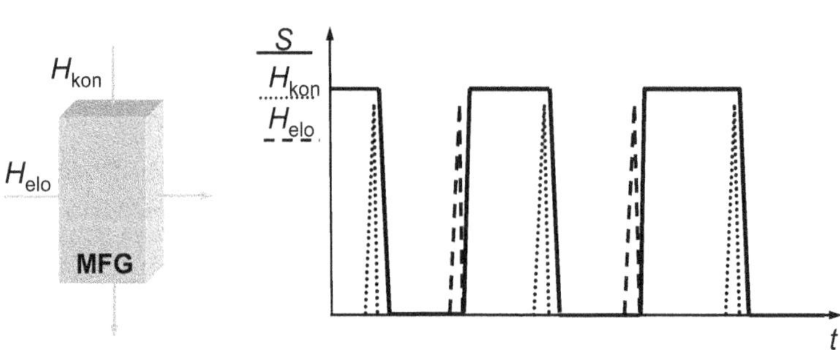


***Bild 7.7*** *Betriebsart 4. MFG-Aktor mit den Eingangsgrößen $H_{elo}$, $H_{kon}$ und Dehnung-Zeit-Verlauf bei pulsförmigen Eingangsgrößen*

Solange die durch das Steuerfeld und die Last induzierten Spannungen die Zwillingsspannung nicht überschreiten, bleibt die Auslenkung des MFG-Elements nahezu unverändert; sie bleibt auch nach Abschalten des Magnetfelds erhalten, sofern die Lastspannung kleiner ist als die Zwillingsspannung. Dadurch wird es möglich, die Aktorauslenkungen sehr energieeffizient durch kurze Stromimpulse zu steuern. Die Zwillingsspannung wird hierbei gewissermaßen als (nahezu) energielos verfügbare Haltekraft genutzt, die umso größer wird, je höher die Zwillingsspannung ist. Die Dehnung-Zeit-Kennlinie, die sich bei der Ansteuerung mit magnetischen Pulsen ergibt, ist ebenfalls in Bild 7.7 dargestellt.

### 7.3.3 Erzeugung orthogonaler Magnetfelder

Will man Elongation und Kontraktion des MFG-Stabes mit Hilfe zweier orthogonaler Magnetfelder steuern (Betriebsart 4), so gibt es mehrere Möglichkeiten, um die erforderlichen Feldverläufe zu realisieren. Drei erprobte Konzepte werden nun vorgestellt.

Bild 7.8 beschreibt das *Kreuzspulen-Konzept.* Zur Herstellung der Kreuzspule werden die Wicklungslagen der beiden hellgrau und dunkelgrau dargestellten Spulen abwechselnd um einen kreuzförmigen Montagerahmen gelegt. Anschließend entfernt man den Rahmen und setzt an seiner Stelle das MFG-Element ein. Im Aktorbetrieb (der hier keinen definierten Anfangszustand kennt) überlagern sich die orthogonalen Magnetfelder $H_{sp1}$ und $H_{sp2}$ vektoriell zum Magnetfeld $H_{elo}$ (s. Bild 7.8, links). Durch Umkehr der Stromrichtung in Spule 2 entsteht das resultierende Feld $H_{kon}$ (s. Bild 7.8, rechts). Elongation und Kontraktion des MFG-Elements werden also durch einfaches Umpolen von einem der beiden Spulenströme gesteuert. Ein Nachteil dieses Konzeptes ist der komplizierte Spulenaufbau.

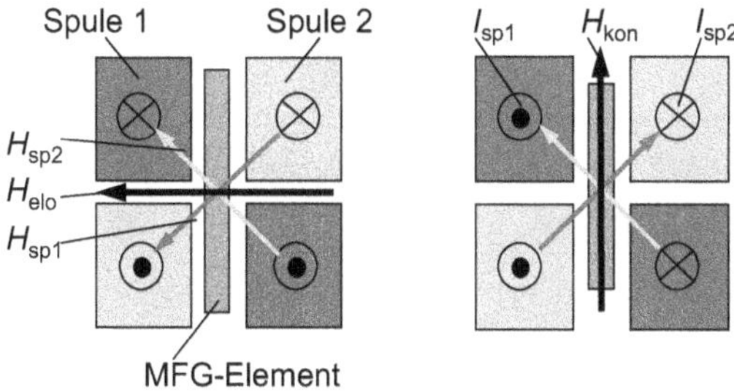


***Bild 7.8*** *Kreuzspulen-Konzept. Links: Elongation, rechts: Kontraktion*

Beim *Feldinversions-Konzept* befindet sich das MFG-Element zwischen zwei Zylinderspulen 1 und 2, die denselben Wickelsinn haben und deren Achsen kollinear ausgerichtet sind, siehe Bild 7.9. Wenn beide Spulenströme in gleicher Richtung fließen, entsteht senkrecht zur Stabachse das resultierende Magnetfeld $H_{elo}$, auf das der MFG-Stab mit einer Elongation reagiert. Die Umkehr der Stromrichtung in einer der beiden Spulen hat ein Gesamtfeld $H_{kon}$ zur Folge, das senkrecht zu $H_{elo}$ gerichtet ist und eine Kontraktion des Stabes bewirkt, s. Bild 7.9, rechts. Solange die Zwillingsspannung nicht überschritten wird, sind die Auslenkungen selbsthaltend (beachte hierzu Fußnote 21).

Bei diesem Konzept wird das maximale Dehnungsvermögen des MFG-Elements nur teilweise genutzt, da $H_{elo}$ auf den mittleren Bereich und $H_{kon}$ auf die beiden Enden des Stabes konzentriert ist, vgl. Bild 7.9. Würde man versuchen, den Querschnitt der (im Bild nicht dargestellten) Flussführung im Spuleninneren zu vergrößern, um $H_{elo}$ zu erhöhen, hätte dies eine Verringerung von $H_{kon}$ zur Folge. Umgekehrt würde eine Querschnittreduzierung zu einer Erhöhung von $H_{kon}$ und einer Verringerung von $H_{elo}$ führen. Simulationen und experimentelle Untersuchungen ergaben, dass man ein optimales Ergebnis erwarten kann, wenn der Durchmesser der Flussführung ungefähr 40 % der Stablänge beträgt.

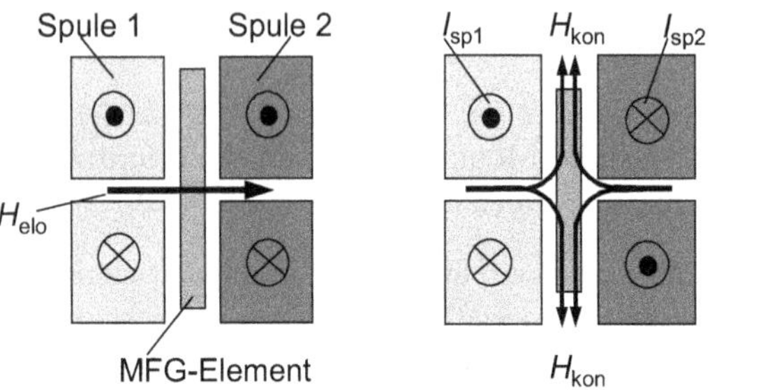


***Bild 7.9*** *Feldinversions-Konzept. Links: Elongation, rechts: Kontraktion*

Beim dritten Konzept, dem sog. *Dauermagnet-Konzept*, sind unmittelbar neben dem aktiven Element Permanentmagnete angeordnet, die ein Magnetfeld $H_{mag} = H_{elo}$ erzeugen, das senkrecht zur Stabachse verläuft, siehe Bild 7.10. Der Anfangszustand des Stabes ist demzufolge die maximale Elongation. Des Weiteren umschließt eine Zylinderspule sowohl das MFG-Element als auch die Magnete. Ein Steuerstrom $I_{sp}$ in dieser Spule generiert das Magnetfeld $H_{sp}$; dieses ist senkrecht zu $H_{elo}$ gerichtet, und durch Überlagerung beider Felder ergibt sich das resultierende Feld $H_{kon}$. Mit Erhöhen des Steuerstroms wächst $H_{sp}$, der Winkel $\alpha$ zwischen $H_{elo}$ und $H_{kon}$ vergrößert sich in Richtung 90°, und das aktive Element kontrahiert immer mehr. Wenn der Spulenstrom abnimmt, verlängert sich der Stab wieder infolge des wachsenden Einflusses der Permanentmagnete.

Um das MFG-Element zu aktivieren, sind bei diesem Konzept hinreichend starke Dauermagnete (beispielsweise Neodym-Eisen-Bor-Magnete) erforderlich. Das Spulenfeld muss gewissermaßen gegen das Feld der Dauermagnete arbeiten, so dass der Spulenstrom hohe Werte annehmen kann. Die hiermit verknüpfte Temperaturzunahme der Spule kann ein unerwünschtes Aufheizen des aktiven Elements zur Folge haben (Verlust des MFG-Effekts möglich!), dem man beispielsweise durch einen Aktorbetrieb mit kurzen Hochstrom-Pulsen begegnen kann. Andere Nachteile dieses Konzepts sind die nicht selbsthaltende Stabauslenkung und die unterschiedlich hohen Maximalwerte von Zug- und Druckkraft infolge der verschieden großen Feldstärken $H_{elo}$ und $H_{kon}$.

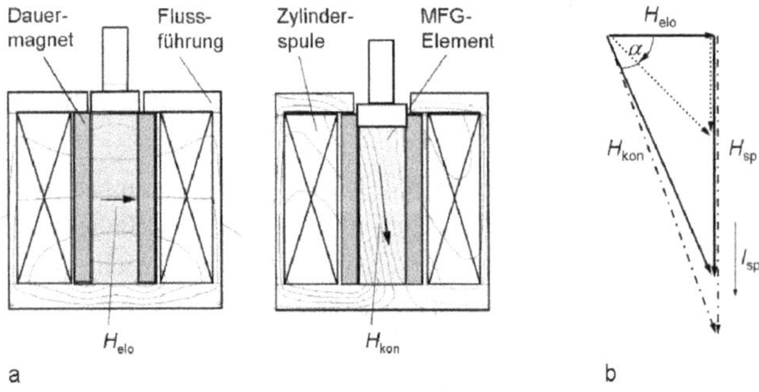


***Bild 7.10*** *Dauermagnet-Konzept.* ***a*** *links: Elongation, rechts: Kontraktion,* ***b*** *Überlagerung der Magnetfelder*

## 7.3.4 Dynamisches und statisches Verhalten

Für simulierende Untersuchungen des Übertragungsverhaltens sind Aktormodelle unentbehrlich. Bild 7.11a zeigt ein Modell des sog. Federaktors, der die Betriebsart 2 repräsentiert, in Form einer elektromechanischen Ersatzschaltung. Sein elektrisches Eingangsverhalten wird durch die Induktivität $L$ des Magnetkreises bestimmt, der sich im Wesentlichen aus der Flussführung und dem hierin integrierten MFG-Stab zusammensetzt. Um die Flussführung herum sind eine oder mehrere Feldspulen gewickelt; der Spulenstrom $i$ erzeugt ein Magnetfeld, das den Stab durchdringt, und die Kraft $F_{\text{mag}}$ generiert. Der Zusammenhang zwischen Kraft und Strom kann durch das Polynom

$$F_{\text{mag}}(i) \approx a_1 \, |i| + a_2 \, i^2 \tag{7.1}$$

angenähert werden. Hierbei werden die Koeffizienten $a_1$, $a_2$ vorwiegend durch die magnetischen Eigenschaften der MFG-Legierung festgelegt wie Sättigungsmagnetisierung oder Sättigungspolarisation; darüber hinaus sind sie abhängig von der Querschnittsfläche des stabförmigen Aktors und dessen maximalem Dehnungsvermögen.

Das Übertragungsverhalten des mechanischen Teils wird mit Hilfe der Netzwerkelemente im rechten Teil der Ersatzschaltung nachgebildet. Dort ist $c$ die Federsteifigkeit, die das MFG-Element insgesamt „sieht"; in ihr sind daher neben der Steifigkeit des Stabes auch die entsprechenden Parameter der Rückstell-/Vorspannfeder und ggf. der Last enthalten. Aktortypisch ist die reibungsverursachende Zwillingsspannung; sie wird hier durch einen sog. Haftreibdämpfer berücksichtigt, ein nichtlineares Element, das für Coulombsche Reibung steht. Da bei MFG-Aktoren die Überhöhung des Amplitudengangs in den Eigenfrequenzen im Vergleich zu anderen Festkörperaktoren erfahrungsgemäß weniger ausgeprägt ist, kann es sinnvoll sein, auch noch einen viskosen Dämpfer mit der Dämpfungskonstante $k$ vorzusehen. Schließlich wird mit $m_{\text{MFG}}$ die träge Masse des MFG-Elements beschrieben, die jedoch gegen eine meistens größere Lastmasse vernachlässigt werden kann.

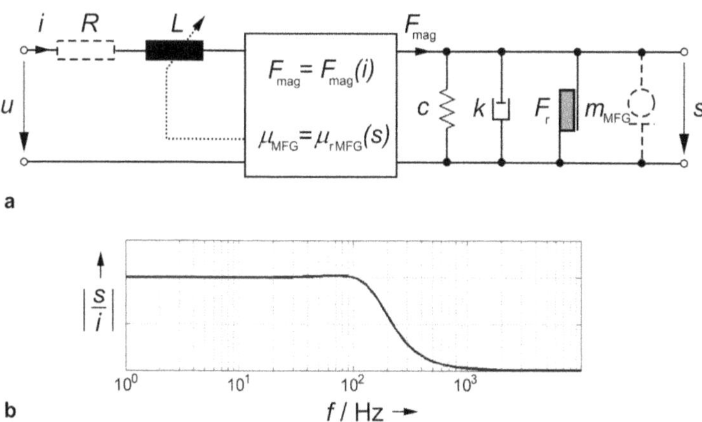


***Bild 7.11*** *MFG-Aktor im Kleinsignalbetrieb.* ***a*** *Elektromechanische Ersatzschaltung,* ***b*** *Amplitudengang des Übertragungsverhaltens*

In Bild 7.11b ist der gemessene Amplitudengang eines kommerziell verfügbaren Experimentier-Aktors (siehe Abschnitt 7.6.1) dargestellt. Gemäß der Ersatzschaltung in Bild 7.11a und in Anlehnung an Erfahrungen mit magnetostriktiven Festkörperaktoren kann man durchaus einen Kurvenverlauf mit typischer Resonanzüberhöhung erwarten ($PT_2$-Verhalten), vgl. Bild 3.8b. Tatsächlich wurde hier jedoch ein stark gedämpftes Verhalten gemessen mit einer Grenzfrequenz, die im Vergleich zu den in Bild 7.14 angegebenen dynamischen Aktorkennwerten wesentlich niedriger ist. Hierfür sind unterschiedliche Einflüsse verantwortlich: Die Belastung des Aktors durch eine äußere Masse von $M = 50$ g (d.h. $M >> m_{\mathrm{MGF}}$), die relativ niedrige Grenzfrequenz der mitgelieferten, spannungsgesteuerten Stromquelle (Transkonduktanz-Verstärker, $f_g = 50...60$ Hz) und eine nichtlineare innere Werkstoffdämpfung als Folge der Zwillingsspannung. Dieses Beispiel belegt die bekannte Tatsache, dass die Ergebnisse einer Messung nicht ausschließlich vom Messgegenstand, sondern wesentlich auch von den Messbedingungen abhängen.

Bei MFG-Aktoren existiert – im Unterschied zu Piezoaktoren, aber ebenso wie bei magnetostriktiven Aktoren – kein direkter Effekt, der unmittelbar sensorisch genutzt werden könnte. Andererseits wirken sich die mit den Auslenkungen $s$ einhergehenden Gefügeänderungen in der MFG-Legierung auf deren Permeabilitätszahl $\mu_{\mathrm{rMFG}}$ aus. Der Zusammenhang ist komplex und wird darum hier nur angedeutet: Bezeichnet man mit $\mu_{\mathrm{rMFG}}^{\mathrm{min}}$ und $\mu_{\mathrm{rMFG}}^{\mathrm{max}}$ die Permeabilitätszahlen entlang der magnetisch harten bzw. leichten Achse des MFG-Elements, so ist $\mu_{\mathrm{rMFG}}^{\mathrm{max}}$ mit der Variante $V_1$ und $\mu_{\mathrm{rMFG}}^{\mathrm{min}}$ mit der Variante $V_2$, also mit der minimalen bzw. maximalen Auslenkung, verknüpft, vgl. die Zahlenangaben für $\mu_r$ in Tabelle 7.1. Infolge der Abhängigkeit $L = L(\mu_{\mathrm{rMFG}}) = f(s)$ lässt sich die Auslenkung des MFG-Stabes also durch Messen der Induktivität in-process erfassen; die hierbei auftretenden relativen Induktivitätsänderungen liegen erfahrungsgemäß im niederen Prozentbereich.

Die obige Zuordnung der Maximal- und Minimalwerte von $\mu_{\mathrm{rMFG}}$ zu den Varianten $V_1$ und $V_2$ bezieht sich auf den Federaktor (Abschnitt 7.3.2, Betriebsart 2); in diesem Fall verläuft das Magnetfeld – wie in Bild 7.1 – senkrecht zur Stabauslenkung. Bei anderen Betriebsarten kann das Feld parallel zur Stabachse gerichtet sein. Dann ist aber $V_2$ die Variante mit der maximalen Permeabilitätszahl, weil ihre leichte Achse in Richtung des Feldes weist. In solchen Fällen ist also der kontrahierte Zustand des MFG-Stabes mit $\mu_{\mathrm{rMFG}}^{\mathrm{max}}$ verknüpft.

In Tabelle 7.2 sind wichtige Vor- und Nachteile von Wandlern mit magnetischen Formgedächtnis-Legierungen zusammengefasst.

*Tabelle 7.2 Wichtige Eigenschaften von Wandlern mit magnetischen Formgedächtnis-Legierungen*

| Vorteile | Nachteile |
|---|---|
| – Große Formänderungen mechanisch und/oder elektrisch steuerbar<br>– Hohe Energiedichte; hoher elektromechanischer Wirkungsgrad, abhängig von der Zwillingsspannung<br>– Kurze Reaktionszeit (ms-Bereich)<br>– Unterschiedliche Richtungszuordnungen zwischen Ausgangsgröße (Dehnung) und Eingangsgrößen möglich<br>– Formänderungen können unter geringem Energieeintrag fixiert werden | – Kennwerte sind temperaturabhängig<br>– MFG-Effekt nur in begrenztem Temperaturbereich vorhanden<br>– Ausgeprägte Hysterese der Aktor-Kennlinie<br>– Geringe elastische Energiedichte, kleine Kräfte<br>– Aufwändiger magnetischer Kreis<br>– Zurzeit teuer und schlecht verfügbar |

## 7.4 Messen von Aktor-Kenngrößen

Die Charakterisierung von MFG-Elementen erfolgt, wie bei anderen Wandlern auch, durch Kenngrößen und -werte sowie mit Hilfe von grafischen Darstellungen wichtiger funktionaler Abhängigkeiten (z.B. Ausgang-Eingang-Kennlinien). Diese Informationen, die üblicherweise von den Herstellern geliefert werden (siehe Tabelle 7.1 / Bild 7.2), bilden eine hinreichende Grundlage für den Entwurf von MFG-Aktoren. Dennoch kann es sinnvoll oder sogar notwendig sein, dass der Anwender das MFG-Element sozusagen in Eigenregie charakterisiert – beispielsweise wenn die für einen speziellen Wandlerentwurf benötigten Informationen nicht zugänglich oder unvollständig sind oder die Kennwerte des Werkstoffs großen Streuungen und Toleranzen unterliegen und man deswegen einen suboptimalen oder gar fehlerhaften Aktorentwurf riskieren würde.

Für den Entwurf von MFG-Aktoren sind in den meisten Fällen die $S(H)$-Kennlinien des stabförmigen aktiven Elements ausreichend, die unter verschieden großer mechanischer Last zu erfassen sind. Hierfür wird ein Magnetkreis benötigt, in dessen Luftspalt (dem Ort des MFG-Stabes) Flussdichten bis etwa $B = 1{,}2$ T erzeugt werden können. Der Feldaufbau über der Zeit erfolgt rampenförmig bis zur Sättigung ($0 \leq B \leq B_{max}$) und wird mit einer Miniatur-Hallsonde im Luftspalt gemessen; hieraus wird die magnetische Feldstärke $H$ berechnet. Gleichzeitig werden, beispielsweise mit einem Triangulationssensor, die Wandlerauslenkungen erfasst; daraus lässt sich die Dehnung $S$ ermitteln. Den Parameter ‚mechanische Vorspannung $T_v$‘ kann man in definierten Stufen durch den Betrieb in einer kraftgeregelten Prüfmaschine oder durch Auflegen von Gewichten realisieren.

Bild 7.12 zeigt eine auf diese Weise erzeugte Kennlinienschar. Die Skalierung der $H$-Achse erfolgte hier rein rechnerisch über die Gleichung $H = B/\mu_0$, d.h. man hat $\mu_r = 1$ gesetzt (Permeabilitätszahl der Luft). Wegen $\mu_{rMFG} > 1$ ist die Feldstärke im Werkstoff aber kleiner als im Luftspalt; folglich bewegt man sich „auf der sicheren Seite“, wenn dem Aktorentwurf die (eigentlich zu hohen) Abszissenwerte zugrunde gelegt werden.

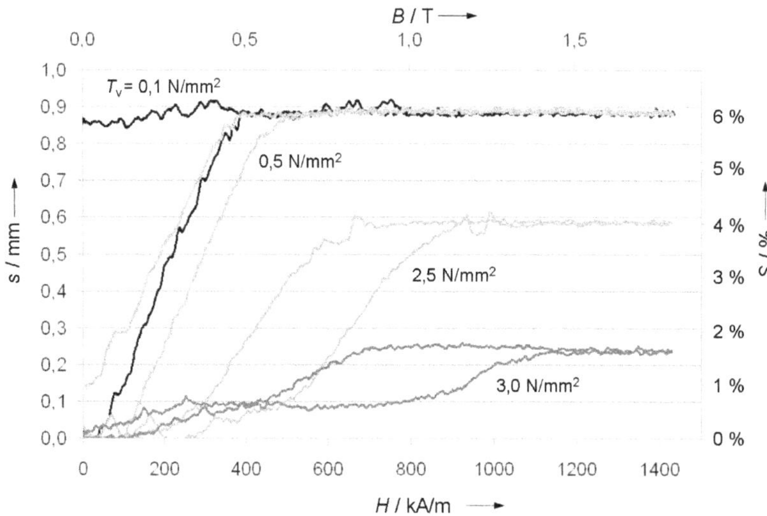


*Bild 7.12 Gemessene Kennlinienverläufe S(B) der MFG-Legierung $Ni_2MnGa$ bei unterschiedlicher mechanischer Vorspannung $T_v$ (Quelle: ETO Magnetic GmbH, Stockach [7.4])*

Die dargestellten Kurvenverläufe gelten bei Raumtemperatur. Mit steigender Temperatur, d.h. wenn der Abstand zur Phasenumwandlungstemperatur geringer wird, verändern sich verschiedene Werte: Der Feldstärkebedarf sinkt etwas, die erforderliche Rückstellkraft wird kleiner und das Dehnungsvermögen ist reduziert. Wenn die Temperatur, ausgehend von der Raumtemperatur, abnimmt, kehrt dieser Trend sich um. Sofern dieses Verhalten für den späteren Aktorbetrieb eine Rolle spielt, müssen die $S(B)$-Kurven bei den jeweils anwendungsrelevanten Temperaturen aufgenommen werden.

Abschließend sei noch auf eine leicht übersehene Fehlerquelle hingewiesen: Das Ergebnis der Flussmessung hängt stark von der Position und Orientierung der Hallsonde ab. Daher kann es in vielen Fällen hilfreich sein, die Sonde bei einer fest eingestellten Flussdichte so auszurichten, dass die Anzeige maximal wird; diese Stellung ist dann während der folgenden Messungen beizubehalten.

# 7.5 Elektronische Ansteuerung

Zur Ansteuerung von magnetfelderregten Aktoren werden häufig Halb- oder Vollbrückenschaltungen angewendet, vgl. Bilder 3.11, 5.13. Im Folgenden wird nun eine Vollbrücke vorgestellt („H-Brücke“), mit der für MFG-Aktoren die Betriebsart 4 realisiert werden kann (vgl. Abschnitt 7.3.2). Sowohl Kontraktion als auch Elongation werden also feldgesteuert, und demzufolge sind zwei Spulen mit Strom zu versorgen. Dabei soll das Feldinversions-Konzept zum Einsatz kommen, d.h. die Richtungsumkehr der Aktorbewegung erfolgt durch Invertieren des Stromes in einer der beiden Feldspulen (vgl. Bild 7.9).

Bild 7.13a zeigt eine hierfür geeignete H-Brücke. Sie besteht im Wesentlichen aus den Transistorschaltern $T_1$ … $T_4$ mit den Freilaufdioden $D_1$ … $D_4$, dem Kondensator $C$, der als Energiespeicher dient, sowie den Feldspulen $L_1$ und $L_2$. Zu Beginn sind alle Schalter geöffnet, und $C$ wird auf die Spannung $U$ der Spannungsquelle aufgeladen. Sobald die beiden Schalter $T_1$, $T_4$ geschlossen sind ($T_2$, $T_3$ bleiben geöffnet), entlädt sich die im Kondensator gespeicherte Energie schlagartig in Form eines Stromimpulses hoher Amplitude, der $L_1$ und $L_2$ durchfließt, s. Bild 7.13b. Der Strom hat in beiden Spulen dieselbe Richtung; er erzeugt darum das Magnetfeld $H_{elo}$, das eine Elongation des MFG-Elements zur Folge hat.

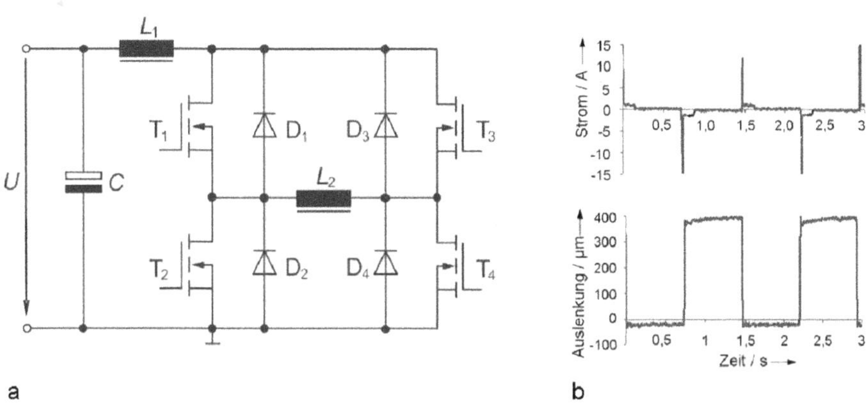


***Bild 7.13*** *H-Brücke zur Ansteuerung von MFG-Aktoren* ***a*** *Stromlaufplan,* ***b*** *Strom-Zeit- und Auslenkung-Zeit-Kennlinie*

Die Auslenkung ist selbsthaltend, solange die Zwillingsspannung nicht durch eine außen angelegte mechanische Spannung oder durch die innere mechanische Spannung, die ein um $90^\circ$ gedrehtes Magnetfeld induziert, überschritten wird. Ausgehend vom ausgelenkten Zustand des aktiven Elements erfordert die Kontraktion lediglich einen Rollentausch der beiden Transistorpaare: Bleiben nach dem Aufladen von $C$ die Schalter $T_1$ und $T_4$ geöffnet und werden $T_2$ und $T_3$ geschlossen, so ändert sich die Stromrichtung in $L_1$ nicht und allein die Stromrichtung in $L_2$ wird invertiert, womit die Voraussetzungen für die Erzeugung des Magnetfeldes $H_{kon}$ erfüllt sind.

Beim Entwurf dieser Schaltung ist zu beachten, dass die ausgewählten Transistortypen in der Lage sind, die hohen Stromimpulse zu verkraften. Sollen die Transistorschalter mit Kleinspannungen – z.B. 5 V – angesteuert werden können, wird für $T_1$, $T_3$ jeweils eine Treiberschaltung benötigt, da ihre direkten Eingangsspannungen („Gate-Spannung") nahezu den – deutlich höheren – Wert der Spannung $U$ erreichen müssen. Wichtig ist, dass die eingesetzte Spannungsquelle über eine Strombegrenzung verfügt. Da die Schaltung sehr einfach ist, lässt sie sich klein und kostengünstig aufbauen.

## 7.6 Anwendungsbeispiele

Magnetische Formgedächtnis-Legierungen sind heute Gegenstand sowohl materialwissenschaftlicher Forschung als auch prototypischer Anwendung. Die folgenden Beispiele reichen von einem kommerziell verfügbaren Experimentier-Aktor über eine Positionsregelung mit MFG-Aktoren bis zu einem realisierten Konzept, bei dem die gezielte Nutzung der inhärenten Zwillingsspannung einem MFG-Aktor einzigartige Eigenschaften verleiht. Der Abschnitt schließt mit Hinweisen zum Entwurf von MFG-Aktoren.

### 7.6.1 Experimentier-Aktor von AdaptaMat

Für Experimentierzwecke wird von AdaptaMat ein MFG-Aktor angeboten, der für die Betriebsart 2 (vgl. Abschnitt 7.3.2) vorgesehen ist, s. Bild 7.14a. Kernstück sind zwei NiMnGa-Elemente dieses Herstellers mit den Abmessungen $20 \times 2{,}5 \times 1{,}0\ \mathrm{mm}^3$, die nebeneinander im Luftspalt eines geblechten Weicheisenkerns (EK-Profil) platziert sind und vom steuernden Magnetfluss durchsetzt werden. Da sie nebeneinander liegen, bleibt der Luftspalt klein, und Streuverluste werden minimiert. Die mechanische Vorspannung erfolgt durch eine Schraubenfeder und kann mit Hilfe eines Feingewindes eingestellt werden.

Für die Ansteuerung des Aktors ist ein Transkonduktanz-Verstärker verfügbar, der Eingangsspannungen in Ausgangsströme wandelt (Übertragungsfaktor: 1 V/A). Da der Strom in der Aktorspule nicht größer als 4 A sein soll, ist die Steuerspannung am Verstärkereingang auf 4 V zu begrenzen. Bei längerem Pulsbetrieb mit hohen Stromwerten sollte das Tastverhältnis laut Hersteller ungefähr 10 % nicht überschreiten, damit eine Überhitzung des Aktors vermieden wird. Die Versorgung des Verstärkers mit Hilfsenergie erfolgt durch eine Gleichspannungsquelle (24…48 V), die vom Anwender bereitzustellen ist.

Zu Testzwecken wurden bei sinusförmiger Anregung des Experimentier-Aktors die Auslenkung-Strom-Kurven aufgenommen; dafür kam der Transkonduktanz-Verstärker zum Einsatz. Die Frequenz der Steuerspannung betrug 30 Hz; die Amplitude des Verstärker-Ausgangsstromes von 4 A (Spitze-Spitze-Wert) entsprach dem zulässigen Maximalwert. Ausgehend von der Umgebungstemperatur $\vartheta_0 \simeq 25$ °C wurde der Aktor so lange kontinuierlich betrieben, bis das aktive Element durch Selbsterwärmung die Temperatur $\vartheta_3 \simeq 55$ °C, also nahezu die Phasenumwandlungstemperatur, erreicht hatte. Bild 7.14b, rechts, zeigt das Ergebnis der Messung [Ric12].

Man sieht, dass die Auslenkung des MFG-Aktors trotz des konstanten Erregerfeldes umso stärker abnimmt, je mehr die Betriebstemperatur sich der Phasenumwandlungstemperatur nähert. Um dieses unerwünschte Verhalten zu vermeiden, gibt es unterschiedliche Möglichkeiten, angefangen von einer Kühlung per Lüfter über die Reduzierung der Anregungsfrequenz und der Stromamplitude oder die Einführung des Pulsbetriebs bis hin zur Verwendung von anderen MFG-Legierungen mit kleineren Zwillingsspannungen. In diesem Zusammenhang ist zu beachten, dass der aktive Werkstoff nach dem Überschreiten der Phasenumwandlungstemperatur und der Rückkehr zu niedrigeren Temperaturen seine Eigenschaften verändert haben kann (z.B. reduziertes Dehnungsvermögen).

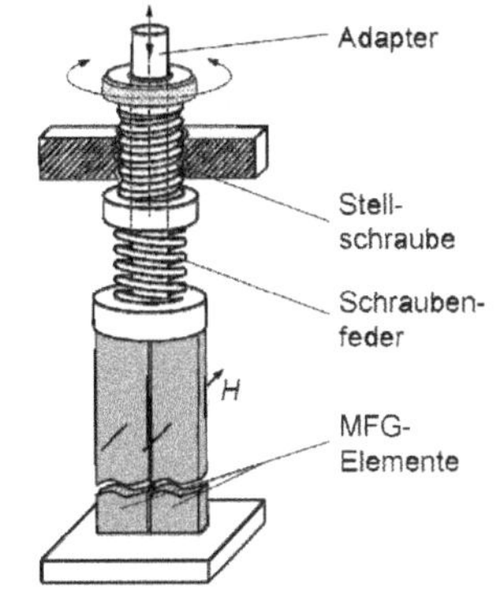


| | |
|---|---|
| Maximale Auslenkung | 0,7 mm |
| Anstiegszeit | 1 ms |
| Blockierkraft | 5...7 N |
| Max. magnetische Feldstärke | 400...500 kA/m |
| Maximale Betriebstemperatur | 35 °C |

a

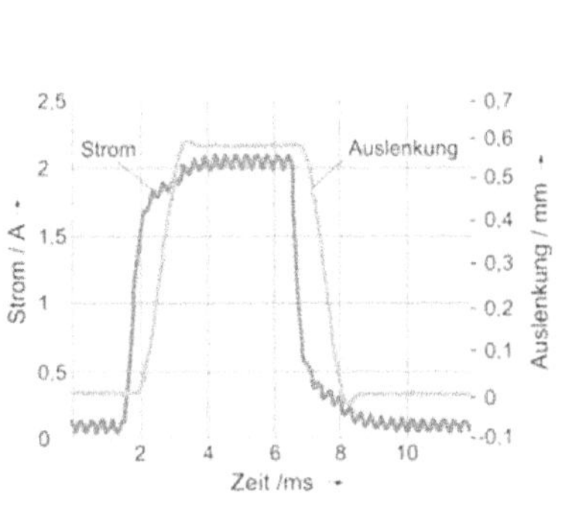


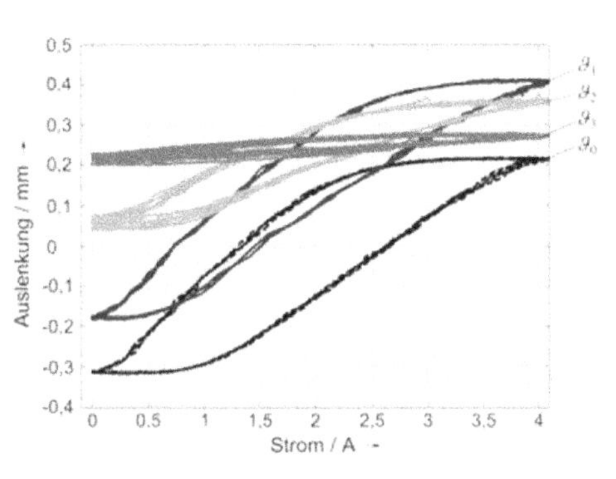


b

***Bild 7.14*** *Experimentier-Aktor von AdaptaMat.* ***a*** *Prinzipieller Aufbau und Kennwerte,* ***b*** *Impulsantwort und Aktor-Kennlinie s(I) (Quellen: AdaptaMat [7.3] und [Ric12])*

Im linken Teil von Bild 7.14b ist die Reaktion des Experimentier-Aktors auf einen Stromimpuls mit einer Amplitude von 2 A dargestellt. Wie man sieht, erreicht das MFG-Element seine vorgesehene Auslenkung innerhalb etwa 1 ms. Auf einen speziellen Effekt sei abschließend hingewiesen. Bei genauerem Hinsehen findet man, dass die zu gleichen Stromwerten gehörenden Auslenkungen in den beiden Teilbildern unterschiedlich groß sind. Dies deckt sich mit der Erfahrung, dass die Maximaldehnung mit der Anregungsgeschwindigkeit wächst, was als die Folge einer Interaktion zwischen den bewegten Zwillingsgrenzen und mobilen Kristalldefekten interpretierbar ist.

## 7.6.2 Positionsregelung

In Abschnitt 2.7.1 wurde ein weggeregeltes Positioniersystem vorgestellt, bei dem Piezoaktoren zum Einsatz kommen. Naheliegend lassen sich an deren Stelle auch andere Festkörperaktoren verwenden. Um die folgenden Ausführungen aus dem piezoelektrischen Zusammenhang zu lösen, werde der Positioniertisch in Bild 2.30a durch ein allgemeines Modell, bestehend aus der Reihenschaltung zweier Übertragungselemente, ersetzt: Das erste beinhaltet ein Hysteresemodell $\Gamma$ der Ausgang-Eingang-Kennlinien des Aktors (beispielsweise nach Prandtl-Ishlinskii, s.S. 284), das zweite enthält ein lineares Masse-Feder-Dämpfer-System ($PT_2$-System), in dem die jeweiligen Parameter von Aktor und Last zusammengefasst sind, siehe Bild 7.15a. Obwohl dieses Modell sehr einfach ist, stellt es eine gute Grundlage für den Entwurf von Positionsregelungen dar.

Allerdings kann das Modell einige wichtige Eigenschaften von MFG-Aktoren nicht explizit beschreiben; dies betrifft insbesondere die Zwillingsspannung und die betriebsabhängigen Änderungen der Permeabilitätszahl im aktiven Material. Man kann jedoch die Zwillingsspannung dem Hysteresemodell zuschlagen, und die letztgenannten Einflüsse spielen dann keine Rolle, wenn die Steuerelektronik so ausgelegt wird, dass sie auf Permeabilitätsschwankungen weitgehend unempfindlich reagiert. Eine unter diesen Voraussetzungen entworfene Positionsregelung liefert gute Ergebnisse (d.h. kleine Führungsfehler), sofern der Regler optimal auf Aktor und Last abgestimmt wird. Er kann sogar Einflüsse der Temperatur $\vartheta$ auf die Hysterese $\Gamma$ ausregeln; allerdings verlangt diese Fähigkeit einen hohen mathematischen Aufwand für die Erstellung des Regelgesetzes.

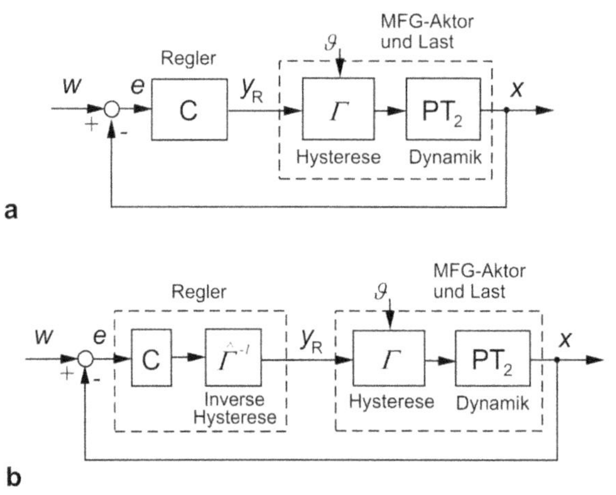


*Bild 7.15 Positionsregelung mit hysteresebehafteten Festkörperaktoren. **a** Basis-Regelkreis, **b** Regelkreis mit Hysteresekompensator*

In einem weiterführenden Schritt kann man die Vorteile der Regelung und der Hysteresekompensation (vgl. Bild 2.29) miteinander verbinden. Die Einfügung eines inversen Hysteresemodells $\hat{\Gamma}^{-1}$ („Kompensator") in den Vorwärtszweig der Kreisstruktur vereinfacht den Entwurf des Reglers insofern, als dieser nun lediglich das linear-dynamische Verhalten von Aktor und Last einbeziehen muss, siehe Bild 7.15b. Für die Handhabung der Hysterese ist nun allein der Kompensator zuständig, so dass der Regler keine „Reserven" zur Berücksichtigung der für ihn unbekannten Hystereseeigenschaften bereithalten muss. In der Folge lässt sich die Leistungselektronik einfacher und preiswerter aufbauen und/oder die maximal bereit zu stellenden Spulenströme können reduziert werden, was den erforderlichen Energieeinsatz insgesamt verringert. Sofern der Kompensator ertüchtigt wird, sich zeitlichen Änderungen der Kennlinienhysterese anzupassen, lässt sich auch der Temperatureinfluss auf diesem indirekten Wege kompensieren.

Für die experimentelle Untersuchung ihrer Leistungsfähigkeit wurde eine Positionsregelung nach Bild 7.15b unter Verwendung des kommerziellen MFG-Aktors in Bild 7.14a aufgebaut. Hierbei kam ein adaptiver Regler zum Einsatz, und die Kennlinienhysterese wurde durch den modifizierten Prandtl-Ishlinskii-Operator dargestellt (vgl. Abschnitt 12.2.1), wobei die Zuführung einer zeitabhängigen mechanischen Offset-Spannung in die Regelkreisstruktur die oben angesprochene Adaptivität des Kompensators ermöglicht [Ric12]. Als Führungsgröße für den Aktorausgang dient ein periodischer Weg-Zeit-Verlauf, der sich additiv aus mehreren Sinuskurven mit Frequenzen zwischen 0,1 und 1 Hz zusammensetzt. Ein Vergleich der zeitlichen Verläufe von Führungs- und Regelgröße in Bild 7.16a beweist die hohe Genauigkeit dieser Positionsregelung.

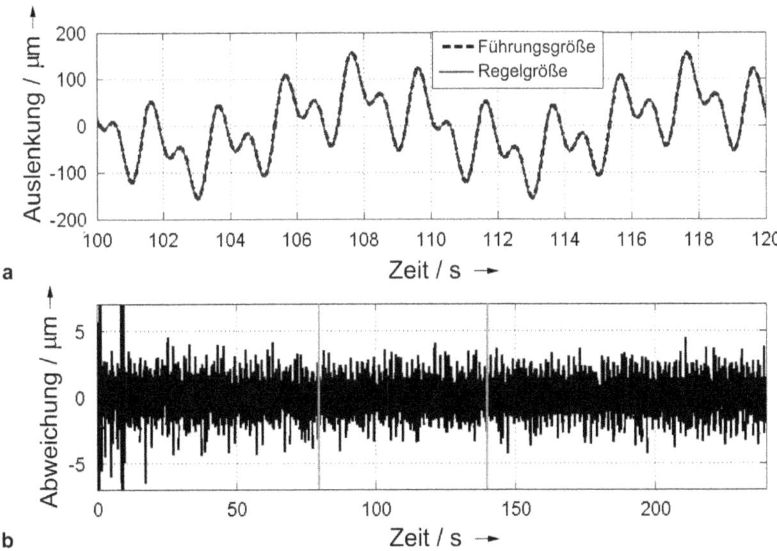


***Bild 7.16*** *Adaptive Positionsregelung.* ***a*** *Führungsverhalten,* ***b*** *Regelabweichung [Ric12]*

Im nächsten Schritt wurde die Wirkung von Temperaturänderungen auf den Regelfehler untersucht; Bild 7.16b zeigt das Ergebnis. In einem bestimmten Zeitabschnitt, der durch die beiden senkrechten Linien begrenzt ist, wurde der Aktor mit Hilfe einer Heißluftpistole erwärmt und anschließend mit einem Ventilator abgekühlt. Man erkennt, dass der Führungsfehler praktisch unverändert bleibt, obwohl Form und Lage der Hysteresekurve in der Auslenkung-Strom-Ebene von der Temperatur stark abhängig sind. Offenbar garantiert die hier gewählte Regelungsstruktur ein gutes Führungsverhalten und kleine Regelabweichungen auch dann, wenn bestimmte Störgrößen und deren Temperaturabhängigkeiten nicht direkt messbar sind.

### 7.6.3 Multistabiler Aktor

Der Wirkungsgrad von MFG-Aktoren ist vergleichsweise klein. Da ihre inneren Energieverluste größtenteils durch die Stromwärme in der Steuerspule (Joule-Effekt) verursacht werden, kann man zur Verbesserung der Effizienz versuchen, die erreichte Aktorauslenkung auch ohne Stromfluss aufrecht zu erhalten. Ein hierauf basierender Lösungsansatz besteht darin, den Aktor im Gegentakt zu betreiben (s. Bild 7.17) [GHA06].

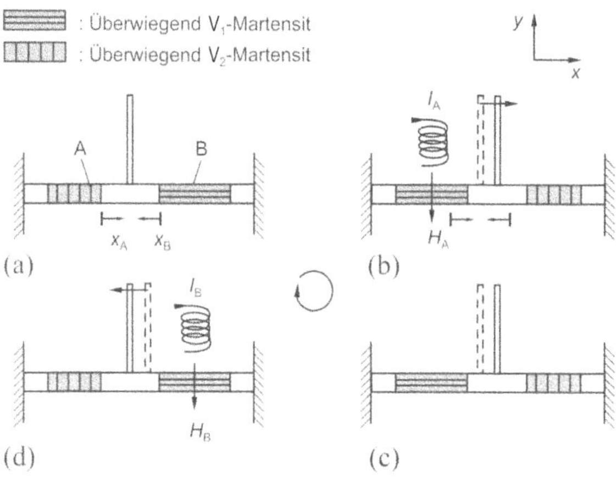


***Bild 7.17*** *Prinzip des multistabilen MFG-Aktors [GHA06]*

Die schraffierten Bereiche A und B bestehen jeweils aus $Ni_2MnGa$-Stäben mit den beiden Martensit-Varianten $V_2$ und $V_1$. Eine mechanische Druckspannung in $x$-Richtung erhöht den Anteil des $V_2$-Martensits, und ein Magnetfeld in $y$-Richtung vergrößert den $V_1$-Anteil. Der $V_1$-Anteil ist in $x$-Richtung größer als der $V_2$-Anteil; die Summe von $V_2$ und $V_1$ ist konstant. Unter diesen Voraussetzungen läuft die Bewegung des aktorisch genutzten Teils zwischen den Stäben wie folgt ab:

a) Zu Beginn enthalten der Bereich A überwiegend $V_2$-Martensit und Bereich B überwiegend $V_1$-Martensit. In $x$-Richtung ist der Anteil von $V_2$ größer als der von $V_1$.
b) Ein Stromimpuls in der Spule A erzeugt ein Magnetfeld $H_A$ in $y$-Richtung, folglich wächst der $V_1$-Anteil. Hierdurch wird der Bereich A länger und komprimiert den Bereich B: Das Mittelteil bewegt sich nach rechts; gleichzeitig erhöht sich der $V_2$-Anteil in Bereich B.
c) Spule A ist nun stromlos. Aufgrund des ausgeprägten Hystereseverhaltens der Kraft-Weg-Kennlinie bleibt die Verkürzung des Bereiches B und somit die Auslenkung des beweglichen Mittelteils aber erhalten.
d) Ein Stromimpuls in Spule B bewirkt eine Erhöhung des $V_1$-Anteils zu Lasten des $V_2$-Anteils und damit eine Verschiebung des beweglichen Aktorteils nach links, und so weiter.

Jeder Bewegungsschritt beinhaltet zwei stabile Positionen des beweglichen Teils, die von der Amplitude und Dauer der Stromimpulse abhängen. Theoretisch können beliebig viele stabile Positionen realisiert werden; ein solcher Aktor kann daher als multistabil bezeichnet werden. Bei den meisten anderen MFG-Aktoren erfolgt die Rückstellung des aktiven Elements mit Hilfe von Federn, und es muss ständig ein Strom fließen, damit die Position gehalten wird. Dieser multistabile Aktor minimiert hingegen die mit dem Stromfluss verknüpfte joulesche Verlustleistung, was letztlich auch kleinere Spulenabmessungen zulässt.

### 7.6.4 Entwurfsablauf

Die folgenden Hinweise beziehen sich auf den Entwurf von Aktoren gemäß Betriebsart 2, also den am häufigsten realisierten, sog. Federaktor (siehe Abschnitt 7.3.2). Ziel ist es, ausgehend von den anwenderseits vorgegebenen Spezifikationen Aktorhub $\Delta l$ und Aktorkraft $F$ die Abmessungen des stabförmigen MFG-Elements – also Querschnitt $A_{\mathrm{MFG}}$ und Länge $L_{\mathrm{MFG}}$ – sowie die maximal erforderliche magnetische Feldstärke $H_{\max}$ und die wesentlichen Federdaten zu ermitteln.

Infolge der nichtlinearen Eigenschaften der MFG-Legierung ist ein iteratives Vorgehen bei der Festlegung der Wandlerabmessungen erforderlich. Startwerte für $A_{\mathrm{MFG}}$ und $L_{\mathrm{MFG}}$ können mit Hilfe der folgenden Gleichungen ermittelt werden:

$$A_{\mathrm{MFG}} \geq \frac{F}{\hat{T}_{\mathrm{mag}} - \alpha T_{\mathrm{zw}}} \tag{7.2}$$

$$L_{\mathrm{MFG}} \geq \frac{\Delta l}{\hat{S} / \beta} \,. \tag{7.3}$$

$\hat{T}_{\mathrm{mag}}$: Vom Sättigungsfeld induzierte mechanische Spannung ohne Last (materialabhängig, typisch 2,8 N/mm$^2$)

$T_{\mathrm{zw}}$: Zwillingsspannung, gemessen bei 3 % Dehnung (materialabhängig, typisch 0,5 N/mm$^2$)

$\alpha$: Materialabhängiger Parameter, $\alpha \in [1,2]$

$\hat{S}$: Vom Sättigungsfeld induzierte Dehnung ohne Last (mechanischer Leerlauf)

$\beta$: Sicherheitsfaktor (Abschlag für den Lastfall), $\beta \in [1,2]$

Konkrete Werte für die materialabhängigen Spannungen und die Dehnung liefert der Materialhersteller. Die Werte der beiden Parameter $\alpha$ und $\beta$ hängen vom aktuellen Stand der Materialentwicklung sowie von den Erfahrungen des Anwenders ab; in beiden Fällen beschreibt der größere Zahlenwert den „worst case". Besondere Erwähnung verdient der Hinweis, dass der Nenner in Gl. (7.2) die vom aktiven Element erzeugte Spannung, also die aktorisch verfügbare, mechanische Spannung darstellt.

Ein alternatives bzw. ergänzendes Entwurfsverfahren gründet auf den sog. Schmetterlingskurven, also den Aktorkennlinien $S(H)$ der einzusetzenden MFG-Legierung. Geht man für dieses Auslegungsbeispiel von der bei $H \geq 0$ gemessenen Kurvenschar in Bild 7.12 aus, so sieht man sofort, dass mit diesem Material eine Dehnung von maximal 6 % erreicht werden kann; mit Gl. (7.3) folgt hieraus $L_{\mathrm{MFG}} \geq 17\ \Delta l$.

Den Kurvenverläufen lässt sich weiter entnehmen, dass bei der Vorspannung 0,1 N/mm$^2$ kein vollständiger Bewegungszyklus des MFG-Elements (Elongation-Kontraktion-Elongation) möglich ist; erst ab einer Spannung zwischen 0,5 und 1 N/mm$^2$ beginnen sich die $S(H)$-Kurven zu schließen. Hieraus resultiert eine minimale Vorspannung von ca. 0,8 N/mm$^2$, die das Federelement für die Erzielung einer reversiblen Dehnung von 6 % bereitstellen muss (siehe hierzu die Erläuterungen in Abschnitt 7.3.1).

Ferner zeigt das Kurvenfeld, dass der Dehnungswert von ca. 6 % bis zu Lastspannungen $T_{\mathrm{v}} \approx$ 2 N/mm$^2$ gesichert ist. Die Querschnittsfläche des aktiven Elements folgt hiermit zu $A_{\mathrm{MFG}} \geq F\ /\ (2\ \mathrm{N/mm}^2)$. Die Nettospannung des Wandlers beträgt (2 – 0,8) N/mm$^2$ = 1,2 N/mm$^2$; die entsprechende Nettokraft ist die eigentliche Nutzkraft, die zur Verfügung steht, um beispielsweise eine Masse anzuheben oder eine Schalterfunktion zu realisieren [7.5].

Würde man für die Erzeugung des gleichen Hubes $\Delta l$ und der gleichen Kraft $F$ eine Kennlinie mit geringerer Dehnung und dafür höherer Lastspannung bevorzugen, z.B. 4 % / 2,5 N/mm$^2$ (vgl. Bild 7.12), so führen dieselben Entwurfsüberlegungen auf ein aktives Wandlerelement, das länger ist und einen kleineren Querschnitt hat. Die hierdurch verstärkte Gefahr des Ausknickens sei lediglich erwähnt.

Als weitere wichtige Information lässt sich aus dem Kennlinienfeld die maximal notwendige Feldstärke ablesen; sie beträgt rund 750 kA/m. Hiervon ausgehend wird mit Hilfe kommerzieller Software oder mit Bleistift und Taschenrechner (Hinweise finden sich in Abschnitt 5.2.3) der Magnetkreis entworfen. Wie schon erwähnt sollte man für die Feldstärke im aktiven Material den Wert im Luftspalt einsetzen (vgl. Abschnitt 7.4); damit werden beispielsweise die Folgen größerer Abweichungen von den typischen Kennwerten des Werkstoffs aufgefangen.

Weil die magnetische Feldstärke stromabhängig ist, werden MFG-Aktoren sinnvollerweise mit eingeprägtem Strom betrieben; bei Spannungsquellen machen sich die elektrischen Zeitkonstanten der Feldspulen bemerkbar (siehe hierzu auch die Erläuterungen zu Bild 5.6). Permanentmagnete werden eingesetzt, um die Feldstärke zu erhöhen und den Leistungsbedarf der Feldspule zu senken. Insbesondere legen sie den Arbeitspunkt auf der $S(H)$-Kennlinie fest: Befindet sich dieser in der Mitte des (quasi-)linearen Bereiches, wird die elektrische Steuergröße nahezu formtreu in die mechanische Ausgangsgröße des Aktors umgesetzt.

Abschließend sei folgendes angemerkt: Insbesondere wenn ein kontinuierlicher Aktorbetrieb vorgesehen ist, müssen die Spule und das aktive Element thermisch gut entkoppelt sein, damit eine Erwärmung des MFG-Werkstoffs über seine Phasenumwandlungstemperatur hinaus sicher vermieden wird. Dies kann durch räumliche Trennung und/oder Begrenzung der Stromdichte in der Spule auf moderate Werte, z.B. $\leq$ 5 A/mm$^2$, geschehen. Darüber hinaus sollte die Windungszahl so gewählt werden, dass der Betriebsfrequenzbereich des Aktors nicht durch eine hohe Spuleninduktivität begrenzt wird.

## 7.7 Vergleich zwischen MFG-Aktoren und magnetostriktiven sowie TFG-Aktoren

Fortschritte der Werkstoffforschung lassen erwarten, dass künftig neben Aktoren auf Basis von magnetostriktiven Materialien und thermisch aktivierbaren Formgedächtnis(TFG)-Legierungen auch MFG-Aktoren eingesetzt werden. Aus diesem Grund ist für den potenziellen Anwender ein Vergleich der Eigenschaften von Aktoren, die auf den drei genannten Werkstoffen beruhen, aufschlussreich.

- Mit hochmagnetostriktiven Materialien lassen sich Dehnungen bis etwa 0,15 % erzeugen; MFG- und TFG-Legierungen erreichen Dehnungen von mehr als 5 %.
- Magnetostriktive Materialien können bei kleinen Feldstärken gegen große Lasten arbeiten; MFG-Legierungen erzeugen bei hohen Feldstärken große Dehnungen, jedoch sind die erzielbaren Aktorkräfte vergleichsweise klein.
- Die Energiedichten in magnetostriktiven und MFG-Materialien sind etwa gleich groß, sie liegen aber um zwei Größenordnungen unter der von TFG-Legierungen.
- Die Blockierspannung von MFG-Legierungen (2 … 3 MPa) ist signifikant kleiner als die von TFG-Legierungen (150 … 200 MPa).
- MFG-Legierungen zeigen ähnlich große Dehnungen wie die klassischen TFG-Legierungen, sie weisen jedoch im Vergleich hierzu eine 100fach kürzere Reaktionszeit auf.
- MFG-Legierungen sind gleichzeitig auch thermische Formgedächtnis-Legierungen. Um beide Effekte entkoppeln zu können, ist eine Temperaturüberwachung der MFG-Elemente während des Betriebs erforderlich.

## 7.8 Entwicklungstendenzen

Im Gegensatz zu den etablierten Aktoren auf Basis magnetostriktiver Legierungen und thermischer Formgedächtnis-Legierungen befinden sich Aktoren mit magnetischen Formgedächtnis-Legierungen heute noch weitgehend im Experimentierstadium. Wichtige neue Erkenntnisse lieferte das Schwerpunktprogramm „Änderung von Mikrostruktur und Form fester Werkstoffe durch äußere Magnetfelder“, in dem 29 Forschergruppen auf dem Gebiet der MFG-Legierungen deutschlandweit zusammengearbeitet haben, und das die Deutsche Forschungsgemeinschaft von 2006 bis 2012 finanziell förderte [7.2].

Der künftige Markterfolg wird wesentlich auch davon abhängen, inwieweit anhand von Demonstratoren mit attraktiver Funktionalität nachgewiesen werden kann, dass sich mit MFG-Legierungen – über die reine Substitution vorhandener Aktorarten hinaus – neuartige und bessere aktorische Lösungen als die bisher bekannten realisieren lassen.

- Bei der Identifikation von Schlüsselanwendungen muss versucht werden, auch – scheinbar – negative Eigenschaften von MFG-Legierungen (z.B. Kennlinienhysterese) positiv zu nutzen anstatt sie „wegzuzüchten“ oder im System zu kompensieren.

- Ziel der Werkstoffforschung ist die Entwicklung neuer MFG-Legierungen mit höheren Einsatztemperaturen und geringeren Feldstärken zum Auslösen des MFG-Effektes.
- Einkristalline MFG-Werkstoffe haben bisher das größte Aktorpotenzial. Ziele sind hier eine bessere Reproduzierbarkeit der Kennwerte, das Hochskalieren auf serientaugliche Mengen sowie eine Erhöhung der Ausbeute. Dabei ist die gesamte Prozesskette in die Optimierungsbemühungen einzubeziehen.
- Zu einem interessanten Betätigungsfeld kann eine Hybrid-Aktorik auf der Basis einer kombinierten Stimulierung der MFG-Legierung durch das gesteuerte Zusammenwirken von (mechanischen) Spannungs-, Magnet- und Temperaturfeldern werden.

# 8 Elektrochemische Aktoren

Das Prinzip von elektrochemischen Aktoren (ECA) beruht auf einer Gasentwicklung, die beim Anlegen einer kleinen elektrischen Gleichspannung einsetzt; dabei wird in einem nach außen abgeschlossenen Volumen Druck aufgebaut, der mit konstruktiven Mitteln in mechanische Arbeit umgesetzt wird.

## 8.1 Elektrochemische Reaktionen

Je nach Anforderung werden für die Gasproduktion unterschiedliche elektrochemische Reaktionen genutzt. Einige dieser Reaktionen werden im Folgenden beschrieben.

Bei der *Brennstoffzellenreaktion* werden die Gase, die den Arbeitsdruck erzeugen, durch Elektrolyse gebildet. Der Druckaufbau erfolgt hierbei relativ langsam: Abhängig von der katalytischen Aktivität, der Elektrodenfläche und der Konstruktion des Aktors muss mit einem Zeitbedarf zwischen 1 und 3 min gerechnet werden. Die Rückreaktion unter Kurzschluss läuft um den Faktor 2 bis 3 langsamer ab; hierbei wird das erzeugte Gas wieder zu Wasser umgesetzt. Die mit einem Versuchsaktor erreichten maximalen Kräfte lagen zwischen 1 und 2 kN, die Stellwege bei etwa 5 mm.

Bei der als elektrochemische *Sauerstoffpumpe* bezeichneten Reaktion wird Sauerstoff bei geringem elektrischen Potenzial umgesetzt. Dies bedeutet bei Druckaufbau Transport des Sauerstoffs aus der Luft über die Flüssigkeitsphase in den Druckraum. Bei Rückreaktion wird der Sauerstoff wieder an die Luft abgegeben. Aufgrund dieser Funktionsweise muss das System einseitig offen sein. Wegen der sehr langsamen Reaktion (Ablauf u.U. im Bereich von Tagen) kommt die elektrochemische Sauerstoffpumpe für Anwendungsfälle in Betracht, bei denen eine allmähliche Bewegung in eine Richtung (nur Hub) gewünscht wird. Bei großen Hüben (bis zu 30 mm und mehr) lassen sich mit der elektrochemischen Sauerstoffpumpe nur geringe Kräfte aufbringen.

Ein Beispiel für *Festkörperreaktionen* ist die Reaktion einer Silberelektrode in alkalischem Elektrolyt. Beim Druckaufbau entsteht an der Gegenelektrode Wasserstoff, während das Silber oxidiert wird. Der Reaktionsablauf (Summenreaktion) ist wie folgt:

$$\mathrm{Ag} + \mathrm{H_2O} \underset{\text{Entladen}}{\overset{\text{Laden}}{\rightleftarrows}} \mathrm{AgO} + \mathrm{H_2}\ .$$

Im Unterschied zur Brennstoffzellenreaktion

- ist eine Gastrennung und damit eine Unterteilung in zwei Gasräume nicht erforderlich,
- kann der Aktor ohne Energieeinspeisung durch Kurzschließen der Elektroden zurückgestellt werden.

Prototyphafte Aktorrealisierungen auf Basis des Silber-Wasserstoff-Systems erfolgten Anfang der 1990er Jahre.

# 8.2 Technische Realisierung

## 8.2.1 Nickel-Wasserstoff-Zelle

ECAs auf der Grundlage der Nickel-Wasserstoff-Technologie basieren auf einer Elektrodenanordnung aus aktivierter Kohle (Kathode), an der Wasserstoff gebildet wird, und Nickelhydroxid (Anode). Hierbei läuft folgende Gesamtreaktion ab:

$$2Ni(OH)_2 \underset{\text{Entladen}}{\overset{\text{Laden}}{\rightleftarrows}} 2NiO(OH) + H_2 \ .$$

Ein Vergleich des Nickel-Wasserstoff- mit dem Silber-Wasserstoff-System zeigt, dass Erstgenanntes

- für die reversible Nutzung der Reaktion günstiger ist, weil sie ohne Wasserbildung abläuft,
- für den Aktoraufbau besser ist, weil erfahrungsgemäß höhere Lastzykluszahlen erreicht werden.

Die Elektroden werden durch ein poröses Vlies separiert, das mit einem alkalischen Elektrolyt getränkt ist; dessen Konzentration bleibt konstant, weil kein Wasser umgesetzt wird. Eine derartige Basiszelle hat eine Leerlaufspannung von 1,32 V und wird im aktorischen Betrieb mit einer Gleichspannung von 2 V geladen. Da in praxi mehrere Zellen in Reihe geschaltet werden, beginnt der Versorgungsspannungsbereich dieser ECAs bei 2 V und reicht bis 36 V; entsprechend liegt die maximale Stromaufnahme zwischen 100 mA und 2 A.

Die gesamte Elektrodenanordnung ist in ein Faltenbalgelement aus Edelstahl eingebaut, das nach außen hermetisch dicht ist und – abhängig von der Aktorkraft – Innendrücken bis etwa 50 bar standhalten muss. Beim Ladungsprozess, der ab einer bestimmten Mindestspannung beginnt, dehnt sich der Balg in axialer Richtung aus, wobei mechanische Energie gespeichert wird. Ein Teil dieser Energie wird beim Zurückfahren des Aktors („Entladen“) wieder frei.

Anfang der 1990er Jahre wurden im Rahmen eines mit öffentlichen Mitteln geförderten FuE-Projektes ECAs mit Stellwegen bis 25 mm und Stellkräften bis 30 kN realisiert [Kem92]; die Stellgeschwindigkeit betrug 0,1 ... 1 mm/s, wobei sich bis zu 100 000 Lastspiele erreichen ließen. Der Arbeitstemperaturbereich lag zwischen –5 und +60 °C. Aufgrund der geschlossenen Bauform und der niedrigen Ströme und Spannungen war der Einsatz in explosionsgefährdeten Räumen möglich.

Bild 8.1a zeigt den Aufbau eines kommerziellen ECAs, der auf Basis des erwähnten FuE-Projektes ab etwa 1995 von der Firma Friwo/Duisburg produziert wurde (Betriebsspannung: 12 V, Strom: 300 mA, max. Hub: 5 mm, max. Kraft: 300 N, Bauvolumen: ø 37 × 30 mm). Bild 8.1b beschreibt den Zusammenhang zwischen Ladespannung, Strom und Kraft. Der Kraftanstieg erfolgt während des Ladens fast linear. Die Kraftabnahme während des Entladens bis zur Ausgangsposition ($F_{start}$ = 30 N) verläuft ebenfalls linear. Höhere Stromstärken beeinflussen, wie in dem Bild zu sehen ist, den Verlauf der Spannungskurven. Bild 8.2 beschreibt für denselben ECA-Typ den Zusammenhang zwischen erzielbarem Stellweg und erforderlicher Ladung.

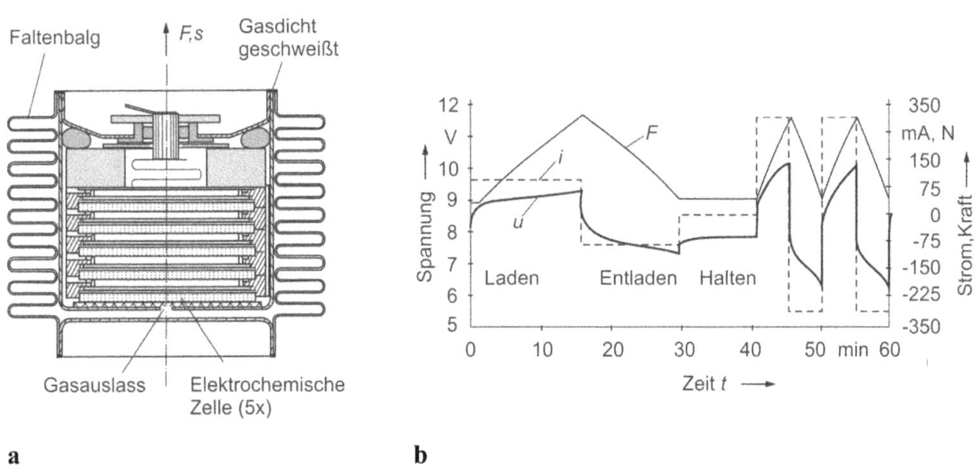


***Bild 8.1*** *Elektrochemischer Aktor.* ***a*** *Aufbau eines Nickel-Wasserstoff-Systems,* ***b*** *Spannung-, Strom- und Kraft-Zeit-Verlauf (nach [BC00])*

Da prinzipbedingt ein linearer Zusammenhang zwischen der zugeführten Ladung und der erzeugten Wasserstoffmenge besteht, kann man von der gemessenen Ladung entweder auf die Kraft oder auf den Stellweg schließen, sofern die jeweils andere Größe bekannt ist und die Temperatur konstant bleibt. Die Stellgeschwindigkeit des ECAs ist näherungsweise durch das Verhältnis der Volumina von Elektrodenanordnung (als Maß für den produzierbaren Wasserstoff pro Zeit) und Ausdehnungsgefäß bestimmt und damit herstellerseits durch die Konstruktion fest vorgegeben. Hingegen kann der Anwender die Lebensdauer, d.h. die Anzahl der Lastwechsel, mit beeinflussen, indem er sowohl den Lade- und Entladestrom als auch den Ladungsumsatz hinreichend niedrig hält (allerdings auf Kosten der Stelldynamik).

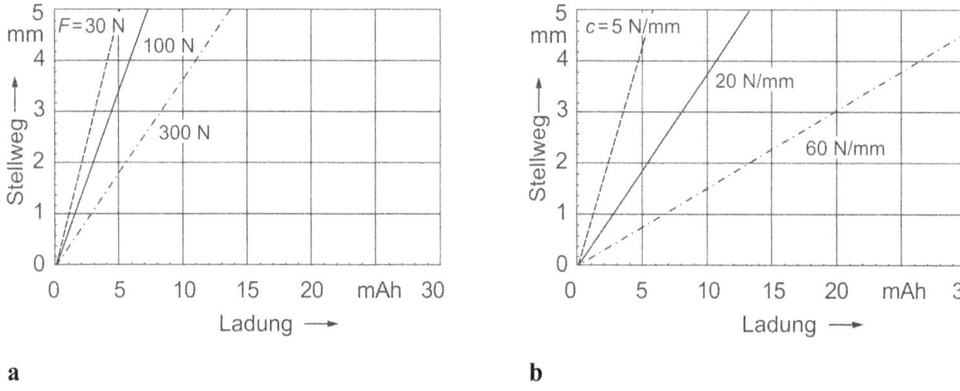


***Bild 8.2*** *Stellweg-Ladung-Kennlinie.* ***a*** *Bei konstanter Last,* ***b*** *bei wegabhängiger Last (Feder) (nach [BC00])*

Dieser ECA kennt neben den Betriebszuständen Laden und Entladen das Halten als dritten Zustand; hierbei wird jeder Positions- und Kraftwert innerhalb seines Stellbereiches ohne weitere Energiezufuhr „gespeichert". Die unvermeidbare Selbstentladung verursacht eine Reduzierung von Kraft und Weg, die bei Raumtemperatur von zunächst 1 % / h nach kurzer Zeit auf < 0,1 % / h zurückgeht. Die Entladungsmöglichkeit über eine elektronische Wirklast legt den Gedanken nahe, beispielsweise bei Stromausfall die Energie des ausgefahrenen ECAs als Notstromversorgung zu nutzen.

Vor- und Nachteile von elektrochemischen Aktoren mit Festkörperreaktion sind in Tabelle 8.1 zusammengestellt.

***Tabelle 8.1*** *Wichtige Eigenschaften von elektrochemischen Aktoren*

| Vorteile | Nachteile |
|---|---|
| – Geringer Energiebedarf, direkt mikroelektronikkompatibel (1 ... 5 V, 1 ... 4 W) | – Langsam (5 mm Hub >20 s) |
| – Keine Halteenergie erforderlich (3-Punkt-Regelverhalten) | – Dichtungsprobleme (Gasverlust bei extremer Langzeitanwendung) |
| – Einfahren in die Sicherheitsstellung ohne Energiezufuhr durch Kurzschließen | – Unbekannte Langzeitstabilität |
| – Geräuschloser Betrieb | – Geschlossener Wirkungsablauf (Wegerfassung) erforderlich |
| | – Begrenzter Maximalhub (5 mm) |

### 8.2.2 Zink-Luft-Zelle

Seit Langem ist bekannt, dass für die Erzeugung von Wasserstoff auch handelsübliche Zink-Luft-Zellen (sog. Knopfzellen, wie sie beispielsweise in Hörgeräten im Einsatz sind) in Frage kommen, wenn man sie entsprechend zweckentfremdet. Hierzu werden sie unter Vermeidung von Luftzutritt über einen ohmschen Widerstand kurzgeschlossen, wodurch es zu der gewünschten Wasserstoffentwicklung kommt. Je größer der Widerstandswert ist, desto geringer wird das pro Zeit erzeugte Gasvolumen; eine Unterbrechung des Stromflusses führt zum sofortigen Stopp der Gasproduktion.

Bild 8.3 zeigt eine für die Wasserstoff-Erzeugung optimierte sog. Gasentwicklungszelle, die seit einigen Jahren kommerziell angeboten wird. Als negative Elektrode dient hier ein Zinkpulver-Gel und als positive Elektrode eine Wasserstoffabscheidungskathode in Gestalt einer Gasdiffusionselektrode. Zum Außenraum ist die Elektrode durch eine PTFE-Folie abgeschlossen, durch deren Poren das Gas austreten kann, während sie gleichzeitig das Ausfließen des Elektrolyten verhindert. Eine solche Gasentwicklungszelle mit Durchmessern von 7,8 bis 11,6 mm erzeugt – abhängig von ihrer Größe – Gasvolumina zwischen 25 und 160 ml.

***Bild 8.3*** *Gasentwicklungszelle. Aufbau und Beschaltung*

Prinzipiell könnte die Gasentwicklungszelle sowohl entladen als auch geladen werden. In der hier beschriebenen Ausführung und in Hinblick auf die nachfolgend erläuterte Anwendung erfolgt aber lediglich eine allmähliche Entladung, so dass ein wesentliches Aktormerkmal, nämlich der reversible Betrieb, nicht zum Tragen kommt. Dennoch wird diese Zelle hier vorgestellt, da sich an ihr – vor allem durch einen Vergleich mit dem vorher beschriebenen ECA – eindrucksvoll eine bereits in Abschnitt 7.6 angesprochene grundsätzliche Problematik der unkonventionellen Aktorik veranschaulichen lässt (vgl. hierzu auch das Nachwort).

## 8.3 Anwendungsbeispiele

Ein Marktsegment des elektrochemischen Aktors mit Festkörperreaktion wird zwischen preiswertem Dehnstoff-Element (s. Abschnitt 8.5) und teurem Stellmotorventil gesehen. Somit sind denkbare Einsatzbereiche u.a.

- Klappensteuerungen,
- Regulierung, Dosierung von Fluiden und Gasen,
- Positionierungseinrichtungen,
- Steuerung von Raumheizungen.

Eine getestete Anwendung des ECAs mit Nickel-Wasserstoff-Zelle ist die Niveauregulierung und niederfrequente Schwingungsisolation von optischen Tischen. Hierbei werden ECAs sowohl als elektrisch steuerbare Stellglieder als auch als Gasdruckfedern genutzt. Durch Einbindung in einen geschlossenen Lageregelkreis wird mit Hilfe eines zweiachsigen Neigungssensors eine genau waagerechte Ausrichtung des Tisches ermöglicht. Da ECAs das Arbeitsmedium (hier Wasserstoff) vor Ort produzieren, entfallen die bei pneumatischen Systemen erforderlichen Luftzuführungen und Kompressoren. Ferner können auch an schwer zugänglichen Stellen Kräfte in einer Größenordnung produziert werden, die üblicherweise hydraulischen Aktoren vorbehalten ist.

Eine andere Aufgabenstellung verlangte das elektrisch gesteuerte Öffnen und Schließen von Oberlichtfenstern. Bisher war das Problem durch den Einsatz eines elektromotorischen Antriebs gelöst worden, allerdings störte hierbei die Geräuschentwicklung, und viele mechanisch bewegte Komponenten führten zu nennenswertem Verschleiß. Mit Hilfe zweier ECAs, die im Gegentaktbetrieb arbeiteten und auf diese Weise die erforderliche Zug- und Druckkraft für die Bewegung des Oberlichtes erzeugten (Einzel-ECAs bringen prinzipbedingt nur Druckkräfte auf), konnten die bestehenden Nachteile eliminiert werden.

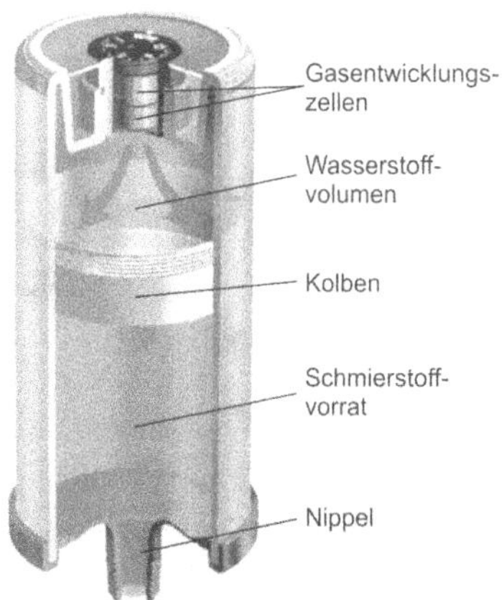


***Bild 8.4*** *Gasentwicklungszelle. Anwendungsbeispiel Schmierstoffspender (Quelle: Simatec AG, Wangen/Schweiz [8.1])*

Ein Anwendungsbeispiel für den ECA mit Zink-Luft-Zelle zeigt Bild 8.4. Hier wird durch die Reihenschaltung zweier Standardzellen das produzierbare Gasvolumen erhöht. Das erzeugte Gas verdrängt einen Kolben, der wiederum einen Öl- oder Fettvorrat sehr langsam aus dem Behälter drückt. Der Schmierstoffspender wird direkt an der Schmierstelle eingeschraubt, die auf diese Weise mit einer durch den Widerstandswert festgelegten Dosierrate über Wochen oder Monate automatisch versorgt wird. Für den Spender steht herstellerseits ein breites Sortiment an Fetten und Ölen zur Verfügung. Er kann auch vom Anwender wiederbefüllt werden; dazu ist ein neues sog. Cartridge (Gasentwicklungszellen mit Widerstand und Schalter) notwendig, das als Zubehörteil lieferbar ist.

## 8.4 Entwicklungstendenzen

Die Nickel-Wasserstoff-Zelle (Abschnitt 8.2.1) stand hinsichtlich ihres Einsatzpotenzials von Beginn an in direktem Wettbewerb zum weiter unten beschriebenen, seit vielen Jahren in hohen Stückzahlen produzierten Dehnstoff-Element. Da letzteres jedoch wesentlich einfacher aufgebaut ist und daher preiswert gefertigt werden kann, konnte sich der ECA am Markt nicht durchsetzen; die Folge war, dass er seit dem Jahre 2002 nicht mehr kommerziell angeboten wird.

Bis zu diesem Zeitpunkt waren die FuE-Ziele beim ECA u.a. darauf gerichtet, den Arbeitstemperaturbereich zu erweitern und die Lebensdauer zu erhöhen sowie die Baugröße in Richtung Miniaktor zu reduzieren. Ein weiterer FuE-Schwerpunkt war die Erhöhung der Stellgeschwindigkeit um etwa eine Größenordnung. Ein konstruktiver Ansatz hierfür beruhte darauf, die (teuren) Metallfaltenbälge durch Konstruktionselemente zu ersetzen, bei denen das dynamikreduzierende Totvolumen von vornherein geringer ist.

Anders als die Nickel-Wasserstoff-Zelle ist die Gasentwicklungszelle auf der Basis marktgängiger Zink-Luft-Zellen (Abschnitt 8.2.2) ein eingeführtes Produkt, das als Antrieb für Schmierstoffspender nahezu konkurrenzlos eine ideale Anwendungsmöglichkeit gefunden hat. Neuere FuE-Arbeiten sind in diesem Fall darauf ausgerichtet, auf einfache Weise auch Zellen mit größerer Kapazität realisieren zu können, als sie herkömmliche Zink-Luft-Zellen aufweisen [8.3].

Künftige kundenspezifische ECA-Anwendungen werden möglicherweise durch das Angebot der US-amerikanischen Firma Med-e-Cell erleichtert [8.2]. Hier können die Anwender auf der Grundlage eines modularisierten ECA-Aufbaus verschiedene Elektrodenanordnungen und Ausdehnungsgefäße miteinander kombinieren, um auf diese Weise eine optimale Lösung ihres speziellen Antriebsproblems zu erhalten.

## 8.5 Vergleich mit direkt konkurrierenden Aktorprinzipien

Der ECA ist bezüglich seiner Stellkräfte, -wege und -zeiten mit thermischen Dehnstoff-Elementen und thermochemischen Metallhydrid-Aktoren vergleichbar. Auch diese können beispielsweise als Stellelemente in Ventilen und Armaturen für die Heizungs-, Lüftungs- und allgemeine Regelungstechnik eingesetzt werden. Ein Vorteil des ECA ist, dass sein Steuer- oder Regelverhalten unmittelbar elektrisch beeinflussbar ist. Darüber hinaus haben die konkurrierenden Aktoren meistens einen höheren Energiebedarf.

### 8.5.1 Dehnstoff-Elemente

Bei Dehnstoff-Elementen wird die starke Volumen-Temperatur-Abhängigkeit von festen und flüssigen Stoffen mit großen Wärmeausdehnungskoeffizienten genutzt. Eine mit wachsender Temperatur auftretende Volumenzunahme wird mit Hilfe konstruktiver Mittel in die Hubbewegung eines Arbeitskolbens umgesetzt. Die Rückbewegung des Kolbens bei Temperaturabnahme wird i.Allg. durch ein Federelement unterstützt.

Der Dehnstoff, z.B. Wachs, Paraffin oder Silikonöl, wird in einem formsteifen Behälter untergebracht, der abhängig von der speziellen Ausführung Betriebsdrücken bis zu mehr als 150 bar (= 15 MPa) standhalten muss. Die Ausführung in Bild 8.5a basiert auf einem hutförmigen Elastomereinsatz, in dem sich der Arbeitskolben bewegt. Diese Bauweise erlaubt große Hübe bei gleichzeitig großer Last.

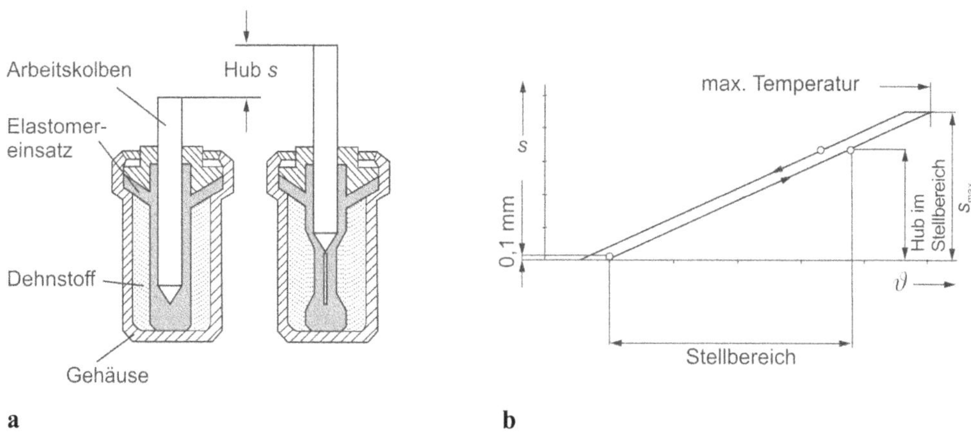


***Bild 8.5*** *Dehnstoff-Element.* ***a*** *Ausführung mit Elastomereinsatz,* ***b*** *Hub-Temperatur-Kennlinie eines flüssigen Dehnstoffs [8.4]*

Dehnstoff-Elemente haben abhängig vom verwendeten Dehnstoff sehr unterschiedliche Hub-Temperatur-Charakteristiken. Bei Kohlenwasserstoffen ist die Volumenzunahme im Schmelzbereich, d.h. in einem Temperaturbereich von 15 K, höher als in der anschließenden flüssigen Phase. Im Vergleich dazu haben flüssige Dehnstoffe einen größeren linearen Regelbereich, aber kleineren spezifischen Hub (vgl. Bild 8.5b).

Dehnstoff-Elemente sind ein in vielen Einsatzbereichen (z.B. Heizung, Klima) bewährter Massenartikel; sie arbeiten überwiegend als Stellglieder ohne elektrische Hilfsenergie, die als Baureihen angeboten werden. Ihre wichtigsten Kenngrößen überstreichen üblicherweise die in Tabelle 8.2 angegebenen Wertebereiche.

***Tabelle 8.2*** *Kennwertbereiche von Dehnstoff-Elementen*

| | | |
|---|---|---|
| Arbeitstemperaturbereich | –20 ... +120 | °C |
| Hub im Stellbereich | 5 ... 15 | mm |
| Hub max. | 6 ... 25 | mm |
| Stellkraft, max. | 250 ... 1500 | N |
| Reaktionszeit | > 10 | s |

Durch eine elektrische Steuermöglichkeit werden Dehnstoff-Elemente zu Aktoren im Sinne der Definition in Abschnitt 1.1. Hierzu setzt man sog. PTC-Heizwiderstände ein, die in den Dehnstoff-Behälter integriert werden. Dabei handelt es sich um keramische Bauelemente, die in einem bestimmten Temperaturbereich einen positiven Temperaturkoeffizienten (engl. *positive temperature coefficient, PTC*) ihres elektrischen Widerstands aufweisen. Sie werden in großer Formenvielfalt serienmäßig hergestellt und zeigen einen Widerstandsanstieg über der Temperatur um mehrere Dekaden (s. Bild 8.6).

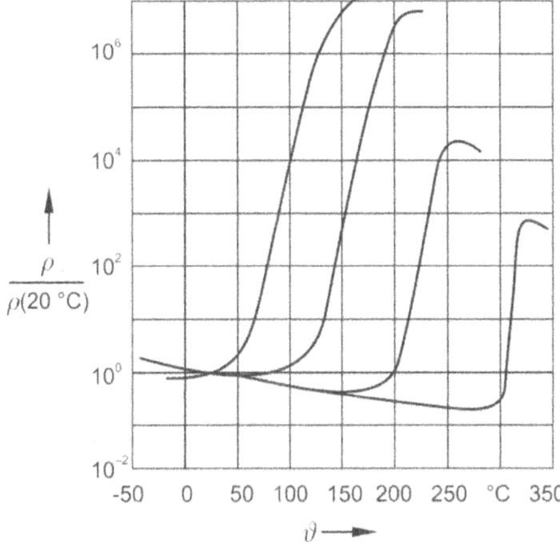


***Bild 8.6*** *Temperaturabhängigkeit des spezifischen elektrischen Widerstands ρ für verschiedene Arten von PTC-Elementen*

Dehnstoff-Aktoren werden üblicherweise an einer von den Herstellern vorgegebenen elektrischen Spannung betrieben. Infolge der charakteristischen Widerstand-Temperatur-Abhängigkeit des PTC-Elementes ist der sich einstellende Strom anfangs relativ hoch; nach einigen Sekunden verringert er sich jedoch infolge des rasch steigenden Widerstandswertes und wird schließlich auf einen viel kleineren Wert begrenzt. Da hierbei die Temperatur des Elementes fast konstant bleibt, sind in PTC-Heizwiderständen die Funktionen Heizen, (bistabiles) Schalten und Thermostatisieren vereint.

## 8.5.2 Metallhydrid-Aktoren

Phänomenologisch verwandt mit dem elektrochemischen Aktor ist der thermochemische Metallhydrid-Aktor. Seine Funktion basiert auf der Sorption von Wasserstoff in bestimmten Metallen und Metall-Legierungen. Durch (elektrische) Beheizung wird das Metallhydrid reversibel zersetzt, und es entsteht Wasserstoff. Die Umkehr dieser exothermen Reaktion erfolgt durch Kühlung. Im Vergleich zum elektrochemischen Aktor ist der Betriebstemperaturbereich wesentlich größer und kann – abhängig vom verwendeten Metallhydrid – bis 1000 K reichen. Ein von der japanischen Firma Aisin Cosmos in den 1990er Jahren realisierter Prototyp hatte einen Stellweg von 15 mm und erzeugte Kräfte bis 4,8 kN, wobei die maximal aufzubringende elektrische Heizleistung 200 W betrug.

# 9 Aktoren mit elektroaktiven Polymeren

In den vorangegangenen Kapiteln wurden Aktoren vorgestellt, die heutzutage – mehr oder weniger – etabliert sind; hierzu wurden sie nach den jeweils zugrunde liegenden physikalischen Gesetzen oder chemischen Reaktionen eingeteilt. Seit wenigen Jahren wächst indessen die Bedeutung von Aktoren, deren gemeinsames Merkmal darin besteht, dass stets Polymere als aktive Werkstoffe eingesetzt werden. Die aktorische Anregung kann jedoch auf sehr verschiedenartige Weise erfolgen, z.B. durch Temperatur- oder Lichteinwirkung, Änderungen des pH-Wertes oder elektrische Felder.

Gemäß der Festlegung in Abschnitt 1.1 stehen hier Aktoren mit elektrischer Eingangsgröße und mit der Ausgangsgröße mechanische Energie oder Leistung im Vordergrund. Polymerbasierte Materialien, die elektrische in mechanische Energie überführen können, werden elektroaktive Polymere (EAP) genannt. Wie Bild 9.1 zeigt, kann man sie in zwei Hauptkategorien unterteilen: elektronenaktive oder elektronische Polymere, deren Funktion auf den Elementarladungen im Material basiert, sowie ionenaktive oder ionische Polymere, deren aktorische Wirkung auf der Diffusion von Ionen beruht.

Elektronenaktive Polymeraktoren nutzen die Kraftwirkungen elektrischer Felder auf freie Ladungsträger. Die zu dieser Aktorkategorie gehörenden piezoelektrischen und elektrostriktiven Polymeraktoren wurden bereits in Kapitel 2 behandelt. Flexoelektrische Polymere spielen in der anwendungsnahen Aktorik derzeit keine Rolle und werden daher in Bild 9.1 nur der Vollständigkeit halber erwähnt. Einer künftigen kommerziellen Nutzung am nächsten stehen hingegen dielektrische Elastomeraktoren, denen sich der Abschnitt 9.1 widmet.

Ionenaktive Polymeraktoren enthalten wässrige Elektrolyte, die für den Betrieb gekapselt werden müssen. Da ihre Funktion auf Diffusionsvorgängen beruht, sind sie prinzipiell langsam. Im Vergleich zu den elektronenaktiven Polymeraktoren sind die erforderlichen Steuerspannungen niedriger; die übertragbaren mechanischen Spannungen sind größer, die erzielbaren Dehnungen jedoch deutlich kleiner. Aufgrund ihrer (noch) begrenzten Bedeutung für Anwendungen außerhalb des Labors werden sie in Abschnitt 9.2 lediglich im Überblick dargestellt.

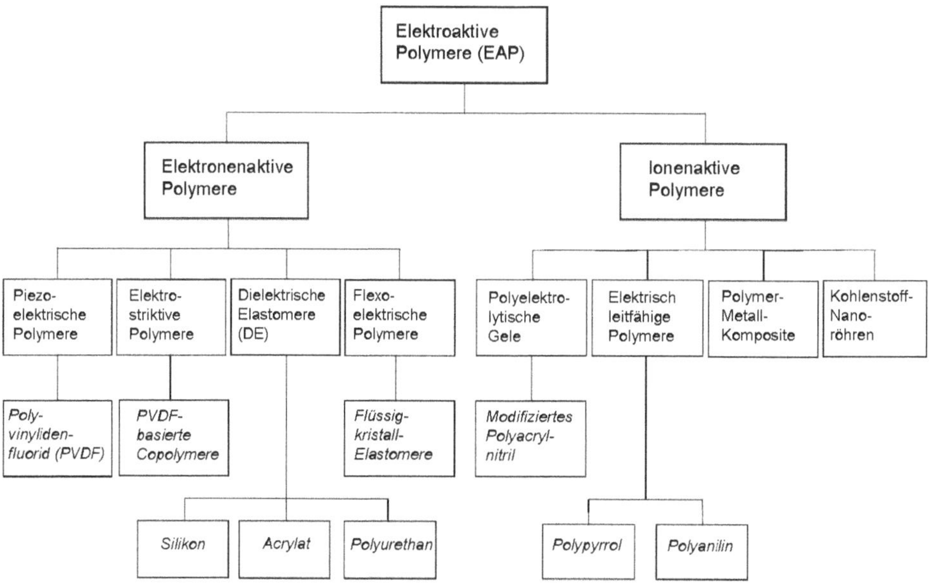


***Bild 9.1*** *Ordnungsschema für elektroaktive Polymere (EAP) mit Werkstoffbeispielen (nach [MCR07])*

# 9.1 Dielektrische Elastomeraktoren

Über Experimente mit dielektrischen Elastomeraktoren berichtete erstmals Wilhelm Conrad Röntgen im Jahre 1880. Er verwendete ein Kautschukband, das er am oberen Ende fixierte und elektrisch auflud. Am unteren Ende befestigte er ein Gewicht, das er durch Anlegen einer elektrischen Spannung an das Band heben und senken konnte. Erstaunlicherweise wurden aber erst mehr als hundert Jahre später die Anstrengungen verstärkt, dielektrische Elastomeraktoren auch in kommerzielle Anwendungen zu überführen.

## 9.1.1 Physikalischer Effekt

Bei Aktoren mit dielektrischen Elastomeren (DE-Aktoren) dient ein folienförmiges Elastomer als aktives Material. Versieht man die elektrisch isolierende, elastische Folie auf beiden Seiten mit hochflexiblen Elektroden und legt man an diese eine elektrische Spannung $U$, so entsteht ein elektrisches Feld $E$. Dieses ruft Anziehungskräfte zwischen Ladungen entgegen gesetzten Vorzeichens hervorruft, also zwischen den Elektroden, und Abstoßungskräfte zwischen Ladungen gleichen Vorzeichens auf jeder der Elektroden. Das Elastomer unterliegt dadurch sowohl Druck- als auch Zugkräften, es reagiert hierauf mit einer Dickenreduzierung bei gleichzeitiger Flächenvergrößerung, wobei das Volumen praktisch konstant bleibt, siehe Bild 9.2.

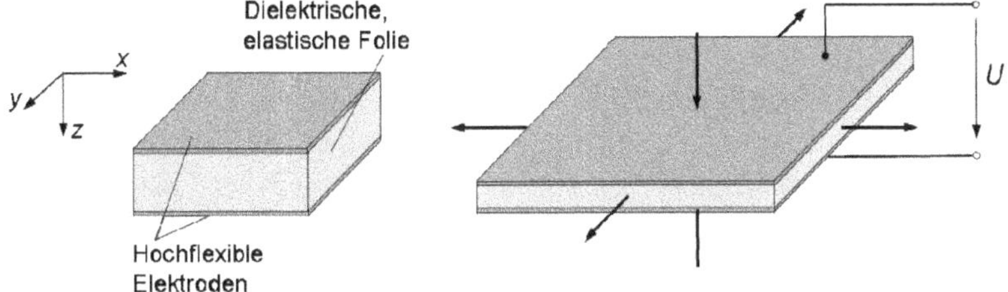


***Bild 9.2*** *Verformung einer dielektrischen, elastischen Folie beim Anlegen einer elektrischen Spannung*

Dieses Verhalten wird durch das Coulombsche Gesetz erklärt, das die Kraftwirkungen zwischen elektrischen Ladungen beschreibt. Für die Zugspannung $T_z$ zwischen den Elektroden, die sog. Maxwell-Spannung, gilt in diesem Fall der Zusammenhang

$$T_z = \varepsilon_0 \, \varepsilon_r \, E^2. \tag{9.1}$$

($\varepsilon_0$: Elektrische Feldkonstante, $\varepsilon_r$: Dielektrizitätszahl des Elastomers)

Durch die Verknüpfung von Flächenvergrößerung und Dickenverringerung unterscheiden sich Aktoren mit dielektrischen Elastomeren von felderregten Aktoren mit starren Elektrodenflächen, z.B. konventionellen elektrostatischen Aktoren, bei denen sich die Abstoßungskräfte nicht nennenswert auswirken können. Dort ist die Maxwell-Spannung nur halb so groß, und entsprechend muss die rechte Seite von Gl. (9.1) mit dem Faktor ½ multipliziert werden.

Die aktorisch nutzbare Dickenreduzierung (Dehnung $S$) des dielektrischen Polymers folgt unmittelbar aus Gleichung (9.1), wenn man das Polymer als linearen, elastischen Festkörper mit dem Elastizitätsmodul (E-Modul) $Y$[23] auffasst:

$$S_z = -\,(1/Y)\, \varepsilon_0 \, \varepsilon_r \, E^2. \tag{9.2}$$

Die Abhängigkeit $S_z(E)$ ist also quadratisch, ähnlich wie bei elektrostriktiven oder magnetostriktiven Aktoren. Im Vergleich zu diesen ermöglichen dielektrische Elastomeraktoren aber wesentlich größere Auslenkungen; die aktorisch nutzbaren, mechanischen Spannungen sind jedoch deutlich geringer. Das negative Vorzeichen in dieser Gleichung weist darauf hin, dass die Foliendicke mit wachsender Feldstärke kleiner wird.

---

[23] Der Buchstabe $E$ steht in diesem Buch sowohl für die elektrische Feldstärke als auch für den Elastizitätsmodul. Beide Größen treten hier nebeneinander auf. Um Verwechselungen zu vermeiden wird der Elastizitätsmodul in diesem Kapitel durch das im Angelsächsischen übliche $Y$ (für *Young's modulus*) symbolisiert.

## 9.1.2 Werkstoffe

Bei Elastomeraktoren besteht das namengebende Dielektrikum aus langen Kettenmolekülen, die sich durch ein ausgeprägtes Drehvermögen auszeichnen. Diese Eigenschaft verleiht den Makromolekülen die Fähigkeit zur Bildung von sog. Polymerknäueln; diese reagieren auf Zug- oder Druckbelastung mit einer Streckung bzw. Stauchung und bewirken hierdurch ein gummiartiges Verhalten des Elastomers. Wie bei Metallfedern geht eine elastische Verformung mit der Aufnahme und Speicherung bzw. der Abgabe von potenzieller Energie einher, allerdings wandeln Elastomere einen nennenswerten Teil der Verformungsenergie irreversibel in Wärme, die an die Umgebung übergeht.

Die bekanntesten Elastomere sind Naturkautschuk und Silikonkautschuk (der grundsätzlich synthetisch hergestellt wird). Silikone spielen in der Elastomeraktorik eine Hauptrolle; sehr verbreitet ist beispielsweise das folienförmige Silikon Sylgard 186® von Dow Corning Inc., Michigan/USA. Daneben kommen Acrylate (= Polymere der Acrylsäureester) zum Einsatz, wobei die Entwickler bisher überwiegend auf die Produktfamilie VHB™ der 3M Comp., Minnesota/USA, zurückgreifen, die eigentlich als doppelseitiges Klebeband produziert und vertrieben wird. Aktorrelevante Daten der beiden Elastomergruppen sind in Tabelle 9.1 zusammengefasst, wobei es sich um labormäßig erzielte, den derzeitigen Stand der Technik repräsentierende Werte handelt.

Gelegentlich werden auch Polyurethane für den Bau von DE-Aktoren eingesetzt. Bei ihnen beruht die aktorische Wirkung gleichzeitig auf zwei Ursachen, nämlich der Elektrostriktion und der Maxwell-Spannung. Polyurethane haben im Vergleich zu Silikonen höhere Dielektrizitätszahlen ($\varepsilon_r > 5$), aber auch höhere Elastizitätsmodulen (Megapascal-Bereich). Seit kurzem werden sie in Folienform von der Bayer MaterialScience AG, Leverkusen, kommerziell angeboten [9.1].

***Tabelle 9.1*** *Aktorrelevante Kenngrößen und Kennwerte von Silikonen und Acrylaten (Quelle: [CDK08])*

| | | Acrylate | Silikone | |
|---|---|---|---|---|
| Dehnung, max. | $S$ | 380 | 120 | % |
| Blockierspannung | $T_B$ | 8,2 | 3 | N/mm$^2$ |
| Durchschlagfeldstärke | $E_{max}$ | 440 | 350 | kV/mm |
| Dielektrizitätszahl (bei 1 kHz) | $\varepsilon_r$ | 4,5…4,8 | 2,5…3 | |
| Kopplungsfaktor, max. | $k$ | 0,9 | 0,8 | |
| Elastizitätsmodul | $Y$ | 1…3 | 0,1…2 | N/mm$^2$ |
| Arbeitsvermögen, max. | $E/V$ | 3,4 | 0,75 | $10^3$ kJ/m$^3$ |
| Betriebstemperaturbereich | $\vartheta$ | –10…+90 | –100…+260 | °C |

Die Werte für die Dehnung $S$ in Tabelle 9.1 gelten für die Flächendehnung folienförmiger Elastomere. Man sieht, dass Acrylate im Vergleich zu Silikonen ein deutlich größeres Dehnungspotenzial besitzen können; andererseits ist bei ihnen die Hysterese der Kennlinie $S(E)$ wesentlich breiter; die viskoelastischen Verluste sind demnach größer als bei Silikonen, die für höherfrequente Anwendungen folglich besser geeignet sind. Bei Acrylaten beobachtet man darüber hinaus eine stärkere Abnahme der Dehnungswerte mit wachsender Frequenz.

Die Temperaturabhängigkeit ihrer Kennwerte (z.B. der Elastizität) ist ausgeprägter als bei Silikonen, was sich mittelbar in den unterschiedlich großen Betriebstemperaturbereichen widerspiegelt.

Dielektrische Elastomeraktoren benötigen hohe Betriebsfeldstärken, die entsprechend hohe Steuerspannungen erforderlich machen, was manche Anwendungen erschweren oder ausschließen kann (z.B. im medizinischen Bereich). Eine Möglichkeit zur Reduzierung der Feldstärke sind Elastomere mit großen Dielektrizitätszahlen. Aktuelle Werkstoffentwicklungen zielen daher auf Elastomere, deren $\varepsilon_r$-Werte wesentlich größer sind als die in Tabelle 9.1 angegebenen. Ein naheliegender Ansatz beruht auf Kompositen: Füllt man ein gewöhnliches Elastomer mit einer hoch-dielektrischen Komponente (z.B. Keramik), so lassen sich die Vorteile der hohen Matrix-Elastizität und der großen Füller-Permittivität im selben Material miteinander verbinden. Vielversprechende Ergebnisse brachte beispielsweise das Anreichern eines Silikonelastomers mit Titandioxid-Pulver.

Neben der Dielektrizitätszahl ist die Durchschlagfeldstärke eine wichtige Kenngröße von DE-Werkstoffen. Von elektrischem Durchschlag oder Durchbruch spricht man, wenn die Feldstärke so hoch ist, dass zwischen den Elektroden eine elektrisch leitende Überbrückung eintritt. Für gewöhnlich stehen Entwickler und Anwender vor dem Problem, einerseits für möglichst große Auslenkungen des Aktors, mithin für entsprechend hohe Feldstärken zu sorgen, andererseits aber den schädigenden Durchschlag der Folie sicher zu vermeiden. Die Durchschlagfeldstärke ist keine Materialkonstante wie beispielsweise $\varepsilon_r$; sie hängt vielmehr von der gesamten Aktoranordnung ab. Ferner spielt die Einwirkdauer eine Rolle: Je kürzer sie ist, desto später erfolgt der Durchschlag. Durch Strecken des Materials während des Herstellungsprozesses vergrößert man seine Durchschlagfestigkeit; dies ist mit ein Grund für die höheren Werte der Durchschlagfeldstärke von Acrylaten in Tabelle 9.1.

Die Aktorkennlinien $S_z(E)$ von zwei folienförmigen Elastomerwerkstoffen, die in der Fachliteratur häufig genannt und von Arbeitsgruppen weltweit eingesetzt werden, sind in Bild 9.3 dargestellt. Das bekannteste Acrylat ist das Produkt VHB™ 4190 der 3M Company, das als 1 mm dickes, doppelseitiges Klebeband vermarktet wird [9.2]. Die Klebeflächen erleichtern die Applikation der Elektroden (siehe unten) und stellen sicher, dass ihr Kontakt zum Elastomer auch unter Dehnungsbeanspruchung erhalten bleibt. Eine Flächendehnung des Acrylatbandes um mehrere hundert Prozent verbessert sowohl elektrische als auch mechanische aktorrelevante Eigenschaften. Beispielsweise steigt die Durchschlagfeldstärke von 18 kV/mm auf 218 kV/mm bei 25-facher Flächendehnung [Lot10]. Allerdings ist die Abhängigkeit $S_z(E)$ infolge der hohen Viskosität stark hysteresebehaftet und sie entspricht nicht dem gemäß Gl. (9.2) erwarteten quadratischen Verlauf, siehe Bild 9.3a.

Ein in der DE-Aktorik ebenfalls erprobtes Produkt ist der Silikonkautschuk Elastosil® RT 625 der Wacker Chemie AG, München [9.3]. Hierbei handelt es sich um ein sog. additionsvernetzendes Zwei-Komponenten-System, das in einer Dosieranlage gemischt wird und bei Raumtemperatur praktisch schrumpffrei vulkanisiert. Für die Folienherstellung kommen beispielsweise Rakeltechniken oder die sog. Schleuderbeschichtung (engl. *spin coating*) in Frage. Das Dehnungsvermögen von Folien aus Elastosil® RT 625 ist im Vergleich zum Acrylat VHB™ 4910 zwar geringer, andererseits weist ihre Kennlinie $S_z(E)$ eine wesentlich kleinere Hysterese auf und verläuft nahezu ideal-quadratisch, siehe Bild 9.3b. Eine bereits elektrodenbeschichtete Silikonfolie auf der Basis von Elastosil® RT 625 wird von Danfoss angeboten (siehe Abschnitt 9.1.6.1).

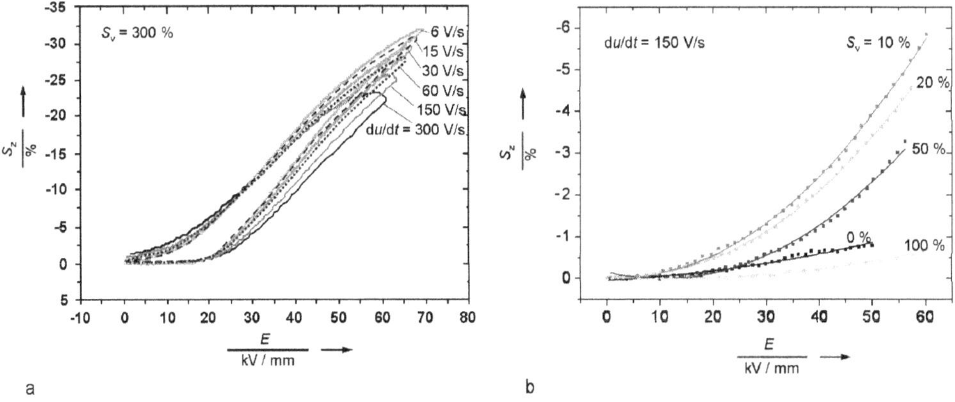


***Bild 9.3*** *Gemessene Kennlinienverläufe $S_z(E)$ für zwei häufig eingesetzte, dielektrische Elastomere.* ***a*** *Acrylat VHB™ 4910,* ***b*** *Silikonkautschuk Elastosil® RT 625. Beide Elastomere wurden zweiachsig vorgedehnt ($S_v$) und mit einem sägezahnförmigen Spannung-Zeit-Verlauf (du/dt) betrieben (Quelle: [FSH09])*

Ein besonderes Augenmerk erfordern die Elektroden. Sie müssen einerseits große laterale Dehnungen verkraften können, damit die dreidimensionale Verformung des Elastomers möglichst wenig behindert wird; gleichzeitig sollen sie in allen Dehnungszuständen über eine hohe elektrische Leitfähigkeit verfügen. Als Elektrodenmaterialien kommen vor allem Erscheinungsformen des Kohlenstoffs wie Graphit und (Industrie-)Ruß (engl. *carbon black*) zur Anwendung, künftig wohl auch Kohlenstoff-Nanoröhren. Eine einfache Möglichkeit der Elektrodenherstellung besteht darin, Graphitpulver auf die Folie zu sprühen. Häufig fertigt man die Elektroden auch aus graphithaltigen Pasten (engl. *carbon grease*), die auf das Elastomer aufgetragen werden, oder aus Polymeren, in die Graphitpartikel eingebettet werden. Bei einem kommerziellen Experimentier-Aktor wurde ein mit Silber beschichteter Elastomerfilm verwendet, siehe Abschnitt 9.1.6.1.

***Tabelle 9.2*** *Kennwerte des Acrylats VHB™ 4910 und des Silikonkautschuks Elastosil® RT 625 (Quellen [9.2, 9.3, Lot10])*

| | VHB™4910 | RT625 | |
|---|---|---|---|
| Reißdehnung, max. | | 600 | % |
| Durchschlagfeldstärke | 18…218[a] | 23 | kV/mm |
| Dielektizitätszahl | 4,7 | 3,2 | |
| Elastizitätsmodul | 3,0 | | N/mm² |
| Dynam. Viskosität | | 35 | Pa s |
| Dichte | 0,96 | 1,10 | g/cm³ |
| Spezif. elektr. Widerstand | 3,1 | 1 | $10^{13}\Omega$m |
| Betriebstemperatur, max | 90 (kurzzeitig: 150) | | °C |

[a] kleiner Wert: ungedehnt, großer Wert: bei 25-facher Flächendehnung

## 9.1.3 Aufbau von DE-Aktoren

Für dielektrische Elastomeraktoren (DE-Aktoren) werden die unterschiedlichsten Konfigurationen vorgeschlagen. Besonders häufig sind gestapelte und membranartige Ausführungen sowie rohr- und rollenförmige Realisierungen, ferner unimorphe und bimorphe Biegeelemente, ähnlich wie man sie von entsprechenden Piezowandlern kennt (vgl. Abschnitt 2.3.3).

### 9.1.3.1 Membranaktoren

**Grundform.** Die einfachste Form des DE-Aktors besteht aus einer Elastomerfolie, die beidseitig mit hochflexiblen Elektroden versehen ist, s. Bild 9.2. Die Folie ist meistens zwischen mehreren hundertstel und einigen zehntel Millimetern stark; die Dicke der Elektrodenschicht liegt im unteren Mikrometerbereich. Eine solche Anordnung verhält sich aus elektrischer Sicht wie ein Plattenkondensator. Legt man an diesen eine elektrische Spannung $U$, so entsteht zwischen den Elektroden ein elektrisches Feld $E$, das in der Folie die Maxwell-Spannung $T_z$ hervorruft (die $z$-Koordinatenachse weist in Normalenrichtung der Elektrodenflächen). Ausgehend von Gleichung (9.2) erhält man mit den bekannten Zusammenhängen $E = U/s$ und $s = s_0\,(1 + S_z)$ die Spannung-Dehnung-Charakteristik

$$S_z^3 + 2S_z^2 + S_z \simeq -\frac{\varepsilon_0 \varepsilon_r}{Y\,s_0^2} U^2 . \tag{9.3}$$

($s = s(U)$: Dicke der Elastomerfolie, $s_0$: Dicke bei $U = 0$ V, $S_z = \Delta s/s_0$: Dehnung in $z$-Richtung)

In der Praxis werden – insbesondere bei kleinen Dehnungen – der kubische und der quadratische Anteil meistens vernachlässigt, so dass üblicherweise die Näherungsgleichung

$$S_z \simeq -\frac{\varepsilon_0 \varepsilon_r}{Y\,s_0^2} U^2 \tag{9.4}$$

zur Anwendung kommt. Auch wenn die Foliendicke unter Feldeinfluss grundsätzlich nur kleiner wird, lassen sich sowohl positive als auch negative Dehnungen realisieren, wenn der Aktor durch eine konstante elektrische Vorspannung („Offset-Spannung") vorgedehnt wird, „um die herum" man ihn dann ansteuert. Weiter sei daran erinnert, dass die quadratische Abhängigkeit der Auslenkung von der Steuerspannung dazu führt, dass ein harmonischer, monofrequenter Spannung-Zeit-Verlauf am Aktoreingang zusätzliche, höherfrequente Anteile in seiner Ausgangsgröße (Weg, Geschwindigkeit,...) zur Folge hat.

**Membranaktor.** Die bisherigen Betrachtungen gingen von einem ebenen DE-Aktor mit „freien Rändern" aus; für ihn gilt $T_x = T_y = 0$. Bei Membranaktoren (engl. *diaphragm actuator*) wird die aktive Folie samt Elektroden jedoch an ihren Rändern mechanisch vorgespannt, wodurch sich der aktorisch erzeugten Dehnung $S_z$ ein Dehnungsanteil

$$S_z' = -\frac{\nu}{Y}\,(T_x + T_y) \tag{9.5a}$$

($\nu$: Poisson-Zahl des Elastomers) oder, bei kreisrunden Folien und radialer Vorspannung $T_\mathrm{r}$, ein Anteil

$$S_\mathrm{z}' \simeq -\frac{2}{Y}\,T_\mathrm{r} \tag{9.5b}$$

überlagert[24,25]. Bekannte Realisierungen dieses Aktors bestehen aus einem starren Rahmen mit einer (meistens kreisförmigen) Öffnung, über die, mechanisch vorgespannt, eine dünne Elastomerfolie geklebt wird, die eine Dicke von etwa 100 µm aufweist, siehe Bild 9.4. Über einen Teil des Öffnungsquerschnitts wird die Membran auf beiden Seiten mit nachgiebigen Elektrodenschichten versehen. Dieser Bereich bildet den aktiven Teil des Aktors, der sich bei elektrischer Ansteuerung lateral ausweitet und axial zusammenzieht.

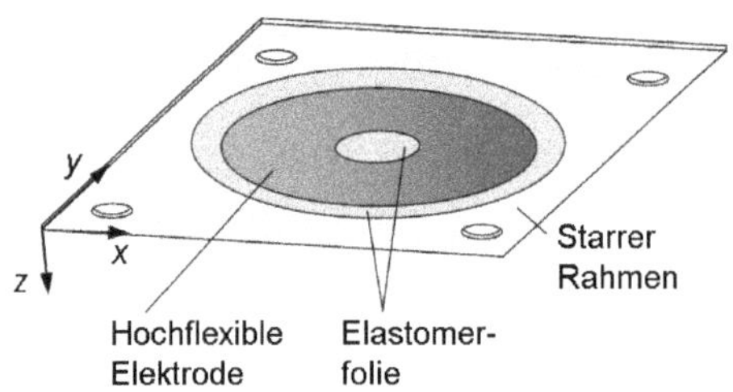


***Bild 9.4*** *Grundsätzlicher Aufbau von Membranaktoren (Ansicht von schräg unten)*

In der praktischen Anwendung werden bei Membranaktoren nicht die Dehnungen in Richtung der Flächennormalen ($z$-Richtung), sondern laterale oder radiale Dehnungen $S_\mathrm{r}$ in der $x,y$-Ebene genutzt (vgl. hierzu das Anwendungsbeispiel in Abschnitt 9.1.6.2). Unter der Annahme eines inkompressiblen Polymers mit isotropen Eigenschaften und linear-elastischem Verhalten gilt

$$(1 + S_\mathrm{x})(1 + S_\mathrm{y})(1 + S_\mathrm{z}) = 1\,. \tag{9.6}$$

Da $S_\mathrm{r} = S_\mathrm{x} = S_\mathrm{y}$, folgt hieraus

$$S_\mathrm{r} = \frac{1}{\sqrt{1 + S_\mathrm{z}}} - 1\,. \tag{9.7}$$

Eine nähere Betrachtung dieser Gleichung zeigt, dass die radiale Dehnung der elektroaktiven Folie bis $S_\mathrm{z} = -\,0{,}1$ betragsmäßig nur etwa halb so groß ist wie die axiale Dehnung, danach

---

24 Eine direkte Überlagerung setzt lineares Werkstoffverhalten voraus, also die Gültigkeit des hookeschen Gesetzes, was hier nur näherungsweise erfüllt ist.

25 Gl. (9.5b) folgt aus Gl. (9.7) nach Entwicklung des Wurzelausdrucks in eine Potenzreihe bis zum linearen Glied und Einsetzen von Gl. (9.15).

steigt sie überproportional an. Diese Erkenntnis muss allerdings in Zusammenhang mit der Dehnungsdefinition interpretiert werden: Die Größe ‚Dehnung' ist per definitionem eine relative Länge, d.h. sie bezieht sich stets auf Basisstrecken, die beim Membranaktor durch die Elektrodenabmessungen bei $U = 0$ V gegeben sind. In diesem Fall sind die lateralen Basislängen (Breite, Durchmesser der Aktorelektroden) viel größer als die axiale Basislänge (Elektrodenabstand); daraus folgt, dass die absoluten Auslenkungen der Folie in radialer Richtung wesentlich größer sind als in axialer Richtung.

Die Elektroden auf den beiden Folienflächen in Bild 9.4 sind kreisringförmig; somit kann im Zentrum der Folie das zu bewegende Teil (z.B. ein Ventilstößel) befestigt werden. Es ist leicht nachvollziehbar, dass in dieser ebenen, symmetrischen Konstellation eine elektrische Steuerspannung keinerlei Bewegung der Membranmitte bewirken kann. Abhilfe schafft eine mechanische Vorspannung der Aktorfolie in axialer Richtung; diese kann – ähnlich wie bei anderen, bereits beschriebenen Festkörperaktoren – durch eine konstante oder eine wegabhängige Kraft (Masse bzw. Feder) erzeugt werden. In Bild 9.5 wird der Membranaktor durch die Gewichtskraft $F_G = Mg$ vorgespannt [RNY13]. In seiner Ruhelage ist $F_G$ im Gleichgewicht mit der Reaktionskraft in der Elastomerfolie. Die elektrische Ansteuerung des Aktors führt zu einer weiteren Absenkung der Masse $M$ (siehe auch das Rechenbeispiel in Abschnitt 9.1.6.4).

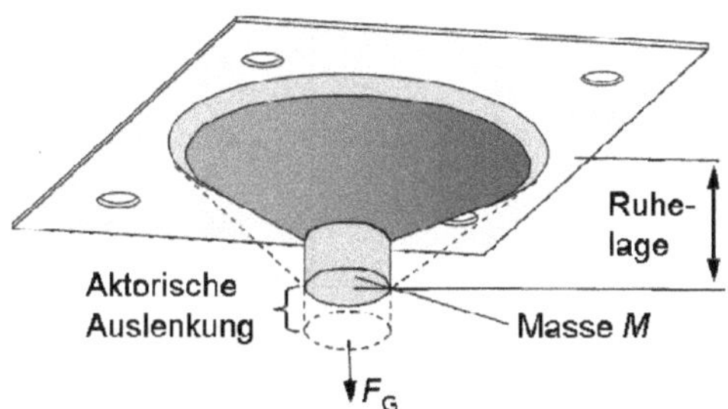


***Bild 9.5*** *Membranaktor. Mechanische Vorspannung durch konstante Gewichtskraft* $F_G$ *(Auslenkungen sind stark übertrieben dargestellt)*

Bei einer Abart des Membranaktors ist der Rahmen flexibel, was infolge der vorgespannten Elastomerfolie eine Biegung der gesamten Struktur nach sich zieht. Ohne elektrische Ansteuerung stellt sich – sozusagen selbst organisierend – die Krümmung so ein, dass die Summe der in der Membran und im Rahmen gespeicherten, elastischen Energien ein Minimum wird. Hiervon ausgehend kann die Krümmung mit Hilfe der Steuerspannung verändert werden (engl. *dielectric elastomer minimum energy structure*).

**Dynamisches und statisches Verhalten.** Das grundsätzliche Übertragungsverhalten von dielektrischen Elastomeraktoren lässt sich anhand von elektromechanischen Ersatzschaltungen studieren, die so zu entwerfen sind, dass sie – anwendungsbezogen – alle wesentlichen Eigenschaften der Aktoren nachbilden.

Der elektrische Eingang des dielektrischen Aktormodells in Bild 9.6a ähnelt dem des Piezoaktors, vgl. Bild 2.9a. Die Kapazität $C$ des Elastomeraktors (häufig im Nanofarad-Bereich) und der Isolations- oder Leckwiderstand $R_{F0}$ der Folie (Teraohm-Bereich) sind durch die Abmessungen und die Materialeigenschaften des Elastomerwerkstoffs festgelegt. Der ohmsche Widerstand $R_{El}$

der Elektroden, der bei Piezoaktoren meistens vernachlässigbar klein ist, kann hingegen bei DE-Aktoren einige zehn Kiloohm erreichen. Ein Spannungssprung $u_e(t \geq 0) = u_{e0}$ am Aktoreingang führt zu einem exponentiellen Spannungsverlauf $u_i(t)$ mit der Zeitkonstante $T_{el} = C\, R_{El}\, R_{Fo} / (R_{El} + R_{Fo})$ (Millisekunden-Bereich). Im Frequenzbereich markiert $1/\, T_{el}$ als sog. Eckfrequenz den –3dB-Abfall des Amplitudengangs $|\, u_i / \, u_e|$. Da in der Regel $R_{Fo} >> R_{El}$, wird das dynamische Übertragungsverhalten – im Unterschied zu Piezoaktoren – überwiegend durch $R_{El}$ beeinflusst. Der Endwert der Spannung ist $u_i\,(t \to \infty) = u_{e0}\, R_{Fo} / (R_{El} + R_{Fo})$, s. Bild 9.6b links.

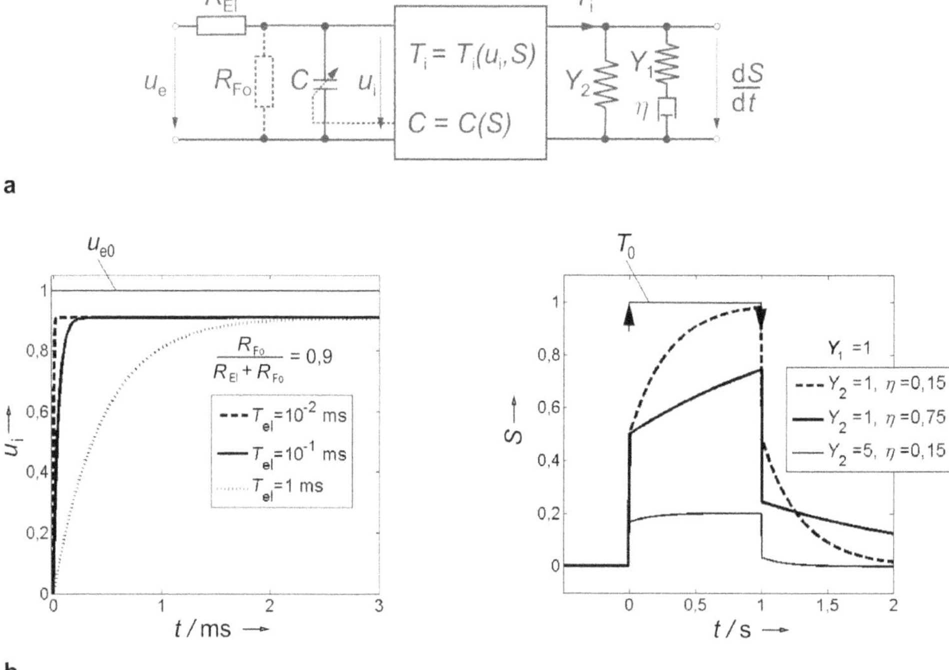


***Bild 9.6*** *Dielektrischer Elastomeraktor.* ***a*** *Elektromechanische Ersatzschaltung,* ***b*** *links: Antwort $u_i(t)$ auf einen Sprung der Eingangsspannung $u_e(t)$ (Übergangsfunktion), rechts: Antwort $S(t)$ auf einen rechteckförmigen Verlauf*[26] *von $T_i(t)$ mit der Amplitude $T_0$ (Rechnersimulationen)*

Der mechanische Teil der Ersatzschaltung steht für das viskoelastische Verhalten des Elastomeraktors, das – wie bei Piezoaktoren – durch Relaxations- und Kriecheffekte geprägt ist. Für deren Beschreibung sind unterschiedliche Modelle gebräuchlich. Der hier zugrunde gelegte sog. lineare Standardkörper[27] (LSK, engl. *standard linear solid, SLS*)) ist eines der

[26] Die Rechteckfunktion wurde gewählt, um das Dehnung-Zeit-Verhalten des Elastomers nach einem negativen Spannungssprung ($T_0 \downarrow 0$) zeigen zu können.

[27] Auch genannt: Poynting-Körper, Malvern-Körper, Zener-Modell.

einfachsten Modelle, das solche Effekte berücksichtigen kann, s. Bild 9.6a. Die Reihenschaltung aus einer Feder mit dem E-Modul $Y_1$ und einem Dämpfer mit der Viskosität $\eta$, die für sich genommen als Maxwell-Körper bekannt ist, beschreibt die elastischen bzw. viskosen Eigenschaften des Werkstoffes. Die parallel geschaltete Feder mit dem E-Modul $Y_2$ sorgt dafür, dass die Dehnung nach Abklingen transienter Vorgänge einem festen Endwert zustrebt (3-Parameter-Modell). Ein mechanischer Spannungssprung $T_i(t \geq 0) = T_0$ bewirkt am Aktorausgang einen elastischen Dehnungssprung auf den Wert $S(t = 0) = T_0/(Y_1 + Y_2)$, dem unmittelbar ein exponentiell verlaufender, durch $T_{mech} = \eta\ (Y_1 + Y_2)/\ Y_1 Y_2$ beschreibbarer Kriechvorgang folgt. Der Endwert der Dehnung ist $S\ (t \to \infty) = T_0/Y_2$, siehe Bild 9.6b, rechts.

Offensichtlich lassen sich aus den Verläufen der beiden Übergangsfunktionen sämtliche Parameter der elektromechanischen Ersatzschaltung ermitteln (die Masse des Werkstoffes wird hier vernachlässigt).

Für Self-sensing-Zwecke nutzt man bei dielektrischen Elastomeraktoren in erster Linie die Abhängigkeit ihrer elektrischen Kapazität $C$ von der Auslenkung $s$ oder der Dehnung $S$, siehe gestrichelte Linie in Bild 9.6a. Am einfachsten lässt sich der entsprechende Zusammenhang am Beispiel des Membranaktors darstellen. Wesentliche elektrische Eigenschaften dieses Aktors sind durch einen Plattenkondensator beschreibbar; hierfür gilt allgemein $C = \varepsilon_0\ \varepsilon_r\ A/s$ ($A$: Elektrodenfläche). Im Falle des Membranaktors ist $A = A(s) = V/s$ mit $V =$ konst. ($V$: Volumen des aktiven Elastomers). Damit erhält man

$$C = \varepsilon_0\ \varepsilon_r\ V/s^2\ . \tag{9.8}$$

Hieraus und mit den bereits erfolgten Definitionen ergibt sich der Zusammenhang zwischen $C$ und den Dehnungen $S_z$ und $S_r$ zu

$$C\ =\ \varepsilon_0\varepsilon_r\,\frac{V}{s_0^2}\,\frac{1}{(1\ +\ S_z)^2} \qquad \text{bzw.} \tag{9.9a}$$

$$C\ =\ \varepsilon_0\varepsilon_r\,\frac{A_0}{s_0}(1\ +\ S_r)^4\ . \tag{9.9b}$$

($A_0$: Elektrodenfläche bei $U = 0$ V). Auch bei anderen Ausführungen von Elastomeraktoren bildet die elektrische Kapazitätsmessung eine praktikable Grundlage für die In-process-Erfassung ihrer Auslenkungen (siehe Abschnitt 9.1.4).

Abschließend sei darauf hingewiesen, dass die hier verwendeten linearen Modelle zwar ein Grundverständnis für das aktorische Übertragungsverhalten vermitteln, aber eine starke Vereinfachung darstellen: Bereits die Aktorgleichung $T_z \sim E^{\,2}$ verläuft ja quadratisch; darüber hinaus sind die Parameter sämtlicher elektrischen und mechanischen Elemente im Ersatzschaltbild vom Dehnungszustand des Elastomers abhängig. Folglich sind die aus dem LSK-Modell gewonnenen Aussagen als Näherungen aufzufassen; je größer die Dehnung ist, desto größer wird der Fehler. Weitere Quellen nichtlinearer Effekte sind beispielsweise die betriebsbedingten Ausbeulungen bei rollenförmigen Aktorkörpern oder die (Haft-) Reibung zwischen den einzelnen Lagen mehrschichtiger Aktoren.

### 9.1.3.2 Weitere Bauformen

Linearaktoren kann man mit Hilfe der rohr- und rollenförmigen Ausführungen in Bild 9.7 realisieren. Die erstgenannte besteht aus einem dünnwandigen Elastomerrohr mit nachgiebigen Elektroden auf der Innen- und der Außenfläche, s. Bild 9.7a. Nach Anlegen einer elektrischen Spannung zieht sich die Rohrwand zusammen, und gleichzeitig wird das Rohr länger. Der gerollte Aktortyp in Bild 9.7b besteht aus einem langen Elastomerstreifen, der mit dünnen Elektroden versehen ist; ein elektrisches Feld verursacht eine axiale Dehnung des Aktors. Feldstärkenunterschiede längs des Elastomers werden reduziert, wenn die Elektroden über ihre Länge mehrfach elektrisch kontaktiert werden.

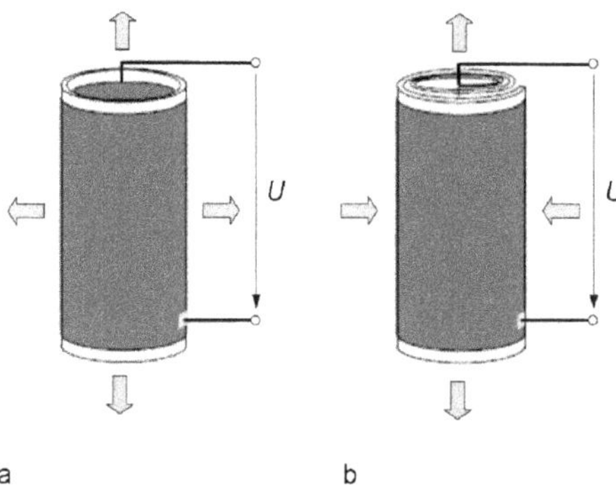


***Bild 9.7*** *DE-Aktoren zur Erzeugung von Elongationen.* ***a*** *Rohraktor,* ***b*** *Rollenaktor (Quelle: [MCR07])*

Beide Ausführungen verlängern sich unter elektrischer Anregung. Manche Anwendungen können jedoch Aktoren erfordern, die kontrahieren anstatt zu elongieren. Das einfachste Konzept hierfür beruht auf einem Stapel ebener Aktorelemente, die – ähnlich den piezoelektrischen Stapelaktoren (vgl. Bild 2.8) – elektrisch parallel und mechanisch in Reihe geschaltet werden. Allerdings erschwert die diskontinuierliche Struktur des Aktors seine Herstellung, so dass neuartige Lösungen für kontrahierende Aktoren angestrebt werden; hierzu zeigt Bild 9.8 zwei Vorschläge.

Der Hohlzylinder in Bild 9.8a besteht aus gewendelten, dünnen Elastomerstreifen, auf denen Elektroden appliziert sind; das Anlegen einer elektrischen Spannung führt zu der gewünschten Kontraktion in axialer Richtung. Der DE-Aktor in Bild 9.8b basiert auf einem mit Elektroden beschichteten langen Elastomerstreifen, der mehrfach gefaltet wird. Eine elektrische Spannung führt zu einer Kompression des Dielektrikums, was im Ergebnis eine axiale Kontraktion und gleichzeitig eine radiale bzw. seitliche Elongation der Struktur nach sich zieht. Solches Verhalten kann nützlich sein, wenn man ein federähnliches, elektrisch steuerbares Verhalten realisieren will.

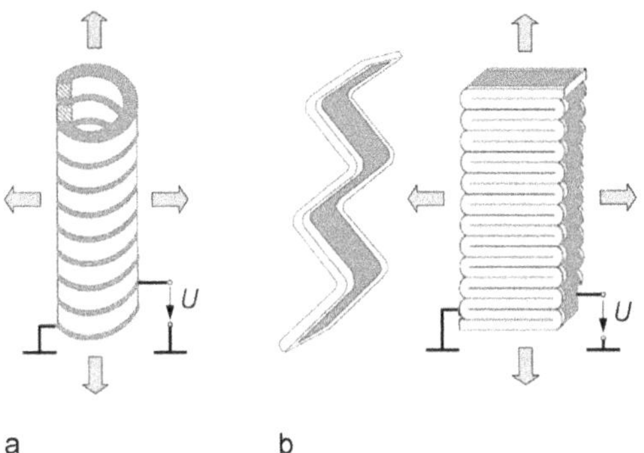


***Bild 9.8*** *DE-Aktoren zur Erzeugung von Kontraktionen.* ***a*** *Wendelaktor,* ***b*** *Faltaktor (Quelle: [MCR07])*

In Tabelle 9.3 sind einige wichtige Eigenschaften von Aktoren mit dielektrischen Elastomeren zusammengefasst.

***Tabelle 9.3*** *Wichtige Eigenschaften von Aktoren mit dielektrischen Elastomeren*

| Vorteile | Nachteile |
|---|---|
| – Sehr große Formänderungen elektrisch steuerbar<br>– Hohe Energiedichte, hoher elektromechanischer Wirkungsgrad<br>– Kurze Reaktionszeit (ms-Bereich)<br>– Vielfältige Aktor-Konfigurationen möglich<br>– Große Auswahl / hohe Verfügbarkeit von Materialien | – Hochflexible Elektroden bei gleichzeitig hoher Leitfähigkeit erforderlich<br>– Hohe Feldstärken erforderlich (> 10 kV/mm)<br>– Hochspannungsquelle für kapazitive Last erforderlich<br>– Geringe elastische Energiedichte, kleine Kräfte<br>– Energieverluste infolge hysteresebehafteten viskoelastischen Verhaltens |

## 9.1.4 Messen von Aktor-Kenngrößen

Kommerziell verfügbare Elastomere werden in der Regel nicht gezielt für aktorische Zwecke entwickelt, siehe das Beispiel des Klebebands VHB™ 4910. Folglich sind die Informationen in den Datenblättern für den Aktorentwickler oft nur wenig hilfreich. Beispielsweise sind der Elastizitätsmodul $Y$ und die Viskosität $\eta$ in der Ersatzschaltung Bild 9.6a allgemeine Kenngrößen des verwendeten Werkstoffs. Will man das aktorspezifische, viskoelastische Verhalten kennzeichnen, sind die entsprechenden geometrieabhängigen Größen Federsteifigkeit $c$ und Dämpfungskoeffizient $k$ besser geeignet.

Die Charakterisierung der Werkstoff- und Aktoreigenschaften erfordert Messtechniken, mit denen die statischen und dynamischen Kraft-Weg- bzw. Spannung-Dehnung-Kurven bei axialer und lateraler Auslenkung des Elastomers, sein (kompressiver) Elastizitätsmodul sowie die elektrischen und mechanischen Parameter der Ersatzschaltung in Bild 9.6a erfasst werden können. Häufig müssen hierfür geeignete Methoden und Verfahren selbst entwickelt werden. Ein entsprechender Messplatz, der nahezu vollständig auf Standardkomponenten (uniaxiale Universal-Prüfmaschine mit integrierter Kraft- und Wegmesseinrichtung, diverse Weg- und Kraftsensoren, Steuer- und Auswerterechner) basiert, ist im Detail in [Lot10] beschrieben.

Eine probate Vorgehensweise zur Ermittlung der Parameter $c_1$, $c_2$ und $k$ beruht auf der sog. Kraft-Strom-Analogie, die sich die formalen Ähnlichkeiten der Differentialgleichungen zur Beschreibung mechanischer und elektrischer Netzwerke zunutze macht. Hierbei setzt man die Kraft $F$ für den Strom $i$ und die Geschwindigkeit $v$ für die Spannung $u$ [Len75]. Definiert man dann eine mechanische Impedanz zu $Z_{\text{mech}} = F/v$, so lassen sich mechanische Netzwerke nach der Transformation in die komplexe Ebene mit den gleichen etablierten Methoden berechnen wie elektrische Netzwerke. Da bei der Kraft-Strom-Analogie die ursprüngliche Schaltungstopologie unverändert bleibt (d.h. $c_2 \,\|\, (c_1 + k)$, vgl. Bild 9.6a), erhält man

$$Z_{\text{mech}}(\omega) = \frac{1}{\dfrac{\mathrm{j}\omega}{c_1} + \dfrac{1}{k}} + \frac{c_2}{\mathrm{j}\omega}. \tag{9.10}$$

Um die gesuchten Parameterwerte und somit die aktorspezifischen Werkstoffeigenschaften des Elastomers zu erhalten, beaufschlagt man die Probe in der Prüfmaschine mit einem sinusförmigen Kraft-Zeit-Verlauf und ermittelt mit den Messwerten für Kraft $F$ und Auslenkung $s$ bei wenigstens drei unterschiedlichen Frequenzen (drei Unbekannte!) die entsprechenden Impedanzen $Z_{\text{mech}}$, wobei der Zusammenhang $v = \mathrm{j}\omega s$ zur Anwendung kommt. Einsetzen der $Z_{\text{mech}}$-Werte in Gl. (9.10) führt auf die Werte von $c_1$, $c_2$ und $k$ [Lot10].

In ähnlicher Weise lassen sich die Parameter $R_{\text{Fo}}$, $R_{\text{El}}$ und $C$ der Ersatzschaltung Bild 9.6a durch Messung der elektrischen Impedanz bei unterschiedlichen Frequenzen ermitteln. Im Folgenden wird eine Messeinrichtung beschrieben, mit deren Hilfe die Parameter $R_{\text{El}}$ und $C$ unter betriebsmäßigen Bedingungen bestimmt werden können. Hierzu wird der Steuerspannung $u(t)$ des Aktors, die sich im Hochvoltbereich bewegt, eine sinusförmige Messspannung $u_{\text{m}}(t)$ überlagert, deren Amplitude deutlich kleiner ist als die der Steuerspannung, deren (Kreis-)Frequenz $\omega_{\text{m}}$ aber wesentlich höher sein muss als die von $u(t)$. Bild 9.9 zeigt den realisierten, rechnergesteuerten Messaufbau, bei dem ein Funktionsgenerator die Spannung $u(t)/1000$ und der interne Oszillator in einem sog. Lock-in-Verstärker die Spannung $u_{\text{m}}(t)/1000$ liefern. Die beiden Spannungen werden addiert und 1000-fach verstärkt; mit der Summenspannung wird dann die Messschaltung betrieben.

Der Messstrom $i_{\text{m}}(t)$ durchfließt sowohl den zu untersuchenden Aktor als auch einen ohmschen Widerstand $R_{\text{m}}$ bekannter Größe, an dem eine stromproportionale Spannung abfällt, die mit Hilfe des Lock-in-Verstärkers erfasst wird. Ein Trennverstärker schützt dessen Eingang vor den hohen Spannungen im Aktorkreis. Aus den Effektivwerten von $u_{\text{m}}(t)$ und $i_{\text{m}}(t)$ sowie ihrer Phasenverschiebung $\varphi_{\text{m}}$ lassen sich dann die gesuchten elektrischen Parameter der Aktor-Ersatzschaltung Bild 9.6a berechnen [BSC12]:

$$R_{\text{El}} = (U_{\text{m}}/I_{\text{m}}) \cos \varphi_{\text{m}} - R_{\text{m}}, \tag{9.11a}$$

$$1/C = \omega_{\text{m}}\, (U_{\text{m}}/I_{\text{m}}) \sin \varphi_{\text{m}}. \tag{9.11b}$$

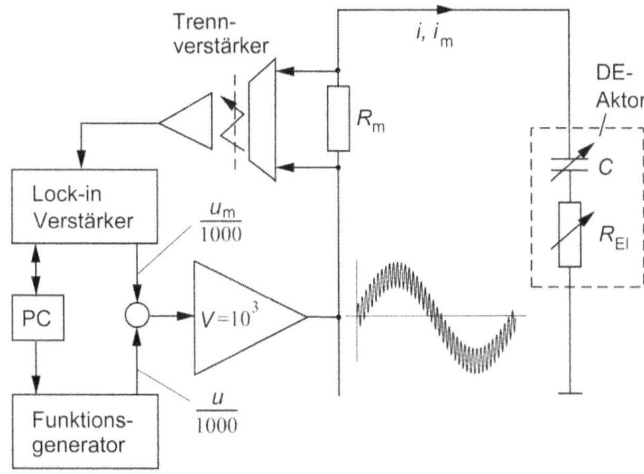


***Bild 9.9*** *In-process-Messung der elektrischen Parameter $R_{El}$ und C von Elastomeraktoren; Amplitude und Frequenz der sinusförmigen Messspannung $u_m(t)$ sind konstant (Quelle: [BSC12])*

Anhand der Ersatzschaltung wurde bereits gezeigt, wie sich mit den Parametern $R_{El}$ und $C$ das dynamische Übertragungsverhalten von DE-Aktoren quantifizieren lässt. Darüber hinaus eröffnet obige Messschaltung eine Möglichkeit, die Zeitabhängigkeit der Auslenkungen $s$ oder Dehnungen $S$ unter Nutzung der Zusammenhänge $C(s)$ bzw. $C(S)$ in-process zu messen (siehe Gleichungen (9.9a) und (9.9b)). Des Weiteren ist die Erfassung des Widerstandes $R_{El}$ während des Aktorbetriebs die Grundlage einer In-Process-Überwachung der korrekten Elektrodenfunktion.

Es ist nicht ungewöhnlich, dass man in der Literatur unterschiedliche Messwerte für dieselben Kenngrößen findet, auch wenn es sich um den gleichen Elastomerwerkstoff handelt. Dies ist eine Folge der von den Forschergruppen genutzten, verschiedenartigen Messmethoden und -verfahren und auch ein Ergebnis individuell festgelegter Messbedingungen (Größe der mechanischen Vorspannung, genutzter Amplituden-/Frequenzbereich der elektrischen Feldstärke, Form / Abmessungen der Probe,...). In jedem Falle sollten publizierte Messwerte nicht unkritisch übernommen werden.

### 9.1.5 Elektronischer Leistungsverstärker

Wenn die elektrische Ausgangsgröße eines Leistungsverstärkers seiner Eingangsgröße möglichst formtreu folgen soll, ist im Allgemeinen der analoge Klasse-A-Betrieb das Mittel der Wahl. Er ist dadurch gekennzeichnet, dass die beiden Transistoren der Gegentakt-Endstufe im Betrieb ständig Strom führen: Im Ruhezustand fließt durch sie der halbe Maximalstrom; im angesteuerten Zustand tragen sie alternierend durch Verringern bzw. Vergrößern dieses Stromes zur Ausgangsgröße bei. Hierdurch werden sog. Übernahmeverzerrungen im zeitabhängigen Verlauf der Ausgangsgröße auf ein Minimum reduziert; erkauft wird dieser Vorteil allerdings durch die hohe Verlustleistung dieser Betriebsart.

Bild 9.10a zeigt den vereinfachten Stromlaufplan eines Klasse-A-Verstärkers für die Ansteuerung eines kommerziellen DE-Experimentier-Aktors mit einer Kapazität von 128 nF. Der Aktor sollte mit Ausgangsspannungen bis 2 kV versorgt werden können, wobei im Großsignalbetrieb Frequenzen bis 400 Hz erreicht werden sollten. Aus diesen Vorgaben errechnet sich für den Ruhestrom in den Endstufen ein Wert von 160 mA; daraus folgt eine maximale Dauerverlustleistung von 320 W. Der bipolare Ausgangsstrom hatte einen Spitze-Spitze-Wert von 320 mA. Da die verhältnismäßig hohe Verlustleistung den geplanten mobilen Einsatz erschwert hätte, stellte sich die Aufgabe, sie auf geeignete Weise zu reduzieren.

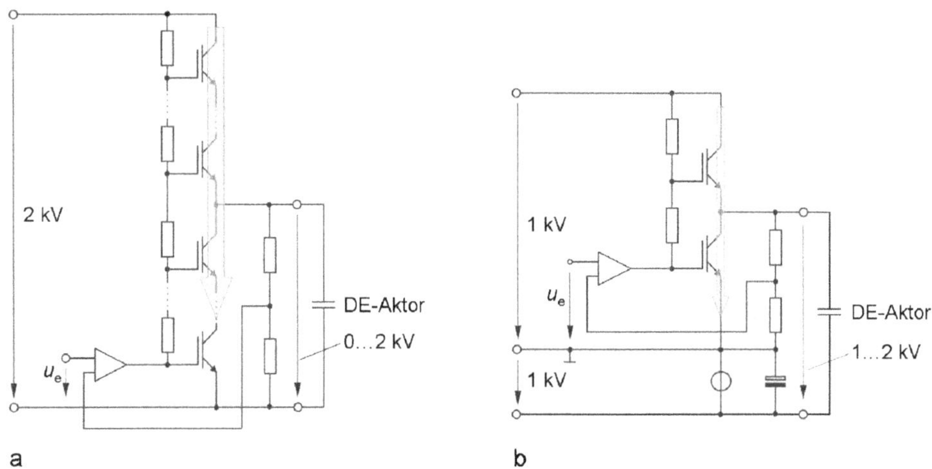


***Bild 9.10*** *Analoger Leistungsverstärker für DE-Aktoren.* ***a*** *Klasse-A-Betrieb,* ***b*** *Klasse-C-Betrieb (die Breite der grauen Pfeile symbolisiert die Größe der Endstufenströme)*

Der hier verfolgte Lösungsansatz beruht auf der Nutzung des quadratischen Zusammenhangs zwischen Foliendicke $s$ und angelegter Spannung $U$ ($s \sim U^2$): Betreibt man den Aktor nicht kontinuierlich von 0 V bis +2 kV (Bild 9.10a), sondern beispielsweise mit einer festen negativen Spannung von −1 kV und der darauf aufbauenden variablen Steuerspannung von 0… +1 kV (Bild 9.10b), so wird drei Viertel der aufzubringenden elektrischen Energie eingespart, wobei man auf lediglich ein Viertel des Stellweges verzichten muss. Ein weiterer Vorteil ist, dass die Spannungen gegen Masse auf maximal 1 kV reduziert werden, wodurch die Verwendung üblicher Halbleiter-Bauelemente und Montagematerialien möglich wird [9.4].

Der Energiebedarf wird weiter verringert, wenn man sich zusätzlich einen Vorteil des Klasse-C-Betriebs, den nahezu stromlosen Ruhezustand, zunutze macht. Seinem Nachteil, den ausgeprägten Übernahmeverzerrungen, kann man begegnen, indem man die zur Regelung der Verstärker-Ausgangsgröße ohnehin erforderliche elektronische Schaltung auch noch für das Glätten dieser Verzerrungen ertüchtigt. Infolge der Reduzierung der internen Spannungen auf 1 kV bleibt der zusätzliche Aufwand für eine solche Regelung überschaubar. Realisiert wurde schließlich ein Klasse-C-Verstärker, der bei Vollaussteuerung und maximaler Frequenz eine Verlustleistung von lediglich 51 W aufweist, siehe Bild 9.10b.

### 9.1.6 Anwendungsbeispiele

Dielektrische Elastomere mit ihren hohen Energiedichten eröffnen ein weites Feld von Anwendungen, das beispielsweise von miniaturisierten Pumpen und Ventilen über die biomimetische Robotik bis hin zu Schwingungsdämpfern reicht. Konkrete Ausführungen von DE-Aktoren sind bislang überwiegend in Form von Funktionsmustern und Technologie-Demonstratoren bekannt geworden. Kommerzielle Realisierungen und Anwendungen sind derzeit noch die Ausnahme; zu ihnen zählen die zunächst beschriebenen beiden Produkte.

#### 9.1.6.1 Experimentier-Aktor von Danfoss

Unter der Bezeichnung ‚InLastor® Push Actuator‘ wird von der Firma Danfoss PolyPower A/S, Nordborg/Dänemark, ein Experimentier-Aktor angeboten, der rollenförmig aufgebaut ist, ähnlich dem Prinzip in Bild 9.7b [9.5]. Das Ausgangsmaterial ist eine Silikonfolie (basierend auf dem Produkt Elastosil® RT 625 von Wacker) mit den Abmessungen 7000 × 100 × 0,04 mm$^3$. Nach einem patentierten Verfahren erhält eine der Seiten eine Wellenstruktur (Abstände und Tiefen der Wellen jeweils 7 μm), auf die – als Elektrode – Silber mit einer Schichtdicke im Submikrometerbereich gesputtert wird, siehe Bild 9.11a [TKB09].

Zwei dieser Folien bilden – Rücken an Rücken – als 80 μm dickes Laminat die Grundstruktur des zunächst bandförmigen Aktors. Auf dieses Laminat wird nun ein zweites, gleich aufgebautes, gelegt. Beide Laminate werden dann gemeinsam zur endgültigen Form aufgerollt, ohne dass sie mechanisch vorgespannt werden (Bild 9.11a, links). Die Ränder der positiven und der negativen Elektrode werden jeweils an den Stirnseiten der Elastomerrolle mit Kontakten versehen; diese bilden die elektrischen Anschlüsse des Aktors (Bild 9.11a, rechts). Weil die sich berührenden Elektrodenflächen beider Laminate hierdurch auf demselben elektrischen Potenzial liegen, kann es nicht zu Kurzschlüssen aufgrund der Rollenform kommen.

Infolge der Wellenstruktur der Elektroden ist der Rollenaktor in Richtung der Welle, die gleichzeitig die Wirkrichtung des Aktors darstellt, deutlich nachgiebiger als quer dazu, siehe Bild 9.11a, links. Hierdurch werden einerseits Dehnungen bis 80 % (die hier allerdings nicht genutzt werden) ohne Beschädigung der Elektroden möglich, andererseits ist dies eine der Voraussetzungen dafür, dass die Elastomerrolle Knicklasten von 50 N und mehr widerstehen kann, wenn ein Aktorende fixiert und das andere belastet wird. Einige Kennwerte des Danfoss-Aktors und parametrierte Auslenkung-Kraft-Kurven sind in Bild 9.11b dargestellt.

Die silberbeschichtete Folie wird von Danfoss in einem automatisierten Prozess im großtechnischen Maßstab produziert und – als beidseitig metallisiertes Silikonlaminat – unter dem Namen PolyPower™ auch als eigenständiges Produkt vermarktet. Laut Herstellerangabe lässt es sich durch Rollen, Falten oder Schichten weiterverarbeiten, so dass der Entwickler selbst entworfene Elastomeraktoren und -sensoren sowie Anwendungen im Bereich energy harvesting auf dieser Basis realisieren kann.

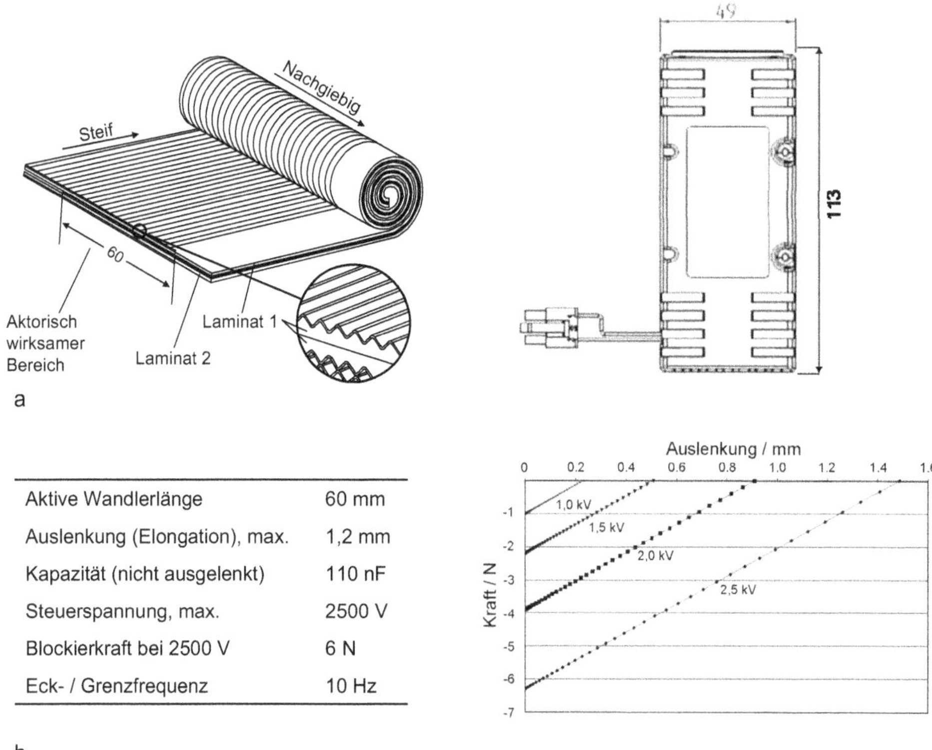


| Aktive Wandlerlänge | 60 mm |
|---|---|
| Auslenkung (Elongation), max. | 1,2 mm |
| Kapazität (nicht ausgelenkt) | 110 nF |
| Steuerspannung, max. | 2500 V |
| Blockierkraft bei 2500 V | 6 N |
| Eck- / Grenzfrequenz | 10 Hz |

***Bild 9.11*** *Experimentier-Aktor der Firma Danfoss.* ***a*** *Aufbau der Elastomerrolle und gehäuster Rollenaktor,* ***b*** *Kennwerte*[28] *und statische Aktor-Kennlinie (Quellen: Danfoss PolyPower A/S [9.5] und [TKB09])*

## 9.1.6.2 Laser Speckle Reducer

Eine neuartige Produktfamilie auf der Basis von DE-Elastomeraktoren mit der Aussicht auf jährliche Stückzahlen im Millionenbereich wird seit kurzem von der Optotune AG, Dietikon/Schweiz angeboten. Hierbei handelt es sich um sog. *Laser Speckle Reducer (LSR)* für den Einsatz in Projektionssystemen.

Laser als Lichtquellen in Projektoren haben vor allem den Vorteil einer großen Ausgangsleistung, hinzu kommen die gute Konstanz der abgegebenen Leistung während der Lebensdauer und das breite Farbspektrum. Ein grundsätzliches Problem erwächst jedoch aus der hohen zeitlichen und räumlichen Kohärenz des Strahlenbündels, die auf optisch rauen Flächen zu lokalen Interferenzen führt, was sich in einem körnigen Muster, den sog. Speckles

---

28 Im Rahmen eines Redesigns will der Hersteller den Elektrodenwiderstand wesentlich verkleinern ($R_{El} < 10\ \Omega$); hierdurch wird sich u.a. die –3 dB-Eckfrequenz erhöhen (Stand: Mitte 2013).

oder Granulen, niederschlägt. Die Folge sind starke Qualitätseinbußen bei der Bildprojektion oder verminderte Auflösungen in Laser-Messsystemen. Abhilfe schaffen u.a. rotierende Streuscheiben (Diffusoren) im Ausbreitungsweg des Laserlichtbündels (sog. transmissive LSR); sie reduzieren die Kohärenz, und sorgen hierdurch für das „Verschmieren" der störenden Specklemuster. Bekannte Ausführungen beruhen auf elektromechanischen Lösungen, die aber häufig kompliziert und voluminös sind.

Der von der Optotune AG vorgestellte Speckle Reducer basiert hingegen auf einem dielektrischen Elastomer als Träger eines Diffusors. Die quadratische Polymerfolie mit einer Dicke von etwa 50 µm und einer Fläche im unteren Quadratzentimeter-Bereich wird in einem starren Rahmen elastisch vorgespannt. Nahe der Folienränder sind auf beiden Seiten flexible rechteckförmige Elektroden appliziert, siehe Bild 9.12. Hierdurch werden die Elastomervolumina zwischen den Elektroden zu dielektrischen Aktoren, die bei geeigneter elektrischer Ansteuerung eine Bewegung des Diffusors ermöglichen. Aus dem Bild ist ersichtlich, dass benachbarte Aktoren immer räumlich um 90° versetzt sind; steuert man sie mit zwei um 90° phasenverschobenen, gleichfrequenten Wechselspannungen an, ergibt sich die angestrebte Kreisbewegung. Dieses Antriebsprinzip wird beispielsweise auch beim Kappel-Motor (Bild 2.20) und beim Squiggle-Motor (Bild 2.25) genutzt.

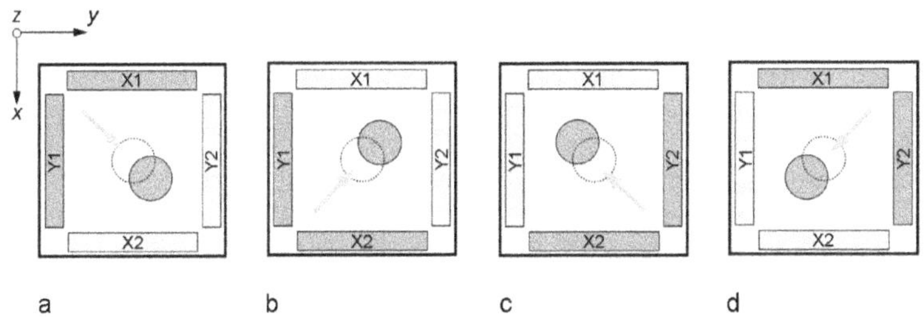


***Bild 9.12*** *Antriebsprinzip des Laser Speckle Reducers (LSR). Gestrichelter Kreis: Ausgangsposition des Diffusors.* ***a*** *Aktorpaar X1, Y1 ist aktiviert, Diffusor bewegt sich in positive x- und positive y-Richtung,* ***b-d*** *sequenzielle Aktivierung der Aktorpaare Y1, X2; X2, Y2 sowie Y2, X1 (Quelle: Optotune AG [9.6])*

Obwohl zwei Aktoren für die Erzeugung der Kreisbewegungen reichen würden, verwendet man hier vier Aktoren, die jeweils paarweise nacheinander angesteuert werden. Dies geschieht, damit trotz der relativ kleinen lateralen Aktordehnungen von maximal 15 % verhältnismäßig große Auslenkungen des Diffusors (300 bis 500 µm) und damit möglichst große dynamische Streuflächen zustande kommen. Die Amplitude der Steuerspannung beträgt für jeden Aktor 300 V, ihre Frequenz liegt je nach Anwendung zwischen 300 und 800 Hz. Die Steuerelektronik hat ein Volumen von weniger als einem halben Kubikzentimeter. Solche kompakten Baugrößen lassen den künftigen Einsatz dieser Systeme einerseits in laserbasierten Pikoprojektoren für Mobiltelefone denkbar erscheinen. Auf der anderen Seite des Anwendungsspektrums stehen Projektoren für den Kinobereich, wo hohe Bildqualitäten auf großflächigen Leinwänden Lichtströme bis $10^5$ lumen erfordern, wofür derzeit nur Laser in Frage kommen.

### 9.1.6.3 Stapelaktor für hohe Frequenzen

Einige der von den Piezoaktoren bekannten Bauarten findet man auch in der DE-Aktorik. Ein von [HKM12] unter Einsatz von FEM-Software (vgl. Abschnitt 1.5) entwickelter und experimentell untersuchter Stapelaktor nutzt Naturkautschuk als preiswertes, elektroaktives Material. Die Kennlinie $S(E)$ dieses Materials hat eine geringe Hysterese, wodurch es für dynamische Anwendungen prädestiniert ist. Aus kommerziell verfügbaren, 110 µm dicken Folien wurden 44 Quadrate mit Seitenlängen von 60 mm herausgeschnitten, mit Elektroden versehen und zu einem Stapel geschichtet, der mechanisch vorgespannt wurde. Jeweils die geradzahligen und die ungeradzahligen Elektroden wurden dann zusammengefasst und, ähnlich wie bei dem piezoelektrischen Translator in Bild 2.8a, außerhalb des Stapels elektrisch miteinander verschaltet.

Eine Besonderheit sind die Elektroden; sie bestehen aus einer 30 µm dünnen Nickelfolie und werden mittels Galvanoplastik vollflächig mit einer Mikroperforation versehen (280 000 Löcher, Durchmesser 90 µm). Diese Maßnahme bewirkt zweierlei: Zum einen liegt der Widerstand $R_{El}$ der metallenen Elektrode im niederen Ohm-Bereich und ist damit viel kleiner als üblich. Daraus folgt eine sehr kleine Zeitkonstante $T_{el}$, was wesentlich höhere Arbeitsfrequenzen ermöglicht (vgl. hierzu Bild 9.6b, links). Die hohe Steifigkeit der Nickelelektrode sorgt aber auch dafür, dass die laterale Dehnung der aktiven Folie weitgehend unterbunden wird. Weil Elastomere aber praktisch inkompressibel sind, dilatiert der Kautschuk in die Mikroperforation hinein. Dieses Verhalten, das einer einfachen analytischen Beschreibung nicht zugänglich ist, kann beispielsweise mit Hilfe der Finite-Elemente-Methode (FEM) simuliert werden.

Ein Stapelaktor, der gemäß dem beschriebenen Konzept realisiert wurde, erreichte Arbeitsfrequenzen bis 20 kHz. Unbelastet reagierte er auf eine Steuerspannung von 1500 V (Offset-Spannung 750 V plus überlagerte Sinusspannung $\pm$ 750 V) mit einer Kontraktion von 250 µm; dies entspricht einer Dehnung des geschichteten, aktiven Folienmaterials von 5 %. Die Blockierkraft wurde zu 15 N gemessen. Aktoren mit diesen Eigenschaften sind beispielsweise für die Regelung leichter mechanischer Strukturen geeignet, die zu Schwingungen mit verhältnismäßig großen Amplituden bei kleiner Kraftentfaltung neigen. Ein entsprechender Funktionsnachweis wurde anhand eines schwingungsangeregten Gittermastes erbracht, bei dem dieser Aktor als Herzstück eines ‚dynamischen Vibrationsabsorbers' (vgl. hierzu Abschnitt 3.7.2) die Resonanzüberhöhungen im Frequenzbereich 30...200 Hz deutlich reduzieren konnte.

### 9.1.6.4 Rechenbeispiel Membranaktor

Das folgende Beispiel beschreibt die Vorgehensweise zur Berechnung eines DE-Aktors anhand des Membranaktors in Bild 9.5. Voraussetzung für seine Aktorfunktion ist eine Masse $M$, die für eine Anfangsauslenkung $z_G$ sorgt, s. Bild 9.13b. Dabei stellt sich $z_G$ so ein, dass die Gewichtskraft $Mg$ und die in der Elastomerfolie wirkende Reaktionskraft $F_{Gr}$ im Gleichgewicht sind:

$$Mg - F_{Gr} \sin \alpha_G = 0 \; . \qquad (9.12)$$

(Index G steht für ‚vom Gewicht erzeugt', Index r bedeutet ‚in radialer Richtung')

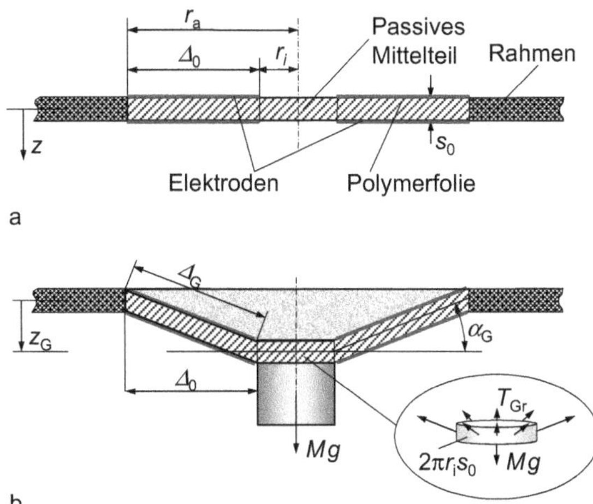


***Bild 9.13*** *Membranaktor.* ***a*** *Prinzipieller Aufbau und Definition der verwendeten Größen,* ***b*** *Auslenkung $z_G$ infolge der Gewichtskraft Mg („Ruhezustand")*

Im ersten Schritt ist die Koordinate $z_G$ zu ermitteln, die den Bezugspunkt („Ruhelage") für die anschließend zu berechnende aktorische Auslenkung $z_A$ definiert. Dies geschieht unter Nutzung von Gl. (9.12) und der in Bild 9.13a eingeführten Größen. Dem Bild entnimmt man, dass

$$\sin\alpha_G = \frac{z_G}{\sqrt{z_G^2 + \Delta_0^2}} \quad \text{mit } \Delta_0 = r_a - r_i . \tag{9.13}$$

Ferner erklärt die Darstellung in Bild 9.13b den Zusammenhang

$$F_{Gr} = T_{Gr}\, 2\pi r_i s_0 . \tag{9.14}$$

Demnach ist $T_{Gr}$ die mechanische Spannung, die an der Fläche $2\pi r_i s_0$ der aktorisch passiven Folienmitte in radialer Richtung angreift. Die Foliendicke wird zur Vereinfachung als konstant angenommen und (willkürlich) mit $s_0$ gleich gesetzt (Bild 9.13a).

Unter der Voraussetzung linearen elastischen Elastomerverhaltens gilt

$$T_{Gr} = Y_2 S_{Gr} , \tag{9.15}$$

wobei man gemäß Bild 9.13b für die radiale Dehnung schreiben kann:

$$S_{Gr} = \frac{\Delta_G - \Delta_0}{\Delta_0} = \frac{\sqrt{z_G^2 + \Delta_0^2} - \Delta_0}{\Delta_0} . \tag{9.16}$$

Fasst man die Gleichungen (9.14) bis (9.16) zusammen und setzt man das Ergebnis gemeinsam mit Gl. (9.13) in Gl. (9.12) ein, so erhält man für die Koordinate der Ruhelage die in $z_G$ implizite Gleichung

$$z_G\left[Y_2 2\pi r_i s_0\left(\sqrt{z_G^2+\Delta_0^2}-\Delta_0\right)\right]-Mg\Delta_0\sqrt{z_G^2+\Delta_0^2}=0\,. \tag{9.17}$$

Unter Anwendung geeigneter Lösungsmethoden lässt sich hieraus die Koordinate der Ruhelage bestimmen.

Im aktorischen Betrieb, d.h. beim Anlegen einer elektrischen Steuerspannung $U$, wird $M$ zusätzlich um den Weg $z_A$ ausgelenkt, siehe Bild 9.14. Die entsprechende Bewegungsgleichung lautet:

$$Mg-F_{GAr}\sin\alpha_{GA}=M\ddot{z}_A\,. \tag{9.18}$$

(Index A steht für ‚aktorisch erzeugt')

$F_{GAr}$ ist die nun wirkende Reaktionskraft, die sich als Summe aus $F_{Gr}$ und aktorisch erzeugter Kraft $F_{Ar}$ darstellt; $\ddot{z}_A$ ist die Beschleunigung von $M$. Ziel der weiteren Überlegung ist die Berechnung der Auslenkung $z_A$, wobei der entsprechende Lösungsweg hier lediglich angedeutet wird.

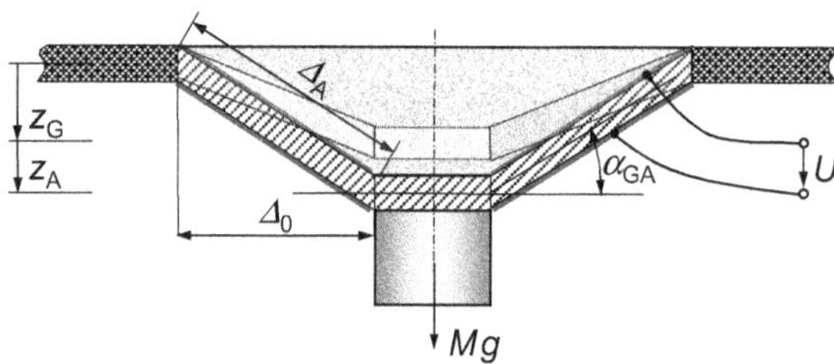


***Bild 9.14*** *Membranaktor. Auslenkung $z_A$ infolge der Spannung U („aktorischer Betrieb")*

Ausgehend von Aktorgleichung (9.1) lässt sich unter Verwendung der Zusammenhänge $E = U/s_A$ und $s_A = s_0(1+S_{Ad})$ zunächst eine Beziehung zwischen Maxwell-Spannung $T_{Ad}$ und Foliendehnung $S_{Ad}$ herstellen:

$$T_{Ad}=\varepsilon_0\varepsilon_r\frac{1}{s_0^2}\left(\frac{U}{1+S_{Ad}}\right)^2. \tag{9.19}$$

(Index d steht für ‚in Richtung der Foliendicke' oder auch ‚in Richtung der (Folien-) Flächennormalen')

Weil sich die Dehnung $S_{Ad}$ abhängig von $U$ ändert und dieses Verhalten die Ursache der Auslenkung $z_A$ ist, darf – im Unterschied zur Vorgehensweise bei der Ruhelage – die Foliendicke bzw. -dehnung nun nicht mehr als konstant angenommen werden. Vielmehr ist es erforderlich, zwischen $T_{Ad}$ und $S_{Ad}$ einen „aktorrelevanten" Zusammenhang zu finden. Hierbei hilft ein geeignetes Aktormodell; entscheidet man sich für das LSK-Modell in Bild 9.6a, so gilt die folgende Differentialgleichung (Dgl):

$$(Y_1 + Y_2)\dot{S}_{Ad} + (Y_2/\tau)S_{Ad} = \dot{T}_{Ad} + (1/\tau)T_{Ad} \quad \text{mit} \quad \tau = \eta / Y_1 . \tag{9.20}$$

Nach Einsetzen von G. (9.19) in G. (9.20) führt die Lösung dieser Dgl auf $S_{Ad}$. Um $z_A$ zu erhalten, benötigt man aber $S_{Ar}$, d.h. die Foliendehnung in radialer Richtung. Sie folgt aus der Beziehung

$$S_{Ar} = -\nu S_{Ad} . \tag{9.21}$$

Durch Zusammenführen dieser Gleichung mit den (sinngemäß indizierten) Gleichungen (9.15) und (9.14) erhält man die Kraft $F_{Ar}$ und damit – nach Addition von $F_{Gr}$ – die insgesamt wirkende Reaktionskraft $F_{GAr}$. Die Winkelfunktion $\sin\alpha_{GA}$ ist – ähnlich wie bei Gl. (9.13) – direkt aus Bild 9.14 ablesbar.

Nach Einsetzen von $F_{GAr}$ und $\sin\alpha_{GA}$ in Gl. (9.18) verfügt man schließlich über eine Bestimmungsgleichung für $\ddot{z}_A$ bzw. $z_A$. Bei der Interpretation ihrer Lösung ist zu berücksichtigen, dass die tatsächlichen Gegebenheiten und die getroffenen Annahmen nur näherungsweise übereinstimmen; dies betrifft beispielsweise die Übertragungseigenschaften des Aktormodells oder das lineare elastische Werkstoffverhalten. Weil aber das Rechenergebnis nicht genauer sein kann als die zugrunde gelegten Voraussetzungen, stellt die Lösung für den Entwurf des Aktors lediglich eine nützliche Anfangsinformation dar, die durch experimentelle Untersuchungen an entsprechenden Labormustern und Prototypen ergänzt und präzisiert werden muss, um am Ende eine optimale Aktorausführung zu erhalten.

### 9.1.7 Entwicklungstendenzen

Gegenwärtige Forschungs- und Entwicklungsarbeiten auf dem Gebiet der Elastomeraktoren gehen in die Richtungen ‚Verringerung der elektrischen Steuerspannungen ohne Einbuße an Dehnungsvermögen' und ‚Ablösung der händischen Einzelfertigung durch Verfahren der industriellen Massenfabrikation'. Anregungen für zielführende Lösungsansätze lassen sich beispielsweise Gl. (9.2) entnehmen (größere Dielektrizitätszahl, höhere Durchschlagfeldstärke, kleinerer Elastizitätsmodul,…). Parallel laufende Aktivitäten haben die Identifikation von kommerziell erfolgversprechenden Schlüssel-Anwendungen zum Inhalt. Dementsprechend befasst die „community" sich mit folgenden konkreten Aufgabenstellungen:

- Entwicklung von Elastomeren mit größerer Dielektrizitätszahl, z.B. durch Einbau von hoch-dielektrischen Partikeln in die Molekülkette.
- Entwicklung von hochelastischen Elektrodenwerkstoffen und -strukturen, die auch im verformten Zustand ihre hohe elektrische Leitfähigkeit behalten, z.B. Gummischichten mit beigemischten Kohlenstoff-Nanofasern.
- Entwicklung von Fertigungstechniken zur Herstellung von Elastomerfolien mit gleichzeitiger Elektrodenbeschichtung (Sandwich-Aufbau), z.B. durch Aufsputtern von Silber.
- Entwicklung von automatisierten Verfahren zum Stapeln oder Rollen einer großen Zahl (z.B. mehrere hundert) von Sandwiches einschließlich der erforderlichen elektrischen Kontaktierungen.

**Anmerkung.** Dualitäten zwischen elektrischem und magnetischem Feld durchziehen die gesamte Technik und somit auch die unkonventionelle Aktorik – die „dualen Paare" elektrorheologische/magnetorheologische Fluide und elektrostriktive (piezoelektrische)/magnetostriktive Festkörperwandler seien als Beispiele lediglich erwähnt. Das Analogon zu elektroaktiven Polymeren sind demzufolge magnetoaktive Polymere; ihre bekannteste Ausprägung besteht aus Elastomeren, in die während der Vulkanisation magnetisierbare Teilchen eingebettet werden. Im konkreten Fall sind in eine Matrix aus Silikon winzige Karbonyleisen-Partikel mit einer mittleren Größe von etwa 5 µm bei einem Volumenanteil von rund 30 % verteilt.

Beim Anlegen eines homogenen Magnetfeldes ändert ein solcher Verbundwerkstoff seine mechanischen Eigenschaften, beispielsweise den Elastizitäts- und Schermodul, reversibel innerhalb weniger Millisekunden; er wird steifer. Da ein ähnliches Verhalten von den magnetorheologischen Flüssigkeiten (MRF) bekannt ist, werden diese Komposite als magnetorheologische Elastomere (MRE) bezeichnet. Um eine aktorische Wirkung zu erzeugen, benötigt man aber ein inhomogenes Magnetfeld. Hierdurch kommt es – sofern der Elastizitätsmodul nicht zu groß ist (maximal einige hundert kPa) – zu merklichen Verschiebungen der Teilchen, die – feldstärkeabhängig – unterschiedlich groß sind, was sich letztlich in einer ‚magnetoelastischen Verformung' der gesamten Matrix äußert. Auf diese Weise realisiert man Dehnungen des MRE-Körpers bis etwa 10 %.

Im Unterschied zu dielektrischen Elastomeren, bei denen wegen der hohen Feldstärken die Folienform der Regelfall ist, sind bei magnetorheologischen Elastomeren aufgrund ihrer Steuerung durch Magnetfelder zum einen die Betriebsspannungen wesentlich niedriger und zum andern ist ihre Formenvielfalt nahezu unbegrenzt. Nachteilig ist, dass die konstruktiven Maßnahmen zur Erzeugung und Führung des Magnetfeldes das Bauvolumen vergrößern und die Gestaltung des inhomogenen Feldverlaufes sehr sorgfältig erfolgen muss, um das Dehnungsvermögen des Elastomerkörpers bestmöglich zu nutzen. Beim Entwurf eines prototypischen MRE-Pneumatikventils wurde daher das Magnetfeld mit Hilfe der Finite-Elemente-Methode (FEM) optimiert [BEL10]. MRE-Aktoren befinden sich im Entwicklungs- und Versuchsstadium und werden daher in dieser Buchauflage nicht im Detail beschrieben.

## 9.2 Ionenaktive Polymeraktoren

Aus Anwendersicht muss diese Aktorkategorie (vgl. Bild 9.1) derzeit dem Forschungs- und Entwicklungsstadium zugerechnet werden, da entsprechende Aktoren noch wenig zuverlässig und in der Handhabung umständlich sind.

*Polyelektrolytische Gele* sind dreidimensionale, elastische Polymernetzwerke, die in ihren Zwischenräumen Flüssigkeit speichern können. Im Hinblick auf aktorische Anwendungen sind Hydrogele am meisten erforscht; bei ihnen besteht zumindest ein Teil des Netzwerks aus hydrophilen Gruppen. In wässrigen Lösungen nehmen sie Wasser und darin gelöste Komponenten auf, wobei die Masse der aufgenommenen Komponenten ein Vielfaches der Masse der Polymermatrix betragen kann. Aufnahme und Abgabe von Lösungsmitteln und gelösten Stoffen gehen mit Volumenänderungen einher; man spricht vom Quellen bzw.

Schrumpfen des Gels. Diese Verformungen können u.a. durch Änderungen der elektrischen Feldstärke erzeugt werden.

Hydrogele findet man in vielen Produkten des Alltags; Beispiele sind Feuchte aufnehmende Agenzien in Babywindeln („Superabsorber“) oder den Wassergehalt steuernde Medien in der Lebensmitteltechnik sowie in der pharmazeutischen und der kosmetischen Industrie. In den 1960er Jahren erfolgten erstmals aktorrelevante Untersuchungen zur direkten Umwandlung von chemischer Energie in mechanische Arbeit mit Hilfe von Hydrogelen. Befindet sich beispielsweise ein Hydrogel zwischen zwei Elektroden, an die eine elektrische Spannung gelegt wird (Größenordnung wie bei Piezoaktoren), so erfährt es anisotrope Kontraktionen, begleitet von Flüssigkeitsausscheidungen. Die Volumenänderung des Hydrogels kann zum Verrichten mechanischer Arbeit (beispielsweise Heben eines Gewichtes) genutzt werden.

Darauf aufbauend beschäftigen sich heute weltweit Arbeitsgruppen mit der Entwicklung von künstlichen Muskeln, aber auch von Schaltern und Ventilen ohne mechanisch bewegte Teile. Bei den pseudomuskulären Aktorentwicklungen zeigte sich, dass (durch Änderungen des pH-Wertes angeregte) Polyacrylnitril-Fasern im Vergleich mit anderen Gelen dem Kontraktionsverhalten von Muskelfasern am nächsten kommen. Allerdings wurden zwei grundsätzliche Probleme bisher nicht zufrieden stellend gelöst: Zum einen sind keine Hydrogele bekannt, die, ähnlich wie ein Muskel, bei Stimulation nur in eine Raumrichtung mit Quellung oder Schrumpfung reagieren. Zum anderen fehlen noch überzeugende Lösungen für die konstruktive Gestaltung des Krafteintrags in den Gelaktor.

*Polymer-Metall-Komposite* (engl. *ionic polymer metallic composite, IPMC*) verfügen über viele ionisierbare Gruppen in ihrer Molekülkette. Diese Gruppen können in unterschiedlichen Lösungsmitteln dissoziiert werden. Im Ergebnis entsteht eine resultierende Ladung, die durch die Anwesenheit von mobilen Gegenionen kompensiert wird. Das Anlegen eines elektrischen Feldes von einigen 10 V/mm bewirkt eine elektrophoretische Migration der mobilen Ionen innerhalb des makromolekularen Netzwerks. Hierdurch werden innere Kräfte hervorgerufen, die auf den beiden Seiten einer IPMC-Folie oberflächennahe Dehnungen in entgegen gesetzten Richtungen versursachen, was letztlich zu einer Krümmung der Folie führt. Ein typischer IPMC-Aktor besteht beispielsweise aus einer dünnen Nafion®-Folie (d.h. einer ionenaustauschenden Membran) mit chemisch abgeschiedenen Elektroden auf beiden Seiten. Um die aktorischen Fähigkeiten auf Dauer zu gewährleisten, muss die Folie feucht gehalten werden.

*Elektrisch leitfähige Polymere* (engl. *conducting polymer,* Synonym: *conjugated polymer*) erhalten durch eine Dotierung mit Ionen ihre elektrische Leitfähigkeit, die, abhängig vom Grad der Dotierung, über viele Größenordnungen reversibel veränderbar ist. Leitfähige Polymere bilden das Ausgangsmaterial für Batterien oder organische lichtemittierende Dioden (OLEDs). Für aktorische Anwendungen realisiert man mit ihrer Hilfe eine elektrochemische Zelle; diese besteht aus zwei Elektroden, die in ein Elektrolyt eintauchen, wobei eine der Elektroden (oder beide) aus leitfähigem Polymer besteht. Das Anlegen einer Spannung führt zu Redox-Reaktionen, die große anisotrope und reversible Volumenänderungen des Materials bewirken und aktorisch nutzbar sind. In der Literatur werden am häufigsten Unimorph-Bieger vorgestellt. Hierbei ist ein dünner aktiver Polymerfilm auf einem passiven Träger aufgebracht. Diese Anordnung taucht in die elektrochemische Zelle und wirkt als Elektrode.

Aktoren dieser Art können bei Spannungen von etwa 1 V Dehnungen von 1...10 % bei mechanischen Spannungen bis zu einigen zehn MPa erzeugen.

*Kohlenstoff-Nanoröhren* (engl. *carbon nanotube, CNT*) wurden 1991 in Japan entdeckt. Sie bestehen aus röhrenförmigen, geschlossenen Graphitschichten und existieren als einwandige (engl. *single wall, SW*) und mehrwandige (engl. *multi wall, MW*) Röhren, wobei letztere aus koaxial geschachtelten, einwandigen CNTs aufgebaut sind. Einwandige Röhren weisen einen Durchmesser von etwa 1 Nanometer auf und können Längen von einigen Mikrometer erreichen; in der Regel liegen sie aber nicht als einzelne Röhren vor, sondern in Form von Bündeln. Ideale SWCNTs verfügen über extrem hohe Elastizitätsmoduln ($10^6$ N/mm²) und Zugfestigkeiten ($3 \cdot 10^4$ N/mm²).

Nanoröhren können beispielsweise für den Aufbau von sog. Superkondensatoren genutzt werden. CNT-Aktoren basieren auf einwandigen Röhren, die in einen flüssigen Elektrolyt tauchen. Dabei bildet sich an deren Außenfläche eine sog. elektrolytische Doppelschicht, die aus Elektronen der CNT und Ionen des Elektrolyts besteht. Durch Anlegen einer elektrischen Spannung wird die Doppelschicht umgeladen; hierdurch ändert sich die Länge der kovalenten Bindungen der CNT, und die Röhre erfährt u.a. eine Axialdehnung, deren Vorzeichen und Betrag von der in die CNT injizierten Ladung abhängen.

Die labormäßige Untersuchung der aktorischen Wirkung von CNTs erfolgt meistens anhand von sog. *bucky papers*. Sie bestehen aus statistisch verteilten CNT-Bündeln, die beidseitig auf einem doppelseitigen Klebeband appliziert werden, um auf diese Weise eine gewisse Handhabbarkeit zu ermöglichen. Das Anlegen einer elektrischen Spannung führt zu einer Biegung der Probe. Ein Nachteil des bucky papers ist, dass die hervorragenden elektromechanischen Eigenschaften von idealen SWCNTs bei weitem ungenutzt bleiben. Ein neueres Konzept besteht daher aus der Reihen- und Parallelschaltung einer Vielzahl einzelner, SWCNTs. Es wurde theoretisch gezeigt, dass mit derartigen Aktoren ca. 9-fach größere Längenänderungen und ähnlich große Kräfte wie mit Piezoaktoren erzielbar sind; die benötigte Betriebsspannung ist jedoch etwa 230-fach geringer.

CNTs können für den Bau adaptiver Strukturen wichtig werden. Hierfür möchte man Materialien haben, die idealerweise sowohl lasttragende als auch aktorische und sensorische Fähigkeiten in sich vereinen. Heutzutage bestehen adaptive Strukturen aus einem inhomogenen Verbund von Struktur und (Multi-)Funktionswerkstoff. Die Kombination der außergewöhnlichen passiven und aktiven CNT-Eigenschaften birgt ein großes Potenzial für die Entwicklung von multifunktionalen adaptiven Strukturen. Um dieses Ziel zu erreichen, sind aber noch erhebliche Forschungs- und Entwicklungsanstrengungen erforderlich. Wichtige Aufgaben betreffen beispielsweise eine Verbesserung des Aktoraufbaus auf der Basis von Festkörperelektrolyten sowie die Übertragung der hervorragenden Eigenschaften von SWCNTs auf makroskopische Strukturen.

Mit den ionenaktiven CNTs nicht zu verwechseln sind die sog. CNT Aerogele. Hierbei handelt es sich um „hochgeordnete Wälder", das sind parallel ausgerichtete arrays von Kohlenstoff-Nanoröhren, die zu den elektronenaktiven Polymeren gezählt werden. Durch Anlegen einer elektrischen Spannung lädt sich das Material auf, und die Abstoßungskräfte zwischen gleichnamigen Ladungen führen zu Dehnungen bis etwa 100 %. CNT Aerogele haben eine äußerst kleine Dichte und entwickeln nur sehr geringe Kräfte; sie sind momentan reiner Forschungsgegenstand.

# 10 Mikroaktoren

Mikroaktoren basieren auf dreidimensionalen mechanischen Strukturen sehr kleiner Abmessungen, bei denen bestimmte Bereiche aktorisch bewegbar sind. Ihrer Natur nach ermöglichen sie nur geringe Auslenkungen und Kräfte. Darum haben Mikroaktoren ihr größtes Anwendungspotenzial dort, wo diese Beschränkungen keinen Nachteil und Miniaturisierung einen Vorteil darstellt – beispielsweise bei der matrixartigen Anordnung von elektrisch angetriebenen Mikrospiegeln („Spiegel-Array"), die einzeln adressiert werden können, um pixeldefinierte Bilder an die Wand zu werfen. Ein weiteres Beispiel für den Einsatz von Mikroaktoren ist der sog. Kopf von Tintenstrahldruckern, der den Ausstoß winziger Tintentröpfchen auf das Druckmedium veranlasst und zu den erfolgreichsten Produkten der Mikrosystemtechnik zählt.

## 10.1 Krafterzeugungsprinzipien

Tabelle 10.1 liefert eine Übersicht der in kommerziellen Mikroaktoren genutzten Krafterzeugungsprinzipien. Andere Mechanismen zur Steuerung oder Erzeugung von Auslenkungen und Kräften, beispielsweise mit Hilfe von elektro- oder magnetorheologischen Flüssigkeiten (s. Abschnitt 4.1 bzw. 5.1) oder mit magnetischen Formgedächtnis-Legierungen (s. Abschnitt 7.1), befinden sich im Forschungsstadium und bleiben hier – entsprechend der Ausrichtung dieses Buches – unberücksichtigt. Ein Blick auf Tabelle 10.1 zeigt, dass in der Mikroaktorik offenbar viele der auch im Makrobereich eingesetzten Prinzipien für die Erzeugung von Kräften und Auslenkungen zur Anwendung kommen. Aufgrund des unterschiedlichen Skalierungsverhaltens kann sich die Kraftentfaltung in Mikroaktoren aber deutlich von der in Makroaktoren unterscheiden. Auf Gründe für dieses Verhalten wird nun kurz eingegangen.

***Tabelle 10.1*** *In kommerziellen Mikroaktoren genutzte Krafterzeugungsprinzipien (die mit * gekennzeichneten Effekte werden in diesem Buch behandelt)*

| | |
|---|---|
| – Elektromagnetisch | – Thermopneumatisch |
| – Elektrostatisch | – Flüssig-Dampf-Phasenwechsel |
| – Piezoelektrisch*/elektrostriktiv* | – Thermischer Formgedächtnis-Effekt* |
| – Magnetostriktiv* | – Elektromechanisch* |
| – Thermomechanisch* (Bimetall) | |

Während bei den Makroaktoren elektromagnetische Kräfte eine herausragende Rolle spielen, führt ihre Anwendung im Mikrobereich zu vergleichsweise bescheidenen Ergebnissen:

Ist $m$ der lineare geometrische Verkleinerungsfaktor einer mechanischen Struktur, so wird die magnetische Kraft nämlich um den Faktor $m^4$ reduziert, sofern das Magnetfeld von einer Spule erzeugt wird und hierbei die maximale Stromdichte im Spulendraht als begrenzende Größe angenommen wird. Der Faktor verringert sich auf etwa $m^3$, wenn es gelingt, durch Realisierung eines günstigeren Oberfläche/Volumen-Verhältnisses die Wärmeübertragung von der Spule in die Mikrostruktur effizienter zu gestalten. In diesem Fall bleibt aber das Problem, eine dreidimensionale Spulenstruktur mit Hilfe planarer Technologien zu fertigen.

Elektrostatische Kräfte haben im Mikrobereich größere Bedeutung als im Makrobereich: Sie nehmen zwar mit dem Faktor $m^2$ ab, wenn man davon ausgeht, dass die elektrische Feldstärke als kraftbestimmende Größe konstant bleiben soll. Da Volumina und Massen jedoch mit $m^3$ kleiner werden, gewinnen elektrostatische Kräfte an Wirksamkeit, sobald man die Strukturabmessungen verringert. Begrenzende Größe ist hier die Durchschlagfeldstärke. In einem Luftkondensator ist sie umso größer, je mehr man den Plattenabstand auf die Größenordnung der freien Weglänge der Luftmoleküle verringert („Paschen-Effekt"). In diesem Fall darf man die Feldstärke beispielsweise um $m^{-0,5}$ erhöhen, so dass die Kräfte letztendlich nur um den Faktor $m$ reduziert werden. Ein weiterer Vorteil elektrostatischer Krafterzeugung ist, dass sich infolge der mikrometerfeinen Strukturen bereits mit Spannungen von 5 ... 15 V Feldstärken wie im Makrobereich (also in der Größenordnung kV/mm) erreichen lassen.

Trotz des ungünstigen Skalierungsverhaltens werden elektromagnetische Kräfte in Mikrostrukturen angewendet, wenn verhältnismäßig große Auslenkungen gefordert werden oder eine Umkehr der Kraftrichtung benötigt wird. Die magnetische Kraft (Lorentz-Kraft) kann über einen großen geometrischen Bereich annähernd konstant gehalten werden, und lediglich durch Umkehrung des Steuerstromes wechselt sie ihre Richtung. Ein Beispiel für einen elektromagnetischen Antrieb, der in Serie produziert wird, ist ein mikromechanisches Gyroskop der Robert Bosch GmbH, bei dem die Erregung des Resonators über die Lorentz-Kraft durch einen Dauermagneten in Kombination mit einem Steuerstrom erzeugt wird [LGG97].

Plattenkondensatoren mit Luftspalt können verhältnismäßig einfach in Mikrostrukturen integriert werden. Bei der gebräuchlichsten Konfiguration ist eine der Platten beweglich aufgehängt oder flexibel, die andere ist am Substrat befestigt. Eine elektrische Steuerspannung sorgt dafür, dass die bewegliche zur festen Elektrode gezogen wird. Um die begrenzte Auslenkbarkeit zu erweitern, wurde der sogenannte Kamm-Antrieb erfunden (s. Bild 10.1) [TNH92]. Im Unterschied zum Plattenkondensator weist er ein vollständig lineares Verhalten über den Arbeitsbereich auf. Die erzeugbare Kraft kann über die Anzahl der Kamm-Elektroden und durch Verkleinern der Spaltbreite zwischen beweglicher und fester Struktur skaliert werden. Kamm-Strukturen sind sowohl in Mikrosensoren als auch in Mikroaktoren anzutreffen – beispielsweise in Gyroskopen oder optischen Schaltern für die Telekommunikation.

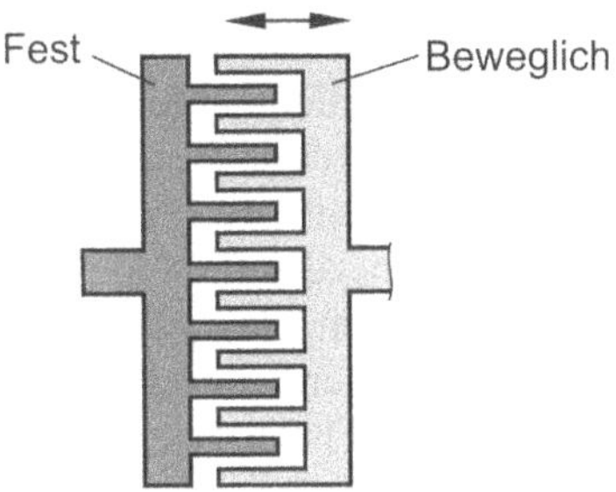


***Bild 10.1*** *Elektrostatischer Kamm-Antrieb*

Der klassische Ansatz zur Nutzbarmachung des inversen Piezoeffektes (s. Abschnitt 2.1) in der Mikroaktorik besteht darin, kleine piezokeramische Scheiben auf die Strukturen (z.B. Membranen) zu kleben, die ausgelenkt werden sollen. Dies muss für jeden Mikroaktor individuell vorgenommen werden und limitiert aus diesem Grund das sonst mit Batch-Prozessen verknüpfte Kosten-Einsparungspotenzial. Die erreichbaren Auslenkungen betragen wenige Mikrometer bei Spannungen im Bereich von 100 ... 200 V. Größere Wege von 10 ... 30 µm, Kräfte von mehreren hundert Newton und Flächendrücke von 30 MPa können zwar mit Piezostapeln erreicht werden, diese lassen sich jedoch nicht ohne weiteres in Mikrostrukturen integrieren.

Unimorphe und bimorphe piezoelektrische Wandler (s. Abschnitt 2.3.3) in Gestalt von Kragbalken sind in der Lage, Auslenkungen von einigen hundert Mikrometern zu generieren, allerdings bei wesentlich niedrigeren Kräften. Eine hohe Kompatibilität mit planaren Batch-Prozessen wird erreicht, wenn auf dem Balken ein dünner Film aus piezoelektrischem Material abgeschieden wird [Voe01]. Einen akzeptablen Kompromiss zwischen möglichst hohen Werten der piezoelektrischen Konstanten und guter Prozesskompatibilität bieten reaktiv gesputtertes Aluminiumnitrat (AlN), direkt gesputtertes Blei-Zirkonat-Titanat (PZT) und, in geringerem Umfang, Zinkoxid (ZnO). Wie bei der Dünnschichttechnik häufig zu beobachten ist, erreichen die Piezokonstanten in diesen Abscheidungen meist nicht die Werte des entsprechenden Massivmaterials, dennoch sind die Werte akzeptabel.

Ein weiterer, vielversprechender Ansatz ist der Einsatz von piezoelektrischen Polymeren in Folienform, wie zum Beispiel Polyvinylidenfluorid (PVDF) und seine Copolymere. Wird eine solche Folie mit einem anderen elastischen Material (üblicherweise ein Metall) durch Abscheiden oder Kleben verbunden, kann eine unimorphe oder – wenn zwei aktive Schichten zusammenkommen – bimorphe Struktur gebildet werden. Das Copolymer PVDF-TrFE ist gegenüber dem Standard-PVDF von besonderem Interesse, weil es durch Schleuderbeschichten aufgebracht und anschließend polarisiert werden kann. Auf diese Weise lässt sich eine aktive Polymerschicht direkt in ein Mikroelement integrieren.

Der magnetostriktive Effekt ist eng mit dem (Marken-)Namen des bekanntesten hochmagnetostriktiven Materials, Terfenol-D, verbunden (s. Abschnitt 3.1). Es hat sich gezeigt, dass dieses Material als Dünnfilm gesputtert werden kann, was es für Mikroaktorik-Anwendungen grundsätzlich attraktiv macht [QS95]. Der verhältnismäßig hohe Bedarf an elektrischer Leistung zur Erzeugung des erforderlichen magnetischen Feldes schränkt die Anwendung dieses Effektes in der Mikroaktorik jedoch ein.

Thermische Mikroaktoren basieren auf der Wärmedehnung von Stoffen – bekannt als thermomechanischer Effekt in Festkörpern oder als thermopneumatischer Effekt, sofern Gase involviert sind. Das thermomechanische Prinzip nutzt die unterschiedlichen thermischen Ausdehnungs-Koeffizienten von verschiedenen Materialien, wie zum Beispiel zweier Metalle oder eines Metalls und eines Halbleiters oder Dielektrikums: Bimetall-Effekt (s. Abschnitt 6.6). Ein alternativer thermomechanischer Ansatz ist die differentielle Erwärmung von benachbarten Sektionen desselben Materials. Diese Methode ist auf geringe Auslenkungen beschränkt, da es schwierig ist, in einer kleinen Struktur hinreichend hohe Temperaturgradienten aufrecht zu erhalten.

Wird eine mit Gas befüllte, abgedichtete Kammer erwärmt, entsteht ein Druckanstieg, durch den eine elastische Membran ausgelenkt werden kann. Dieser thermopneumatische Effekt wird genutzt, um Ventile und Pumpen anzutreiben. Aufgrund thermischer Verluste ist der elektrische Leistungsbedarf solcher Aktoren ziemlich hoch – typisch 0,1 ... 2 W. Reaktionszeiten für die Erwärmung belaufen sich auf einige Millisekunden, bei der Abkühlung auf die Größenordnung von 100 ms, wobei Auslenkungen von bis zu 100 µm typisch sind. Die erreichbaren Kräfte können wesentlich größer werden, wenn eine Flüssigkeit in einer teilweise gefüllten Kammer verdampft wird.

Alle thermischen Aktoren sind infolge ihrer thermischen Zeitkonstanten, die typisch im höheren Millisekundenbereich liegen, eher langsam, besonders in der Abkühlphase. Große Kräfte können gewöhnlich nur auf Kosten einer nennenswerten elektrischen Steuerleistung erreicht werden. Für kleinere Strukturen wurde jedoch nachgewiesen, dass infolge der geringeren thermischen Zeitkonstanten wesentlich höhere Reaktionsgeschwindigkeiten realisierbar sind. So wurde gezeigt, dass ein Beschleunigungssensor, basierend auf einem thermisch angeregten resonanten Auslese-Prinzip, bei einer Frequenz von 400 kHz funktioniert [ABF01].

Ein jüngeres Antriebsprinzip basiert auf thermischen Formgedächtnis-Legierungen [Koh04], also auf der reversiblen Phasenumwandlung zwischen einem martensitischen und einem austenitischen kristallinen Zustand (s. Abschnitt 6.1). Solche Materialien können mit Sputtertechniken auch als dünne Filme aufgetragen werden, was den Effekt für die Mikroaktorik nutzbar macht. Ein nach diesem Prinzip arbeitendes Ventil wurde zwar vorgestellt, jedoch haben bisher nur wenige Vorschläge den Weg in die Serienproduktion gefunden.

Bei elektrochemischen Aktoren erzeugt ein elektrischer Strom in einer elektrochemischen Zelle ein Gas (s. Abschnitt 8.1). Beispielsweise wird in einer wassergefüllten Kammer Wasserstoff generiert, wodurch es zu einer Zunahme des Druckes kommt. Eine Umkehrung der Stromrichtung verringert den Druck infolge der Oxidation des Wasserstoffs zu Wasser. Eine Membran, welche die Kammer begrenzt, kann mit Hilfe von stromgesteuerten Druckänderungen in periodische Bewegungen versetzt werden. Die Reaktionszeit dieser Aktorart bewegt sich in der Größenordnung von einigen Sekunden, wobei es zu Auslenkungen im Millimeterbereich kommt [HNG95].

Bei einigen Anwendungen kann die gleichzeitige Nutzung von verschiedenartigen Krafterzeugungsprinzipien vorteilhaft sein. Ein Beispiel ist das Zusammenwirken von elektromagnetischer und elektrostatischer Kraft in einem Mikroventil [BHM93]: Die elektromagnetische Kraft dient dazu, relativ große Wege beim Öffnen und Schließen des Ventils zu generieren, während die elektrostatische Kraft das Ventil bei sehr kleinem Leistungsbedarf in geschlossener Position hält. Ähnliches geschieht bei der Kombination von elektromagnetischer und piezoelektrischer Kraft. Am Beispiel eines Mikroschalters wurde gezeigt, das hierdurch einerseits die Auslenkung vergrößert und andererseits der Leistungsbedarf zum Aufrechthalten des geschlossenen Zustands reduziert werden kann.

# 10.2 Herstellungsverfahren und Werkstoffe

Mikroaktoren werden nicht nur über ihre – im Vergleich zu herkömmlichen Aktoren – kleine Größe charakterisiert, sie definieren sich auch über die besondere Art und Weise ihrer Herstellung, die sich ursprünglich aus den Methoden und Verfahren der Mikroelektronik ableitet und auf Batch-Prozessen basiert. Das bedeutet, dass anstatt einer seriellen Fertigung von Einzelelementen eine viel größere Anzahl, normalerweise zwischen hundert und tausend, gleichzeitig produziert werden. Typische Arbeitsschritte beinhalten Lithographie, Schichtabscheidung und thermische Prozesse (z.B. thermische Oxidation), aber auch Ätz- und Dotiertechniken. Abscheidungsverfahren umfassen die chemische Abscheidung aus der Gasphase (engl. *chemical vapor deposition, CVD*) bei atmosphärischem oder reduziertem Umgebungsdruck, plasmainduzierte Methoden zur Reduzierung der Abscheidungstemperatur und physikalische Methoden wie zum Beispiel Sputtern und Verdampfen. Diese Techniken können bei Metallen, Nichtleitern und Funktionsschichten wie piezoelektrische Keramik angewendet werden.

Das meist benutzte Trägermaterial ist Silizium; weitere kristalline Substrate wie Quarz ($SiO_2$), Gallium-Arsenid (GaAs) oder Lithiumniobat ($LiNbO_3$) weisen piezoelektrische Eigenschaften auf und werden häufig für mikromechanische Resonatoren eingesetzt. In den letzten Jahren wächst die Bedeutung von Materialien auf Polymerbasis, besonders für Anwendungen in der Mikrofluidik oder in den Lebenswissenschaften. Dies hat hauptsächlich mit den niedrigen Stückkosten und ihrer mechanischen Flexibilität zu tun, die bei einigen Anwendungen erwünscht ist. Keramische Materialien, die in der Gehäusungstechnik und der Hybridintegration traditionell gut repräsentiert sind, haben mittlerweile eine mikroaktorische Nische gefunden.

Mikrotechnologien auf Siliziumbasis werden nach Volumen- und Oberflächen-Mikromechanik unterschieden, wobei die erstgenannte die volle Tiefe des Substrats als Strukturmaterial nutzt. Letztere basiert auf abgeschiedenen Schichten, die typisch aus Polysilizium bestehen und die Strukturen bilden, sowie Siliziumdioxiden verschiedener Zusammensetzungen als sogenannten Opferschichten, durch welche die Abstände zwischen Substrat und Struktur definiert werden.

Polymere Mikrostrukturen werden üblicherweise mit Hilfe von Präge- und Gießtechniken hergestellt, die bis heute einen hohen Entwicklungsstand erreicht haben. Lithographische Methoden, basierend auf dem LIGA-Verfahren (Lithographie und galvanische Abformung) oder der so genannten SU-8 Lack-Technologie (ein spezieller Photolack, mit dem Schichten bis zu mehreren hundert Mikrometern herstellbar sind), werden genutzt, um hochpräzise Formeinsätze für Prägestempel und Spritzgussteile auf der µm-Skala zu fertigen.

*Tabelle 10.2 Wichtige Eigenschaften von Mikroaktoren*

| Vorteile | Nachteile |
|---|---|
| – Herstellung im Batch-Prozess: Kleine Abmessungen, hochgenau, hoch zuverlässig, billig<br>– Integrationsfähig mit Mikrosensoren und Mikroelektronik<br>– Mikroelektronik-kompatible Spannungen und Ströme | – Hohe Einstandskosten der Herstellungstechnologie<br>– Nur kleine Wege und Kräfte möglich |

# 10.3 Anwendungsbeispiele

Unkonventionelle Aktoren haben längst ihren Platz in der Mikrosystemtechnik gefunden. Die folgenden Beispiele können hiervon nur einen begrenzten Eindruck vermitteln; wesentlich umfangreichere und detailliertere Darstellungen der Thematik findet man in der Fachliteratur zur Mikrosystemtechnik, z.B. [Mad02, Mes00].

## 10.3.1 Mikrofluidische Komponenten und Systeme

Das älteste und am weitesten verbreitete mikrofluidische System ist der Tintenstrahldruckerkopf, an dessen Realisierung bereits seit den 1950er Jahren gearbeitet worden war. Mikroaktoren zur Durchflussregelung wurden etwa ab Mitte der 1980er Jahre vorgestellt, insbesondere Mikroventile und Mikropumpen. In den Neunzigern wurde die Entwicklung von neuen mikrofluidischen Systemen vorangetrieben, die einen vorläufigen Abschluss in Gestalt der sog. Lab-on-a-chip- und Drug-delivery-Systeme gefunden hat.

**Tintenstrahldruckerköpfe**

Beim Tintenstrahldrucker wird Tinte aus einer kleinen Düsenöffnung direkt auf das Druckmedium (z.B. Papier) gespritzt [Hue98]. Die Generierung volumendefinierter Tropfen (Durchmesser ungefähr 20 µm, Volumen rund 50 Pikoliter) basiert auf der Rayleigh-Instabilität freier Flüssigkeitsstrahlen. Für die Tröpfchenproduktion werden zwei Prinzipien angewendet: Bei der herkömmlichen Methode kontrahiert ein piezoelektrischer Streifentranslator (s. Abschnitt 2.3.2) schlagartig eine Wand der Tintenkammer; hierdurch erhöht sich der Kammerdruck, was zum Ausstoß eines Tintentröpfchens führt (beispielsweise in Druckern der Firmen Epson, Sharp und Tektronix). Die Grenze dieser Technologie ist durch die Miniaturisierungsmöglichkeiten der Piezoelemente gegeben. Bei einem jüngeren Beispiel wird daher anstelle der Piezoelemente Blei-Zirkonat-Titanat in Dickschicht-Technik abgeschieden.

Eine Alternative wendet den thermopneumatischen Phasenwechsel an. Hierbei lässt ein kurzer Hitzeimpuls, erzeugt durch die joulesche Wärme in einem elektrischen Widerstand ($< 10$ µs, 10 mW), die Tinte in der Kammer verdampfen. Dadurch wird eine Gasblase erzeugt, was zu einer plötzlichen Druckerhöhung führt. Die resultierende Druckwelle in der Flüssigkeit bewirkt, dass die Düse ein kleines Tintentröpfchen ausstößt. Nachdem der Hitzeimpuls abgeklungen ist, zerfällt die Gasblase und die Anfangssituation kehrt zurück (diese

Technologie wird unter anderem von Hewlett-Packard, Canon, Olivetti und Lexmark angewendet).

**Mikroventile**
Bild 10.2 beschreibt den prinzipiellen Aufbau eines kommerziell verfügbaren, pneumatischen 3/2-Wegeventils mit piezoelektrischer Vorsteuerstufe, das mit konventionellen Verfahren der Feinmechanik gefertigt wird. Aufgrund seiner geringen Schaltenergie und der kurzen Schaltzeiten (14 µWs bzw. $\leq$ 2 ms) kann das eigentliche Ventil mit dem piezoelektrischen Biegewandler (s. Abschnitt 2.3.2) trotz seiner Größe von $30 \times 19 \times 8$ mm$^3$ den Mikroventilen zugeordnet werden.

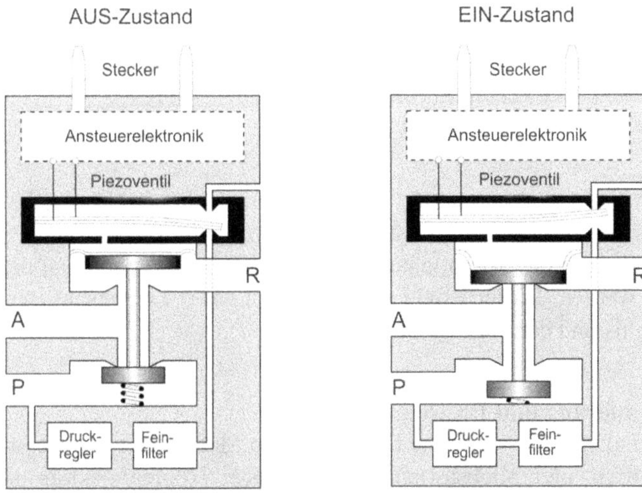


***Bild 10.2*** *3/2-Wegeventil mit piezoelektrischer Vorsteuerung (Quelle: Hoerbiger GmbH, Altenstadt [10.1])*

Das Vorsteuerventil wird über einen Druckregler und ein Feinfilter mit konstantem Druck von 1,2 bar versorgt. Beim Schalten des Piezowandlers baut sich auf der Membrane des Steuerkolbens ein Druck auf, der eine Kolbenbewegung gegen die Federkraft hervorruft, wodurch die Anschlüsse P und A verbunden werden (A: Arbeitsanschluss, B: Druckluftanschluss, R: Entlüftung).

**Mikropumpen**
Bei Mikropumpen konzentriert sich die Entwicklung hauptsächlich auf miniaturisierte Membranpumpen. Sie bestehen üblicherweise aus einem Diaphragma, das piezoelektrisch, thermisch oder elektrostatisch angeregt wird, und je einem passiven Rückschlagventil im Einlass und im Auslass.

Die elektrostatisch angetriebene Mikropumpe in Bild 10.3 erreicht Pumpraten von maximal 1 ml/min und einen hydrostatischen Gegendruck von maximal 30 kPa. Die Abmessungen der Pumpe betragen $7 \times 7 \times 2$ mm$^3$. Als elektrisches Steuersignal dient ein Spannungssignal mit einer Amplitude von 200 V. Der Leistungsbedarf der Pumpe hängt von der Betriebsfrequenz ab und liegt typisch im Bereich 1 … 20 mW. Die Pumpe arbeitet bei Frequenzen zwischen 1 und 1000 Hz.

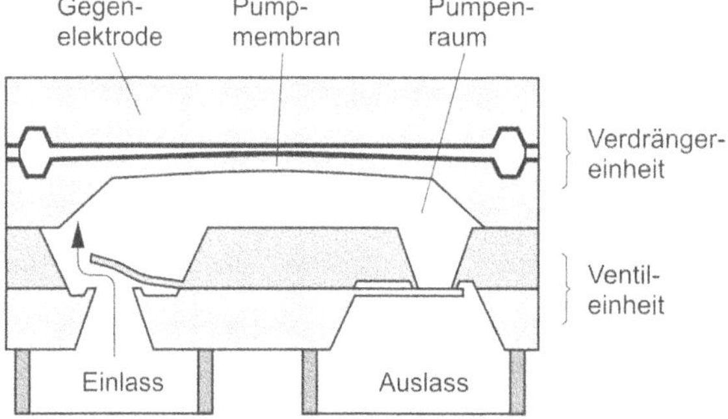


***Bild 10.3*** *Elektrostatische Mikropumpe [Zen94]*

Bei jedem Pumpzyklus wird ein Volumen von etwa 0,01 … 0,05 mm$^3$ verdrängt. Eine Erhöhung der Betriebsfrequenz über die mechanische Resonanzfrequenz des Ventils (2 000 … 6 000 Hz) hinaus ruft eine Umkehrung der Pumprichtung hervor; auf diese Weise kann die Pumpe bidirektional eingesetzt werden. Dieser Effekt entsteht durch einen Zeitversatz zwischen den Bewegungen des Ventils und der Flüssigkeit.

**Mikrofluidik für Analyse, Schmierung und Dosierung**

Anwendungen dieser Systeme sind beispielsweise die Dosierung von Medikamenten, chemischen Reagenzien, Schmierstoffen und Klebstoffen. Aufgabe des Tropfeninjektors in Bild 10.4 ist es, kleinste Flüssigkeitsmengen im Nanoliter- und Mikroliterbereich zu dosieren. Die Einheit besteht aus einer Mikroeinspritzpumpe und einem Mikrosieb, das als Diode für die Flüssigkeiten fungiert.

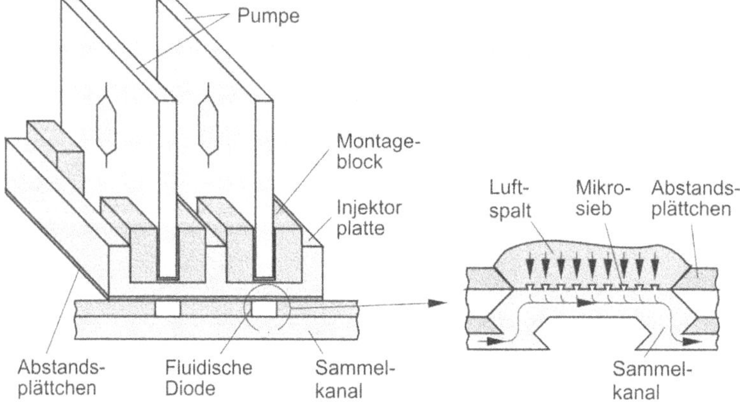


***Bild 10.4*** *Tropfeninjektor [HWF]*

Die piezoelektrisch betriebene Injektionspumpe „schießt“ Mikrotropfen auf das Sieb, ähnlich wie bei einem Tintenstrahldruckerkopf. Diese Tropfen vermischen sich aufgrund der Oberflächenspannung mit der darunter liegenden Flüssigkeit. Das Mikrosieb nutzt die Oberflächenspannung, um die Trägerflüssigkeit daran zu hindern in die luftbefüllte Injektionskammer zu tropfen. Angewendet wird dieses System im Bereich der chemischen Sensorik, Pharmazie, Medizin und Biotechnologie.

## 10.3.2 Aktoren für mikrooptische Systeme

Die Optik ist ein Hauptanwendungsgebiet für Aktoren. Beispielsweise müssen Linsen positioniert und fokussiert werden, Spiegelflächen werden aktiv verformt, um bestimmte Krümmungsradien einzustellen, und mikromechanisch gefertigte Gitter sollen elektrisch steuerbar ihren Transmissionsgrad ändern. Eine weitere Anwendung ist die Justierung von optischen Wellenleitern mit Hilfe von Mikroaktoren.

**Mikroscanner**

Mikroscanner basieren auf einem bewegbaren Spiegel, der aktorisch gekippt werden kann. Einerseits bestimmen die Torsionssteifigkeit des Gelenkes und das Massenträgheitsmoment des Spiegels die Resonanzfrequenz und häufig auch die höchste Arbeitsfrequenz. Andererseits legt die Steifigkeit auch die Antriebskraft fest, die man braucht, um den maximalen Kippwinkel zu erreichen. Eine Anregung nahe der Resonanzfrequenz kann den Winkelbereich entsprechend dem Q-Faktor um mehr als das Hundertfache vergrößern.

In einachsigen Scannern werden vor allem Torsionsbänder als elastische Aufhängungen eingesetzt. Für zweiachsige Scanner benötigt man hingegen kardanische Aufhängungen oder spezielle andere Gelenkausführungen. Das Gelenkmaterial wird entsprechend den verfügbaren Fertigungstechnologien ausgesucht; insbesondere kommen Massivsilizium, Polysilizium und verschiedene Metalle (Ni, Al) sowie Polyimid zum Einsatz.

Für den Antrieb werden elektromagnetische, piezoelektrische, elektrostatische und thermische Prinzipien verwendet. Überwiegend werden die Spiegel elektrostatisch ausgelenkt, wobei Arbeitsfrequenzen bis 250 kHz erreicht werden. Abhängig von den Spiegelabmessungen, dem maximalen Kippwinkel und der Resonanzfrequenz sind Steuerspannungen bis zu mehreren hundert Volt erforderlich. Die Arbeitsfrequenz von thermisch angetriebenen optischen Mikrostrukturen ist infolge von Wärmekapazitäten auf weniger als 1 kHz begrenzt.

**Mikrochopper**

Die Detektoren in Spektrometern für den nahen Infrarotbereich arbeiten mit moduliertem Licht, um hinreichend hohe Signal-Stör-Verhältnisse zu gewährleisten.

Ein Infrarot-Spektrometer, das für den Handbetrieb konzipiert wurde, enthält einen miniaturisierten Lichtmodulator (Mikrochopper). Der Aufbau mit den Außenabmessungen $3{,}0 \times 3{,}2\ \mathrm{mm}^2$ ist in Bild 10.5 dargestellt. Die auf einem Träger aus Aluminiumoxid im LIGA-Verfahren aufgebrachte Struktur aus Permalloy hat eine Höhe von 280 µm. Der Unterbrecher (Chopper) ist an einem Parallelfedersystem befestigt und schwingt mit seiner Resonanzfrequenz von etwa 1 kHz. Gleichzeitig wirkt er als Anker des Magnetaktors und bewegt sich dabei zwischen dessen Polen in einem Luftspalt von wenigen Mikrometern.

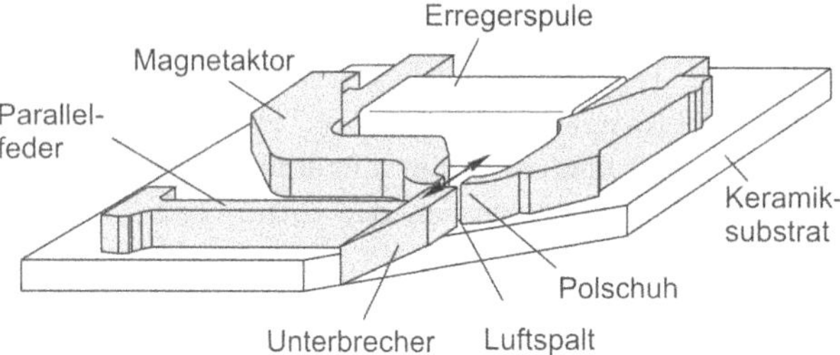


***Bild 10.5*** *Aufbau eines Mikrochoppers [KMS99]*

Die Erregerspule des Magnetaktors besteht aus einem Permalloy-Kern mit mehreren hundert Windungen aus 15 µm Kupferlackdraht. Sobald Strom durch die Spule fließt, wird der Unterbrecher unabhängig von der Stromrichtung in den Luftspalt gezogen. Bei einem sinusförmigen Stromverlauf oszilliert der Unterbrecher mit der doppelten Stromfrequenz, was den Hauptvorteil dieser Anordnung darstellt.

## 10.3.3 Mikroantriebe und Greifersysteme

**Elektromagnetische Mikromotoren**

Im Folgenden werden zwei kommerziell erfolgreiche Mikroaktoren beschrieben, die beispielsweise in medizinischen Geräten, in der Automatisierungstechnik sowie in der Luft- und Raumfahrt eingesetzt werden.

Der Rotor des Mikromotors in Bild 10.6 besteht aus einem radial magnetisierten, zweipoligen Seltenerdmetall-Dauermagneten, den ein eisenloses 3-Phasen-Spulensystem umgibt, das ein rotierendes Magnetfeld erzeugt. Ein weichmagnetisches Röhrchen dient gleichzeitig als Gehäuse und magnetischer Rückschluss. Um den Außendurchmesser des Motors möglichst klein zu halten, wurde hierfür ein Werkstoff mit hoher Sättigungsmagnetisierung und sehr niedriger Koerzitivfeldstärke ausgewählt. Dieses Konzept führt auf vergleichsweise kleine Wärmeverluste und einen niedrigen Leistungsbedarf. Mit seinem Durchmesser von 1,9 mm und einer Länge von 5,5 mm (ohne Getriebe) erzeugt der Motor ein Drehmoment von bis zu 7,5 µNm und Drehzahlen von mehr als 100 000 $min^{-1}$. Alle mechanischen Teile werden mit Hilfe bekannter Präzisionsfertigungstechniken hergestellt.

Im Gegensatz zu diesem schlanken Motor steht ein elektromagnetischer Motor in Scheibenform mit einer Dicke von 1,4 mm (s. Bild 10.7). Als Rotor dient ein NdFeB-Magnetring, bestehend aus 8 axial polarisierten Kreissektoren. Ein weichmagnetischer Rückschluss umschließt eine lithografisch erzeugte Statorspule. Magnetische Simulationen im Verlauf der Entwicklung lieferten Hinweise darauf, wie das Kugellager mit Hilfe eines weichmagnetischen Ringes im Stator vorzuspannen ist, um eine Taumelbewegung der Rotorachse zu verhindern. Infolge der kleinen Abmessungen werden hohe Beschleunigungen und Drehzahlen bis 60 000 $min^{-1}$ im Dauerbetrieb erzielt. Das Motormoment skaliert ungefähr mit dem Bauvolumen und erreicht 100 µNm. Für die Serienproduktion dieses Motors wurden Präzisionsfertigungstechniken mit Mikrotechnologien für die Herstellung der Spule, der elektrischen Verbindungen und des Encoders kombiniert.

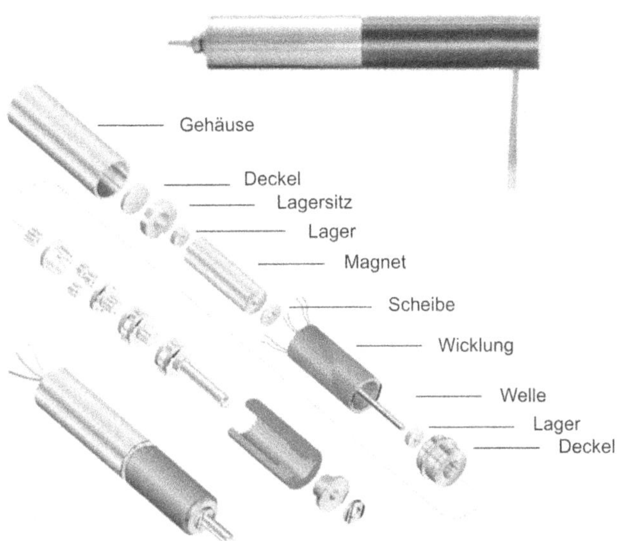


***Bild 10.6*** *Aufbau und Komponenten eines bürstenlosen Mikromotors mit Getriebe (Quelle: Dr. Fritz Faulhaber GmbH & Co. KG, Schönaich [10.2])*

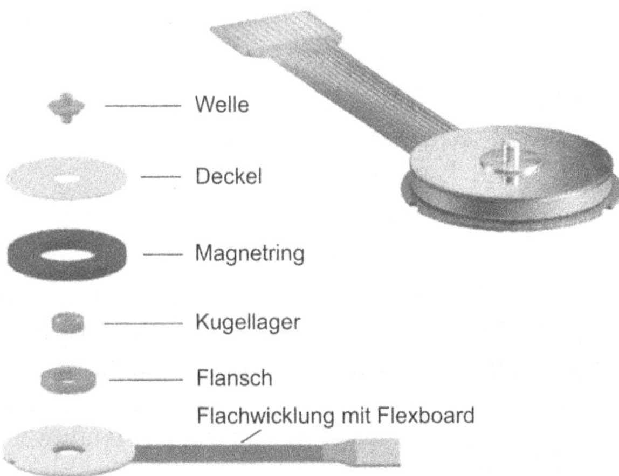


***Bild 10.7*** *Aufbau und Komponenten eines ultraflachen, bürstenlosen Mikromotors („Penny-Motor") (Quelle: mymotors & actuators GmbH, Wendelsheim, und Dr. Fritz Faulhaber [10.2])*

**Elektrostatischer Linearaktor**

Bei dem in Bild 10.8 dargestellten Linearaktor bewegt sich der Läufer luftgelagert über dem Stator. Zwischen kammartigen Elektroden an den gegenüberliegenden Flächen von Stator und Läufer werden elektrostatische Kräfte erzeugt. Hierdurch wird der Läufer in $y$-Richtung geführt und in $z$-Richtung angezogen. Durch weitere Elektroden werden kapazitive Sensoren gebildet, mit denen die Position in $x$-Richtung und der Abstand in $z$-Richtung bestimmt werden. Als Antrieb der $x$-Achse dient ein miniaturisierter 3-Phasen-Schrittmotor, der in offener Wirkungskette betrieben wird. Der Linearaktor hat in $x$-Richtung einen Verfahrbereich von 25 mm bei einer Positionierunsicherheit von 5 µm, zusätzlich kann er kleine Drehungen $\varphi_x, \varphi_y$ ausführen. Die Haltekraft beträgt 50 mN und die maximale Geschwindigkeit 50 mm/s. Dieser elektrostatische Aktor ist ein gutes Beispiel für den Trend zum „Milliaktor": solche Aktoren werden zwar mithilfe von Mikrotechnologien gefertigt, liefern jedoch Kräfte und Verschiebungen, wie man sie aus dem Makrobereich kennt.

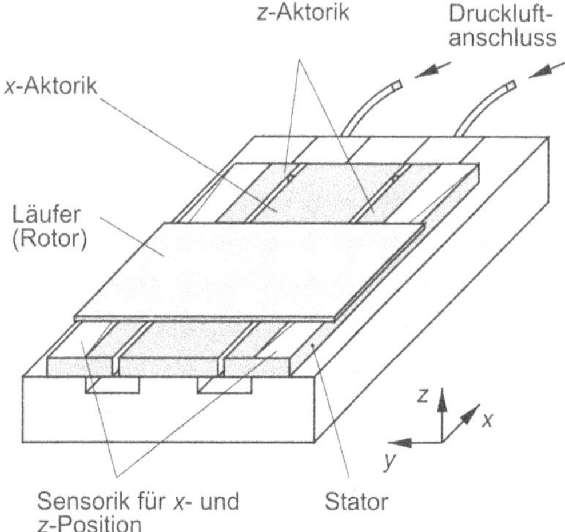


*Bild 10.8 Aufbau eines elektrostatischen Linearaktors (Quelle: PASIM Mikrosystemtechnik, Suhl [10.3])*

**Greifersysteme**

Anfang der 1990er Jahre wurden erstmals auch Mikrogreifer vorgestellt. Das mechanische Greifen, das Greifen mittels Vakuum oder adhäsiven Substanzen sowie direkt auf das Greifgut wirkenden magnetischen und elektrostatischen Kräften bilden die am häufigsten eingesetzten Prinzipien. Das einzige Werkzeug, das fast immer verwendet werden kann, sind mechanische Greifer. Für die Bewegung der Greiffinger und zur Erzeugung der Greifkraft werden verschiedene Effekte herangezogen, wie elektromagnetische, elektrostatische, piezoelektrische und auf dem thermischen Formgedächtnis-Effekt beruhende Kraftwirkungen.

Bild 10.9 zeigt einen Mikrogreifer, der den thermischen Formgedächtnis(FG)-Effekt nutzt (s. Abschnitt 6.1), in offenem (links) und geschlossenem (rechts) Zustand. Der Greifer ist in vorgespanntem Zustand auf einem Substrat montiert. Durch elektrisches Aufheizen wird eine steuerbare Formänderung der FG-Legierung erzeugt. Nach Erwärmen des Aktorbereiches I über die Phasenumwandlungstemperatur hinaus „erinnern" sich die gefalteten FG-Bereiche an ihre ursprüngliche Form, was zu einer linearen Bewegung der Verbindungsstelle zwischen den Bereichen I und II führt. Infolgedessen verformen sich die kreisförmigen Strukturteile, und die Greiferbacken werden geschlossen. Dieser Zustand kann durch selektives Heizen des Aktorbereiches II, der von Bereich I ausreichend thermisch isoliert ist, wieder zurückgewonnen werden.

Die abgebildete Greiferstruktur wurde mit dem Laser aus einer kaltgewalzten NiTi-Folie von 100 µm Dicke geschnitten. Bei einem Prototyp mit den Abmessungen $2 \times 3{,}9 \times 0{,}1\ mm^3$ beträgt die größte Auslenkung der Greiferbacken 180 µm, und die Greifkraft erreicht maximal 17 mN. Als typische Reaktionszeit wird 32 ms bei einer elektrischen Steuerleistung von 22 mW angegeben. Die Abkühlzeit in der Größenordnung von 300 ms ist wesentlich länger. Infolge des angewendeten Agonist-Antagonist-Prinzips sind die Reaktionszeiten beim einmaligen Öffnen und Schließen des Greifers lediglich vom Aufheizverhalten des jeweiligen Aktorbereiches abhängig. Die maximale Frequenz periodischer Greifzyklen wird hingegen durch die Abkühldauer bestimmt.

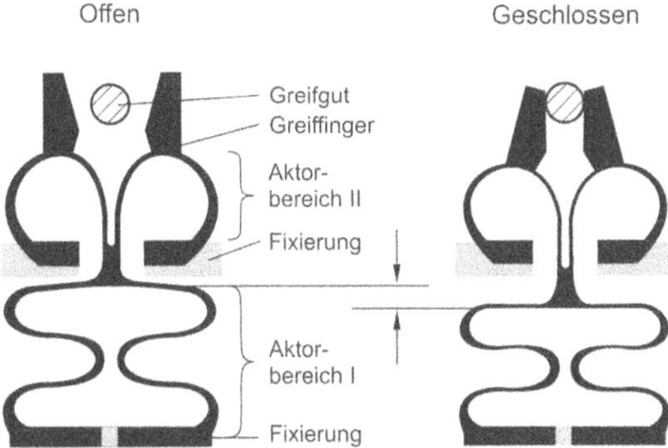


***Bild 10.9*** *Arbeitsweise eines Mikrogreifers aus thermischer FG-Legierung [Jus99]*

## 10.4 Entwicklungstendenzen

Tintenstrahldruckerköpfe und digitale Spiegelfelder sind zurzeit die erfolgreichsten Mikroaktoren auf dem Markt. Mikrofluidische Aktoren zur Steuerung von Durchflüssen haben ein hohes Potenzial, um in neue Anwendungsbereiche vorzustoßen. Beispiele sind Infusionspumpen für den Einsatz in der Medizin, mikromechanische Ventile für industrielle Anwendungen, sowie die Dosierung von Flüssigkeiten in mikrofluidischen Systemen.

Die Marktaussichten sind besonders günstig für Mikroventile, die durch piezoelektrische Biegewandler oder thermische Prinzipien angetrieben werden. Die Anwendungsgebiete dieser Ventile werden sich ausweiten, sobald es zu einer billigen Massenproduktion kommt und sie mit sehr niedriger Leistung betrieben werden können. Ein Anstoß kann vor allem von den 3/2-Wegeventilen erwartet werden, die als Vorsteuerventile in vielen Bereichen der Automatisierungstechnik eingesetzt werden.

Mikropumpen für den Transport und die Dosierung von kleinsten Flüssigkeitsmengen stellen eine weitere große Gruppe von mikrofluidischen Aktoren dar. Die Tatsache, dass diese Pumpen nicht in der Lage sind Saugkraft zu produzieren, führt derweil noch dazu, dass sie in der Industrie nicht anwendbar sind, jedoch sollte dieses Manko in naher Zukunft behebbar sein. Stark miniaturisierte Motoren, basierend auf elektromagnetischer Kraftwirkung, haben die Schwelle zu kommerziellen Anwendungen bereits überschritten; elektrostatische Mikromotoren befinden sich hingegen immer noch in einem Demonstrator-Stadium.

# 11 Leistungsverstärker für unkonventionelle Aktoren

Leistungsverstärker werden meistens für den Betrieb von elektrischen Wirklasten ausgelegt. Im Unterschied hierzu stellen die unkonventionellen Aktoren in der Mehrheit elektrische Blindlasten dar. In diesem Kapitel wird auf gebräuchliche Schaltungstopologien von Leistungsverstärkern sowie auf die Wechselwirkungen zwischen aktorischer Last und Verstärker eingegangen. Damit erhält der Leser Entscheidungshilfen für den eigenen Verstärkerentwurf oder die Auswahl eines kommerziellen Produktes.

Zwischen den Festkörperaktoren und den Aktoren mit steuerbaren Flüssigkeiten gibt es Dualitäten: Piezoaktoren (Kapitel 2) und elektrorheologische Flüssigkeiten (Kapitel 4) werden mit elektrischen Feldern betrieben, magnetostriktive Aktoren (Kapitel 3) und magnetorheologische Flüssigkeiten (Kapitel 5) beziehen ihre Stellenergie aus Magnetfeldern. Die entsprechende Leistungselektronik wird daher jeweils gemeinsam behandelt, auf Unterschiede wird jedoch hingewiesen.

Bild 11.1 zeigt Beispiele für das kommerzielle Verstärkerangebot. Das untere Gerät, ein analoger Leistungsverstärker, wird bei der Entwicklung von Piezoinjektoren (s. Abschnitt 2.7.2) eingesetzt. Bei einer Last von beispielsweise 2,5 µF erreicht die Ausgangspannung den Maximalwert von 200 V nach etwa 10 µs; der größte (bipolare) Pulsstrom beträgt 50 A. Das obere Einschubgerät beinhaltet einen analogen Piezoverstärker mit einem Ausgangsspannungsbereich von 1 000 V, der anwenderseits zwischen –1000 V und +1000 V verschoben werden kann. Die Leistungselektronik in der Mitte ist ein schaltender Verstärker zur Ansteuerung von elektrorheologischen Fluiden. Er liefert Ausgangsspannungen bis 6 kV, die in <1 ms aufgebaut werden; der bipolare Ausgangsstrom beträgt maximal 17 mA (vgl. Bild 4.16).

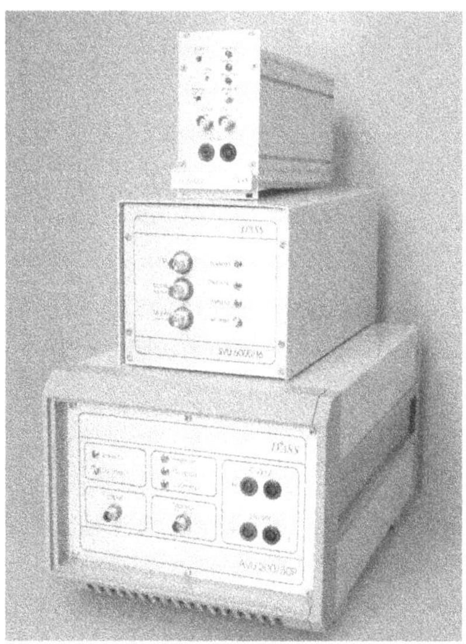

*Bild 11.1 Ausschnitt aus dem Lieferprogramm eines Herstellers von Leistungsverstärkern für unkonventionelle Aktoren (Quelle: D*ASS mbH, Saarbrücken)*

## 11.1 Einführung

Es gibt eine Vielzahl von Möglichkeiten, um Leistungsverstärker für unkonventionelle Aktoren zu realisieren. Nachfolgend werden die wichtigsten Grundschaltungen und ihre Funktion vorgestellt.

### 11.1.1 Ein-, Zwei- und Vierquadranten-Betrieb

Je nachdem, ob ohmsche, induktive oder kapazitive Lasten anzusteuern sind, und ob dies unipolar oder bipolar geschehen soll, werden Verstärker für den Einquadranten-, Zweiquadranten- oder Vierquadranten-Betrieb benötigt. Ein Verstärker für rein ohmsche Lasten muss bei positiven Spannungen nur positive Ströme liefern können; hierfür reicht der Quadrant I im Strom-Spannungs-Diagramm (s. Bild 11.2). Soll die Last auch an negativer Spannung betrieben werden können, ist Quadrant III hinzuzunehmen: Zweiquadranten-Betrieb.

Der Betrieb einer kapazitiven Last (z.B. Piezoaktor) mit positiver Spannung erfordert den Zweiquadranten-Betrieb: beim Aufladen ist ein positiver Strom (Quadrant I), beim Entladen ein negativer Strom nötig (Quadrant IV) (s. Bild 11.3a). Ist auch negative Spannung gewünscht, beispielsweise zur Ausnutzung des negativen Astes der $S(E)$-Kennlinien eines Piezoaktors (vgl. Bild 2.4b) oder zur Verhinderung von Elektrophorese in einer elektrorheologischen Flüssigkeit, ist ein Vierquadranten-Verstärker erforderlich, da in diesem Fall alle Kombinationen von positiven und negativen Spannungen und Strömen auftreten können (s. Bild 11.3b).

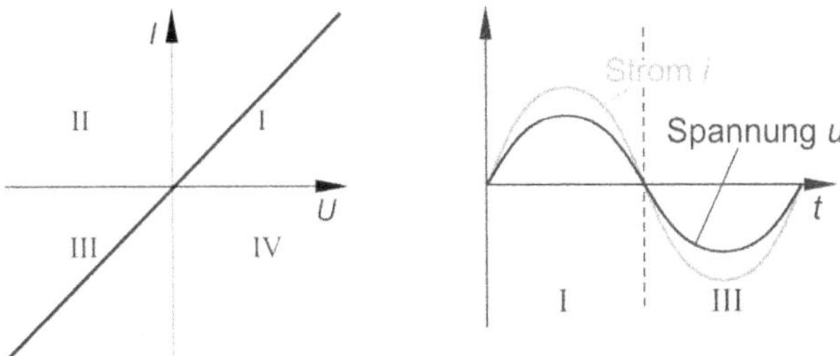


*Bild 11.2* Strom- und Spannung am Verstärkerausgang bei ohmscher Last

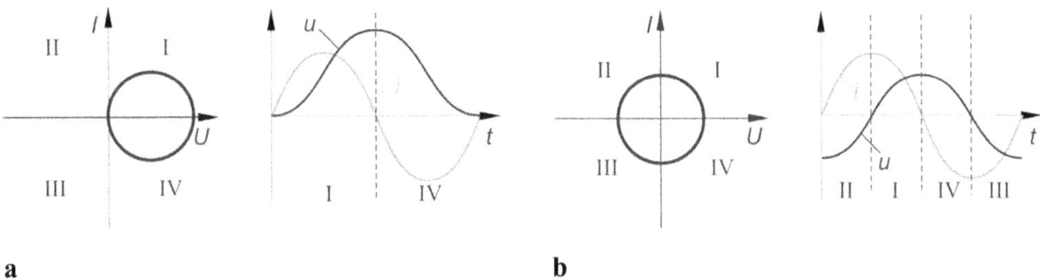


a b

*Bild 11.3* Strom und Spannung am Verstärkerausgang bei kapazitiver Last (z.B. Piezoaktor). *a* Unipolare, *b* bipolare Spannungssteuerung

Beim Betrieb von induktiven Lasten (z.B. magnetostriktiver Aktor) ist der Strom die Bezugsgröße. Ein rein positiver Strom erfordert positive (Feldaufbau: Quadrant I) und negative (Feldabbau: Quadrant II) Spannungen. Beim Betrieb mit bipolaren Strömen muss der Verstärker alle vier Quadranten durchfahren können (s. Bild 11.4).

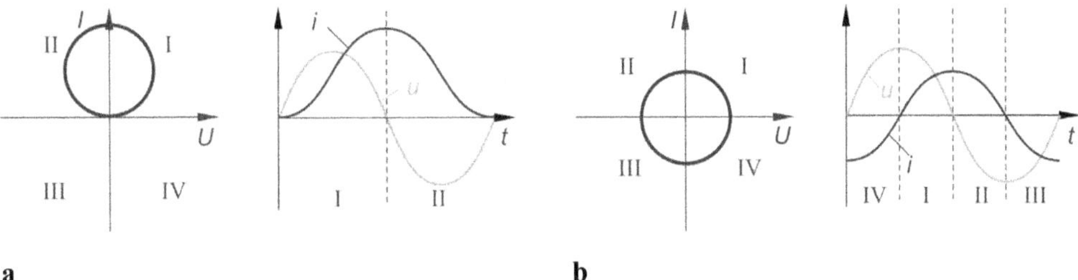


a b

*Bild 11.4* Strom und Spannung am Verstärkerausgang bei induktiver Last (z.B. magnetostriktiver Aktor). *a* Unipolare, *b* bipolare Stromsteuerung

### 11.1.2 Schaltende, analoge und hybride Leistungsverstärker

Die folgenden drei Verstärkerkonzepte unterscheiden sich erheblich hinsichtlich der Güte ihrer Ausgangssignale und der Effizienz des Energieeinsatzes (Wirkungsgrad).

**Schaltende Leistungsverstärker.** Schaltende Leistungsverstärker sind dadurch gekennzeichnet, dass die Leistungstransistoren lediglich in zwei Betriebszuständen arbeiten: Entweder sperrend oder leitend. Wenn die einschlägigen Entwurfsregeln berücksichtigt werden, ergeben sich hiermit minimale Verluste in den Halbleitern. Die Energie wird üblicherweise in einer Induktivität zwischengespeichert und dann an eine Kapazität übertragen. Dies kann beispielsweise ein Piezoaktor oder ein Stützkondensator sein (vgl. Bild 11.9).

Bei Schaltverstärkern gibt es eine Vielzahl von unterschiedlichen Topologien, jedoch sind alle auf zwei grundlegende Varianten zurückführbar. Bei der einen wird die Energie zuerst ausschließlich in der Induktivität (Drosselspule) gespeichert und im nächsten Schritt an die Kapazität abgegeben (s. Bild 11.5a). Sie werden Sperrwandler genannt und sind in der Lage, an der Kapazität Spannungen zu erzeugen, die weit über ihrer eigenen Betriebsspannung liegen (ähnlich wie bei der Erzeugung des Zündfunkens im Kfz-Motor).

Bei der anderen Variante fließt der Strom beim Laden der Spule mit Energie auch durch die Kapazität: Durchflusswandler (Bild 11.5b). Auf diese Weise wird sowohl in der Spule als auch in der Kapazität Energie aufgebaut. Im nächsten Schaltvorgang wird dann die in der Spule gespeicherte Energie auf die Kapazität übertragen. Diese Energie kann an der Kapazität ebenfalls eine Spannungserhöhung bewirken, die allerdings höchstens dem Unterschied zwischen der Betriebsspannung und der Spannung an der Kapazität vor dem jeweiligen Schaltvorgang entspricht. Bei unbekannten Signalverläufen ist dieser Wert nicht vorhersehbar, er kann zwischen 0 und 100 % der Betriebsspannung liegen. Daher wird die prinzipiell vorhandene Möglichkeit der Spannungsvergrößerung beim Durchflusswandler normalerweise nicht genutzt. Durchflusswandler benötigen zur korrekten Funktion immer eine Betriebsspannung, die höher ist als die maximale Ausgangsspannung.

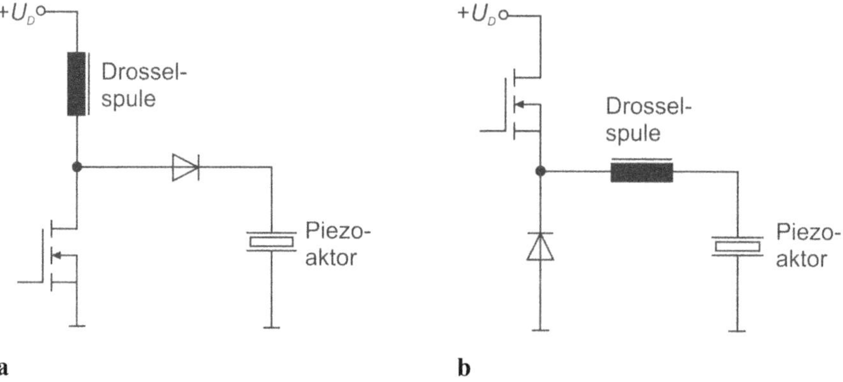


***Bild 11.5*** *Basistopologien von schaltenden Leistungsverstärkern.* ***a*** *Sperrwandler,* ***b*** *Durchflusswandler*

Beide Schaltungsvarianten erlauben – bei entsprechender Modifizierung – die Rückspeisung der im Feld des Aktors gespeicherten Blindenergie in die Energieversorgung. Je nach Art und Ausführung des Aktors kann damit beim Feldabbau ein erheblicher Anteil der im Aktor gespeicherten Energie zurück gewonnen werden. Eine Schaltungstopologie, die Sperrwandler und Durchflusswandler kombiniert und so die Energie verlustarm von der Spannungsquelle zur kapazitiven Last und auch wieder zurück übertragen kann, ist in Bild 11.6a dargestellt.

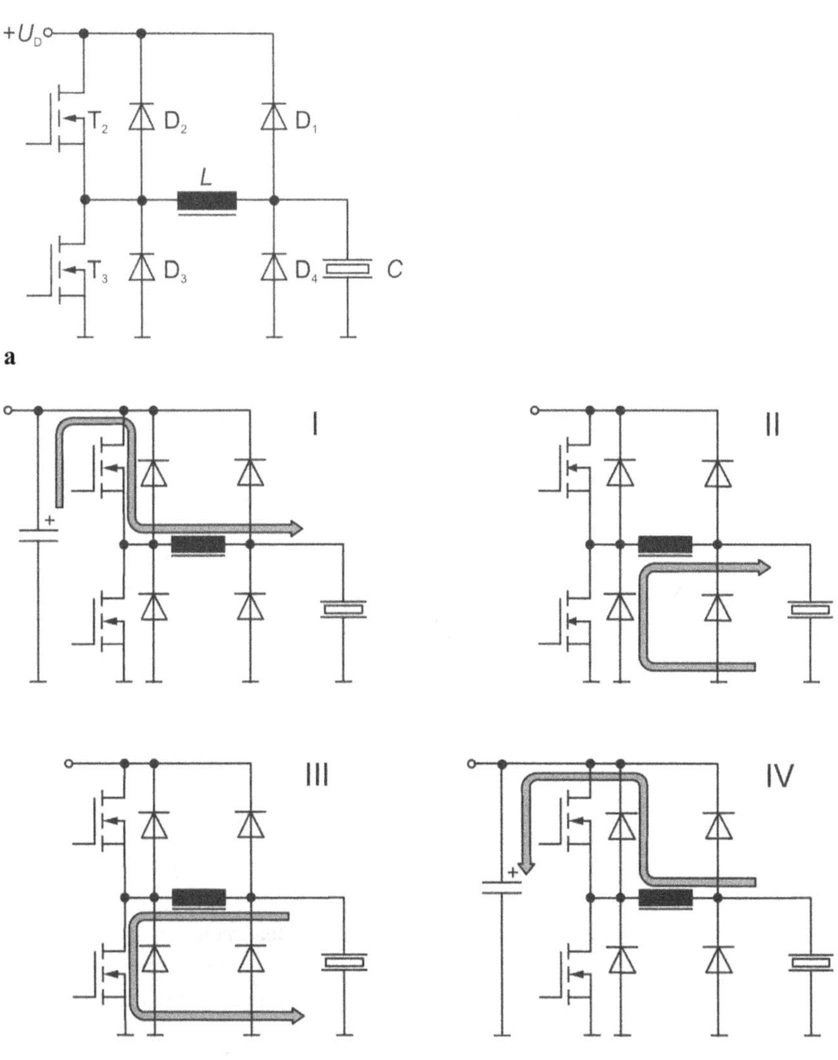


***Bild 11.6*** *Leistungsteil eines Schaltverstärkers für den unipolaren Betrieb einer kapazitiven Last.* ***a*** *Schaltbild,* ***b*** *Funktionsweise*

Die Funktion dieser Schaltung lässt sich anhand von Bild 11.6b verstehen. Während der Energieübertragung auf die Lastkapazität $C$ wird zunächst Transistor $T_2$ eingeschaltet (I). Es beginnt ein Strom durch $T_2$ und $L$ in die Last $C$ zu fließen (grauer Pfeil). $C$ wird dabei geladen und der Strom durch $L$ nimmt stetig zu. Ein – hier nicht dargestellter – Regler sorgt dafür, dass $T_2$ im passenden Moment abgeschaltet wird (II). Nun wirkt $L$ als Energiequelle und der ab jetzt stetig abnehmende Strom fließt weiter in die Kapazität; der Stromkreis schließt sich über $D_3$. Zum weiteren Aufladen kann auf Zustand I zurückgeschaltet werden. Die Zustände I und II entsprechen der Funktion eines Durchflusswandlers.

Zum Entladen der Lastkapazität wird Transistor $T_3$ eingeschaltet (III). Es fließt ein stetig ansteigender Strom aus $C$ durch $L$ und $T_3$; $C$ wird entladen und die entsprechende Energie nach $L$ übertragen. Wenn $T_3$ abgeschaltet wird, wirkt $L$ wieder als Energiequelle, und der Stromkreis schließt sich über $D_4$ zur Versorgung (IV), bis $L$ energielos ist. Die Zustände III und IV entsprechen der Funktion eines Sperrwandlers. Die Dioden $D_1$ und $D_4$ dienen als Über- oder Unterspannungsschutz der kapazitiven Last und sind bei korrekter Funktion nicht zwingend erforderlich.

Neben der Schaltung in Bild 11.6 sind viele Varianten gebräuchlich. Der erwähnte Regler kann aus einem einfachen Operationsverstärker bestehen, der einen Soll-/Istwert-Vergleich durchführt; es wurden aber auch hochkomplexe Regelungen entworfen, bei denen die Energiedifferenz zwischen Ist- und Soll-Zustand exakt berechnet wird, und genau diese Energie wird dann dem System zugeführt oder entnommen. Welche Regelung sinnvoll ist, wird oft durch die Anwendung des Aktors bestimmt.

Bild 11.7 beschreibt grundsätzliche Möglichkeiten zum Betrieb von Aktoren an Schaltverstärkern. In Bild 11.7a liegt beispielsweise ein Piezoaktor am Verstärkerausgang. Die Drosselspule dient primär zur Zwischenspeicherung der Energie; sie schützt den Aktor aber auch vor den steilen Flanken der rechteckförmigen Schaltspannung $u$, nicht jedoch vor den Schaltspitzen im dreieckförmigen Strom-Zeit-Verlauf $i \sim \int u\,dt$, so dass in der Piezokeramik erhebliche mechanische Spannungen auftreten können. Es ist denkbar, in der gleichen Schaltungstopologie, dann jedoch bei bipolarer Versorgungsspannung, einen Aktor mit induktivem Verhalten an Stelle der Drosselspule einzusetzen (s. Bild 11.7b).

Ist eine bipolare Versorgungsspannung nicht gewollt, kann die Schaltung mittels zweier weiterer Transistoren zu einer Vollbrücke erweitert werden, siehe Bild 11.7c (Achtung: in der Vollbrücke dürfen Aktorstrom und Aktorspannung nur mit galvanisch entkoppelten Tastköpfen gemessen werden). Beim direkten Anschluss eines induktiven Aktors an die Schalttransistoren muss beachtet werden, dass realiter oft eine kapazitive Kopplung zwischen Spulenwicklung und Gehäuse besteht, außerdem können sich Wirbelströme im aktiven Material und in der Flussführung ausbilden. In diesen Fällen ist eine Beaufschlagung des Aktors mit der Schaltspannung zu vermeiden. In Bild 11.7d wird der Aktor daher mit Hilfe eines (laufzeitverlängernden!) *RLC*-Filters vom Verstärkerausgang entkoppelt; hier kann die Aktorspannung auch massebezogen gemessen werden.

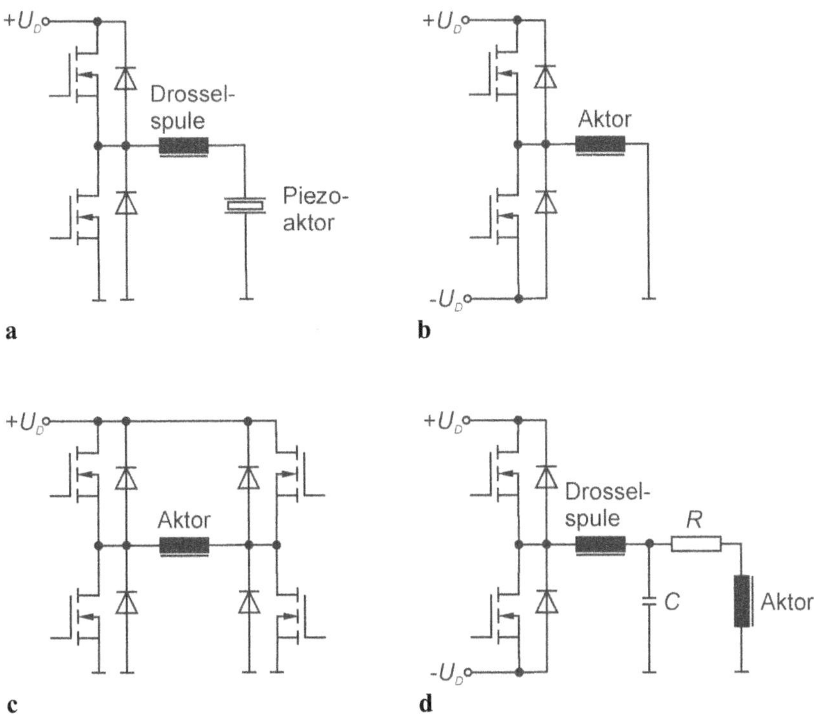


***Bild 11.7*** *Beispiele für die Anschlussmöglichkeiten von Aktoren an Schaltverstärker*

Abhängig von den Anforderungen an die Signalqualität muss die Schaltfrequenz um einige Zehnerpotenzen über der höchsten Signalfrequenz liegen. Bei dynamischen Anwendungen steigt die zu übertragende Leistung aber linear mit der Signalfrequenz, und je höher diese Leistung ist, desto niedriger muss die Arbeitsfrequenz des schaltenden Verstärkers gewählt werden. Wenn Arbeits- und Schaltfrequenz sich nun annähern, macht letztere sich im Signal immer deutlicher bemerkbar und die Dimensionierung eines Filters, dessen Eckfrequenz einen deutlichen Abstand sowohl von der Signalfrequenz als auch von der Schaltfrequenz haben sollte, wird immer schwieriger.

Wenn eine sinusähnliche Signalform gewünscht wird, oder wenn die Signalform eine untergeordnete Rolle spielt, sind die Signalfrequenz und die Schaltfrequenz gleich groß zu wählen. Die Induktivität der Drosselspule (oder der Feldspule) und die Kapazität des Kondensators (oder des Piezoaktors) werden dann so abgestimmt, dass eine halbe Schwingungsperiode der elektrischen Resonanzfrequenz der gewünschten Anstiegs- bzw. Abfallzeit entspricht.

Die richtige Dimensionierung der Spule zur Energieübertragung ist also von großer Bedeutung für die Eigenschaften eines schaltenden Verstärkers. Sie muss so ausgelegt sein, dass das erforderliche Energiemaximum ohne Sättigung der Spule erreicht wird und mit ausreichend hoher Schaltfrequenz übertragen werden kann. Zu berücksichtigen ist hier das während einer Signalperiode auftretende größte einzelne Energiepaket, das übertragen werden muss, um die maximale Momentanleistung an die Last zu liefern. Die Spule muss daher in Hinblick auf die Pulsleistung des Verstärkers dimensioniert werden.

**Analoge Leistungsverstärker.** Im Unterschied zum Schaltverstärker, bei dem die Leistungstransistoren immer entweder sperrend oder leitend sind, werden die Leistungstransistoren in analogen Verstärkern als gesteuerte Stellglieder kontinuierlich über ihren gesamten Arbeitsbereich betrieben. Hierbei wird keine Energie in Blindelementen zwischengespeichert. Die analoge Schaltungstechnik ist daher nur unter großem Aufwand geeignet, die im Aktor gespeicherte Feldenergie zurück zu gewinnen. Beim Feldabbau wird die Energie in Verlustwärme umgesetzt. Auch der Feldaufbau kann nicht energetisch günstig durch Zwischenspeicherung der Energie in einem Blindelement erfolgen, sondern es wird (bei maximaler Aussteuerung) eine Energiemenge in Wärme umgesetzt, die etwa so groß ist wie die Energie, die in den Aktor übertragen wird.

Wenn also beispielsweise ein Piezoaktor, der Einfachheit halber als reine Kapazität angenommen, auf das Energieniveau $\frac{1}{2}\,CU^2$ geladen werden soll, wird beim Aufladen bereits die gleiche Energie $\frac{1}{2}\,CU^2$ in der Endstufe in Wärme umgesetzt. Beim Entladen wird die Energie aus dem Aktor ebenfalls in Wärme umgesetzt. Ein vollständiger Auf- und Entladezyklus setzt daher bei der analogen Schaltungstechnik die Energie $E = CU^2$ oder die Leistung $P = fCU^2$ um, wobei $f$ die Signalfrequenz ist. Bild 11.8a zeigt von links nach rechts das Aufladen eines Piezoaktors (Zeitpunkt $t_1$), das energielose Halten ($t_2$) und das Entladen ($t_3$). Bild 11.8b beschreibt den Energiefluss in einem Arbeitszyklus bei voller Aussteuerung unter der Annahme, dass die vom Aktor verrichtete mechanische Arbeit und die Hystereseverluste im Aktor 30 % (Erfahrungswert) der zugeführten elektrischen Energie betragen.

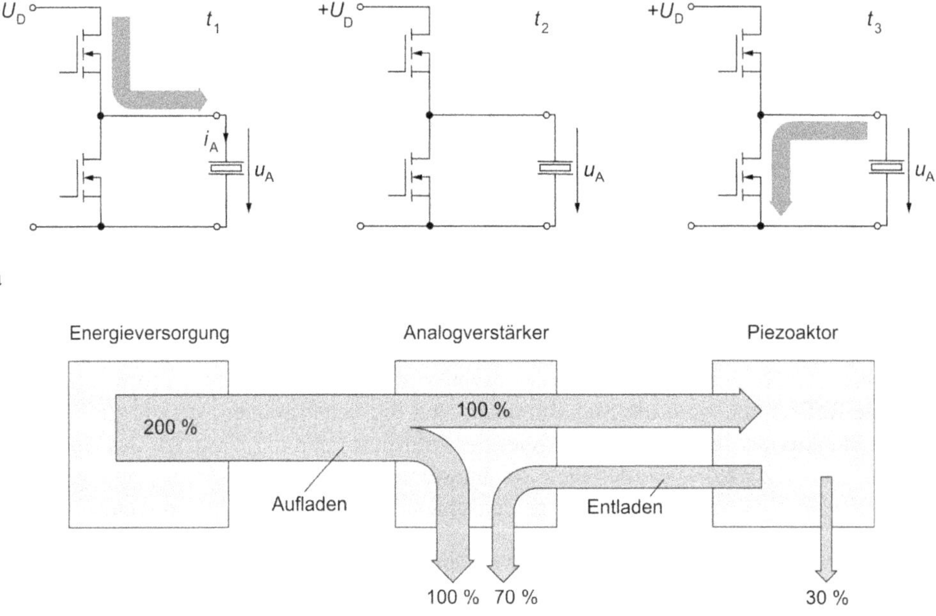


*Bild 11.8* *Klasse C-Leistungsverstärker mit Piezoaktor als Last.* ***a*** *Vollständiger Lade- und Entladezyklus,* ***b*** *Energieflussdiagramm*

Der analoge Leistungsverstärker ist energetisch gesehen zwar ungünstiger als die schaltende Versorgung, aber er hat auch erhebliche Vorteile: Da keine Schaltvorgänge auftreten, ist eine aufwändige und laufzeitverlängernde Signalfilterung auf der Leistungsseite nicht erforderlich. Der Analogverstärker kann an seinem Ausgang praktisch sofort auf ein Eingangssignal reagieren (Verzögerungszeiten typisch im Mikrosekundenbereich), während beim Schaltverstärker der Zeitbedarf für das Laden bzw. Entladen der Spule (in der Regel mit Taktfrequenz) für eine spürbare Signalverzögerung sorgt.

Der Analogverstärker arbeitet also verzerrungsarm und nahezu verzögerungsfrei. Das wichtigste Entwurfskriterium ist seine Ausgangsdauerleistung, denn sie bestimmt Art und Abmessungen der Kühlkörper. Bei Betrieb mit pulsförmigen Signalen hoher Leistung kann die Verlustenergie in weiten Grenzen thermisch zwischengespeichert werden. Ein Verhältnis zwischen Pulsleistung und Dauerleistung bis zu 100 ist möglich.

**Hybride Leistungsverstärker.** Die Kombination von einem schaltenden und einem analogen Verstärker wird hier als hybride Leistungselektronik bezeichnet. Der schaltende Teil überträgt den Hauptanteil der Energie verlustarm aus dem Versorgungsnetz in den Aktor und kann einen Großteil der gespeicherten Feldenergie beim Abbau zurück gewinnen. Der analoge Teil ist zwischen dem schaltenden Teil und der Last angeordnet; er wird mit etwa 10 % der Betriebsspannung versorgt (s. Bild 11.9) und benötigt dadurch auch nur rund 10 % der Leistung eines reinen Analogverstärkers.

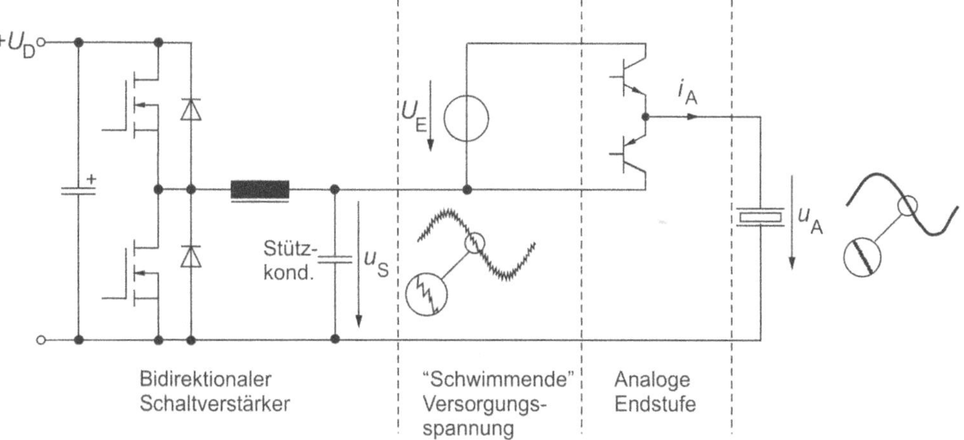


***Bild 11.9*** *Möglicher Aufbau eines Hybridverstärkers*

Schaltungstechnisch ersetzt der analoge Teil das bei einem Schaltverstärker oft erforderliche passive Filter, er übernimmt somit die Aufgabe eines analogen Filters auf Leistungsebene. Die Welligkeit des Ausgangssignals des Schaltverstärkers kann um mehr als 20 dB gedämpft werden. Ein passives Spulenfilter verursacht meistens relativ hohe Verzögerungszeiten; das analoge Leistungsfilter hingegen kann auf ein Eingangssignal reagieren, noch bevor im Schaltverstärker der nächste Taktzyklus durchfahren wird. Der analoge Teil im Hybridverstärker ist also in der Lage, die Nachteile eines reinen Schaltverstärkers weitgehend zu kompensieren.

### 11.1.3 Vergleich der Schaltungskonzepte

Bei analogen Leistungsverstärkern kann die gespeicherte Feldenergie nur unter hohem schaltungstechnischem Aufwand zurück gewonnen werden. Die Ausgangsdauerleistung bestimmt die Größe des Netzteils und die Abmessungen der Kühlkörper. Damit ist die Ausgangsdauerleistung das dominierende Kriterium für Baugröße und Gewicht des Analogverstärkers. Seine Signalgüte ist ausgezeichnet; es sind sehr hohe Strom- und Spannungsanstiegsraten realisierbar, und oft werden sogar die Kriterien der HiFi-Norm (z.B. Klirrfaktor und Bandbreite) deutlich übertroffen. Analoge Verstärker arbeiten in der Regel über einen weiten Wertebereich der Lastimpedanz stabil und können so dimensioniert werden, dass ein Vielfaches der Dauerleistung als Pulsleistung zur Verfügung steht. Für den allgemeinen Laboreinsatz sind sie daher die beste Wahl.

Schaltende Verstärker bieten als wichtigen Vorteil die Möglichkeit der Energierückgewinnung. Sie arbeiten wesentlich effizienter als analoge Verstärker, und im Leistungsteil verbrauchen sie erfahrungsgemäß nur etwa ein Zehntel der Energie, die bei einem analogen Leistungsverstärker in Wärme umgesetzt wird. Besonders für mobile Systeme, bei denen Energie mitgeführt oder aus Bordmitteln erzeugt werden muss, kann dies von entscheidender Bedeutung sein, denn das Netzteil und die Kühlung können dann erheblich kleiner dimensioniert werden.

Der Energiebedarf der wesentlich aufwändigeren Regelung des Schaltverstärkers darf jedoch nicht vernachlässigt werden. Er ist der Grund dafür, dass unterhalb einer gewissen Leistungsgrenze (etwa 1 ... 10 Watt) die energierelevanten Vorteile eines Schaltverstärkers immer geringer werden. Da Schaltverstärker in der Regel mit einer festen Taktfrequenz oder in einem begrenzt variablen Taktfrequenzbereich arbeiten, können sie auf Änderungen des Eingangssignals oder der Ausgangsgröße (z.B. infolge von Lastrückwirkungen) nicht spontan reagieren, sondern immer nur zu bestimmten Zeitpunkten. Die damit verbundenen Laufzeiten können zu einem unerwünschten Verhalten des Gesamtsystems führen.

Je nach Anforderung an die Güte des Ausgangssignals muss dem schaltenden Verstärker ein Filter nachgeschaltet werden, durch das die ohnehin begrenzte Verstärkerdynamik weiter reduziert wird. Die Impedanz der Last verändert die Eigenschaften des Filters und/oder auch die Eigenschaften (z.B. die Grenzfrequenz) der Schaltstufe des Verstärkers. Daher ist das Verhältnis von maximal zu minimal zulässiger Lastimpedanz bei einem schaltenden Leistungsverstärker deutlich kleiner als bei einem Analogverstärker.

Die inneren Energiespeicher eines schaltenden Verstärkers (Kondensatoren, Spulen) müssen in Hinblick auf die maximal auftretende Momentanleistung ausgelegt werden. Größe und Gewicht eines schaltenden Verstärkers werden zum einen von der Dauerleistung und dem erzielten Wirkungsgrad (Kühlaufwand, Netzteil) bestimmt, zum anderen vom Verhältnis von

Dauerleistung zu Pulsleistung. Ein Faktor 100, wie er bei analogen Leistungsverstärkern möglich ist, würde den Aufwand für die Drosselspule und für die Leistungsschalter so groß werden lassen, dass ein analoger Verstärker in diesem Fall oft die bessere Wahl ist.

Schaltende Verstärker sind dann eine gute Wahl, wenn eine konstante Last mit immer der gleichen Signalform angesteuert werden soll. Ein Beispiel ist der Piezoinjektor im Automobilbereich (vgl. Abschnitt 2.7.2). Hier werden in den Entwicklungslaboren zuerst mittels analoger Leistungsverstärker die optimalen Signalverläufe am Steuereingang der Einspritzventile ermittelt. Anschließend werden Schaltverstärker für den Serieneinsatz entworfen, die genau diese Signalverläufe an der bekannten Last erzeugen und außerdem durch Rückgewinnung der Feldenergie sehr effizient arbeiten.

Ein hybrider Leistungsverstärker vereint die Vorteile von schaltendem und analogem Verstärker. Von der Lastseite aus betrachtet verhält der Hybridverstärker sich etwa so wie ein analoger Leistungsverstärker. Bei kleineren Signalamplituden oder Ausregelvorgängen innerhalb der Nennspannung der nachgeschalteten analogen Endstufe arbeitet die Schaltstufe nicht, und der Verstärker wirkt als reiner Analogverstärker. Aus Sicht der Energieversorgung arbeitet er jedoch wie ein Schaltverstärker. Der größte Anteil der Energie wird demnach verlustarm in die Last hinein und wieder zurück übertragen, was gerade beim Großsignalbetrieb für einen hohen Wirkungsgrad wichtig ist.

Durch die analoge Stufe im Hybridverstärker werden die Anforderungen an die schaltende Stufe deutlich reduziert: Es genügt nun, dass die schaltende Stufe einen Sollwert der Ausgangsspannung liefert, der innerhalb des eingeschränkten Betriebsspannungsbereiches der analogen Stufe liegt. Eine dynamische oder auch statische Abweichung innerhalb dieser Grenzen kann von der analogen Stufe kompensiert werden. Das Verhältnis von Taktfrequenz zu Signalfrequenz von einigen hundert bei einem reinen Schaltverstärker lässt sich für den schaltenden Teil des Hybridverstärkers ggf. auf wenige zehn verringern.

Bild 11.10 zeigt beispielartig die Ausgangsspannung eines Schaltverstärkers mit Zweipunktregelung: Da innerhalb einer Periode lediglich $n = 42$ Schaltvorgänge erfolgen, ist die verbleibende Restwelligkeit für den direkten Betrieb eines Aktors zu hoch; als Stützspannung für das analoge Filter im Hybridverstärker ist sie jedoch tolerierbar.

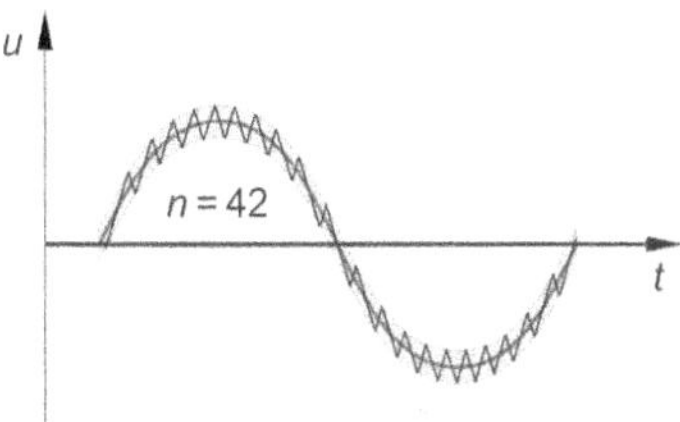


***Bild 11.10** Spannungs-Toleranzband im schaltenden Teil eines Hybridverstärkers mit Zweipunktregelung*

Einige Nachteile der beiden Verstärkerarten bleiben jedoch, wenn auch abgemildert, bestehen: Infolge der Trennung von Ausgang und Last durch ein analoges Filter ist die Rückwirkung der Lastimpedanz auf den schaltenden Teil zwar geringer als beim reinen Schaltverstärker, aber sie bleibt vorhanden. Die Induktivität der Drosselspule bestimmt nach wie vor die Dynamik des schaltenden Teiles und somit auch die Großsignaldynamik des Gesamtsystems. Für hochdynamische Anwendungen ist daher auch das hybride Konzept nicht uneingeschränkt geeignet. Der Schaltverstärker muss für die gesamte zu übertragende Leistung ausgelegt werden, und der analoge Schaltungsteil verhält sich wie ein reiner Analogverstärker, wobei allerdings der Kühlaufwand reduziert ist und die Anzahl der ggf. parallel zu schaltenden Endstufentransistoren kleiner ist.

## 11.2 Leistungselektronik für Piezoaktoren und ERF-Aktoren

Ohmsch-kapazitive Lasten erfordern im dynamischen Betrieb überwiegend Blindleistung und wenig Wirkleistung. Die Betriebsspannung ist in der Regel vorgegeben, der Strom ergibt sich als Produkt aus der Lastkapazität und der zeitlichen Ableitung der Spannung ($C\mathrm{d}u/\mathrm{d}t$).

### 11.2.1 Ansteuerung von Piezoaktoren

Piezoaktoren benötigen im Großsignalbetrieb elektrische Feldstärken bis 2 kV/mm. Die Dicke der Keramikschichten von 30 bis 500 µm führt damit auf Ansteuerspannungen von 60 bis 1000 V. Piezoaktoren werden im Allgemeinen mit positiven Spannungen betrieben. Eine Ansteuerung in den negativen Bereich hinein bis zu 20 % der Nennspannung ist häufig zulässig. Das Verhältnis Stellweg zu Spannung wird auf diese Weise größer als bei rein positiver Ansteuerung, andererseits ist die Kennlinienhysterese in diesem Teil des Arbeitsbereiches besonders ausgeprägt (vgl. Bild 2.4).

**Spannungssteuerung.** Die einfachste und gebräuchlichste Art der Ansteuerung ist die Spannungssteuerung. Damit können Piezoaktoren betrieben werden, ohne dass sie durch nicht kontrollierbare Unter- oder Überspannung gefährdet werden. Der Leistungsverstärker muss hohe Stromamplituden liefern, um die geforderten Signale darstellen zu können. Eine Drift der Spannung am Aktor kann durch eine Spannungsüberwachung verhindert werden. Aktoren gleicher Länge, in denen dieselbe Feldstärke herrscht, werden sich – anders als bei der Ladungssteuerung (s.u.) – auch bei unterschiedlichen Kapazitätswerten (d.h. verschieden großen Querschnittsflächen) um die gleichen Beträge dehnen. Die hysteresebehaftete Auslenkung-Spannung-Kennlinie kann beispielsweise mit Hilfe einer Wegregelung linearisiert werden (s. Abschnitt 2.6.2).

Spannungsverstärker sind an ihrem Ausgang im Allgemeinen niederohmig. Wenn ein elektrisch angesteuertes Aktorsystem mechanisch nachschwingt, werden im Aktor positive und negative Ladungen erzeugt. Der Verstärker ist dann aufgrund seines niederohmigen Ausgangswiderstandes in der Lage, dem schwingenden System Energie zu entziehen. Bei Spannungsverstärkern mit veränderbarem Maximalstrom kann dieser so eingestellt werden, dass auch bei steilen Rechtecksignalen keine Schwingungen des Aktors angeregt werden (vgl. Abschnitt 2.6.1, Tabelle 2.5).

**Stromsteuerung.** So wie bei einem Piezoaktor Spannung und Auslenkung in erster Näherung zueinander proportional sind, entsprechen sich auch deren zeitliche Ableitungen, letztlich also Strom und Geschwindigkeit. Dieser Zusammenhang ist nahezu hysteresefrei. Bei Anwendungen, die eine Geschwindigkeit als Ausgangsgröße des Aktors erfordern, kann er daher mit Strom angesteuert werden. Eine Spannungsregelung muss in diesem Fall dafür sorgen, dass der zulässige Betriebsspannungsbereich nicht verlassen wird.

**Ladungssteuerung.** Werden Geschwindigkeit und Strom über die Zeit integriert, erhält man Weg und Ladung. Dieser Zusammenhang ist bei einem mechanisch nicht belasteten Aktor ebenfalls nahezu hysteresefrei. Die Ladungssteuerung stellt jedoch hohe Anforderungen an die Präzision der erforderlichen Integrierglieder. Bei der Strom- und Ladungssteuerung werden Verstärker mit hochohmigem Ausgang verwendet. Diese können die vom Piezoaktor erzeugten Ladungen nicht abführen, so dass ohne Spannungsüberwachung eine Drift der Aktorspannung in unzulässige Bereiche möglich ist (vgl. Abschnitt 2.6.1, Tabelle 2.5).

**Energiesteuerung (Schaltverstärker).** Schaltverstärker arbeiten, wie in Abschnitt 11.1.2 beschrieben, als Sperrwandler oder als Durchflusswandler. Beim Sperrwandler (s. Bild 11.5a) wird zuerst ein Energiepaket in der Spule zwischengespeichert und dann auf den Piezoaktor übertragen, der nach einem Schaltvorgang die Energie $E = \frac{1}{2} CU^2$ speichert. In dieser Betriebsart wird der Piezoaktor also mit dem Produkt aus Ladung $q = CU$ und Spannung $U$ angesteuert.

Beim Durchflusswandler (s. Bild 11.5b) wird der Strom, der die Spule mit Energie lädt, auch durch den Aktor geführt, in dem er ebenfalls Energie aufbaut. Je nachdem, ob der Schaltzeitpunkt von einer festen Schaltfrequenz bestimmt oder beim Überschreiten eines Sollstromes oder einer Sollspannung am Piezoaktor ausgelöst wird, erfolgt bis zum Schaltzeitpunkt – abhängig von der Systemauslegung – eine Spannungssteuerung, Stromsteuerung, Ladungssteuerung oder eine Mischform. Nach dem Schaltvorgang wird die Energie aus der Spule wie beim Sperrwandler in den Piezoaktor übertragen, und es erfolgt die beschriebene Energiesteuerung.

In beiden Fällen sind nach dem Schaltvorgang die Schalttransistoren normalerweise gesperrt, der Ausgang des Verstärkers ist also hochohmig. Um im Ruhezustand des Aktors eine nicht erwünschte Ladung abbauen zu können, die thermisch, durch Drift oder durch mechanische Belastung entstehen kann, muss der Verstärkerausgang nach dem Entladen des Aktors relativ niederohmig sein. Diese Bedingung muss schaltungstechnisch erfüllt werden.

**Ansteuerung über inverse Modelle.** Diese Art der Ansteuerung basiert auf einem inversen Modell des Piezoaktors (vgl. Abschnitt 2.6.2 und Kapitel 12). Zunächst wird der Aktor unter den später zu erwartenden Betriebsbedingungen identifiziert, indem auf der mechanischen Seite Weg und Kraft und auf der elektrischen Seite Strom und Spannung erfasst werden. Mit den Messwerten wird ein Aktormodell berechnet, das Hysterese, Kriecheffekte und extern wirkende Kräfte berücksichtigt. Dieses Modell wird invertiert und in einem Steuerrechner abgelegt, der dem Leistungsverstärker vorgeschaltet ist. Im späteren Betrieb werden aus den gemessenen elektrischen Größen die mechanischen Aktorgrößen rekonstruiert und die Hysterese und das Kriechen des Piezoaktors kompensiert.

**Rückwirkungen auf den Verstärker.** Bei (langsamen) Temperaturänderungen oder unter mechanischer Last können Piezoaktoren erhebliche Ladungsmengen und somit hohe elektrische Spannungen erzeugen. Der Leistungsverstärker darf hierdurch keinen Schaden nehmen.

Ein Spannungsverstärker sollte einen ausreichend großen Ausgangsstrom liefern können, um den Piezoaktor trotz selbst erzeugter Ladung dynamisch ansteuern zu können; ein hochohmiger Verstärker muss die Spannungsspitzen an seinem Ausgang ohne Schaden überstehen.

### 11.2.2 Ansteuerung von elektrorheologischen Flüssigkeiten

Elektrorheologische Flüssigkeiten (ERF) werden mit Feldstärken bis etwa 6 kV/mm betrieben. Um die erforderlichen elektrischen Spannungen gering zu halten, werden die Steuerspalte möglichst eng ausgeführt. In Abhängigkeit von Partikelgröße und Durchfluss ergeben sich üblicherweise Spaltweiten von 0,2 bis 1 mm, die maximalen Steuerspannungen betragen dann 1 bis 6 kV. ERFs, die bei Gleichspannungsansteuerung zu Elektrophorese neigen, müssen mit einer Wechselspannung angesteuert werden; diese muss hochfrequent gegenüber der Signalfrequenz sein, und die Ansteuerung erfolgt im einfachsten Fall durch Amplitudenmodulation.

Sollte ein (relativ langsamer) Zweipunktbetrieb des Aktors ausreichen, besteht die einfachste Ansteuerelektronik aus einem herkömmlichen Netztransformator, der die erforderliche Hochspannung unmittelbar aus der Netzspannung erzeugt und beispielsweise über ein Halbleiterrelais ein- und ausgeschaltet wird. Wenn die Selbstentladung nicht schnell genug erfolgt ($T = RC = \varepsilon_{\mathrm{ERF}}/\kappa_{\mathrm{ERF}}$, vgl. Bild 4.11), um den ERF-Aktor bei der vorgesehenen Betriebsfrequenz zu deaktivieren, muss zusätzlich eine Entladeschaltung vorgesehen werden (Zweiquadranten-Betrieb). Sofern die Ansteuerfrequenz so niedrig ist, dass die Selbstentladung ausreichend schnell stattfindet, genügt die reine Aufladung (Einquadranten-Betrieb).

**Rückwirkungen auf die Leistungselektronik.** Bei elektrorheologischen Aktoren werden die Betriebsarten Fließ-, Scher- und Quetschmodus unterschieden (s. Abschnitt 4.3.2). Von den ersten beiden sind keine Rückwirkungen bekannt; im Quetschmodus können jedoch bei schneller Abstandsänderung der Kondensatorplatten hohe elektrische Spannungen erzeugt werden. Wenn ein Aktor im Quetschmodus betrieben wird, müssen daher geeignete Maßnahmen getroffen werden, um eine Beschädigung des Verstärkers zu vermeiden.

Unabhängig von den Betriebsmodi gilt, dass die maximalen Steuerfeldstärken (6 kV/mm) über der Durchschlagfeldstärke von Luft (1 kV/mm und weniger) liegen. Lufteinschlüsse oder Verunreinigungen in der ERF können, wenn sie in den Steuerspalt gelangen, daher zu Spannungsüberschlägen und somit zu weiteren Verunreinigungen führen. Auf der mechanischen Seite müssen hiergegen konstruktive Maßnahmen getroffen werden, da der Aktor sonst ausfallen könnte. Der Verstärker darf durch solche Überschläge nicht beschädigt werden.

Aufgrund der hohen erforderlichen Betriebsspannungen erfolgt die Spannungserzeugung mit einem Schaltnetzteil. Für die Entladeschaltung, sofern diese benötigt wird, kann zur Verringerung des Aufwandes eine Reihenschaltung von analog betriebenen Transistoren (wegen der hohen Spannung) vorgesehen werden.

### 11.2.3 Wichtige Kenngrößen für den Verstärkerentwurf

Die Auswahl des am besten geeigneten Leistungsverstärkers erfolgt in mehreren Schritten. Zuerst ist festzustellen, in welchen Quadranten der Verstärker arbeiten muss. Danach sind die zum Betrieb erforderlichen Spannungs-, Strom- und Leistungswerte zu ermitteln.

**Nennspannung des Verstärkers.** Die erforderliche Ausgangsspannung des Leistungsverstärkers ergibt sich aus den Kennwerten des Aktors. Wenn sein Betriebsspannungsbereich nicht vollständig genutzt werden muss, kann auch ein Verstärker mit kleinerer Ausgangsspannung gewählt werden.

**Mittlerer Strom, Dauerleistung.** Bei monoton verlaufenden Signal-Zeit-Verläufen kann der mittlere Strom aus der Gleichung

$$I = f\,C U_{\mathrm{ss}} \tag{11.1}$$

und die Dauerleistung aus

$$P = f\,C U_{\mathrm{ss}} U_{\mathrm{D}} \tag{11.2}$$

mit $U_{\mathrm{D}}$ als Nennspannung des Verstärkers berechnet werden (vgl. Bild 11.11a rechts). Bei komplexen Signalverläufen sind innerhalb einer Periode mehrere Aufladungen mit unterschiedlichen Spannungsamplituden möglich. Maßgeblich für die Berechnung des erforderlichen mittleren Stromes ist bei kapazitiven Lasten nicht die Steilheit eines Auf- oder Entladevorganges, sondern die Summe der einzelnen Aufladevorgänge pro Signalperiode, sowie die Aktorkapazität und die Wiederholfrequenz; dies verdeutlicht das folgende Beispiel.

Angenommen, ein Piezoaktor mit einer Großsignal-Kapazität von 10 µF soll mit einer Wiederholfrequenz von 150 Hz zuerst auf 120 V aufgeladen, dann auf 80 V entladen und schließlich auf 180 V aufgeladen werden. Seine Entladung findet in umgekehrter Reihenfolge statt. Die Summe der Ladespannungen beträgt dann 120 V plus 100 V während des Aufladens und 40 V während des Entladens, also insgesamt 260 V. Zur Berechnung des mittleren Stromes wird das Produkt 150 Hz · 10 µF · 260 V gebildet, also 390 mA. Bild 11.11b zeigt rechts ein Beispiel für ein entsprechend zusammengesetztes Signal. Zur Berechnung der mittleren Leistung wird die Nennspannung des Verstärkers von 200 V herangezogen. Es werden 0,39 A · 200 V, also 78 W benötigt. Bei ER-Aktoren ist der Leistungsbedarf des Widerstands *R* (vgl. Bild 4.11) zusätzlich zu berücksichtigen.

**Maximalstrom, Pulsleistung.** Für die Ermittlung des Maximalstromes ist die größte Steigung des Spannung-Zeit-Verlaufs am Verstärkerausgang ausschlaggebend. Hierzu wird entweder zeichnerisch eine Tangente an den Kurvenverlauf gelegt oder es wird mathematisch differenziert. Der Maximalstrom $I_{\max}$ ergibt sich aus der Ladungsgleichung

$$\mathrm{d}q = C\,\mathrm{d}u. \tag{11.3}$$

Umgestellt nach $I$ erhält man hieraus

$$I_{\max} = C\,\mathrm{d}u/\mathrm{d}t \tag{11.4}$$

für die rechnerische bzw.

$$I_{\max} = C\,\Delta U/\Delta t \tag{11.5}$$

für die zeichnerische Lösung ($C$ ist die Großsignal-Kapazität). Bild 11.11 links zeigt zwei Beispiele. Die Pulsleistung folgt aus dem Produkt von Maximalstrom und Nennspannung des Verstärkers. Bei einem großen Verhältnis von Maximalstrom zu Dauerstrom ist der vom Widerstand $R$ der ERF bestimmte Stromanteil meist vernachlässigbar klein.

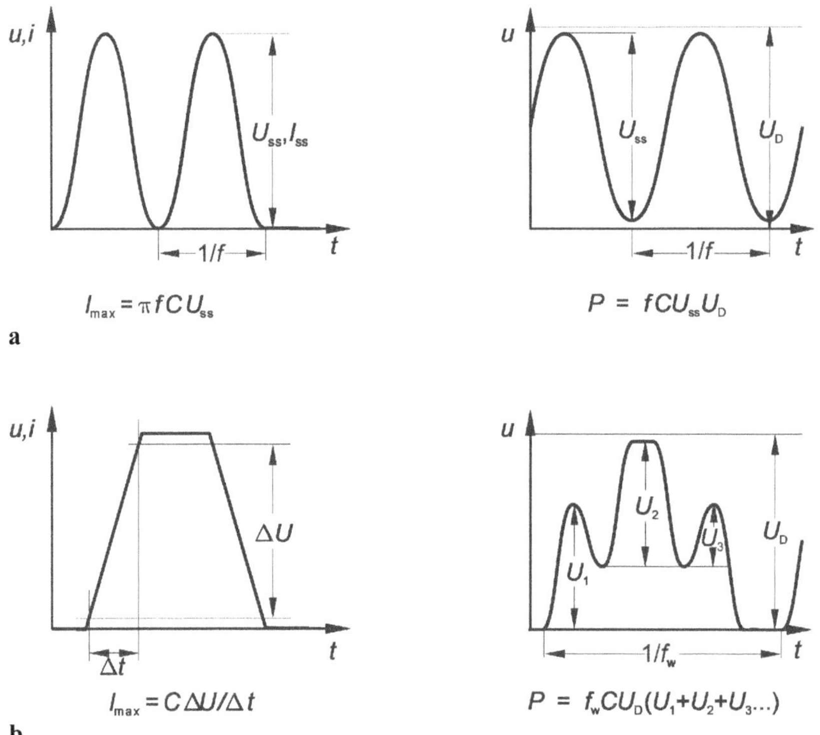


***Bild 11.11*** *Ermittlung von Verstärker-Kennwerten aus dem Signal-Zeit-Verlauf.* ***a*** *Monofrequente Signale,* ***b*** *komplexe periodische Signale*

# 11.3 Leistungselektronik für magnetostriktive Aktoren und MRF-Aktoren

Ohmsch-induktive Lasten zeichnen sich ebenfalls dadurch aus, dass sie – vor allem im dynamischen Betrieb – hauptsächlich Blindleistung und wenig Wirkleistung erfordern. Hier ist in der Regel der Strom vorgegeben, und die zum Betrieb erforderliche Spannung folgt aus der Lastinduktivität multipliziert mit der zeitlichen Ableitung des Stromes ($L$ d$i$/d$t$). Der Kupferwiderstand der Steuerspule muss ebenfalls berücksichtigt werden. Bei Betrieb an niedrigen Spannungen wie dem 12 V-Bordnetz in Kraftfahrzeugen sind bereits bei Stromstärken unterhalb von 10 A die Widerstände von Leitungen und Verbindungen (Steckern) einzubeziehen.

Beide Aktorarten werden von Magnetfeldern gesteuert. Der Arbeitspunkt kann beispielsweise durch Dauermagnete festgelegt werden; das von ihnen erzeugte Gleichfeld wird dann durch das Feld der Steuerspule verstärkt oder abgeschwächt. Dafür ist ein Vierquadranten-Verstärker erforderlich (vgl. Bild 11.4b). Anstelle einer Vormagnetisierung mit Dauermagneten kann man das Magnetfeld vollständig elektrisch erzeugen, wozu man einen Zweiquadranten-Verstärker benötigt (vgl. Bild 11.4a); hierbei sind die Kupferverluste jedoch nennenswert höher.

## 11.3.1 Ansteuerung von magnetostriktiven und magnetorheologischen Aktoren

Im Unterschied zu kapazitiven Lasten, bei denen die angelegte Spannung nahezu ohne Energieaufwand konstant gehalten werden kann, verursachen induktive Lasten immer dann die höchsten Verluste in analogen Leistungsverstärkern, wenn sie mit einem zeitlich konstanten, maximalen Strom angesteuert werden. Hierbei ist $L\,\mathrm{d}i/\mathrm{d}t = 0$, d.h. in der Spule wird keine Spannung induziert, und die Nennspannung des Verstärkers fällt fast ausschließlich an den Endstufen ab. In diesem Betriebszustand entsprechen die Verluste der Nennleistung. Dennoch ist für allgemeine Anwendungen und vor allem im Laborbetrieb der analoge Verstärker meistens die beste Wahl.

Ein Betrieb der Last direkt in einer Vollbrücke wie zum Beispiel bei Elektromotoren (vgl. Bild 11.7c) ist bei magnetostriktiven und magnetorheologischen Aktoren nicht in jedem Fall empfehlenswert. Elektromotoren benötigen im Allgemeinen einen hohen Anteil an Wirkleistung; die hier behandelten Aktoren haben jedoch prinzipiell einen sehr hohen Blindleistungsanteil. Konstruktiv unterscheiden sie sich ebenfalls deutlich von Elektromotoren, und eine konsequente Blechung der Magnetflussführung ist nicht immer durchführbar. Dies hat zur Folge, dass sich Wirbelströme im Magnetkreis ausbilden können. Eine unerwünschte elektrische Kapazität zwischen Wicklung und Gehäuse ist bei diesen Aktoren oftmals ausgeprägter als bei Elektromotoren. Der direkte Betrieb in einer schaltenden Vollbrücke würde erhebliche Wirbelstromverluste und sehr hohe Stromspitzen im Umschaltmoment ergeben, so dass ein sorgfältig abgestimmtes Frequenzfilter unverzichtbar wäre. Ein solches Filter, das die Schaltfrequenz wirksam von der Last entkoppeln können muss, hätte wiederum eine längere Signallaufzeit zur Folge.

Auch magnetostriktive und magnetorheologische Aktoren haben hysteresebehaftete bzw. nichtlineare Kennlinien: Im Unterschied zu Piezoaktoren, bei denen die Materialeigenschaften das Betriebsverhalten bestimmen, gehen hier – teilweise durch den Magnetkreis bedingt – auch konstruktive Merkmale in die Kennlinienhysterese ein. Regelkonzepte zur Hysteresekompensation und zur inversen Modellbildung sind denkbar, aber zum Teil noch Gegenstand der Forschung. Überwiegend wird hier die Stromansteuerung angewendet, gegebenenfalls mit zusätzlicher Rückführung der Istauslenkung oder Istkraft.

Zu berücksichtigen ist, dass schnelle zeitliche Stromänderungen eine hinreichend hohe Ausgangsspannung des Leistungsverstärkers voraussetzen, um sie realisieren zu können, aber beim Feldabbau auch an den induktiven Lasten selbst eine hohe Spannung induzieren können. Um das Entstehen von gefährlichen Spannungsamplituden zu verhindern, müssen abhängig vom Schaltungskonzept geeignete Maßnahmen getroffen werden. Freilaufdioden zwischen Verstärkerausgang und Spannungsversorgung oder Gerätemasse gehören ebenso dazu wie schaltungsmäßige Vorkehrungen zur Anstiegsratenbegrenzung im Signalpfad.

### 11.3.2 Wichtige Kenngrößen für den Verstärkerentwurf

Nachdem feststeht, in welchen Quadranten der Verstärker arbeiten muss, sind die erforderlichen Strom-, Spannungs- und Leistungswerte zu bestimmen.

Ausgangspunkt für die Wahl eines geeigneten Leistungsverstärkers sind die Kennwerte des anzusteuernden Aktors. Der erforderliche Strom muss vom Verstärker aufgebracht werden können; die benötigte Nennspannung wird aus der größten Steigung des Strom-Zeit-Verlaufs und der Lastinduktivität bestimmt. Hierzu legt man zeichnerisch eine Tangente an die Kurve, oder es wird mathematisch differenziert[29]. Die Nennspannung ergibt sich aus

$$U_\mathrm{L} = L\,\Delta I/\Delta t \tag{11.6}$$

für den zeichnerischen bzw.

$$U_\mathrm{L} = L\,\mathrm{d}i/\mathrm{d}t \tag{11.7}$$

für den rechnerischen Ansatz. Hierzu muss der Spannungsabfall $U_\mathrm{R}$ an der Wicklung geometrisch addiert werden:

$$U = \sqrt{U_\mathrm{L}^2 + U_\mathrm{R}^2}\,. \tag{11.8}$$

Wenn nicht speziell auf Last und Signalform abgestimmte Leistungsverstärker mit variabler oder umschaltbarer Betriebsspannung zum Einsatz kommen, bestimmen die größte Steilheit im Stromsignal und die dazu notwendige Spannung auch die Dauerleistung eines Analogverstärkers gemäß

$$P = U_\mathrm{D} I_\mathrm{max}\,. \tag{11.9}$$

Wenn der Aktor vom Anwender selbst entworfen wird, können bei vorgegebenem Wickelraum Strom und Spannung durch Ändern des Drahtdurchmessers der Steuerspule an die Erfordernisse angepasst werden. Die Kupferverluste und die Blindleistung bleiben bei konstantem Wickelvolumen weitgehend unverändert.

---

29 Die Vorgehensweise erfolgt wie bei den Leistungsverstärkern für kapazitive Lasten (vgl. Bild 11.11); es sind lediglich $I$ und $U$ sowie $L$ und $C$ zu tauschen: $U_\mathrm{max} = \pi f L I_\mathrm{ss}$, $U_\mathrm{max} = L\,\Delta I/\Delta t$.

## 11.4 Vorgehensweise bei der Auswahl eines Verstärkers

Sofern ein Leistungsverstärker zum Ansteuern von unkonventionellen Aktoren für allgemeine Laboranwendungen benötigt wird, fällt die Wahl in den meisten Fällen auf einen analogen Verstärker. Er hat die höchste Signalqualität und die größte Frequenzbandbreite und lässt einen breiten Wertebereich der Lastimpedanz zu. Der vergleichsweise höhere Energiebedarf ist dann häufig zweitrangig. Wenn die Nachbildung der elektrischen Steuergröße am Aktor eine hohe Pulsleistung erfordert, ist ebenfalls der Analogverstärker sinnvoll einsetzbar.

Bei Systemen mit autarker Energieversorgung und bei Systemen, in denen die Verlustwärme nur schwer abgeführt werden kann, ist die Rückgewinnung der Feldenergie von großer Bedeutung. Hierzu sind schaltende oder hybride Verstärker in der Lage. Diese müssen enger an die Lastimpedanz und an die zu erwartenden Signalverläufe angepasst werden, als dies bei analogen Verstärkern erforderlich ist. Es handelt sich meistens um Verstärker, die speziell für den jeweiligen Einsatz entwickelt werden und bei denen die Anpassung in der Regel durch Austausch von Bauteilen oder Neuprogrammierung der Steuerlogik erfolgt.

Bild 11.12 beschreibt eine Vorgehensweise zum Auffinden des bestgeeigneten Leistungsverstärkers für Piezoaktoren. Im Einzelfall ist eine Spezifizierung nötig – beispielsweise können adaptronische Konzepte eine konsequente Miniaturisierung der Leistungselektronik oder sogar ihre Integration in mechanische Strukturen erfordern. In diesem Fall ist die Reduzierung der Leistungsverluste im Verstärker das wichtigste Ziel, denn sie bestimmen wesentlich den erforderlichen Kühlungsaufwand und damit sein Bauvolumen. Entsprechend den obigen Ausführungen muss dann möglicherweise ein schaltender Verstärker realisiert werden.

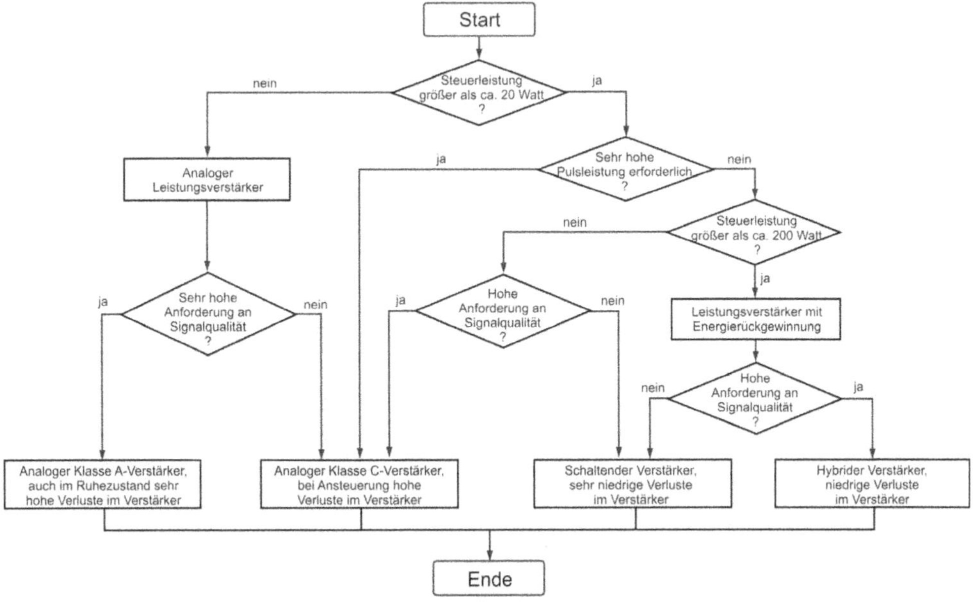


***Bild 11.12*** *Mögliche Vorgehensweise bei der Auswahl eines Piezoverstärkers*

Bei Schaltverstärkern wird das Bauvolumen – außer vom Wirkungsgrad – auch durch die Größe der verwendeten Blindelemente bestimmt (Drosselspulen, Kondensatoren, Filter). Man wird daher die Schaltfrequenz möglichst hoch wählen, um die zwischenzuspeichernde Energie und damit die Abmessungen der Blindelemente möglichst klein zu machen. Im günstigsten Fall können durch die Nutzung der Aktorfähigkeit, elektrische oder magnetische Energie zu speichern, Bauelemente im Leistungsverstärker eingespart werden (vgl. Bild 11.7b mit 11.7a).

# 12 Self-sensing-Aktoren

Bestimmte Werkstoffe wie piezoelektrische Keramiken und magnetostriktive Legierungen verfügen sowohl über aktorische als auch über sensorische Eigenschaften (s. beispielsweise Abschnitt 2.1). Solche multifunktionalen Werkstoffe enthalten gleichzeitig und am selben Wirkort Informationen über die mechanischen Ausgangsgrößen Kraft und Auslenkung sowie über die elektrischen Eingangsgrößen; sie werden daher auch als Self-sensing-Aktoren bezeichnet. Im Wesentlichen gibt es zwei Möglichkeiten zur Nutzbarmachung des Self-sensing-Effektes: Die zustandsbasierte Methode und die parameterbasierte Methode. In diesem Kapitel werden beide Methoden sowie die konkrete Vorgehensweise zur Rekonstruktion der mechanischen aus den elektrischen Zustandsgrößen erläutert. Am realen Beispiel eines piezoelektrischen Mikropositionierantriebs wird anschließend die Leistungsfähigkeit des Self-sensing-Konzeptes demonstriert

## 12.1 Einführung

In Bild 12.1 ist ein Self-sensing-Aktor Teil eines geschlossenen Wirkungsablaufs. Unter Nutzung des Self-sensing-Effektes lassen sich die mechanischen Prozessgrößen Kraft $F$ und Auslenkung $s$ aus gemessenen elektrischen Größen rechnerisch rekonstruieren ($F_r$, $s_r$), ohne dass es hierzu eines besonderen Kraftsensors oder eines zusätzlichen Wegsensors bedarf. Bei Systemen oder Prozessen, in denen ausschließlich Kraft- und Bewegungsgrößen (d.h. $F$, $s$ und deren zeitliche Ableitungen oder Integrale) von Interesse sind, kann man auf den – hellgrau getönten – Sensorzweig sogar völlig verzichten. Der Self-sensing-Effekt hält noch weitere positive Eigenschaften bereit: Da die Rekonstruktion von $F$ und $s$ eine Modellierung der statischen Ausgang-Eingang-Kennlinie des Self-sensing-Aktors voraussetzt, kann auf dieser Basis auch ein hysteresebehaftetes Übertragungsverhalten der Aktoren linearisiert werden (s. Abschnitt 12.5) [Kuh01].

Weitere Vorteile des Self-sensing-Effekts lassen sich am Beispiel einer Platten- oder Schalenstruktur verdeutlichen, auf der eine Anzahl von Self-sensing-Aktoren verteilt wird, die untereinander und mit einem zentralen Rechner zunächst sensorische Informationen – beispielsweise über die Eigenmoden der Struktur – austauschen (s. Bild 12.2). Auf der Basis eines im Rechner abgelegten Strukturmodells werden dann unter Nutzung dieser Informationen aktorisch wirkende Steuersignale generiert und den jeweils „zuständigen" Self-sensing-Aktoren direkt zugeführt. Damit kann man beispielsweise das Nachgiebigkeitsverhalten und/oder die Form der Flächengeometrie zielgerichtet regeln, je nachdem, ob es sich im konkreten Fall um mechanische (konstruktiver Leichtbau, Werkzeugmaschinen, adaptiver

Tragflügel, aktive Schwingungsdämpfung), optische oder akustische Aufgabenstellungen (adaptive Optik/Akustik, Schallkompensation) handelt.

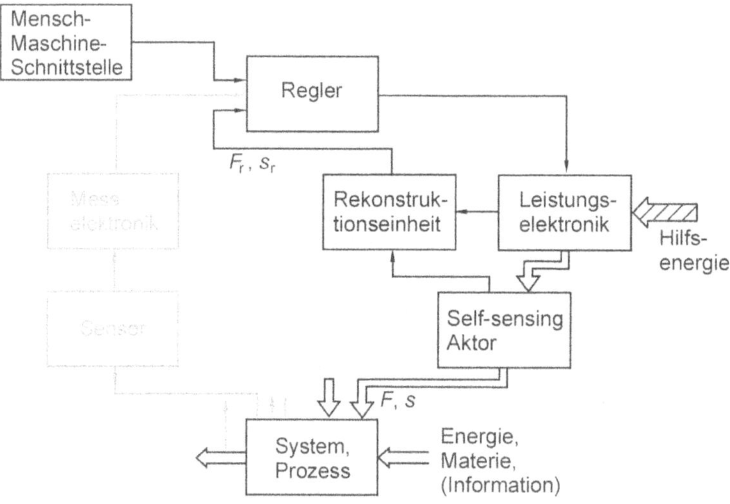


***Bild 12.1*** *Geschlossener Regelkreis mit Self-sensing-Aktor (vgl. mit Bild 1.3)*

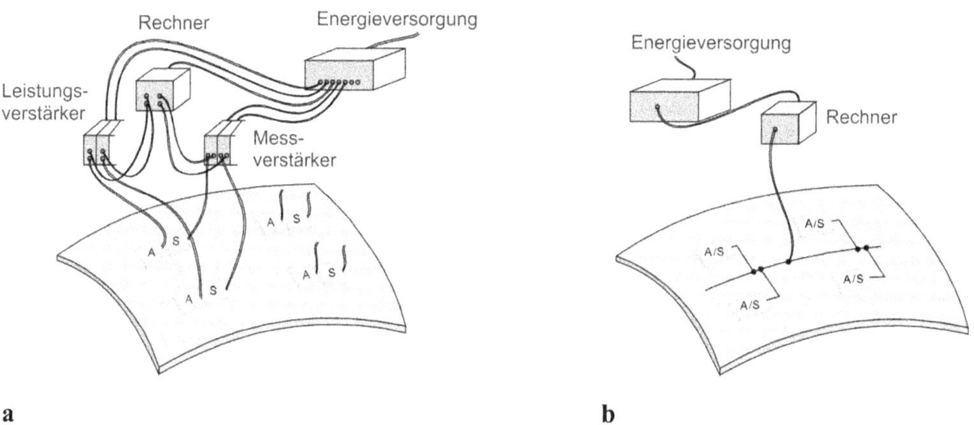


***Bild 12.2*** *Steuerung von flächenhaften Strukturgeometrien.* ***a*** *Mit herkömmlicher Aktor-Sensor-Konfiguration (A: Aktor, S: Sensor),* ***b*** *mit vernetzten Self-sensing-Aktoren*

Self-sensing-Aktoren sind dadurch gekennzeichnet, dass aktorisches und sensorisches Verhalten kollokiert sind, also exakt am selben Ort wirken. Dies bietet Vorteile beim Entwurf und Betrieb des Reglers, weil sich dann Reglertypen einsetzen lassen, für die vereinfachte Stabilitätsbedingungen gelten (z.B. *positive position feedback*, PPF-Regler). Als Nebeneffekt der Kollokation wird eine einfache Möglichkeit zur In-process-Überwachung der Piezokeramik und/oder der Struktur auf Schäden eröffnet (Selbstdiagnose, *health monitoring*). Hierbei werden piezoelektrische Self-sensing-Aktoren, die auf oder in einer Struktur appliziert sind, so betrieben, dass einige der Wandler aktorisch arbeiten und Testsignale in die Struktur leiten, während die anderen Wandler die Signale sensorisch erfassen und einem Auswerterechner zur Analyse übergeben. Die Rollen von Sender und Empfänger können dabei nach bestimmten Strategien vertauscht werden, um beispielsweise aus Abweichungen des Übertragungsverhaltens von einem Referenzmuster auf Materialfehler in der Struktur schließen zu können.

## 12.2 Operatorbasierte Modellierung von Festkörperaktoren

Beispiele für Festkörperaktoren mit Self-sensing-Eigenschaften sind piezoelektrische, elektrostriktive und magnetostriktive Wandler, sowie Aktoren mit Formgedächtnis(FG)-Legierungen und mit dielektrischen Polymeren. Die weiteren Ausführungen müssen sich aus Platzgründen auf die piezoelektrischen Aktoren beschränken; gleichwohl wird in diesem Kapitel gelegentlich eine Brücke auch zu magnetostriktiven Aktoren geschlagen (eine ausführliche Behandlung des Self-sensing-Effektes bei magnetostriktiven Aktoren findet man in [JK06]).

Die ersten Arbeiten, die sich – etwa seit Beginn der 1990er Jahre – mit dem Self-sensing-Effekt befasst haben, verwendeten zur Rekonstruktion der mechanischen Größen eine analoge Brückenschaltung in Verbindung mit einem linearen Systemmodell für die piezoelektrischen Materialbeziehungen. Hierdurch blieben jedoch die Folgen der elektrischen Großsignalansteuerung, nämlich nichtideales Übertragungsverhalten in Form von Hysterese, Kriech- und Sättigungserscheinungen, unberücksichtigt, was zu erheblichen Fehlern bei der Rekonstruktion der mechanischen Größen führen konnte. Aus diesem Grund wurde in jüngerer Vergangenheit versucht, die mechanischen Größen auf der Basis nichtlinearer Aktormodelle mit Hilfe eines digitalen Signalprozessors rechnerisch zu rekonstruieren.

Modelle zur Beschreibung hysteresebehafteten Übertragungsverhaltens haben sich gegen Ende des 19. Jahrhunderts aus unterschiedlichen Zweigen der Physik entwickelt, dem Ferromagnetismus und der Plastizitätstheorie. Erst Ende der 1960er Jahre wurde jedoch ein mathematischer Formalismus zur systematischen Behandlung hysteresebehafteter Übertragungsglieder entwickelt. Den Kern dieser Theorie bilden sogenannte Hystereseoperatoren. Im Unterschied zu Funktionen, die in der Regel reelle Zahlen auf reelle Zahlen abbilden können, sind Operatoren als Abbildungen von Funktionen auf Funktionen zu verstehen. Somit sind sie in der Lage den Einfluss der Vorgeschichte des Eingangssignalwertes $x(t)$, d.h. den Einfluss vergangener Eingangswerte, auf den momentanen Ausgangssignalwert $y(t)$ innerhalb eines vorgegebenen Zeitintervalls $[t_0, t_E]$ mit dem Anfangszeitpunkt $t_0$ und dem Endzeitpunkt $t_E$ darzustellen (Gedächtniseffekt). Daher wird nachfolgend die Operatorschreibweise

$$y(t) = P[x](t) \tag{12.1}$$

für die Beschreibung der hysteresebehafteten Nichtlinearitäten verwendet, wobei mit $P$ ein Operator bezeichnet ist.

## 12.2.1 Modellbeschreibung in Gleichungsform

Im aktorischen Betrieb möge der Piezowandler in Bild 2.9a mit der Spannung $U$ angesteuert werden. Im unbelasteten Fall werden hierdurch ein elektrisches ($q$-$U$-Zusammenhang) und ein aktorisches Übertragungsverhalten ($s$-$U$-Zusammenhang) hervorgerufen (s. Bild 12.3). Eine zusätzliche Belastung $F$ des Wandlers führt außerdem zu einem sensorischen ($q$-$F$-Zusammenhang) und einem mechanischen Übertragungsverhalten ($s$-$F$-Zusammenhang). Ist die Amplitude hinreichen klein, verursacht die mechanische Belastung lediglich eine elastische Deformation der Elementarzellen und damit verbunden eine Verschiebung der Ladungsschwerpunkte. In diesem Fall sind die sensorischen und mechanischen Charakteristiken linear. Bei größeren Belastungen werden jedoch zusätzlich mechanisch Domänenprozesse angeregt. Über die Domänenprozesse entsteht also eine Verkoppelung der elektrischen Steuergröße $U$ mit der mechanischen Belastung $F$, deren analytische Beschreibung durch vektorielle Hystereseoperatoren erfolgen kann [Ber94].

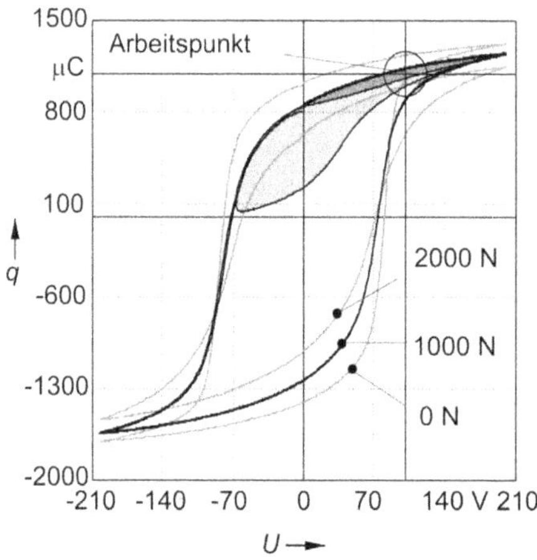


a

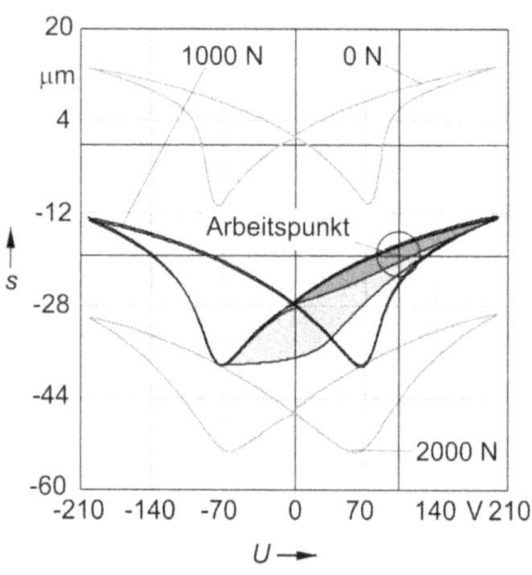


b

***Bild 12.3*** *Kennlinien eines piezoelektrischen Stapelaktors für unterschiedliche mechanische Belastungen (hellgrau: bipolarer Betrieb, dunkelgrau: unipolarer Betrieb).* ***a*** *Elektrische Charakteristik,* ***b*** *Aktorcharakteristik*

Um im Weiteren eine einheitliche, technologieneutrale Notation verwenden zu können, wird die elektrische Steuergröße $U$ als Eingangsgröße $X$ und die duale elektrische Größe $q$, die die Sensorinformationen über Auslenkung $s$ und Kraft $F$ enthält, als Ausgangsgröße $y$ bezeichnet. Damit lässt sich der gerade erläuterte Sachverhalt formal durch die Operatorgleichungen

$$y(t) = \Gamma_{\mathrm{S}}[X,F](t), \tag{12.2}$$

$$s(t) = \Gamma_{\mathrm{A}}[X,F](t), \tag{12.3}$$

ausdrücken, mit $\Gamma_S$ und $\Gamma_A$ als vektorielle Hystereseoperatoren für die Beschreibung des Sensor- und Aktorverhaltens. (12.2) wird als Sensorgleichung und (12.3) als Aktorgleichung des Festkörperwandlers bezeichnet.

Werden die elektrische Ansteuerung und die mechanische Belastung auf mittlere Amplituden beschränkt (bis ca. 40 % der Großsignalaussteuerung), so können die Abhängigkeit der hysteresebehafteten *y*-*X*(*q*-*U*)- und *s*-*X*(*s*-*U*)-Zusammenhänge von der mechanischen Belastung und die Abhängigkeit der hysteresebehafteten *y*-*F*(*q*-*F*)- und *s*-*F*-Zusammenhänge von der elektrischen Aussteuerung vernachlässigt werden. In diesem Fall lassen sich die vektoriellen Operatoren in den Gleichungen (12.2) und (12.3) durch die additive Überlagerung skalarer Operatoren ersetzen [Kuh01, KJ02]:

$$y(t) = \Gamma_E[X](t) + \Gamma_S[F](t), \tag{12.4}$$

$$s(t) = \Gamma_A[X](t) + \Gamma_M[F](t). \tag{12.5}$$

Hierin sind $\Gamma_E$, $\Gamma_A$, $\Gamma_S$, und $\Gamma_M$ skalare Operatoren, mit denen die hysteresebehafteten *y*-*X*-, *s*-*X*-, *y*-*F*- und *s*-*F*-Kennlinien beschrieben werden. Eine gute Möglichkeit dafür bieten beispielsweise der Preisach-Operator oder der sog. modifizierte Prandtl-Ishlinskii-Hystereseoperator [BKW97, KJ02]. Ein (später erkennbarer) Vorteil des Letztgenannten ist, dass seine Invertierung analytisch erfolgen kann, wobei der inverse Operator dieselbe Struktur besitzt wie der ursprüngliche Operator. Aus diesem Grund kann er effizient für Echtzeitanwendungen eingesetzt werden. Die Berechnung aus dem gemessenen Ausgang-Eingang-Verhalten des Festkörperaktors erfolgt mit Hilfe spezieller Syntheseverfahren, die ausführlich in [Kuh01] erläutert werden.

Erwähnt sei, dass bei hinreichend kleinen Amplituden von *X* und *F* (bis ca. 5 % der Großsignalaussteuerung) auch die in den Übertragungsstrecken auftretenden hysteresebehafteten Nichtlinearitäten vernachlässigt werden können. Dann folgen aus (12.4) und (12.5) die linearen Zusammenhänge

$$y(t) = \gamma_E X(t) + \gamma_S F(t), \tag{12.6}$$

$$s(t) = \gamma_A X(t) + \gamma_M F(t), \tag{12.7}$$

die mit der Gleichung (2.9) formal übereinstimmen. Die Zuordnung der Parameter $\gamma_E$, $\gamma_S$, $\gamma_A$, und $\gamma_M$ zu realen physikalischen Parametern findet man in Tabelle 12.1.

### 12.2.2 Modellbildung in Form von Signalflussplänen

Die vorgestellten Systemgleichungen lassen sich auch als Signalflusspläne interpretieren. Dies zeigt Bild 12.4 für den Piezowandler; diesem Diagramm liegen die Gleichungen (2.9a,b) und (2.10) zugrunde.

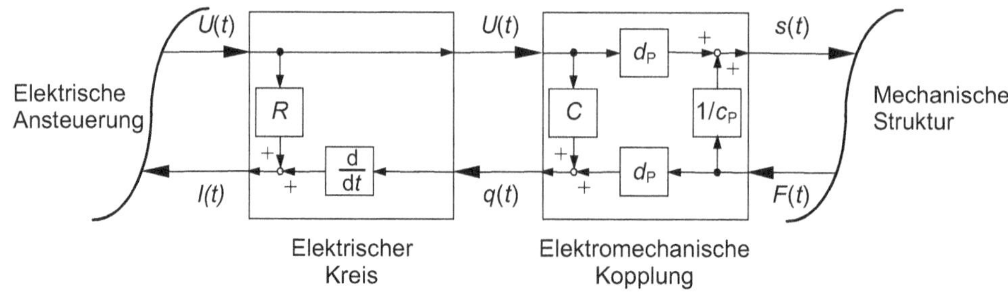


***Bild 12.4*** *Signalflussplan für den piezoelektrischen Aktor auf Basis der Gleichungen (2.9) und (2.10)*

Die Sensor- und Aktorgleichungen (12.2) und (12.3) definieren, zusammen mit Gleichung (12.8), den allgemeinen Signalflussplan für Self-sensing-Festkörperaktoren in Bild 12.5.

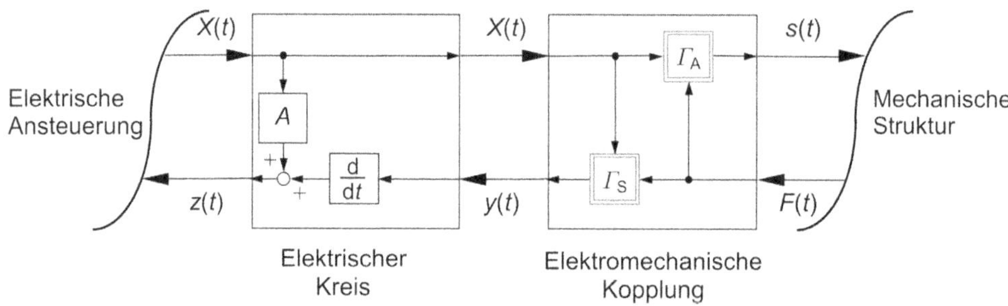


***Bild 12.5*** *Signalflussplan zur allgemeinen Beschreibung von Festkörperaktoren auf Basis der Gleichungen (12.2), (12.3) und (12.8)*

Das elektrische Wandlerverhalten wird durch

$$z(t) = \frac{\mathrm{d}}{\mathrm{d}t} y(t) + AX(t) \tag{12.8}$$

beschrieben, wobei $A$ im piezoelektrischen Fall der elektrische Widerstand $R$ ist. Die abstrakte Variable $z$ beschreibt den elektrischen Strom $I_g$ und beinhaltet die Sensorinformation aufgrund der inhärenten Sensoreigenschaften des Materials.

Dieser am Beispiel von piezoelektrischen Aktoren hergeleitete generalisierte Signalflussplan gilt auch für andere Festkörperaktoren. Tabelle 12.1 fasst die wichtigen Zustandsgrößen und Parameter für piezoelektrische und magnetostriktive Aktoren zusammen und ordnet sie den Größensymbolen des allgemeinen Modells zu.

***Tabelle 12.1*** *Zustandsgrößen und Materialparameter für piezoelektrische und magnetostriktive Aktoren*

| Allgemein | Piezoaktor | Magnetostriktiver Aktor |
|---|---|---|
| $X$ : Eingangsgröße | $U$ : Elektrische Spannung | $I$ : Elektrischer Strom |
| $y$ : Ausgangsgröße | $q$ : Elektrische Ladung | $\psi$ : Magnetischer Fluss |
| $X$ : Eingangsgröße | $q$ : Elektrische Ladung | $\psi$ : Magnetischer Fluss |
| $y$ : Ausgangsgröße | $U$ : Elektrische Spannung | $I$ : Elektrischer Strom |
| $A$ : Elektrischer Parameter | $R$ : Ohmscher Widerstand | $R$ : Ohmscher Widerstand |
| $\gamma_E$ : Elektrischer Parameter | $C$ : Kleinsignal-Kapazität | $L$ : Kleinsignal-Induktivität |
| $\gamma_S$ : Sensorischer Parameter | $d_P$ : Piezoelektr. Konstante | $d_M$ : Magnetostr. Konstante |
| $\gamma_A$ : Aktorischer Parameter | $d_P$ : Piezoelektr. Konstante | $d_M$ : Magnetostr. Konstante |
| $\gamma_M$ : Mechanisch. Parameter | $1/c_P$ : Kleinsignal-Elastizität | $1/c_M$ : Kleinsignal-Elastizität |

# 12.3 Methoden zur Nutzung des Self-sensing-Effektes

Zur Nutzung der Self-sensing-Eigenschaften stehen zwei Methoden zur Verfügung: Die zustandsgrößenbasierte und die parameterbasierte Methode. In beiden Fällen besteht die Aufgabe darin, die mechanischen Größen $F$ und $s$ aus den gemessenen elektrischen Größen $X$ und $y$ zu rekonstruieren.

## 12.3.1 Zustandsgrößenbasierte Methode

Hier nutzt man die Abhängigkeit der elektrischen Ausgangsgröße $y$ von der elektrischen Steuergröße $X$ und von der mechanischen Last $F$ nach (12.2). Die mechanische Last $F_r$ wird aus den Messwerten $X_m$ und $y_m$ der Größen $X$ und $y$ wie folgt rekonstruiert:

$$F_r(t) = \Gamma_S^{-1}[X_m, y_m](t). \tag{12.9}$$

Dafür muss die $y$-$F$-Abbildung mit $X$ als Parameter invertiert werden. Im zweiten Schritt rekonstruiert man dann die Auslenkung des Wandlers $s_r$ durch Einsetzen der rekonstruierten Kraft $F_r$ in die Aktorgleichung (12.3). Die entsprechende Gleichung lautet

$$s_r(t) = \Gamma_A[X_m, F_r](t) \tag{12.10}$$

und wird in einem – softwaremäßig realisierten – Rekonstruktionsfilter implementiert (s. Bild 12.6). Die Bestimmung der Messwerte $X_m$ und $y_m$ aus den elektrischen Klemmengrößen $X$ und $z$ erfolgt mit Hilfe spezieller Messschaltungen, die in Abschnitt 12.4 beschrieben werden. Diese sind Teil der Mess- und Leistungselektronik in Bild 12.6. Sie erzeugen an ihren Ausgängen die Messspannungen

$$U_X(t) = G_X[X](t), \tag{12.11}$$

$$U_y(t) = G_z[z](t). \tag{12.12}$$

$G_X$ und $G_z$ sind Faltungsoperatoren und kennzeichnen das Übertragungsverhalten der Messschaltungen. Aus den Messspannungen werden durch Skalieren die Messwerte

$$X_m(t) = K_X^{-1} U_X(t), \tag{12.13}$$

$$y_m(t) = K_y^{-1} U_y(t) \tag{12.14}$$

zur Weiterverarbeitung im Rekonstruktionsfilter ermittelt. Ebenso werden die Rekonstruktionen $F_r$ und $s_r$ in diesem Filter durchgeführt. Die eingeprägte Steuergröße $X$ wird von der Leistungselektronik gemäß

$$X(t) = G_V[U_C](t) \tag{12.15}$$

erzeugt. Der Faltungsoperator $G_V$ kennzeichnet das (über weite Frequenzbereiche proportionale) Übertragungsverhalten der Leistungselektronik, diese erhält die Stellinformation vom übergeordneten Steuerrechner in Form der Steuerspannung $U_C$.

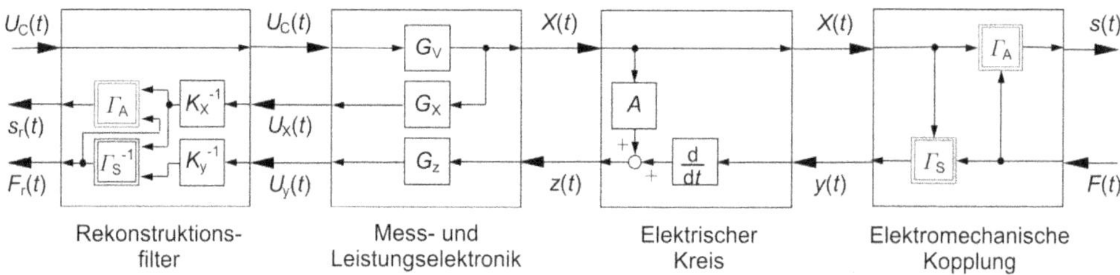


***Bild 12.6*** *Self-sensing-Festkörperaktor nach der zustandsgrößenbasierten Methode*

Als spezielles Beispiel, auf das in Abschnitt 12.6 zurückgegriffen wird, werde das entkoppelte Modell nach (12.4) und (12.5) betrachtet. Hierfür erhalten die Rekonstruktionsgleichungen entsprechend (12.9) und (12.10) die Form

$$F_r(t) = \Gamma_S^{-1}[y_m - \Gamma_E[X_m]](t), \tag{12.16}$$

$$s_r(t) = \Gamma_A[X_m](t) + \Gamma_M[F_r](t). \tag{12.17}$$

Zur Bestimmung von $F_r$ benötigt man also den inversen Sensoroperator $\Gamma_S^{-1}$ (vgl. Bild 12.7). Mit Hilfe des sog. modifizierten Prandtl-Ishlinskii Hystereseoperators lässt sich der entsprechende Kompensator analytisch entwerfen. Diese Eigenschaft und Gleichung (12.16) ermöglichen die Implementierung eines Echtzeit-Rekonstruktionsfilters [JPK06].

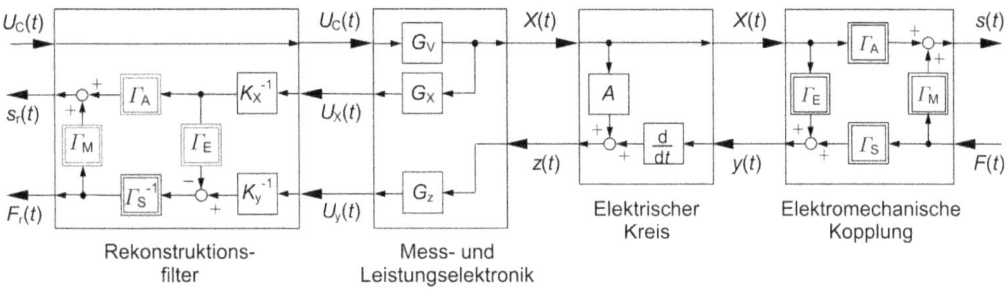


***Bild 12.7*** *Self-sensing-Festkörperaktor mit Rekonstruktion der Kennlinienhysterese*

## 12.3.2 Parameterbasierte Methode

Die parameterbasierte Methode nutzt die Abhängigkeit eines elektrischen Kleinsignal-Parameters

$$\gamma_E(X(t),F(t)) := \frac{\partial \Gamma_S(X(t),F(t))}{\partial X(t)} \tag{12.18}$$

von der Steuergröße $X$ und der Belastung $F$ [KJS04]. Nach (12.18) kann $\gamma_E$ als effektive Steigung der $y$-$X$-Abbildung im von der Steuergröße $X$ und der mechanischen Belastung $F$ definierten Arbeitspunkt interpretiert werden.

Zur experimentellen Bestimmung des Kleinsignal-Parameters überlagert man der Steuerspannung $U_{CA}$ eine sinusförmige hochfrequente Prüfspannung $U_{CT}$ mit kleiner Amplitude (s. Bild 12.8). Die Steuergröße $X(t)$ kann entsprechend als Summe von $X_A(t)$ und $X_T(t)$ betrachtet werden. Wenn die Amplitude des Testsignals ausreichend klein ist ($X_T(t) << X_A(t)$), kann sein Einfluss auf $\gamma_E$ vernachlässigt werden. Daher besteht die elektrische Größe $z$ aus einer (in Bild 12.8 nicht dargestellten) niederfrequenten Komponente $z_A$ und einer hochfrequenten Komponente $z_T$. Letztere wird durch ein Bandpass-Filter $G_{zT}$ aus $z$ bestimmt. $X_T$ wird durch ein Bandpass-Filter $G_{XT}$ aus $X$ bestimmt.

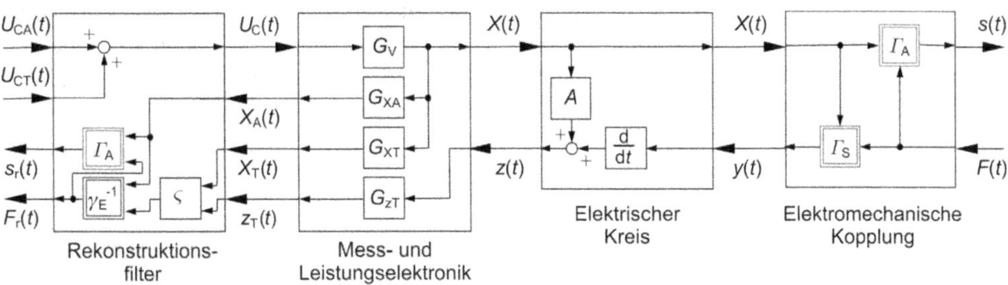


***Bild 12.8*** *Self-sensing-Festkörperaktor nach der parameterbasierten Methode*

Der Messwert $\gamma_{Em}$ des Kleinsignal-Parameters $\gamma_E$ folgt aus $X_T$ und $z_T$ durch phasenselektive Demodulation oder eine Parameteridentifikation oder eine auf der diskreten Fourier-Transformation (DFT) basierende Signalanalyse. Dieses Vorgehen realisiert eine Abbildung $\varsigma$ entsprechend der Gleichung

$$\gamma_{\mathrm{Em}}(t) = \varsigma(X_{\mathrm{T}}(t), z_{\mathrm{T}}(t)). \tag{12.19}$$

Die Rekonstruktion der Kraft benötigt schließlich die Invertierung des Modells $\gamma_E(X_A,F)$ hinsichtlich der mechanischen Belastung $F$ mit der Größe $X_A$ als Parameter:

$$F_{\mathrm{r}}(t) = \gamma_{\mathrm{E}}^{-1}(X_{\mathrm{A}}(t), \gamma_{\mathrm{Em}}(t)). \tag{12.20}$$

Hierbei wird $X_A$ mit Hilfe eines Tiefpass-Filters $G_{XA}$ aus $X$ bestimmt. Die Rekonstruktion der Auslenkung $s$ erfolgt wie bei der zustandsgrößenbasierten Methode nach (12.10).

### 12.3.3 Voraussetzungen für die Rekonstruktion der mechanischen Größen

Wie gezeigt wurde, erfordert die Rekonstruktion der Aktorlast bei der zustandsgrößenbasierten Methode die Invertierung der $y$-$F$-Abbildung nach (12.9) und bei der parameterbasierten Methode die Invertierung der $\gamma_E$-$F$-Abbildung nach (12.20).

Hier sei stellvertretend die $y$-$F$-Abbildung betrachtet. Das Rekonstruktionsfilter bestimmt für einen willkürlich gewählten festen Zeitpunkt $t$ den Wert der rekonstruierten Kraft $F_r(t)$, der den Messwert $y_m$ für den gemessenen Wert $X_m$ generiert. Dieses kann gemäß Sensorgleichung (12.1) durch Auflösen der impliziten Gleichung

$$y_{\mathrm{m}}(t) - \Gamma_{\mathrm{S}}[X_{\mathrm{m}}, F_{\mathrm{r}}](t) = 0 \tag{12.21}$$

erreicht werden. Diese Gleichung hat eine eindeutige Lösung für den Zeitpunkt $t$ nur dann, wenn die stetige Abbildung $y$-$F$ streng monoton für alle $X$ ist.

Ähnliche Überlegungen zur $\gamma_E$-$F$-Abbildung führen darauf, dass die Stetigkeit und die strenge Monotonie der Abbildungen $y$-$F$ und $\gamma_E$-$F$ hinreichende Bedingungen für die Nutzung des Self-sensing-Effektes sind. Aus Großsignalcharakteristiken mit Wendepunkten – ein Beispiel ist die Sensorcharakteristik magnetostriktiver Werkstoffe – resultieren nichtmonotone Zusammenhänge zwischen dem elektrischen Parameter und der mechanischen Belastung; d.h. es gibt Maxima in der $\gamma_E$-$F$-Abbildung, die eine Rekonstruktion der mechanischen Prozessgrößen verhindern. Aus diesem Grund ist die parameterbasierte Methode nur für den Kleinsignalbetrieb geeignet, wo diese Effekte nicht auftreten.

# 12.4 Mess- und Leistungselektronik

Die bisherigen Überlegungen haben gezeigt, dass die messtechnische Erfassung der elektrischen Eingangsgröße $X$ und der dazu dualen elektrischen Ausgangsgröße $y$ des Festkörperwandlers eine grundlegende Voraussetzung für die Realisierung eines Self-sensing-Aktors darstellt. Eine entsprechende Messschaltung kann aus Platzgründen hier nur für den Piezoaktor vorgestellt werden.

## 12.4.1 Messkreis für Spannung und Polarisationsladung

Ein bekanntes Verfahren zur Messung des $q$-$U$-Zusammenhangs von Dielektrika basiert auf dem in Bild 12.9 dargestellten Sawyer-Tower-Messkreis [ST30]. Das zentrale Element des Messkreises ist die Messimpedanz, bestehend aus der Parallelschaltung einer Kapazität $C_M$ zur Ermittlung der Polarisationsladung $q$ und eines ohmschen Widerstandes $R_M$, über den der störende, aber unvermeidbare Leckstrom $I_l$ durch den endlichen Isolationswiderstand des Wandlers abgeführt wird. Der piezoelektrische Wandler ist durch seine Kapazität $C$ und seinen Isolationswiderstand $R$ gekennzeichnet.

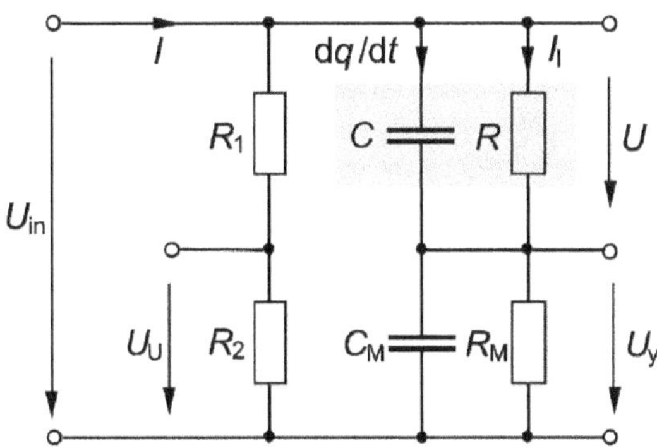


***Bild 12.9*** *Sawyer-Tower-Messkreis*

Der Zusammenhang zwischen der Messspannung $U_y$ und der Polarisationsladung $q$ sowie der Wandlerspannung $U$, die über den Leckstrom $I_l$ die Messspannung beeinflusst, ist im Frequenzbereich durch

$$U_y(\omega) = \frac{R_M / R}{1 + j\omega R_M C_M} U(\omega) + \frac{j\omega R_M}{1 + j\omega R_M C_M} q(\omega) \qquad (12.22)$$

gegeben. Gleichung (12.22) zeigt, dass für Frequenzen $f >> f_{er} = 1/(2\pi R_M C_M)$ die Polarisationsladung über das Messfilter übertragen und die Wandlerspannung unterdrückt wird. Im Frequenzbereich $f << f_{er}$ hingegen wird die Polarisationsladung unterdrückt, während die Wandlerspannung auf den Filterausgang durchgreift. Ein auf der Polarisationsladungsmessung aufbauendes Steuerungskonzept ist also nur für solche Anwendungen umsetzbar, bei denen die Wandlerspannung $U$ sowie die Wandlerbelastung $F$ außer einem konstanten Offsetanteil zur Arbeitspunkteinstellung nur Signalanteile mit Frequenzen genügend weit oberhalb der Filtergrenzfrequenz $f_{er}$ aufweisen. Die Wandlerspannung $U$ ergibt sich als Differenz von Eingangsspannung $U_{in}$ und Messspannung $U_y$, wobei der Sensor lediglich den Bruchteil $R_2/(R_1+R_2)$ dieser Spannung überträgt. Damit erhält man am Ausgang der Messelektronik die Spannung

$$U_x = \frac{R_2}{R_1 + R_2} U = U_U - \frac{R_2}{R_1 + R_2} U_y. \tag{12.23}$$

## 12.4.2 Leistungselektronik

Ein durch Rückkopplung stabilisiertes Ansteuerkonzept für piezoelektrische Festkörperwandler basiert auf dem Sawyer-Tower-Messkreis und kann je nach Ausführung der Rückkopplung als Spannungsquelle oder Ladungsquelle konfiguriert werden (s. Bild 12.10).

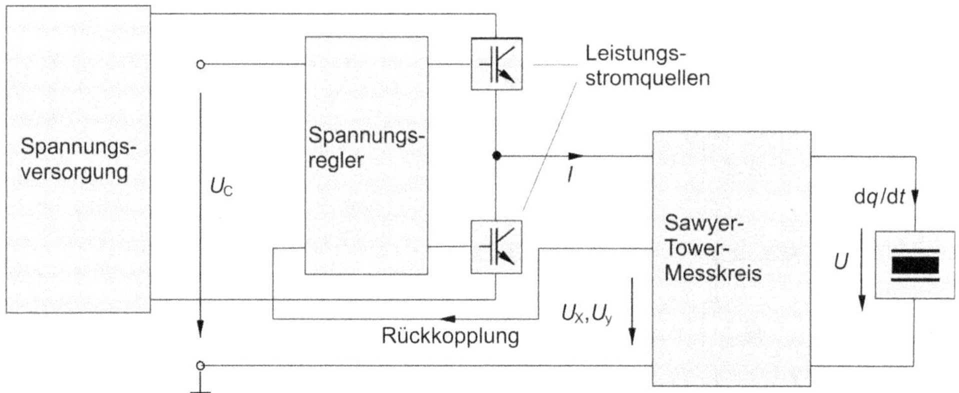


***Bild 12.10*** *Stabilisierte analoge Ansteuerelektronik für Spannungs- bzw. Ladungssteuerung (die Bedeutung der Symbole folgt aus Bild 12.6)*

Zudem liefert die Ansteuerung des Wandlers über den Sawyer-Tower-Messkreis die für die Rekonstruktions- und Kompensationsfilter notwendige Sensorinformation über Wandlerspannung und Polarisationsladung. Einzelheiten hierzu findet man in [KJ05].

# 12.5 Linearisierung der Ausgang-Eingang-Charakteristik

Die vorangegangenen Kapitel haben gezeigt, dass sich die realen Ausgang-Eingang-Kennlinien von unkonventionellen Aktoren erheblich von ideal linearen Kennlinien unterscheiden. Als Folge davon kommt beispielsweise der Vorteil ihres nahezu unbegrenzten Wegauflösungsvermögens bei Positionieraufgaben nicht zur Geltung, weil in diesem Fall die momentane Abweichung zwischen dem Sollwert und dem Istwert der Position wesentlich durch statische Hysterese- und Nichtlinearitätsfehler bestimmt wird. Bei Piezoaktoren können nennenswerte dynamische Kriechfehler zusätzlich wirksam werden. Zudem werden bei harmonischer Ansteuerung des Aktors unerwünschte Oberwellen erzeugt, die in Aktorsystemen zur Schwingungsdämpfung ungewollt Eigenschwingungen anregen können. Diese Beispiele zeigen, dass je nach Anwendung eine Kompensation der im elektrischen Großsignalbetrieb entstehenden Hysterese- und Sättigungseffekte notwendig werden kann.

Zur Linearisierung des Ausgang-Eingang-Verhaltens von Festkörperaktoren setzt man im Wesentlichen zwei Methoden ein, nämlich

- die Regelung der Aktorausgangsgröße oder/und
- eine inverse Steuerung in offener Wirkungskette.

(Bei Piezoaktoren kommt eine spezielle Methode – Ladungsansteuerung statt Spannungsansteuerung – hinzu, vgl. Abschnitte 2.6.1 und 11.2.1).

In der Praxis wird überwiegend die regelungstechnische Lösung eingesetzt. Diese Vorgehensweise hat den Vorteil, dass bei entsprechender Wahl des Sensors und Auslegung des Reglers nicht nur eine nahezu vollständige Linearisierung des Aktorübertragungsverhaltens erreicht wird, sondern auch eine wirksame Unterdrückung externer Störeinflüsse erfolgt. Dieser Ansatz erfordert jedoch zusätzlich einen Sensor zur Erfassung der Regelgröße. Außerdem ist beim Entwurf des Regelkreises auf ein stabiles Gesamtsystemverhalten zu achten.

Da der Entwurf geregelter Aktorsysteme in der Praxis meistens unter der Annahme eines linearen Aktorübertragungsverhaltens entsprechend den Entwurfsmethoden der linearen Regelungstechnik erfolgt, muss der Regelkreis zur Sicherung der Stabilität bezüglich des nichtlinearen Aktorübertragungsverhaltens robust ausgelegt werden. Diese Forderung kann zu einer verminderten dynamischen Regelgüte des realen Regelkreises im Vergleich zu einem linearen Referenzregelkreis führen und damit zu einer Verringerung der Frequenzbandbreite des Gesamtsystems beitragen. Somit kann es sein, dass trotz der technischen Vorteile eines geregelten Aktorsystems der Einsatz eines Reglers in bestimmten Anwendungsfällen aufgrund technischer und auch wirtschaftlicher Randbedingungen nicht in Frage kommt.

Eine Alternative zur Regelung ist die Kompensation von nichtidealen Übertragungsanteilen durch Vorschalten einer inversen Steuerung (s. Bild 12.11). Ihre Aufgabe besteht darin, aus einem vorgegebenen Steuersignal $y_{\text{soll}}$, das dem gewünschten Ausgangssignal des realen Systems entspricht, ein Eingangsignal $x$ für das reale System so zu erzeugen, dass das tatsächliche Ausgangssignal $y$ des realen Systems mit dem vorgegebenen Steuersignal $y_{\text{soll}}$ bis auf einen Proportionalitätsfaktor vollständig übereinstimmt. Diese Lösungsvariante ist wegen der Einsparung eines Sensors zur Erfassung der Aktorausgangsgröße wirtschaftlicher. Zudem besteht durch den Einsatz einer stabilen inversen Steuerung nie die Gefahr einer Instabilität des Gesamtsystems.

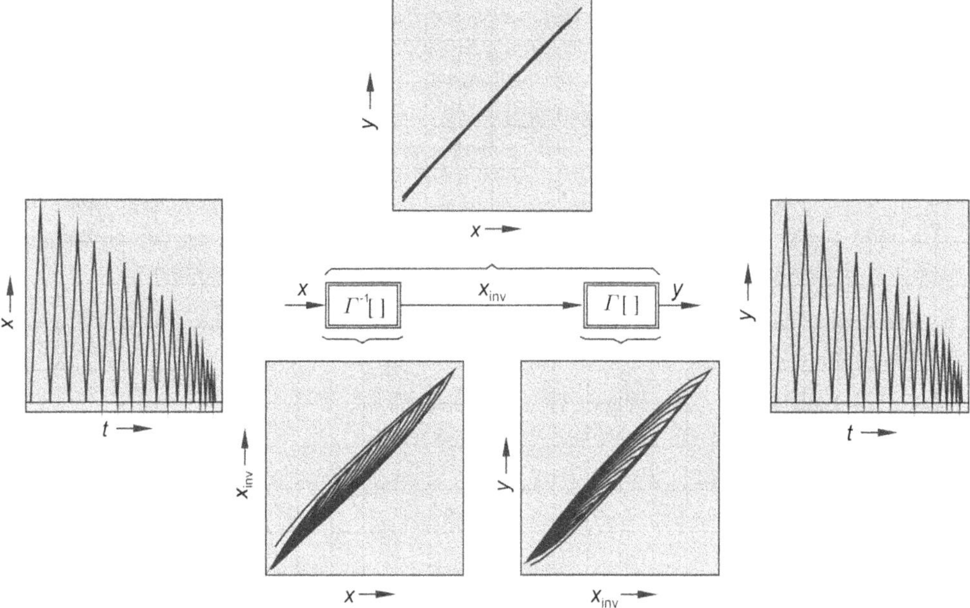


***Bild 12.11*** *Inverse Steuerung: Kompensation von Hysterese- und Kriecheffekten bei Piezoaktoren mit Hilfe des skalaren Operators* $\Gamma^{-1}$

Ein prinzipieller Nachteil inverser Steuerungen besteht darin, dass aufgrund der fehlenden Rückkopplung der Aktorausgangsgröße für die wirkungsvolle Kompensation unerwünschter Übertragungsanteile ein hinreichend genaues mathematisches Modell der zu steuernden Strecke vorliegen muss. Mit Hilfe des Operatorenkalküls (Abschnitt 12.2.1) ist man in der Lage, ein solches Modell zu erstellen. In den vergangenen Jahren wurden verschiedenartige Operatorentypen definiert, um die unterschiedlichen Anforderungen erfüllen zu können (z.B. Preisach-, Prandtl-Ishlinskii-Operator). Im vorliegenden Fall ist der Prandtl-Ishlinskii-Operator für die Aktormodellierung von besonderem Interesse, da er mit geringem Rechenaufwand eindeutig invertierbar ist und seine effiziente numerische Handhabbarkeit darüber hinaus Echtzeitanwendungen begünstigt (näheres hierzu findet man beispielsweise in [Kuh01]).

Natürlich gibt es noch weitere Möglichkeiten zur Beschreibung des nichtlinearen Aktorverhaltens. In jüngerer Zeit werden beispielsweise vermehrt Vorschläge auf der Basis künstlicher neuronaler Netze gemacht. Inwieweit diese trotz ihrer komplexen Modellstruktur und der aufwändigen Bestimmung der Modellparameter Vorteile gegenüber der Modellierung durch/mit Operatoren bieten, wird die Zukunft zeigen.

# 12.6 Anwendungsbeispiel: Piezoelektrischer Mikropositionierantrieb

Das Self-sensing-Konzept nach der zustandsgrößenbasierten Methode gemäß Bild 12.6 wurde an dem kommerziellen Piezo-Positionierer P-753 LISA (Linear Stage Actuator) erprobt. LISA-Systeme (s. Bild 12.12) werden u.a. für Aufgaben in der Mikromanipulation, der Nanopositionierung und der Metrologie (z.B. Interferometrie) eingesetzt. Sie sind mit einem mechanisch vorgespannten Multilayer-Aktor (s. Abschnitt 2.3.1) ausgestattet, der in ein reibungsfreies Führungssystem mit Festkörpergelenken (vgl. Bild 2.14a) integriert ist. In Bild 12.12 sind einige technische Daten des hier verwendeten Positionierers aufgeführt.

| | |
|---|---|
| Elektrischer Ansteuerbereich | 0 ... 100 V |
| Mechanischer Ansteuerbereich | –20 ... 100 N |
| Stellbereich | 25 μm |
| Kapazität | 3,1 μF |
| Steifigkeit | 24 N/μm |

***Bild 12.12*** *Piezo-Positionierer P-753 LISA (Quelle: Physik Instrumente, Karlsruhe [2.1])*

Die Rückkopplung der rekonstruierten Kraft $F_r$ auf die Sollauslenkung $s_d$ des Aktors erfolgt über die mechanische Charakteristik $\Gamma_M$ und den Kompensator $\Gamma_A^{-1}$ im Führungszweig (s. Bild 12.13), und realisiert die Kompensationsgleichung

$$X_i(t) = \Gamma_A^{-1}[s_d - \Gamma_M[F_r]](t), \qquad (12.24)$$

die aus (12.5) hergeleitet wurde. Die Skalierung des verallgemeinerten Ansteuersignals $X_i$ zur Ansteuerspannung $U_C$ führt zur Kompensation der hysteretischen Nichtlinearität $\Gamma_A$ in der Aktorcharakteristik und zur Kompensation des Einflusses der mechanischen Belastung $F$ auf die Auslenkung $s$ des Self-sensing-Aktors.

Bild 12.15a zeigt für den Self-sensing-Piezoaktor mit operatorbasiertem Rekonstruktions- und Kompensationsfilter die gemessenen Charakteristiken $s$-$s_d$, $s_r$-$s$ und $F_r$-$F$ für den elektrischen Großsignalbetrieb.

Zum Vergleich wurde auch das lineare Rekonstruktions- und Kompensationsfilter implementiert, wie in Bild 12.14 dargestellt ist. In Bild 12.15b sind die entsprechenden, experimentell ermittelten Übertragungscharakteristiken der drei Übertragungspfade für den elektrischen Großsignalbetrieb dargestellt.

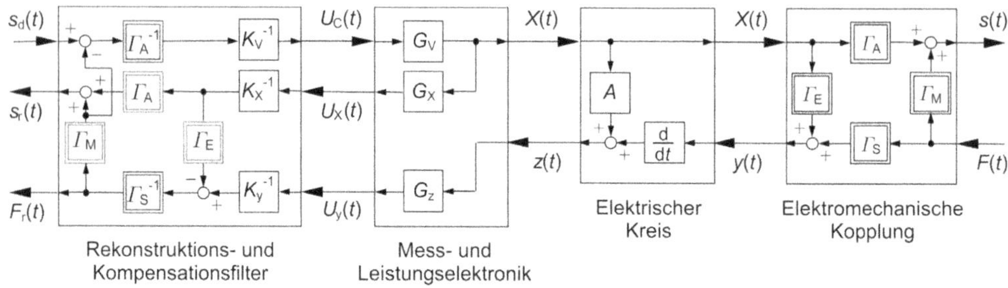


***Bild 12.13** Self-sensing-Festkörperaktor mit operatorbasiertem Rekonstruktions- und Kompensationsfilter*

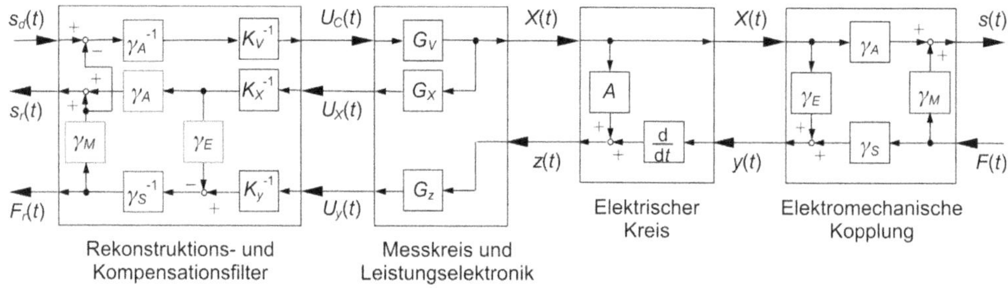


***Bild 12.14** Self-sensing-Festkörperaktor mit linearem Rekonstruktions- und Kompensationsfilter im Führungszweig*

Wie in Bild 12.15b zu erkennen ist, entsteht bei Verwendung der linearen Rekonstruktions- und Kompensationsfiltergleichungen (12.6) und (12.7) durch die nicht berücksichtigten Hystereseeffekte eine große relative Abweichung (ca. 153 %) zwischen der gemessenen Belastung $F$ und der rekonstruierten Belastung $F_r$. Die relativen Abweichungen zwischen der gemessenen Auslenkung $s$ und der rekonstruierten Auslenkung $s_r$ einerseits und der Sollauslenkung $s_d$ und der gemessenen Auslenkung $s$ andererseits werden maßgeblich durch die unberücksichtigten Hystereseeffekte erzeugt und liegen im Bereich von ca. 24 %.

Bei Verwendung der operatorbasierten Gleichungen (12.4), (12.5) wird der Einfluss der Kennlinienhysterese berücksichtigt. Die relative Abweichung zwischen der gemessenen Belastung $F$ und der rekonstruierten Belastung $F_r$ beträgt, wie Bild 12.15a zeigt, jetzt lediglich ca. 18 %. Abweichungen zwischen der gemessenen Auslenkung $s$ und der rekonstruierten Auslenkung $s_r$ einerseits und der vorgegebenen Sollauslenkung $s_d$ und der gemessenen Auslenkung $s$ andererseits sind in Bild 12.15a kaum erkennbar. Sie liegen im Bereich von ca. 3,5 % und sind damit um ungefähr den Faktor 7 kleiner als bei Verwendung linearer Rekonstruktions- und Kompensationsmodelle.

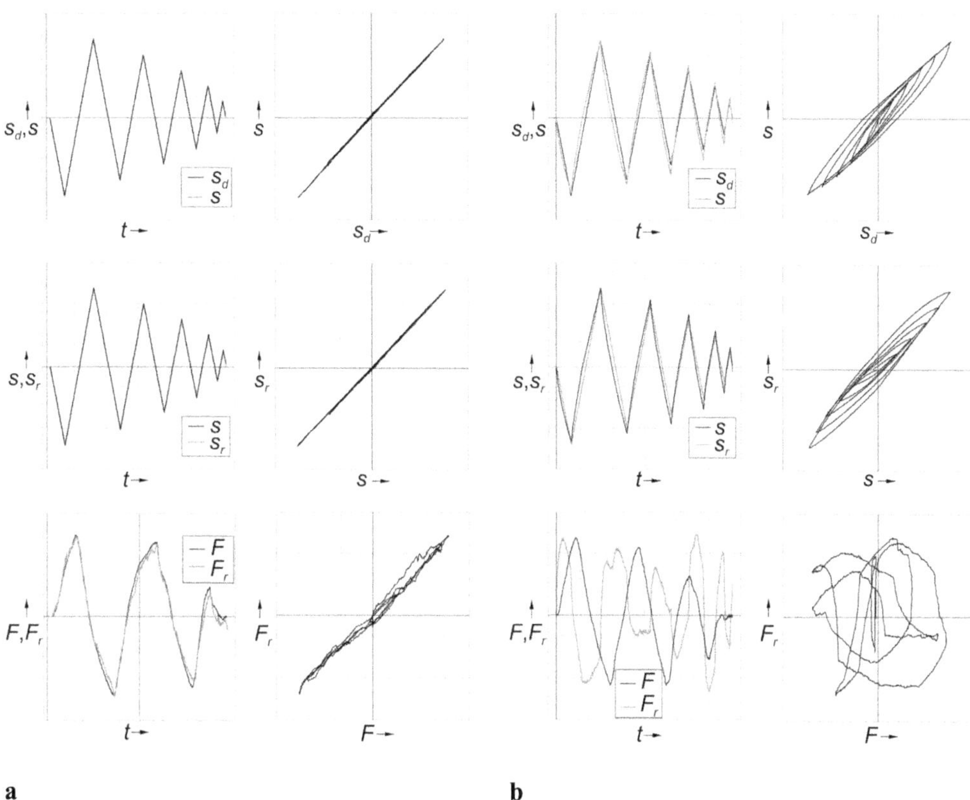


***Bild 12.15*** *Self-sensing-Piezoaktor mit unterschiedlichen Rekonstruktions- und Kompensationsfiltern:* ***a*** *Operator-basiertes Filter (nach Bild 12.13),* ***b*** *lineares Filter (nach Bild 12.14)*

# Nachwort

Das Anwendungspotenzial von unkonventionellen Aktoren wird ganz wesentlich von den besonderen Eigenschaften der aktiven Werkstoffe bestimmt. In den Kapiteln dieses Buches wurde gezeigt, dass die Abhängigkeiten zwischen den mechanischen Ausgangsgrößen und den elektrischen Eingangsgrößen der verschiedenen Aktorarten individuell sehr unterschiedlich und überwiegend sehr komplex sind. In der Regel ist es so, dass generell wünschenswerte Eigenschaften der Aktoren – z.B. große Kräfte oder hohe Arbeitsfrequenzen – und eher nicht gewollte Merkmale – z.B. kleines Auslenkungsvermögen oder starke Kennlinienhysterese – in ein und demselben Wandlerelement vereint sind. Vor diesem Hintergrund sollte es ein hohes Ziel des Entwicklers sein, für sein spezielles aktorisches Problem genau solche Lösungen zu finden, bei denen die vorteilhaften Eigenschaften des jeweils gewählten Aktorprinzips optimal wirksam werden können und die Nachteile keine Rolle spielen – diese im Idealfall sogar zu einem Vorteil gewendet werden, wie z.B. beim Ausnutzen von Kennlinienhysterese zu Dämpfungszwecken oder zum energielosen Halten von Positionen und Auslenkungen.

Eine Kompensation der (anwendungsabhängig) nachteiligen Eigenschaften ist oft nur die zweitbeste Lösung und kann darüber hinaus neue negative Eigenschaften des aktorischen Übertragungsverhaltens nach sich ziehen wie das folgende Beispiel zeigt: Sieht man bei piezoelektrischen Aktoren wegen ihrer inhärent kleinen Auslenkungen einen Wegübersetzer vor (Abschnitt 2.3.5) wird hierdurch – abhängig vom Übersetzungsverhältnis – die Steifigkeit des Aktors zwangsläufig verringert. Neben dieser Beeinflussung des statischen Übertragungsverhaltens kann auch das dynamische Verhalten des Gesamtsystems beeinträchtigt werden: Da ein Wegübersetzer als schwingfähiges Subsystem wirken kann, wird sich ggf. die Ordnung der Übertragungsfunktion mit den aus der Systemtheorie bekannten Folgen erhöhen. In solchen Fällen ist zu überlegen, ob andere Lösungen – durchaus unter Einbezug von konventionellen Aktoren – nicht zu besseren Ergebnissen führen.

Ein weiterer, mit den unkonventionellen Aktoren verknüpfter Aspekt wird durch das Stichwort „Substitutionslösung“ umschrieben. Damit ist der Ersatz von konventionellen durch unkonventionelle Aktoren in bereits bestehenden Systemen gemeint. Auch ohne detaillierte Erläuterung wird klar sein, dass eine solche Substitution nur dann sinnvoll ist, wenn sie zu einem nennenswerten Mehrwert des Gesamtsystems führt – beispielsweise in Form verbesserter technischer Daten oder durch Reduzierung der Herstellungs- oder/und Betriebskosten. Das Schicksal des elektrochemischen Aktors in Kapitel 8 dieses Buches zeigt, dass ein Verstoß gegen diese scheinbar triviale Erkenntnis dramatische ökonomische Folgen haben kann: Der dort beschriebene ECA mit Nickel-Wasserstoff-Zelle (Abschnitt 8.2.1) konnte sich am Markt nicht durchsetzen, weil seine Herstellung aufwändig und teuer war, so dass seine Vorteile – z.B. das energielose Halten einer Position – die Nachteile nicht aufwiegen konnten.

Dies gilt umso mehr, als die Anwendungsbereiche – z.B. als Stellglied in Heizkörperventilen – sich überschnitten und die gleichen Leistungsmerkmale auch mit den wesentlich einfacher aufgebauten Dehnstoff-Elementen (Abschnitt 8.5.1) erreicht werden konnten.

Angesichts dieser Zusammenhänge lässt sich nachvollziehen, dass der ECA mit Zink-Luft-Zelle (Abschnitt 8.2.2), anders als das Nickel-Wasserstoff-System, sich auf dem Markt etablieren konnte: Seine Funktion beruht auf einer ausgereiften Technologie („Knopfzellen"); der Fertigungsprozess ist für die Massenproduktion geeignet und erlaubt dennoch ohne großen Aufwand auch anwendungsspezifische Anpassungen. Vor allem werden aber in der besonderen Anwendung als Schmierstoffspender in nahezu idealer Weise alle Vorteile dieses speziellen ECAs genutzt, ohne dass nennenswerte Nachteile in Kauf zu nehmen wären.

Der Einzug unkonventioneller Aktoren in die Massenmärkte begann etwa im Jahre 2000 mit der Einführung des piezoelektrischen Dieselinjektors (Abschnitt 2.7.2). Inzwischen hat die unkonventionelle Aktorik weitere „High-volume-Bereiche" erobert – meistens unbemerkt von der großen Öffentlichkeit. Ein Beispiel aus dem Automobilsektor ist die sog. Lordosen-Verstellung, bei der die Lehne des Fahrersitzes mit Hilfe eines aufblasbaren Luftkissens statisch oder dynamisch „konturiert" werden kann. Die erforderliche Ventiltechnik wurde bis in das Jahr 2005 von konventionellen elektromagnetischen Antriebslösungen beherrscht. Da Elektromagnete voluminös, schwer und teuer sind, sah man sich nach alternativen Ventilantrieben um und stieß auf die Formgedächtnis-Legierungen (FGL). Heute liegt deren Marktanteil bei mehr als 75 %, entsprechend einer jährlichen Stückzahl von 8 bis 10 Millionen – Tendenz steigend.

Diese rasch erreichte Marktdurchdringung ist das Ergebnis einer zielorientierten Strategie: Nachdem der Ventilantrieb auf FGL-Basis von einem mittelständischen deutschen Autozulieferer im Jahre 2004 erstmals angeboten wurde, erkannte man dort bald, dass das Potenzial von FG-Aktoren als Massenprodukt in Anwendungen reicht, die über den Automobilbereich weit hinausgehen. Zusammen mit einem italienischen Hersteller von Formgedächtnis-Legierungen wurde daher im Jahre 2011 als Joint Venture die Firma Actuator Solutions GmbH [6.4] mit dem Ziel gegründet, der FGL-Technologie in größtmöglicher Breite zu einem Durchbruch zu verhelfen. Der Ventilantrieb bildete das Startkapital dieses „hidden champion"; inzwischen deuten alle Anzeichen darauf, dass der sog. AF-/OIS-Aktor (Abschnitt 6.4.4) zu einem weiteren Meilenstein in der Erfolgsgeschichte dieses jungen Unternehmens werden kann.

# Literatur


[ABF01] Aikele, M.; Bauer, K.; Ficker, W.; Neubauer, F.; Prechtel, U.; Schalk, J.; Seidel H.: *Resonant accelerometer with self-test.* Sensors and Actuators A, 92 (2001), S. 161–164.

[BC00] Brüsewitz, M.; Ciecierski, A.: *Linear drives by electromechanical means – electrochemical actuators.* Mechatronics 10 (2000), S. 531–544.

[BC80] Butler, J.L.; Ciosek, S.J.: *Rare earth iron octagonal transducer.* J. Acoust. Soc. Am., Vol. 67(5), 1980.

[BEL10] Böse, H.; Ehrlich, J.; Löschke, P.; Rumpel, J.: *Novel Valve Mechanism Based on Magnetoactive Polymers.* Proc. 12th Int. Conf. New Actuators (Bremen, 14–16 June 2010), S. 876–879.

[Ber94] Bergqvist, A: *On magnetic hysteresis modeling*. Royal Institute of Technology, Electric Power Engineering, Stockholm (1994).

[BHM93] Bosch, D.; Heimhofer, B.; Mück, G.; Seidel, H.; Thumser, U.; Welser, W.: *A silicon microvalve with combined electromagnetic/electrostatic actuation.* Sensors and Actuators A, 37–38 (1993), S. 684–692.

[BKW97] Banks, H.T.; Kurdila, A.J.; Webb, G: *Identification of Hysteretic Control Influence Operators Representing Smart Actuators, Part II: Convergent Approximations.* Journal of Intelligent Material Systems and Structures, Vol. 8, S. 536–550 (1997).

[Böh81] Böhme, G.: *Strömungsmechanik nicht-newtonscher Fluide.* Teubner Verlag, Stuttgart (1981).

[Böl99] Bölter, R.: *Design von Aktoren mit magnetorheologischen Flüssigkeiten.* Dissertation, Universität des Saarlandes, Shaker Verlag, Aachen (1999).

[BS06] Böcking, F.; Sugg, B.: *Piezo actuators: A technology prevails with injection valves for combustion engines.* Proc. 10th Int. Conf. New Actuators (Bremen, 14–16 June 2006), S. 171–176.

[BSC12] Buchberger, G.; Schöftner, J.; Clara, S.; Bauer, S.; Jakoby, B.; Hilber, W.: *Electrical Characterization of Planar Dielectric Elastomer Actuators and Dielectric Minimum Energy Structures.* Proc. 13th Mechatronics Forum Int. Conf. (Linz/Österreich, Sept. 2012), S. 142–149.

[CG08] Carlson, J.D.; Goncalves, F.: *Controllable fluids come of age*. Proc. 11th Int. Conf. New Actuators (Bremen, 9-11 June 2008), S. 477–480.

[Cle99] Clephas, B.: *Untersuchung von hybriden Festkörperaktoren*. Dissertation, Universität des Saarlandes, Herbert Utz Verlag, München (1999).

[Fäh12] Fähler, S. (Guest Ed.): *Magnetic Shape Memory Alloys SPP 1239*. (19 Beiträge als Abschlussbericht des DFG-Schwerpunktprogramms 1239, Näheres unter www.aem-journal.com). Advanced Engineering Materials (Special Issue), Vol. 14, No. 8 (2012), S. 521–749.

[Fle95] Fleischer, M.: *Piezoelektrische Antriebe und Motoren*. In: Technischer Einsatz Neuer Aktoren, S. 254–266 (Hsg. D.J. Jendritza), Expert-Verlag, Renningen-Malmsheim (1995).

[FSH09] Finnberg, T.; Scheffner, L.; Hilarius, K.: *Fatigue of dielectric Elastomers*. Arbeitskreissitzung „Polymere Sensoren und Aktoren", Vortrag am 2.12.2009, Deutsches Kunststoff-Institut (DKI), Darmstadt.

[Geh98] Gehm, L.: *Rheologie – Praxisorientierte Grundlagen und Glossar*. Vincentz Verlag, Hannover (1998).

[GHA06] Gauthier, J.Y.; Hubert, A.; Abadie, I.; Lexcellent, C.; Chaillet, N.: *Multistable actuator based on magnetic shape memory alloy*. Proc. 10th Int. Conf. New Actuators (Bremen, 14–16 June 2006), S. 787–790.

[GLM13] Güth, D.; Ludwig, D.; Maas, J.: *Aktoren auf Basis magnetorheologischer Flüssigkeiten – auf dem Weg zum mechatronischen Produkt*. Tagungsband Mechatronik 2013 (Aachen, 6.–8. März 2013), S. 87–92.

[GSK08] Gratzer, F.; Steinwender, H.; Kušej, A.: *Magnetorheologische Allradkupplungen*. ATZ 10/2008, Jg. 110, S. 902–909.

[Häg90] Hägele, K.H.; et al.: *Continuously Adjustable Shock Absorbers for Rapid-Acting Ride Control System (RCS)*. SAE-Paper Nr. 905125, XXIII Fisita Congress (Turin, 7–11 May 1990), S. 37–46.

[HFA97] Huber, J.E.; Fleck, N.A.; Ashby, M.F.: *The selection of mechanical actuators based on performance indices*. Proc. Royal Society London A, 453 (1997), S. 2185–2205.

[HKM12] Herold, S.; Kaal, W.; Melz, T.: *Novel dielectric stack actuators for dynamic applications*. Proc. ASME 2012 Conf. Smart Materials, Adaptive Structures and Intelligent Systems (Stone Montain, Georgia/USA, 19–21 Sept. 2012), Paper No. SMASIS 2012–8217.

[HNG95] Hamberg, M.W.; Neagu, C.; Gardeniers, J.G.E.; Ijntema, D.J.; Elwenspoek, M.: *An Electrochemical Micro Actuator*. Proc. MEMS `95, Amsterdam, The Netherlands (1995).

[HRJ12] Holz, B.; Riccardi, L.; Janocha, H.; Naso, D.: *MSM Actuators: Design Rules and Control Strategies.* Advanced Engineering Materials, Vol. 14, No. 8, 2012, S. 668–681.

[Hue98] Hue, P.-Le: *Progress and trends in ink-jet printing technology.* J. Imaging Sci. and Technol., 42 (1998), S. 49–62.

[Hum01] Humbeeck, J. Van: *Shape Memory Alloys: A Material and a Technology.* Advanced Engineering Materials 3, No 11 (2001), S. 637–850.

[HWF] Howitz, S.; Wegener, T.; Fiehn, H.: *Mikrotropfeninjektor.* FZ Rossendorf e.V., GeSiM mbH Dresden.

[IKM90] Ihrig, D.; Koczar, P.; Morgenstern-Bün, M.: *Electrorheological fluids adapted for viscous damped automotive devices and other applications in critical viroments.* Proc. 2nd Int. Conf. New Actuators (Bremen, 21–22 June 1990), S. 231–235.

[Jan04] Janocha, H. (Ed.): *Actuators – Basics and Applications.* Springer Verlag, Berlin Heidelberg New York (2004).

[Jan07] Janocha, H. (Ed.): *Adaptronics and Smart Structures.* Springer Verlag, Berlin Heidelberg New York (2nd ed. 2007).

[Jan10] Janschek, K.: *Systementwurf mechatronischer Systeme.* Springer Verlag, Heidelberg Dordrecht London New York (2010).

[Jen95] Jendritza, D.J.: *Piezoaktoren für den Großsignalbetrieb.* Dissertation, Universität des Saarlandes, Saarbrücken (1995).

[JH98] Janos, B.Z.; Hagood, N.W.: *Overview of active fiber composites technologies.* Proc. 6th Int. Conf. New Actuators (Bremen, 17–19 June 1998), S. 193–197.

[JK06] Janocha, H.; Kuhnen, K.: *Self-Sensing Effect in Solid-State Actuators.* In: Encyclopedia of Sensors; Vol 9, S-Sk, S. 53–74 (Eds.: C.A. Grimes, E.C. Dickey, M.V. Pishko) American Scientific Publishers (2006).

[JPK06] Janocha, H.; Pesotski, D.; Kuhnen, K.: *FPGA-based compensator of hysteretic actuator nonlinearities for highly dynamic applications.* Proc. 10th Int. Conf. New Actuators (Bremen, 14–16 June 2006), S. 1013–1016.

[Jus99] Just, E.; et al: *SMA Microgripper with Integrated Antagonism.* In: Proc. Transducers `99, 10th Int. Conf. Solid-State Sensors and Actuators (Sendai/Japan, 7–10 June 1999), S. 1768–1771.

[Kem92] Kempe, W.: *Elektrochemischer Aktor.* DaimlerBenz, Technischer Bericht Nr. F2A-93-010.

[KGW08] Kappel, A.; Gottlieb, B.; Wallenhauer, C.: *Piezoelektrischer Stellantrieb.* at-Automatisierungstechnik, 56 (2008) 3, S. 128–135.

[KHK00] Kohl, M.; Hürst, I.; Krevet, B.: *Time response of shape memory microvalves.* Proc. 7th Int. Conf. New Actuators (Bremen, 19–21 June 2000), S. 212–215.

[Kie88] Kiesewetter, L.: *The Application of Terfenol in Linear Motors.* Proc. 2nd Int. Conf. Giant Magnetostrictive and Amorphous Alloys for Actuators and Sensors (Marbella/Spain, 12–14 October, 1988).

[KJ02] Kuhnen, K.; Janocha, H.: *Inverse Steuerung für den Großsignalbetrieb von Piezoaktoren.* at-Automatisierungstechnik 50 (2002) 9, S. 439–450.

[KJ05] Kuhnen, K.; Janocha, H.: *Integrierte Mess- und Leistungselektronik für piezoelektrische Self-sensing-Aktoren.* Mechatronik 2005 (Wiesloch, 01.–02.06.2005), VDI-Berichte 1892.2, S. 1137–1156.

[KJS04] Kuhnen, K.; Janocha, H.; Schommer, M.: *Exploitation of inherent sensor effects in magnetostrictive actuators.* Proc. 9th Int. Conf. New Actuators (Bremen, 14–16 June 2004), S. 367–370.

[KMS99] Krippner, P.; Mohr, J.; Saile, V.: *Electromagnetically Driven Microchopper for Integration into Microspectrometers Based on the LIGA Technology.* SPIE Conf. Miniaturized Systems with Micro-Optics and MEMS (Santa Clara, 20–22 September 1999), SPIE Vol. 3878, S. 144–154.

[Koc88] Koch, J.: *Piezoxide (PXE) – Eigenschaften und Anwendungen.* Dr. Alfred Hüthig Verlag, Heidelberg (1988).

[Koh04] Kohl, M.: *Shape memory microactuators.* Springer Verlag, Berlin Heidelberg (2004).

[KPM06] Kuhnen, K.; Pagliarulo, P.; May, C.; Janocha, H.: *Adaptronischer Schwingungsabsorber für einen weiten Einsatzbereich.* at-Automatisierungstechnik, 54 (2006) 6, S. 294–303.

[Kuh01] Kuhnen, K.: *Inverse Steuerung piezoelektrischer Aktoren mit Hysterese-, Kriech- und Superpositionsoperatoren.* Dissertation, Universität des Saarlandes, Shaker Verlag, Aachen (2001).

[Kuh03] Kuhnen, K.: *Modeling, Identification and Compensation of Complex Hysteretic Nonlinearities – A Modified Prandtl-Ishlinskii Approach.* European Journal of Control 9, 4, S. 407–418 (2003).

[Kuh08] Kuhnen, K.: *Kompensation komplexer gedächtnisbehafteter Nichtlinearitäten in Systemen mit aktiven Materialien.* Shaker Verlag, Aachen (2008).

[Lam00] Lampe, D.: *Untersuchungen zum Einsatz von magnetorheologischen Fluiden in Kupplungen.* Dissertation, TU Dresden (2000).

[Len75] Lenk, A.: *Elektromechanische Systeme. Band 2: Systeme mit verteilten Parametern.* VEB Verlag Technik Berlin (1977).

[LGG97] Lutz, M.; Golderer, W.; Gerstenmeier, J.; Marek, J.; Maihofer, B.; Mahler, S.; Munzel, H.; Bischof, U.: *A precision yaw rate sensor in silicon micromachining.* Proc. Solid State Sensors and Actuators, 1997, Vol. 2, Transducers `97 (Chicago, 16–19 June 1997), S. 847–850.

[Lot10] Lotz, P.: *Dielektrische Elastomerstapelaktoren für ein peristaltisches Fluidfördersystem.* Dissertation, TU Darmstadt (2010).

[Mad02] Madou, M.J.: *Fundamentals of Microfabrication.* CRC Press LLC, Florida/USA (2nd ed. 2002).

[MCR07] Mazzoldi, A.; Carpi, F.; De Rossi, D.: *Electroactive Polymer Actuators.* In: Adaptronics and Smart Structures, S. 204–224 (Hsg. H. Janocha), Springer Verlag, Berlin Heidelberg New York (2007).

[Mer98] Mertmann, M.: *Aktoren mit Formgedächtnislegierungen.* Fachveranstaltung Neue Aktoren im Maschinen- und Anlagebau. Haus der Technik, Essen, 04./05.05.1998.

[Mes00] Mescheder, U.: *Mikrosystemtechnik – Konzepte und Anwendungen.* Teubner Verlag, Stuttgart Leipzig (2000).

[MVA04] Madden, J.; Vandesteeg, N.; Anquetil, P.; et al.: *Artificial Muscle Technology: Physical Principles and Naval Prospects.* IEEE Journal of Oceanic Engineering, Vol. 29, No. 3, July 2004, S. 706–728.

[MV07] Mertmann, M.; Vergani, G.: *Design and Application of Shape Memory Actuators.* The European Physical Journal ST, Special Issue on E-MRS Fall Meeting 2007, S. 221–230.

[Opp] Oppermann, G.: *Elektroviskose Flüssigkeiten (EVF).* Information der Bayer AG, Leverkusen.

[ŌW99] Ōtsuka, K.; Wayman, C.M. (Eds.): *Shape Memory Materials.* Cambridge University Press (1999).

[Phi86] Philippow, E.: *Taschenbuch Elektrotechnik. Band 1 Allgemeine Grundlagen.* Carl Hanser Verlag, München Wien (1986).

[QS95] Quandt, E.; Seemann, K.: *Fabrication of giant magnetostrictive thin film actuators.* Proc. IEEE MEMS 1995 S. 273–277.

[Re96] Rech, B.: *Aktoren mit elektroheologischen Flüssigkeiten.* Dissertation, Universität des Saarlandes, Verlag Mainz, Aachen (1996).

[Ric12] Riccardi, L.: *Position Control with Magnetic Shape Memory Actuators.* Dissertation, Politecnico di Bari (2012).

[RNY13] Rizello, G.; Naso, D.; York, A.; Seelecke, S.: *A Nonlinear Electro-Mechanical Model for an Annular Dielectric Elastomer Actuator with a Biasing Mass.* Tagungsband Mechatronik 2013 (Aachen, 6.–8. März 2013), S. 117–122.

[Sch94] Schäfer, J.: *Design magnetostriktiver Aktoren.* Dissertation, Universität des Saarlandes, Saarbrücken (1994).

[ST30] Sawyer, C.B.; Tower, C.H.: *Rochelle Salt as a Dielectric.* Physical Review 35, S. 269–273 (1930).

[STA04] Suorsa, I.; Tellinen, I.; Aaltio, I.; Pagounis, E.; Ullakko, K.: *Design of active elements for MSM-actuator*. Proc. 9th Int. Conf. New Actuators (Bremen, 14–16 June 2004), S. 573–576.

[Ste04] Steck, A.: *Ventile und Kleinantriebe auf Basis magnetorheologischer Flüssigkeiten*. ETG-/ GMM-Fachtagung Innovative Klein- und Mikroantriebstechnik (Darmstadt, 3./4. März 2004), Tagungsband S. 183–188.

[Sti02] Stiebel, C.: *Leistungsverstärker zur verlustarmen Ansteuerung von kapazitiven Lasten*. Dissertation, Universität des Saarlandes, Shaker Verlag, Aachen (2002).

[STP02] Suorsa, I.; Tellinen, I.; Aaltio, I.; Pagounis, E.; Ullakko, K.: *Applications of magnetic shape memory actuators*. Proc. 8th Int. Conf. New Actuators (Bremen, 10–12 June 2002), S. 158–161.

[TKB09] Tryson, M.; Kiil, H.-E.; Benslimane, M.: *Powerful tubular core free dielectric electro activate polymer (DEAP) push actuator*. Proc. SPIE 7287, Electroactive Polymer Actuators and Devices, EAPAD (2009).

[TNH92] Tang, W.C.; Nguyen, T.C.H.; Howe, R.T.: *Laterally driven polysilicon resonant microstructures*. Sensors and Actuators A, 20 (1992), S. 25–32.

[TSJ02] Tellinen, J.; Suorsa, I.; Jääskeläinen, A.; Aaltio, I.; Ullako, K.: *Basic properties of magnetic shape memory actuators*. Proc. 8th Int. Conf. New Actuators (Bremen, 10–12 June 2002), S. 566–569.

[Uch08] Uchino, K.: *Piezoelectric Actuators 2008 – Key Factors for Commerzialization*. Proc. 11th Int. Conf. New Actuators (Bremen, 9–11 June 2008), S. 107–112.

[Voe01] DeVoe, D.L.: *Piezoelectric thin film micromechanical beam resonators*. Sensors and Actuators A, 88 (2001), S. 263–272.

[ZAF02] Zupan, M.; Ashby, M.F.; Fleck, N.A.: *Actuator Classification and Selection – The Development of a Database*. Advanced Engineering Materials, Vol. 4, No. 12, 2002, S. 933–940.

[Zen94] Zengerle, R.: *Mikro-Membranpumpen als Komponenten für Mikro-Fluidsysteme*. Shaker Verlag, Aachen (1994).

[2.1] www.pi.ws [30]

[2.2] www.smart-material.com

[2.3] www.advancedcerametrics.com

[30] Der Zugriff auf die Internetquellen erfolgte letztmalig am 22. Mai. 2013.

[2.4] www.cedrat.com

[2.5] BMBF-Verbundprojekt: *Wirkungsgradoptimierte Piezoantriebe für hochdynamische Anwendungen in der Flugzeughydraulik (PiezoServ)*, Fkz 16SV 563 (Abschlussbericht 2000).

[2.6] www.piezomotor.com

[2.7] www.newfocus.com

[2.8] www.elliptec.de

[2.9] www.newscaletech.com

[2.10] IRE Standards on piezoelectric crystals: Measurement and determination of piezoelectric constants. Proc. IRE 46 (1958), No. 4 und Proc. IRE 49 (1961), No. 7

[2.11] www.noliac.com

[2.12] www.trstechnologies.com

[2.13] www.shinsei-motor.com

[3.1] www.etrema-usa.com

[4.1] www.fludicon.de

[4.2] www.thermo.com

[4.3] www.anton-paar.com

[4.4] BMBF-Verbundprojekt: *Adaptronische Transportsysteme mit elektrorheologischen Flüssigkeiten (ERF) zur Beförderung empfindlicher, sensibler Güter mit Nutzfahrzeugen*. Fkz 13N 6987 (Abschlussbericht 2000).

[5.1] www.lord.com

[5.2] www.inorganics.basf.com

[5.3] BMBF-Verbundprojekt: *Aktives Lagerungssystem mit magnetorheologischer Flüssigkeit (MRF) für den Automobil-Sektor (ALAS)*. Fkz 03N 3105 (Abschlussbericht 2005).

[5.4] EU-Verbundprojekt: *Completely flexible and reconfigurable fixturing of complex shaped workpieces with MRF (MAFFIX)*. 6th FP – Contract No COP-CT-2006-032818 (Abschlussbericht 2008).

[6.1] www.saesgetters.com

[6.2] www.migamotors.com

[6.3] www.actuatorsolutions.de

[7.1] DE 10 2004 018 664 A1: *Verfahren und Anordnung zur Kristallzüchtung aus metallischen Schmelzen oder Schmelzlösungen.*

[7.2] www.magneticshape.de

[7.3] www.adaptamat.com

[7.4] www.etogroup.com

[7.5] M. Laufenberg, persönliche Kommunikation (02/2013)

[8.1] www.simatec.com

[8.2] www.medecell.com

[8.3] EP 1 396 899 A2: *Gasentwicklungszelle oder Batterie und Verfahren zu deren Herstellung.*

[8.4] www.btt.behrgroup.com

[9.1] www.materialscience.bayer.com

[9.2] www.3M.com

[9.3] www.wacker.com

[9.4] BMBF-Verbundprojekt: *Funktionsintegrierte elektroaktive Elastomerlagersysteme zur Schwingungskontrolle von Leichtbaustrukturen (FIEELAS).* Fkz 03X3026 (Abschlussbericht 2011).

[10.1] www.hoerbiger.com

[10.2] www.faulhaber-group.com

[10.3] www.direktantriebe.de

**Die folgende Auswahl von Büchern informiert den interessierten Leser ergänzend oder weiterführend über verschiedene Aspekte der unkonventionellen Aktoren.**

**Bücher, die sich mit unkonventionellen Aktoren insgesamt befassen:**

Janocha, H. (Ed.): *Actuators, Basics and Applications.* Springer Verlag, Berlin Heidelberg New York (2004).

Jendritza, D. (Hsg.): *Technischer Einsatz neuer Aktoren: Grundlagen, Werkstoffe , Designregeln und Anwendungsbeispiele.* Expert-Verlag, Renningen-Malmsheim (1998).

Pons, J.L.: *Emerging Actuator Technologies.* John Wiley & Sons, Chichester/England (2005).

**Bücher über Piezoelektrizität und piezoelektrische Aktoren:**

Ballas, R.G.: *Piezoelectric Multilayer Beam Bending Actuators.* Springer Verlag, Berlin Heidelberg (2010).

Heywang, W.; Lubitz, K.; Wersing, W.: *Piezoelectricity – Evolution and Future of a Technology*. Springer Verlag, Berlin Heidelberg (2008).

Koch, J.: *Piezoxide (PXE) – Eigenschaften und Anwendungen*. Dr. Alfred Hüthig Verlag, Heidelberg (1988).

Moulson, A.J.; Herbert, J.M.: *Electroceramics: Materials, Properties, Applications*. John Wiley & Sons, Chichester/England (2003).

Ruschmeyer, K. (Hsg.): *Piezokeramik: Grundlagen, Werkstoffe, Applikationen*. Expert-Verlag, Renningen-Malmsheim (1995).

Uchino, K.: *Ferroelectric Devices*. Marcel Dekker Verlag, New York Basel (2000).

**Bücher über Magnetostriktion und magnetostriktive Aktoren:**

Engdahl, G. (Ed.): *Handbook of Giant Magnetostrictive Materials*. Academic Press, San Diego (2000).

du Trémolet de Lacheisserie, E.: *Magnetostriction – Theory and Applications of Magnetoelasticity*. CRC Press, Boca Raton Ann Arbor London Tokyo (1993).

**Bücher über thermische Formgedächtnis-Legierungen und entsprechende Aktoren:**

Gümpel, P.: *Formgedächtnislegierungen: Einsatzmöglichkeiten in Maschinenbau, Medizintechnik und Aktuatorik*. Expert-Verlag, Renningen-Malmsheim (2. Aufl. 2008).

Kohl, M.: *Shape Memory Microactuators*. Springer Verlag, Berlin Heidelberg (2004).

Ōtsuka, K.; Wayman, C.M. (Eds.): *Shape Memory Materials*. Cambridge University Press (1999).

**Buch über magnetische Formgedächtnis-Legierungen und entsprechende Aktoren:**

Chernenko, V.A. (Ed.): *Advances in Shape Memory Materials: Ferromagnetic shape memory alloys*. Trans Tech Publications, Switzerland UK USA (2008).

**Buch über elektroaktive Polymere und entsprechende Aktoren:**

Carpi, F.; De Rossi, D.; Kornbluh, R.; Pelrine, R.; Sommer-Larsen, P.: *Dielectric Elastomers as Electromechanical Transducers*. Elsevier, Oxford (2008).

**Bücher über Mikroaktoren:**

Madou, M.J.: *Fundamentals of Microfabrication.* CRC Press LLC, Florida/USA (2nd ed. 2002).

Mescheder, U.: *Mikrosystemtechnik – Konzepte und Anwendungen.* Teubner Verlag, Stuttgart Leipzig (2. Aufl. 2004).

**Beiträge zu unkonventionellen Aktoren findet man auch in Büchern, die sich mit den Themen Mechatronik, Adaptronik sowie aktive, smarte oder „intelligente" Strukturen befassen:**

Heimann, B.; Gerth, W.; Popp, K.: *Mechatronik. Komponenten – Methoden – Beispiele.* Carl Hanser Verlag, München Wien (3. Aufl. 2007).

Isermann, R.: *Mechatronische Systeme.* Springer Verlag, Berlin Heidelberg (2. Aufl. 2008).

Janocha, H. (Ed.): *Adaptronics and Smart Structures.* Springer Verlag, Berlin Heidelberg (2nd ed. 2007).

Lenk, A.; Pfeifer, G.; Wertschützky, R.: *Elektromechanische Systeme.* Springer Verlag, Berlin Heidelberg (2001).

Preumont, A.: *Vibration Control of Active Structures – An Introduction.* Kluwer Academic Publishers, Dordrecht/The Netherlands (1997).

**Aktuellere Informationen, als Bücher sie liefern können, erhält man auf Konferenzen bzw. aus den entsprechenden Tagungsbänden (*Proceedings*):**

*International Conference and Exhibition on New Actuators and Drive Systems (ACTUATOR).* Diese Konferenz mit Ausstellung fokussiert auf das Gebiet der unkonventionellen Aktoren in seiner gesamten Breite und ist damit wohl die wichtigste Veranstaltung für den Aktoriker. Die ACTUATOR wird seit 1988 alle zwei Jahre immer in Bremen/Deutschland durchgeführt. www.actuator.de

**Weitere Konferenzen zu Teilgebieten der unkonventionellen Aktorik (Auswahl):**

*International Conference on EAP Transducers and Artificial Muscles (EuroEAP).* Diese Konferenz befasst sich mit Wandlern und künstlichen Muskeln auf der Basis elektroaktiver Polymere (EAPs). Seit 2011 findet sie jährlich an unterschiedlichen Orten in Europa statt und wird vom ESNAM (s.u.) organisiert. www.EuroEAP.eu

*International Conference on Ferromagnetic Shape Memory Alloys (ICFSMA).* Die ICFSMA vermittelt einen Überblick der weltweiten Aktivitäten auf dem Gebiet der magnetischen Formgedächtnis-Legierungen und verwandter Phänomene. Seit 2007 wird die Konferenz alle 2 Jahre an verschiedenen Orten der Welt veranstaltet. www.icfsma.com

*Conférences Internationales des Materiaux et Technologies (CIMTEC).* Im Fokus dieser Konferenzreihe stehen smarte Materialien und ihre Anwendungen in Technik und Umwelt. Die Reihe wurde bereits Ende der 1960er Jahre begonnen und wird seit einigen Jahren biennal in Norditalien abgehalten. www.cimtec-congress.org

*Conference on Smart Materials, Adaptive Structures and Intelligent Systems (SMASIS).* Konferenz der ‚American Society of Mechanical Engineers' (ASME) mit dem Ziel, neueste Forschungs- und Entwicklungsergebnisse auf dem Gebiet der smarten Materialien und der adaptiven Strukturen zu präsentieren und zu diskutieren. www.asmeconferences.org

*Smart Structures (SPIE).* Konferenz der ‚international society for optics and photonics' (SPIE), die alle Aspekte smarter Strukturen, wie Aktorik, Sensorik, zerstörungsfreie Prüfverfahren, structural health monitoring (SHM), non-destructive evaluation (NDE), zum Inhalt hat. www.spie.org

*European Symposium on Martensitic Transformations (ESOMAT).* Die ESOMAT adressiert Wissenschaftler, die an Materialien mit martensitischer Umwandlung interessiert sind, wie Stahl, thermische und magnetische Formgedächtnis-Legierungen sowie Keramiken. Die Konferenz findet seit 1989 alle 3 Jahre an verschiedenen europäischen Forschungszentren statt. www.esomat-2012.ru

*International Conference on Martensitic Transformations (ICOMAT).* Weltweites Gegenstück zur ESOMAT; die ICOMAT findet seit 1976 alle drei oder vier Jahre an wechselnden Veranstaltungsorten statt. www.icomat2014.com

*The International Conference on Shape Memory and Superelastic Technologies (SMST).* Die SMST-Konferenz konzentriert sich anwendungsbezogen auf das Gebiet der Formgedächtnis- und der pseudoelastischen Legierungen. Sie findet seit 1994 alle drei Jahre in Kalifornien/USA statt. Seit 1999 werden Ableger dieser Konferenz etwa alle 18 Monate weltweit abgehalten. www.asminternational.org

*European Congress and Exhibition on Advanced Materials and Processes (Euromat).* Diese Konferenz wendet sich an Fachleute aus Hochschulen und der Industrie, die auf dem Gebiet fortgeschrittener Materialwissenschaft und Werkstofftechnik tätig sind. Sie findet seit 1989 alle 2 Jahre an verschiedenen Orten in Europa statt. www.euromat2013.ferms.eu

*International Conference on Electrorheological Fluids and Magnetorheological Suspensions (ERMR).* Diese Konferenz unterstützt den Wissensaustausch zwischen Fachleuten, die auf dem Gebiet der feldgesteuerten Flüssigkeiten einschließlich Ferrofluide und magnetorheologische Elastomere tätig sind. Sie startete Ende der 1980er Jahre und findet alle 2 Jahre an wechselnden Orten (Asien, Europa, USA) statt. www.ermr2014.com

**Netzwerke:**

Von interessierten Unternehmen und Institutionen wurden in der jüngeren Vergangenheit sog. Netzwerke gegründet, um bestimmte Aktor- und Sensortechnologien bekannter zu machen und deren Einsatz zu fördern. Beispiele sind das ESNAM (*European Scientific Network for Artificial Muscles*)-Netzwerk und das FGL (Formgedächtnis-Legierungen)-Netzwerk.

Beim ersten stehen elektroaktive Polymere und deren aktorische und sensorische Nutzung im Fokus; beim zweiten sind es thermische und magnetische Formgedächtnis-Legierungen und ihre Anwendungen. Nähere Informationen liefern die jeweiligen Homepages:

www.esnam.eu

www.fgl-netzwerk.de

# Index

www.ingramcontent.com/pod-product-compliance
Lightning Source LLC
Chambersburg PA
CBHW081052220326
41598CB00038B/7064

* 9 7 8 3 4 8 6 7 1 8 8 6 7 *